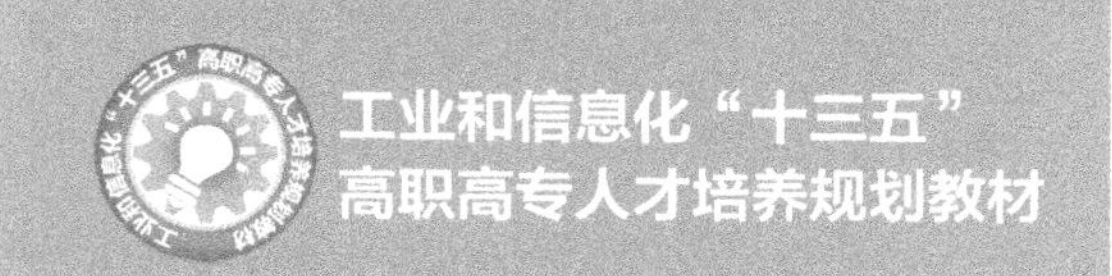

DreamweaverCS6+HTML+CSS+DIV+JavaScript 网站开发案例教程

Web Development Case Tutorial

崔英敏 张丽香 ◎ 主编
王海 ◎ 副主编

人民邮电出版社
北京

图书在版编目（CIP）数据

DreamweaverCS6+HTML+CSS+DIV+JavaScript网站开发案例教程 / 崔英敏，张丽香主编. -- 北京 : 人民邮电出版社，2017.9（2022.6重印）
工业和信息化人才培养规划教材. 高职高专计算机系列
ISBN 978-7-115-32524-2

Ⅰ. ①D… Ⅱ. ①崔… ②张… Ⅲ. ①网页制作工具－高等职业教育－教材②超文本标记语言－程序设计－高等职业教育－教材③网页制作工具－高等职业教育－教材④JAVA语言－程序设计－高等职业教育－教材 Ⅳ. ①TP393.092②TP312.8

中国版本图书馆CIP数据核字(2017)第000497号

内 容 提 要

本书以 Dreamweaver CS6 为工具开发一个企业网站为主线，配合多个案例，介绍了网页制作的基本知识和技能。全书共 9 章，知识点包括网页基础知识、（X）HTML 和 CSS、图文混排和超链接、表格、DIV+CSS、模板、库、表单、框架、浮动框架、网页特效、网站测试、发布网站推广。

本书内容充实，操作性强，可作为高职高专院校各相关专业网页设计与制作课程的教材，也可以作为网页制作培训教材和教学参考书。

◆ 主　　编　崔英敏　张丽香
副 主 编　王　海
责任编辑　范博涛
责任印制　焦志炜

◆ 人民邮电出版社出版发行　　北京市丰台区成寿寺路 11 号
邮编　100164　　电子邮件　315@ptpress.com.cn
网址　http://www.ptpress.com.cn
北京虎彩文化传播有限公司印刷

◆ 开本：787×1092　1/16
印张：18.5　　　　2017 年 9 月第 1 版
字数：462 千字　　2022 年 6 月北京第 9 次印刷

定价：49.80 元

读者服务热线：(010)81055256　印装质量热线：(010)81055316
反盗版热线：(010)81055315
广告经营许可证：京东市监广登字 20170147 号

前言 FOREWORD

随着计算机网络的普及，网站已成为企业及个人面向世界、了解世界的窗口。网页设计的技能是计算机专业人才必须具备的基本技能之一。本书介绍了如何使用 Dreamweaver、CSS、（X）HTML 和 JavaScript 等技术进行网页设计与制作。

本书以训练读者的网页制作技能为目标，详细介绍了网页制作的基本技能，以制作企业网站的过程为导向，采用项目+案例的方式组织内容，每章节的内容按照“本章导读→知识目标→技能目标→准备知识→课堂案例→课堂练习”的思路进行编排。通过导读的内容，读者了解每章知识的应用范围；通过知识目标和技能目标，了解学习的目的和要求；通过准备知识，掌握所需的基础知识；通过课堂案例，深入学习工具软件的使用和技能知识的实现方法；通过课堂练习，巩固所学的知识并扩展应用能力。本书精心安排了个 30 多个具有针对性和实用性的教学案例，并详细分析和讲解案例的应用和实现步骤，言简意赅，通俗易懂。

本书共 9 章内容，参考学时为 48～64 学时，建议采用理论实践一体化教学模式，各章的参考学时见下面的学时分配表。

学时分配表

章 节	课 程 内 容	学 时
第 1 章	网页基础知识	4～6
第 2 章	（X）HTML 和 CSS	6～10
第 3 章	图文混排和超链接	4～6
第 4 章	网页布局方式——表格和 DIV+CSS	8～10
第 5 章	模板和库	6～8
第 6 章	表单	4～6
第 7 章	框架和浮动框架	4～6
第 8 章	网页特效	6～8
第 9 章	网站测试、发布与推广	4～6
	机动	2
课时总计		48～64

本书由崔英敏、张丽香任主编，王海任副主编，崔英敏编写了本书的第 1 章至第 3 章的内容，张丽香编写了本书的第 4 章至第 6 章，王海编写了本书的第 7 章至第 9 章。

为了方便教学，本书开设与课程配套的教学网站，同时提供最新的教学课件、练习素材和教学相关的拓展资料，欢迎通过网站 http://www.websiteweb.cn 下载和联系。

由于编者水平有限，书中不妥或错误之处在所难免，殷切希望广大读者批评指正。同时，恳请读者一旦发现错误，于百忙之中及时与编者联系，以便尽快更正，编者将不胜感激，E-mail：403028610@qq.com。

编　者
2017年6月

目 录 CONTENTS

Chapter

第1章 网页基础知识

■ **本章导读**

随着互联网的飞速发展，浏览网站已成为人们生活的习惯。网页设计技术已成为学习计算机的重要内容之一，本章介绍了网页设计的一些基础知识，如网页的结构、网页的主要元素、网站开发流程、网页设计开发工具和网页设计的基础等，并介绍了如何创建站点和企业网站设计与规划的流程。

■ **知识目标**

- 了解网页的主要组成元素；
- 了解静态网站和动态网站的区别；
- 了解网站开发的流程；
- 了解网页设计的主流工具；
- 了解网站规划的重要性。

■ **技能目标**

- 认识构建网页的主要元素；
- 熟悉 Dreamweaver CS6 的基本操作；
- 掌握创建网站站点的基本要求。

1.1 课堂案例：企业网站的规划和站点管理

在本书中，按照网站的开发设计流程，逐步完成“大尚鞋业有限公司”的企业网站规划、设计与部署。本章通过学习网页的基础知识和 Dreamweaver CS6 工具的基本使用，完成网站的需求分析、站点规划和站点管理。

1.2 准备知识：网页的基础知识

1.2.1 网页元素

在当今社会，网站已经成为必不可少的信息来源之一，用户通过浏览网页，获取信息。网页是网站中的任一页面，通常是 HTML（超文本标记语言）格式（文件扩展名为 html、htm、asp、aspx、php、jsp 等）的文件。网页与网页之间、网页与其他网页元素之间可以通过超链接，实现页面的跳转。网页的构成元素主要包括文字、图像、音频、视频、动画、样式、各类脚本等。

1. 文字

文字是网页最基本的组成元素之一，其在网页中的表现形式主要涉及字体、字号和编码。字体指的是文字的风格式样，常见的中文字体有“宋体”“楷体”“仿宋”等，常见的英文字体有“Arial”“Times New Roman”等。相同内容不同语言展现的网页，会根据需要选择对应的字体，即中文选择中文字体，英语选择对应的英文字体。字号是指文字的大小，在网页中，常用来描述文字大小的单位是 px（像素）和 pt（点）。px 是 Pixel 的缩写，是相对于显示器屏幕分辨率而言的；pt

全称为 point，大小为 1/72 英寸，是一个自然界标准的长度单位，也称为“绝对长度”。字号还可以用其他的单位，如 em（字高）、%（百分比）等。

2．图像

图像是网页中最常见的元素之一，比文字描述所展现的效果更形象、生动，而且能包含文字所无法描述的信息。目前，在网页中常用的图像格式有 jpg、gif 和 png 等。

• jpg 格式：jpg 或 jpeg 格式的图像文件是当前最流行的图像格式之一，其特点是拥有良好的图片显示效果及较大的图像压缩比。目前网页上使用的图像格式基本是 jpg 格式，也是数码相机、扫描仪等设备常用的图像文件格式。

• gif 格式：gif 格式的图像支持透明背景，可以将多幅图像保存为一个图像文件，制作成小动画，是网络上常用的图像格式，但是只能显示 256 色，是目前网络流行的“动图”文件格式。

• png 格式：png 格式也是目前较为流行的网络图像格式，是 Adobe 公司推出的图像处理工具 Fireworks 的默认保存格式，支持透明背景，可以制作连续的多帧小动画图片，存储的色彩丰富。

在网页中，目前只有 gif 和 png 两种图像格式支持透明背景的图像，但是 png 格式需要在 IE 浏览器 8.0 或以上版本才能支持透明背景的效果。除了以上的图像格式外，还有其他的图像格式，如 bmp、psd、tif 等图像格式也是目前常见的图像格式，但是这些图像格式压缩率低或在浏览器中不能直接打开，故在网页中基本不使用这几种格式的图像文件。

3．音频

网页中的音频文件主要采用 MP3 和 MIDI 两种格式。

• MP3 格式：MP3 是一种音频压缩技术，其全称是“动态影像专家压缩标准音频层面 3”（Moving Picture Experts Group Audio Layer III），简称为 MP3。目前网络上的音乐格式大部分采用的是 MP3 格式，MP3 格式的音频文件具有较大的压缩率，可将音频文件压缩成容量较小的文件，压缩后的文件与未压缩前相比音频质量没有明显的下降，所以 MP3 格式的文件在网络中被大量使用。

• MIDI：MIDI 是 Musical Instrument Digital Interface 的简称，意为音乐设备数字接口。它是一种电子乐器之间以及电子乐器与电脑之间的统一交流协议。由于其对应的文件小，故早期网页上的背景音乐基本采用 MIDI 格式的音频文件，由于网络技术的发展，目前 MIDI 格式的音频文件在网页中较少使用，基本使用 MP3 格式的音频文件。

4．视频

在网页中播放视频文件需要视频播放插件的支持，目前网页上常用的视频文件的格式为 WMV、FLV、MPEG、RM 等。

• WMV：WMV（Windows Media Video）是微软推出的一种流媒体格式，可以边下载边播放，因此很适合在网上播放和传输。

• FLV：FLV 是 Flash VIDEO 的简称，FLV 流媒体格式是随着 Flash 的推出、发展而来的。由于它形成的文件较小、加载速度快，适合在网络中在线观看，有效地解决了视频文件导入 Flash 后导出的 SWF 文件体积庞大，不能在网络上流畅使用等缺点。目前网络上的视频网站，如优酷、土豆等都采用 FLV 的文件格式播放视频。

• MPEG：MPEG 是一种视频、音频的压缩技术标准，目前使用较多的是 MPEG-4 标准的视频压缩文件。用 MPEG-4 的高压缩率和高图像还原技术可以把 DVD 里面的 MPEG-2 视频文件转换为体积更小的视频文件。经过这样处理，图像的视频质量损失少但文件大小却缩小几倍，可以很方便地用于保存 DVD 上面的视频文件。MPEG-4 也常用于视频的摄影录像、网络实时影像播放。

5. 动画

网页动画主要是指 swf 文件。swf 是 Flash 的专用格式，是一种支持矢量和点阵图形的动画文件格式，被广泛应用于网页设计、动画制作等领域，swf 文件通常也被称为 Flash 文件。

6. HTML

HTML 是用来制作网页的标记语言，HTML 是 Hypertext Markup Language 的英文缩写，即超文本标记语言，浏览器能直接执行，例如段落标签为<p>，HTML 对网页元素有对应的标签，可通过对标签的属性的设置，美化网页。

7. CSS

CSS 层叠样式表，使用 CSS 可以对网页中元素的位置进行像素级的精确控制，并且支持几乎所有的字体字号样式，拥有对网页对象和模型样式编辑的能力，还能够进行初步交互设计，是目前基于文本展示最优秀的表现设计语言。

8. JavaScript

JavaScript 是一种基于对象和事件驱动并具有相对安全性的客户端脚本语言，同时也是一种广泛用于客户端 Web 开发的脚本语言。在 HTML 网页中加入 JavaScript，能增加网页客户端的交互效果，常用来给 HTML 网页添加动态功能。

1.2.2 网页的分类

按表现形式，网页主要分为静态网页和动态网页两种类型。

1. 静态网页

静态网页通常指的是文件后缀名为“.html”“.htm”和“.shtml”等形式呈现的网页。这类网页的特点是浏览器端不与服务器端发生交互。在制作与发布静态网页的站点时，不需要安装 Web 服务器，不连接数据库，使用浏览器打开网页可以直接预览到网页的效果。本教材所涉及的网页均为静态网页。

2. 动态网页

动态网页是指网页文件里包含了程序代码，通过后台数据库与 Web 服务器的信息交互，由后台数据库提供实时数据更新和数据查询服务。这种网页的后缀名称一般根据程序设计语言的不同而不同，如常见的有“.asp”“.aspx”“.jsp”“.php”等形式。动态网页与静态网页是相对应的，动态网页的内容可以根据某种条件的改变而自动改变，如留言本，用户可以通过网页实现注册、登录、留言、修改留言等操作；再如新闻发布网站，网站管理员通过网站后台就可发布新闻、上传产品信息、发布最新动态等操作，还可以对发布的信息进行修改、删除等。用户通过浏览网页，对新闻、产品等实现留言和评论等。制作动态网页时，预览网页效果需要 Web 服务器，常常与数据库搭配使用。

注意：动态网页不是网页动画，与网页上的各种 Flash 动画、滚动字幕、JavaScript 网页特效的视觉上的动态效果是不同的概念。动态网页是与服务器发生交互，如用户注册时，在客户端将注册的信息通过网络写入远程的数据库中，再返回信息到客户端的过程。

1.2.3　常用的术语

1. WWW

WWW 是环球信息网（World Wide Web）的缩写，中文名字为“万维网”“环球网”等，常简称为 Web，分为 Web 客户端和 Web 服务器程序。WWW 可以让 Web 客户端（常用浏览器）访问浏览 Web 服务器上的页面。WWW 提供丰富的文本和图形、音频、视频等多媒体信息，将这些内容集合在一起，并提供导航功能，使用户可以方便地在各个页面之间进行浏览。由于 WWW 内容丰富，浏览方便，已经成为互联网最重要的服务。

2. URL

URL 即统一资源定位符（Uniform Resource Locator），是对从互联网上得到的资源的位置和访问方法的一种简洁的表示，是互联网上标准资源的地址。互联网上的每个文件都有一个唯一的 URL，URL 用统一的格式来描述信息资源，包括文件、服务器的地址和目录等。

3. Web 服务器

Web 服务器一般是指网站的服务器，主要功能是提供网上信息浏览服务。网页完成后需要在网络上实现发布，其他人才能通过互联网查看到网页，Web 服务器就是提供网站发布功能的。常见的 Web 服务器有 IIS（Internet Information Services）、Apache、Tomcat 等。

4. 域名

域名（Domain Name），俗称“网址”。互联网上的域名必须经过注册才能使用，而且域名是唯一的，例如，输入“www.163.com”打开的网址就是网易。域名是由一串用点分隔的名字组成的 Internet 上某一台计算机或计算机组的名称，用于在数据传输时标识计算机的电子方位（有时也指地理位置，地理上的域名指有行政自主权的一个地方区域）。域名的注册是租用模式，需要交纳费用并有使用时间限制，到期不及时续费，域名可以被其他人或机构申请使用。

5. 网站发布

网站发布是指完成一个网站的制作后，将网站上传到网络中供用户访问的过程。

6. 超链接

超链接是指网页间、网页元素间的连接关系，从一个网页通过单击文字、图片或其他元素打开一个网页对象的关系，这个目标可以是一个网页，也可以是相同网页上的不同位置，还可以是一个图片，一个电子邮件地址，一个文件，甚至是一个应用程序。

7. 本地站点和远程站点

网站的站点可以看作是网站中所有文件的集合，使用浏览器工具，可以从一个文档跳转到另一个文档，实现对整个网站的浏览。站点分为本地站点和远程站点，本地站点通常是指本地计算机的一个文件夹地址，如“C:\web”。远程站点是指通过 Internet 实现对网站文件的浏览，网站文件存储在 Internet 服务器上的位置。存储于 Internet 服务器上的网站文档的集合称作远程站点。

1.2.4　常用的网页制作工具软件

常用的网页编辑工具有 Dreamweaver、FrontPage、记事本等，与网页相关的其他工具主要是 Adode 公司开发的工具 Flash、Photoshop、各种浏览器工具、FTP 上传工具、浏览器测试工具等。

1. Dreamweaver

Adobe Dreamweaver，简称“DW”，中文名称“梦想编织者”，是 Adobe 公司开发的集网页制作和管理网站于一身的“所见即所得”网页编辑器。它是第一套针对专业网页设计师开发的视觉化网页制作工具，能产生所见即所得的网页，是大多数网页设计师使用的网页编辑工具。本书主要使用 Dreamweaver 工具实现网页的制作和网站的开发。

2. Flash

Flash 是由 Adobe 公司推出的交互式矢量图和 Web 动画的标准。网页设计者使用 Flash 创作出既漂亮又可改变尺寸的导航界面以及其他奇特的效果，是商用的二维矢量动画软件，用于设计和编辑 Flash 文档。在网页中动画多采用由 Flash 工具生成的 swf 文件。

3. Photoshop

Photoshop 简称“PS”，是由 Adobe 公司开发和发行的图像处理软件。Photoshop 主要处理以像素所构成的数字图像，具有众多的图像编辑与绘图工具，可以有效地进行图像的编辑工作。Photoshop 功能强大，是目前最流行的图像编辑工具，除了可以处理图像，还能直接生成网页文件，是网页设计中常常用到的工具软件。

4. 记事本

记事本是 Windows 系统自带的简单的文本编辑工具，但由于大部分的网页源代码都是纯文本，可以使用记事本直接编写或修改网页的源文档。不过对于制作稍大型的网页，需要编辑大量代码时，使用记事本就不合适了，但对于初学者来说，记事本是较好的练习工具，在学习 HTML 标记语言时，使用记事本来编写，可以提高代码的编写能力。

5. 浏览器

上网时用来打开网页的工具软件就是浏览器，浏览器可以显示网页服务器或者文件系统的 HTML 文件内容，并让用户与这些文件交互的一种工具软件。一个网页中可以包括多个文档，每个文档都是分别从服务器获取的。大部分的浏览器本身支持除了 HTML 之外，还能够扩展支持众多的插件（plug-ins），如 Flash 插件等。常见的网页浏览器主要有微软公司的 Internet Explorer（简称 IE 浏览器）、Mozilla 的 Firefox（火狐浏览器）、Google Chrome、360 安全浏览器、搜狗高速浏览器、QQ 浏览器、傲游浏览器、百度浏览器等。浏览器是最经常使用到的客户端程序，不同的浏览器工具及其不同的版本对同一页面的效果有可能会有不同的显示效果，这是由于浏览器工具对网页元素的支持度不相同，尤其是对 CSS 和 JavaScript 的解析会有所不同。所以在制作网页的同时，必须采用多种浏览器及多个版本来进行测试，也可以采用浏览器测试工具如 IETest 等工具软件，保证制作出来的网页在不同的环境下均能正常显示。

6. IETester

IETester 是一个免费的 IE 浏览器测试工具，用来测试网页在不同 IE 版本下兼容性的效果，是网页设计者常用的网页测试工具。

7. FTP 上传工具

网站制作完成后，当需要将本地文件上传到远程站点时，往往采用 FTP 工具实现文件上传，常用的 FTP 上传工具有 CuteFTP、FlashFTP 等。

1.2.5　网站的开发流程

在制作网站之前需要进行建站前的准备工作，分别是网站的需求分析、网站资料收集、网站规划等；网站制作完成后，进行网站测试和发布工作；网站交付用户使用后，还需对网站进行定期的维护和更新。

1. 需求分析

在制作网站前，要明确制作网站的目标，定义网站的类型，网站对应的用户群信息，撰写网站的需求分析报告，明确网站的定位、风格、内容。目前根据网站的内容将网站划分为企业类网站、门户类网站、专业类网站、个人类网站、主题类网站等，根据不同类型网站的需求来制作对应类型的网页。

2. 网站规划

网站规划主要内容为网站风格、页面布局、网站内容。网站的风格是指网站给浏览者的整体形象，主要由网站的色彩、标志、字体等综合构成。例如，制作一个企业网站，其目的是通过网站展现企业文化、经营理念和产品，同时提供用户沟通的渠道，如留言区、邮箱、在线客服等，在色彩上需要选择能体现企业形象的色系，背景、文字、图片三者要有机地融合在一起，也要将主要内容鲜明独特地展现出来。网站的标志也是企业的标志，往往是企业注册的商标或相关标志，是具有版权的信息。网站的内容是网站的核心，在制作网页之前，要确定网站的主要内容，根据内容的重要性分配在网页的不同位置显示。

3. 网站制作

在完成站点规划后，就开始具体的制作页面。首页与二级页面之间的布局要定义好，网页的布局要考虑页面宽度、结构等问题。网页的布局传统为采用表格布局，现在主流的布局模式是 DIV+CSS 模式。首页是一个网站中最重要的页面，是整个网站的索引，其他页面可以采用模板的方式快速完成，完成后要确定页面之间都进行了超链接。

4. 网站测试

完成网站的制作后，必须先进行测试，测试的目的是为了找出网站存在的问题，例如进行多个浏览器的兼容测试，网页间的超链接测试，检验网页元素是否可以正常显示和运行等。网站在发布前必须多次测试，早发现问题早解决，避免上传后重复出错而提高后期的更新维护的难度。

5. 网站发布

网站发布是需要空间与域名的，可在网上租用一个空间和域名，采用 FTP 上传工具进行本地站点文件的上传，使用浏览器对域名进行访问，完成网站的发布。

6. 更新维护

网站发布后，在运行的过程中，往往还需要更新网站信息，保持网站的内容能随时反映最新的信息，所以后期还需要定期的打开网站检查页面是否正常，以及上传新的信息或修改页面后重新上传等工作。

图 1-2-1 是网站开发的流程图。

网页制作的基本要求：网页制作并不是简单的内容上的堆积，是有具体的目标、要达到一定的效果，在制作网页的时候，必须遵循网页制作的原则。

- 网站中的文件和文件夹的名称采用的字符为字母、数字和下划线，不采用中文字符或韩文、法文等字符，数字和字母也不采用中文全角下的字符。

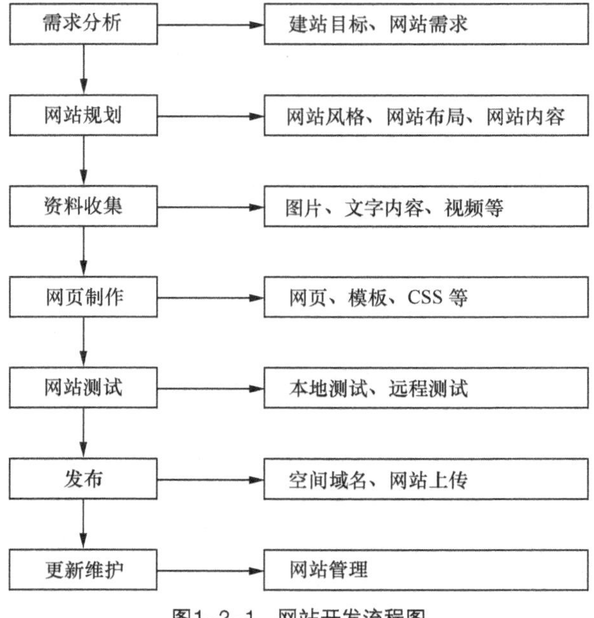

图1-2-1 网站开发流程图

- 网站的首页的名称一般为“index.html”或“index.htm”，首页存储在站点的根目录下，合理规划网站中文件储存的位置，做到整齐有条理。
- 网页的宽度不要定义得太大或太小，要根据当前的主流显示器的分辨率来定义。目前采用 1 000 ~ 1 200 像素的宽度比较适合，全屏百分百的显示也是常用的宽度值设置，网页的内容一般显示在网页的中间位置（居中效果）。
- 网页的字体不宜采用特殊字体，由于浏览网页是在用户的电脑中，如果浏览者的操作系统中缺乏这些特殊字体，将采用系统的默认字体，所以网页字体要选择大众化的字体或直接采用默认字体。
- 除了制作音频或视频类的网站，一个网页中不要过多地使用网页特效、动画、视频、音频等效果。
- 图像文件大小要控制在 100K 以内，除了以图像为主题的网站外，一般不使用单张大小超过 500K 的图像文件。
- 除首页外，网站中的网页要有返回首页或上一级网页的链接设置。

1.3 Dreamweaver CS6 工具介绍和基本操作

Dreamweaver CS6 是一个“所见即所得”的网页编辑工具，是流行的网页制作工具，Dreamweaver 具有强大的网页元素组合编辑功能，可以方便地插入图片、视频、Flash 动画等网页元素，方便地实现网页元素的定位，自动生成 HTML 代码，轻松地与 CSS 和 JavaScript 脚本结合使用，使用 Dreamweaver 可以快速地完成网页的编辑工作。

1.3.1　Dreamweaver CS6 工具介绍

1. 启动 Dreamweaver CS6

安装好 Dreamweaver CS6 后，可以创建桌面的快捷启动图标，通过双击图标启动 Dreamweaver CS6，也可以单击操作系统中的【程序】→【所有程序】→ Adobe Dreamweaver CS6 命令。打开 Dreamweaver CS6 后，可以看到“欢迎屏幕”页，这页也称为“起始页”（见图 1-3-1）。

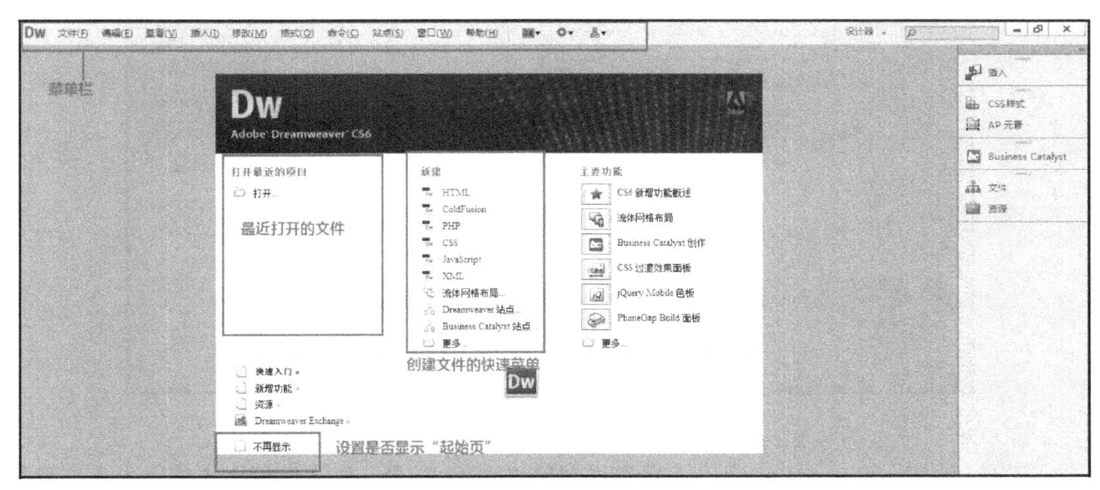

图1-3-1　Dreamweaver CS6起始页

设置【起始页】：选择“起始页”左下角的【不再显示】的复选框，可设置关闭“起始页”的效果，如需重新开启该项功能，单击菜单栏的【编辑】→【首选参数】→【常规】→【文档类型】→【显示欢迎屏幕】，选择这个选项重新启动“起始页”（见图 1-3-2）。

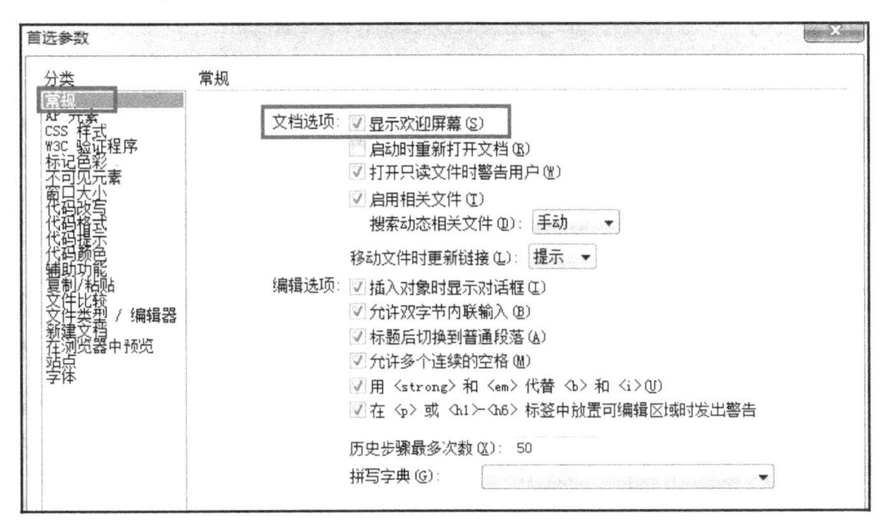

图1-3-2 【首选参数】面板

2. 认识 Dreamweaver CS6 工作面板

Dreamweave 的工作界面是一个集成布局界面，将全部的元素置于一个窗口内，在集成的工作界面中，全部窗口和面板都被集成到一个更大的应用程序窗中，多个工具栏被集合到一起，工具栏可以通过拖动的方式从 Dreamweaver 的界面中单独分开，也可以重新组合到 Dreamweaver 的界面中，工具栏可以通过菜单栏中【窗口】菜单选择显示和隐藏，Dreamweaver CS6 工作布局如图 1–3–3 所示。

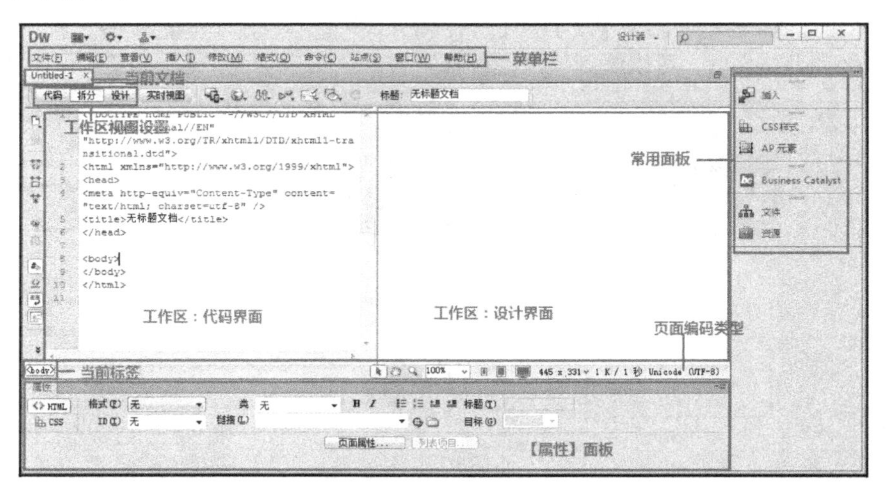

图1–3–3 Dreamweaver CS6工作布局

• 菜单栏：Dreamweaver CS6 工作布局的菜单共有 10 个，即【文件】、【编辑】、【查看】、【插入】、【修改】、【格式】、【命令】、【站点】、【窗口】和【帮助】，各菜单选项的功能如表 1–3–1 所示。

表 1-3-1 Dreamweaver CS6 各菜单栏选项功能

菜单栏	功　能
文件	主要是管理文档，例如新建文档、打开、保存、另存为、导入、关闭、退出等
编辑	主要是设置编辑文档的功能，如复制、粘贴、查找、全选、快捷键、首选参数等
查看	用来切换视图模式及网格、标尺、辅助线等功能的实现
插入	主要用来插入网页元素，如图片、表格、媒体、表单等
修改	主要用来对网页元素的修改操作，例如表格的合并单元格、图像的优化、裁剪等
格式	主要用来文本的操作，如段落格式、对齐、列表等
命令	主要用来实现一些命令操作，如拼写检查、清理 XHML 等
站点	主要用来对站点相关的管理，如新建站点、管理站点、上传等
窗口	主要用来显示和隐藏各种工具面板，如插入面板、CSS 面板、属性面板的显示与隐藏
帮助	提供联机帮助功能，如链接 Adobe 在线论坛

注意：工具面板可通过菜单栏中的【窗口】菜单来实现显示和关闭，如要打开【插入】面板，则单击菜单栏的【窗口】→【插入】(见图 1-3-4)。工具面板上就可找到【插入】工具面板。

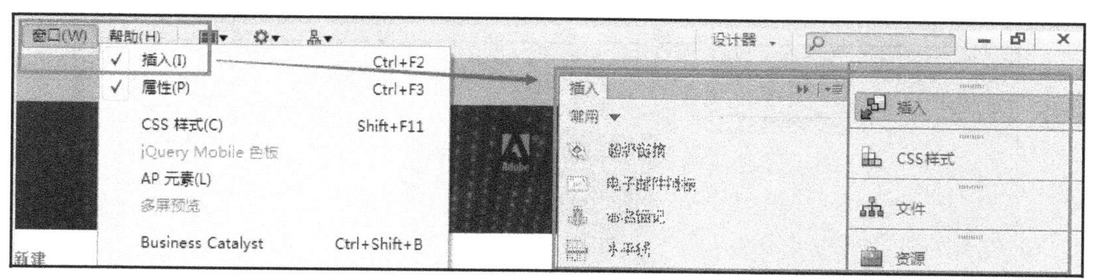

图1-3-4　插入面板

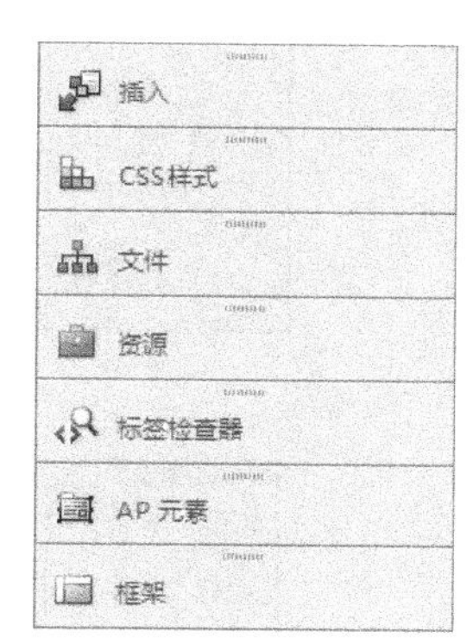

图1-3-5　常用面板

• 常用面板：常用面板集合了多个使用频率较高的工具面板，如【插入】、【CSS 样式】、【文件】等（见图 1-3-5）。这些工具面板是将菜单栏上的菜单项设置成工具栏上的按钮，单击按钮就可直接使用，方便用户操作。

• 工作区：Dreamweaver CS6 提供 3 种工作区的视图效果，分别为【代码】、【拆分】和【设计】（见图 1-3-6）。

【代码】：工作区只显示 HTML、CSS、JavaScript 或其他的代码内容。

【设计】：工作区只显示设计效果，不显示代码。

【拆分】：工作区分成两部分，一边为【代码】区，另一边为【设计】区，默认为左右拆分效果，可通过取消菜单栏的【查看】→【垂直拆分】改成上下拆分效果。

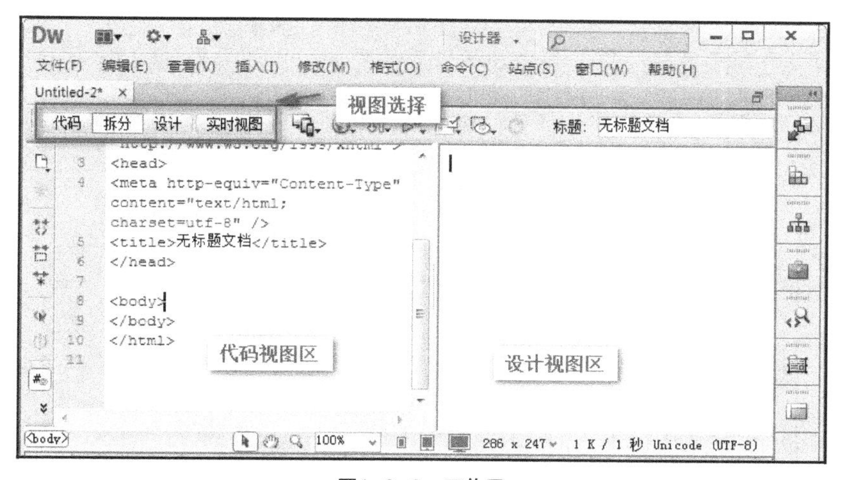

图1-3-6　工作区

【实时视图】：可以在 DW 的工作区中实现在“浏览器中预览”的效果，单击【实时视图】后，在【实时视图】按钮右边出现【实时代码】和【检查】两个按钮（见图 1-3-7）。【实时代码】显示网页的 HTML 源代码，【检查】的作用是自动检查源码中的错误代码。

•【属性】面板：Dreamweaver CS6 的属性面板默认在 Dreamweaver 界面的底部，会随着光标所在位置或鼠标选择的对象不同而显示相对应的属性面板内容（见图 1-3-8）。

•【当前标签】：光标所在位置的 HTML 标签名称（见图 1-3-9）。

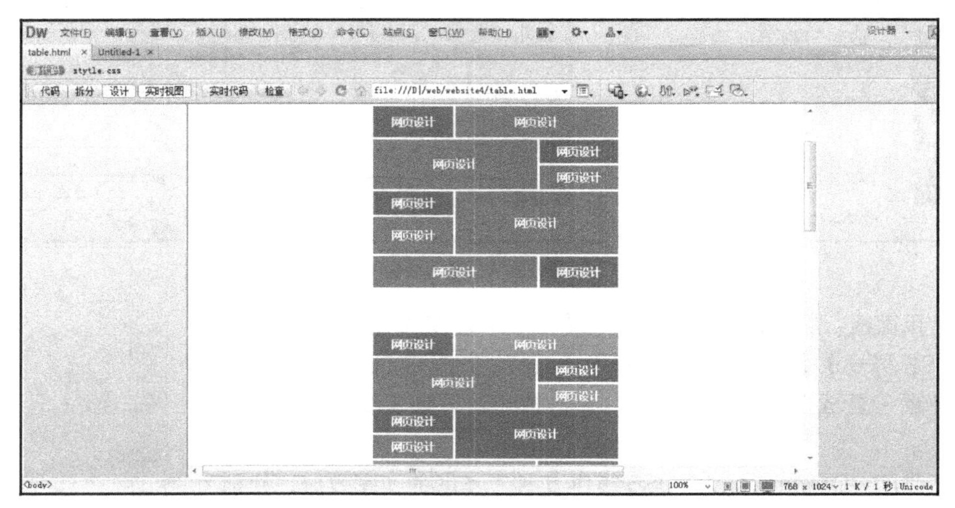

图1-3-7 【实时视图】工具预览效果

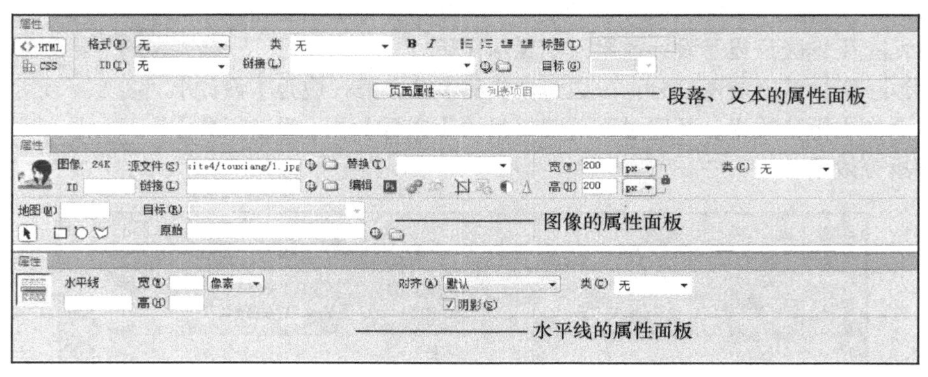

图1-3-8 属性面板

图1-3-9 当前文档

●【状态栏】：状态栏位于文档窗口的底部，它的作用是显示当前正在编辑的文档的相关信息，主要包含当前窗口大小、文档大小、当前标签、估计下载时间、当前页面编码类型等（见

图 1-3-9)。

• 【当前文档】：表示当前编辑的文档名称，通过鼠标单击文档名称可更改当前编辑的文档。图 1-3-9 表示当前编辑文档为“index.html”，文档名称上没有文件后缀，如 Untitled-2* ×，表示该文档从未被保存过，保存过的网页会有文件的后缀名，如“index.html.” 文档后带有 “*”，表示该文档被修改后没有保存。当前文件如果有链入其他的文件，例如 CSS 文件，在代码区中单击 源代码 style.css ys.css 中的文件名称，代码区的内容将切换对应的文档的内容，但是设计区的内容仍为网页文件的内容。

3. Dreamweaver CS6 常用工具面板介绍

1)【插入】工具面板

【插入】工具面板可以从工具栏通过鼠标单击并拖曳的方式放置到窗口的其他位置，一般将【插入】面板放置到【菜单栏】的下方。【插入】面板包括 9 个项目，分别为【插入】(见图 1-3-10)、【布局】、【表单】、【数据】、【Spry】、【jQuery Mobile】、【InContext Editing】、【文本】、【收藏夹】。

【插入】工具面板中选项的功能如表 1-3-2 所示。

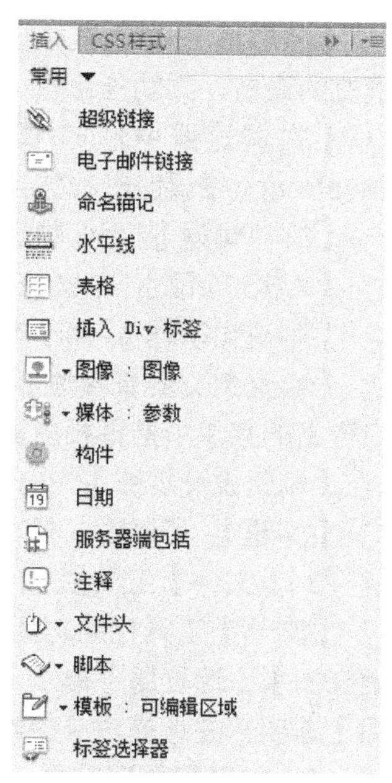

图1-3-10 【插入】面板工具栏

表 1-3-2 【插入】面板工具栏选项

选项	功　能
常用	包含了可以向网页文档添加的各种元素，例如超连接、图像、表格、脚本等
布局	包含了表格、Spry 菜单栏布局工具，还可以在【标准】和【扩展】模式之间进行切换
表单	是动态网页中重要的元素之一，包含了表单和插入表单的对象
数据	用于创建应用程序，包含记录集、动态数据等
Spry	使用 Spry 工具栏，可以快捷构建 Ajax 页面，包含 Spry XML 数据集、Spry 重复项、Spry 表等
jQuery Mobile	用于插入 JQquery Mobile 页面和相应的元素
InContext Editing	用于定义模板区域和管理可用的 CSS 类
文本	对页面中的文本对象进行编辑
收藏夹	可以将常用的按钮添加到【收藏夹】中，方便使用。右击该面板，在弹出的快捷菜单中选择【自定义收藏夹】命令，可以打开【自定义收藏夹对象】对话框，在该对话框中添加或删除收藏项目

2)【文档】工具栏

文档工具栏主要包含一些对文档进行常用操作的功能按钮，通过单击这些按钮，用户可以在文档的不同视图模式间进行快速切换 (见图 1-3-11)。

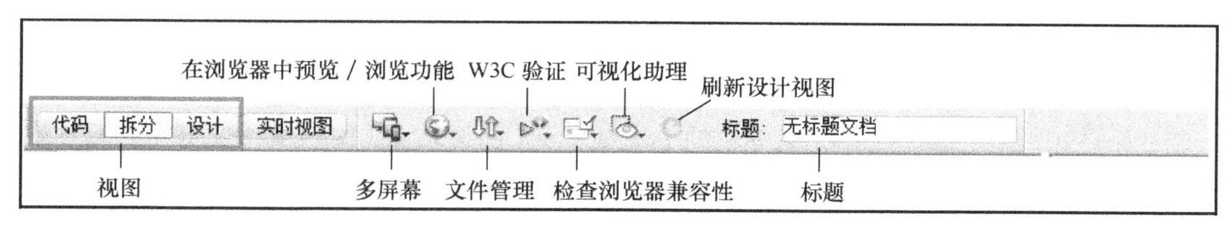

图1-3-11 【文档】工具栏面板

【多屏幕】：单击该按钮，在弹出的菜单用户可以选择网页显示的屏幕分辨率选项，可以选择预览的设备，如功能手机、智能手机和平板电脑。

【在浏览器中预览/调试】：该按钮通过指定浏览器预览网页文档，可以在文档中存在JavaScript 错误时查找错误。

【文件管理】：用于快速执行【获取】、【取出】、【上传】、【存回】等文件管理命令。

【W3C 验证】：单击该按钮，可弹出 W3C 验证菜单。

【可视化助理】：用于在文档窗口中显示各种可视化助理。

【检查浏览器兼容性】：用于检查所设计的页面对不同类型的浏览器的兼容性。单击该按钮，在弹出的菜单中选择相应的命令检查对应的兼容性。

【刷新设计视图】：在代码视图中修改网页内容后，可以使用该按钮刷新文档窗口。

【标题】：可以输入要在网页浏览器上显示的文档标题的文字信息。

3）【文件】工具栏

【文件】工具栏的功能主要是文件管理、转换站点。单击【本地视图】选项，可以选择【本地视图】、【远程服务器】、【测试服务器】和【存储库视图】（见图 1-3-12），常用的是【本地视图】选项，并选择对应的站点转换文件信息。

4. 创建和管理站点

网站的站点，其实是文件夹，其作用是存储网站的所有元素、文件等，方便文件的链接和站点的移动。站点的位置可以是本地计算机，也可以是远端服务器中的虚拟文件夹。

创建站点的步骤如下：

STEP 1 在定义站点前，必须先规划好网站中的文件夹，定义好网站的制作过程中各种文件的存放的位置，如定义“D:\web”文件夹为网站的站点文件夹，在“web”文件夹中分别创建“image”“files”“css”“js”文件夹（见图 1-3-13）。“image”文件夹用来存放图像文件，“files”文件夹用来存放除了首页外的其他网页文件，“css”文件夹用来存放站点中的 CSS 文件，“js”文件夹用来存放网页特效文件。

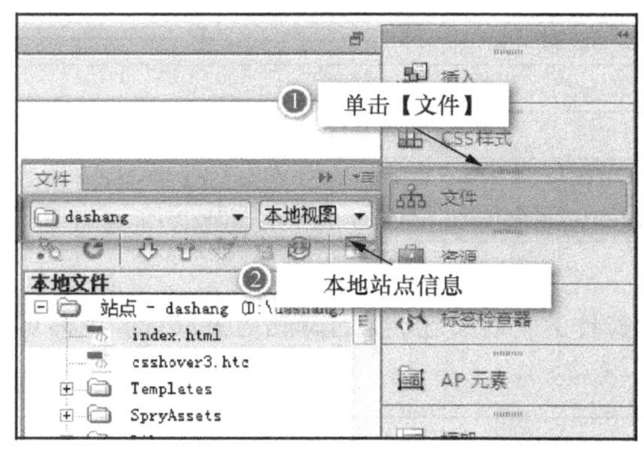

图1-3-12 【文件】工具面板

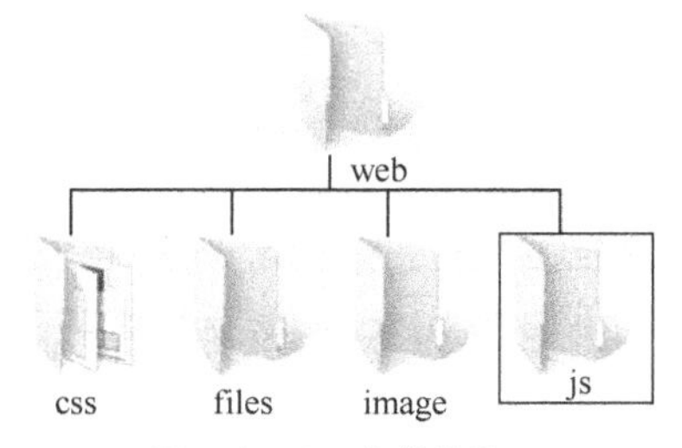

图1-3-13 文件目录

STEP 2 单击 Dreamweaver 菜单栏的【站点】→【新建站点（N）】命令，即可打开【站点设置面板】对话框，修改【站点名称】为“mysite”（名称可以自定义）（见图 1-3-14），设置本地计算机站点文件位置为“D:\Web”（位置可以自定义）后，若直接单击【保存】则创建了最简单的站点，如果想设置的图像文件夹，则单击【高级设置】设置。

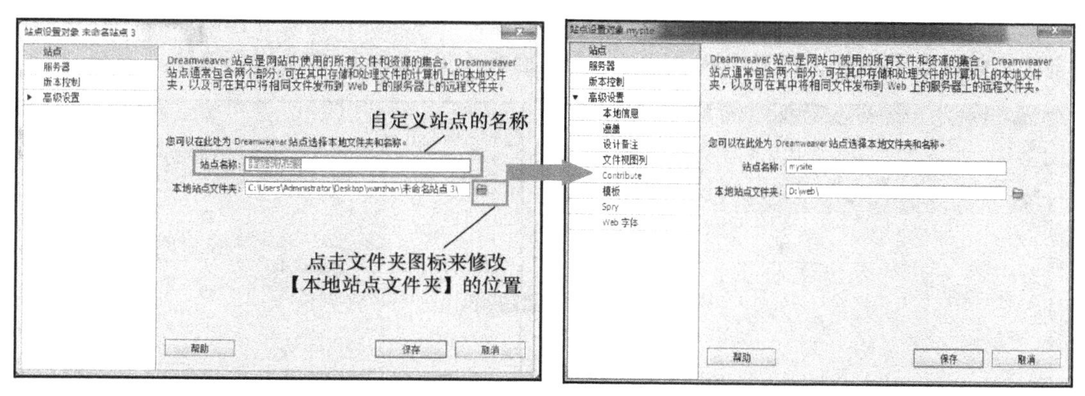

图1-3-14 【站点】设置

STEP 3 单击【高级设置】→【本地信息】选项中的【默认图像文件夹】，设置站点中图片存放的默认位置（见图 1-3-15），当从站点外插入一张图片时，图片会自动存放在该文件夹中。【站点范围媒体查询文件】是指站点的 CSS 文件（见图 1-3-16），该选项需要 CSS 文件已创建好的情况下选择，如果没有 CSS 文件，则不需要设置。

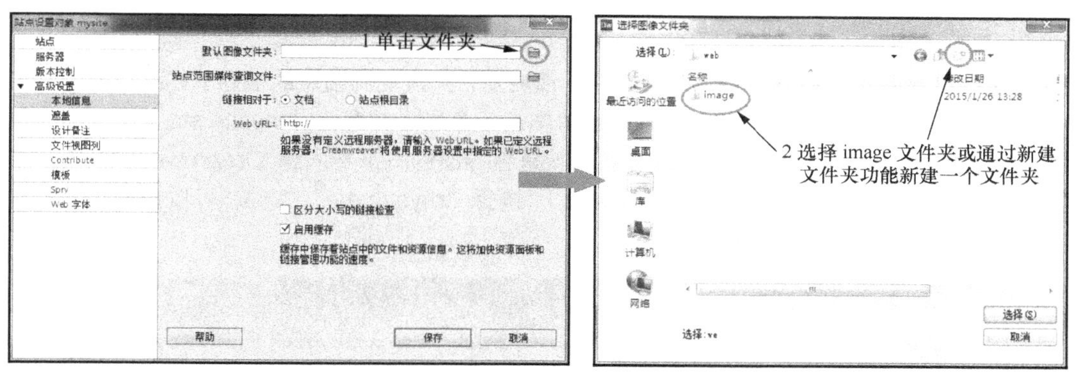

图1-3-15　设置【默认图像文件夹】

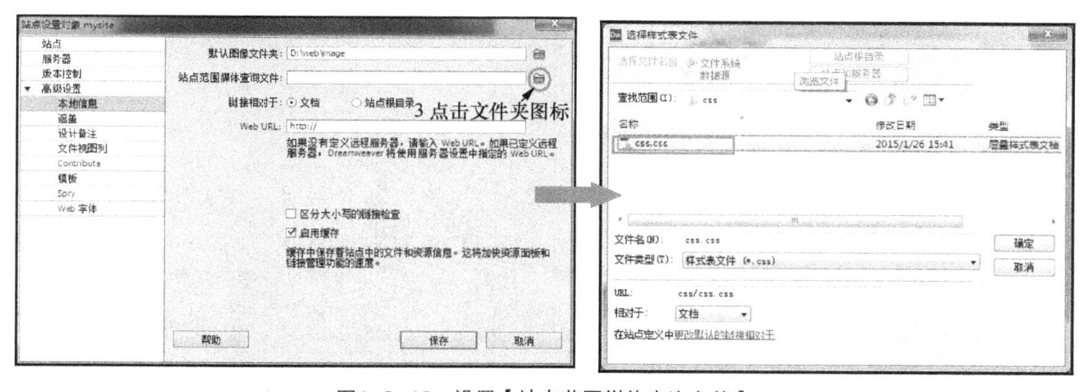

图1-3-16　设置【站点范围媒体查询文件】

STEP 4 单击【保存】按钮完成站点的创建。

STEP 5 管理站点。站点创建完成后，当要修改站点信息时，在菜单栏中选择【站点】→【管理站点】，打开【管理站点】面板，可双击站点的名称“mysite”，或者选择站点后，单击【编辑当前选定的站点】图标，打开【站点设置对象】面板（见图 1-3-17）进行修改。

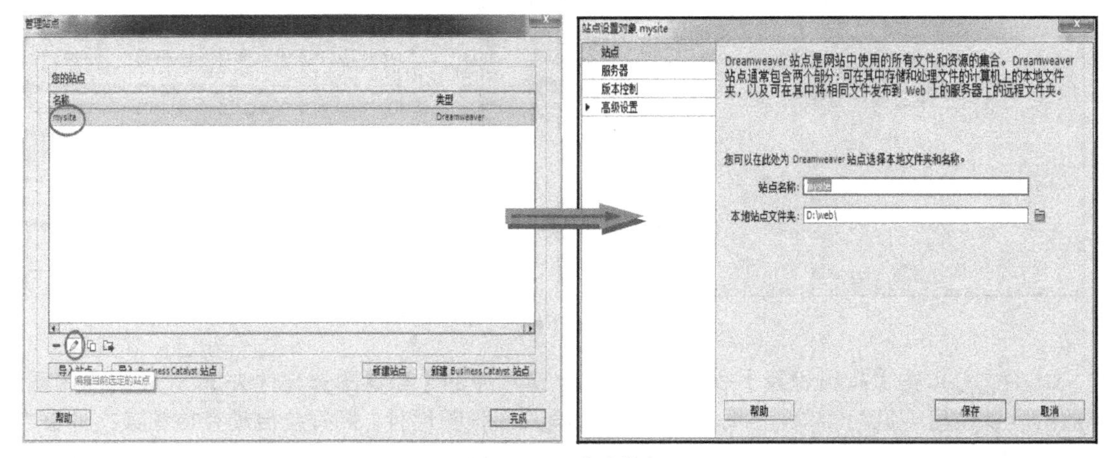

图1-3-17　修改站点

除了修改站点外，Dreamweaver 还提供删除站点、复制站点信息、导出站点、导入站点的功能。

复制站点就是将当前站点信息进行复制，请注意，只是复制站点的信息，并不是复制站点的文件，这与站点的文件无关。导出站点就是将站点信息导出并存为“mysite.ste”文件，方便移动到其他设备上导入站点信息。【导入站点】就是将导出的站点导入到 Dreamweaver 中，单击【管理站点】中的【导入站点】（见图 1-3-18），选择“mysite.ste”文件，可以自动将站点定义完成。

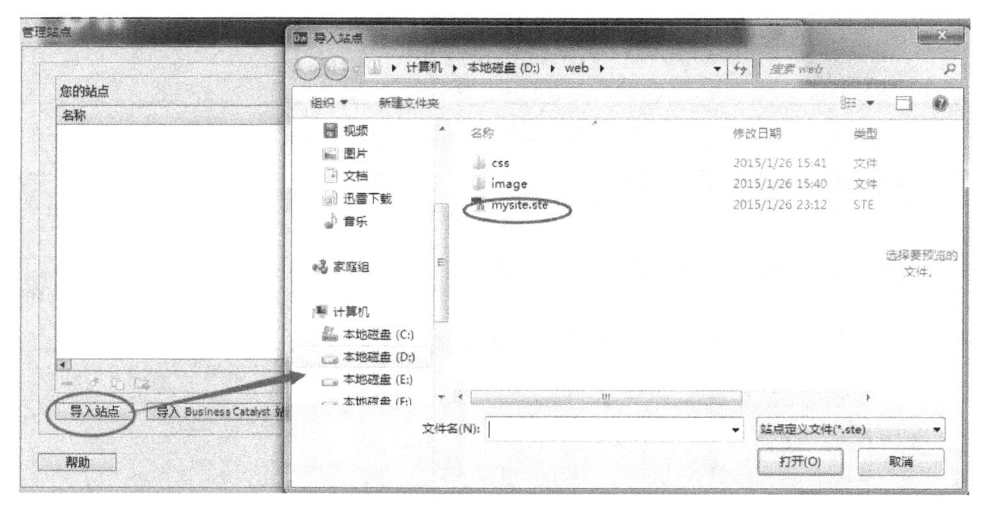

图1-3-18 【导入站点】面板

导出、导入站点功能可以很方便用户从本地计算机中导出站点信息，在其他计算机设备上快速地创建站点的方式，是一个很好的功能。

1.3.2　Dreamweaver 对网页文档的基本操作

1. 创建一个新的 HTML 网页

在 Dreamweaver 中创建网页文档的方式主要有 3 种。

方法一：单击【起始页】→【新建】→【HTML】(见图 1-3-19) 新建一个空白的 HTML 网页文档；

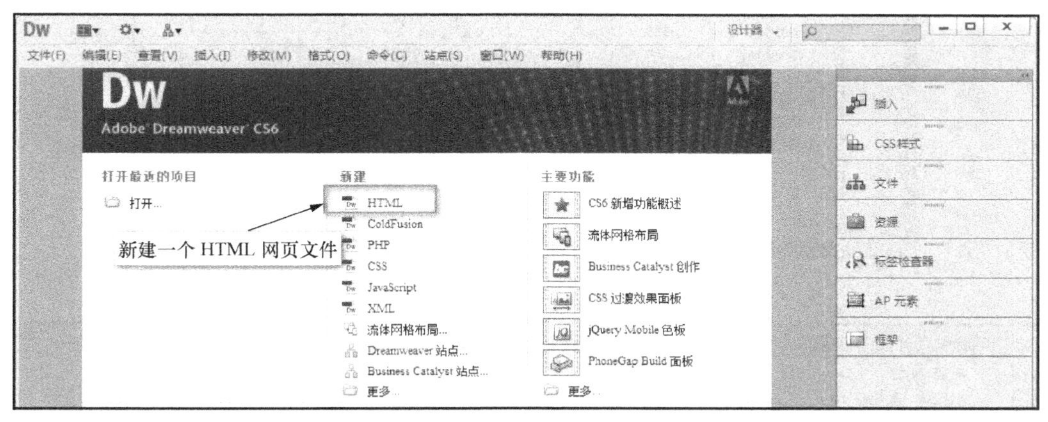

图1-3-19　创建网页

方法二：选择菜单栏中的【文件】→【新建】，在弹出的【新建文档】对话框中，选择【空白页】→【页面类型-HTML】→【布局-无】→【创建】新建一个空白的 HTML 网页文档（见图 1-3-20）；

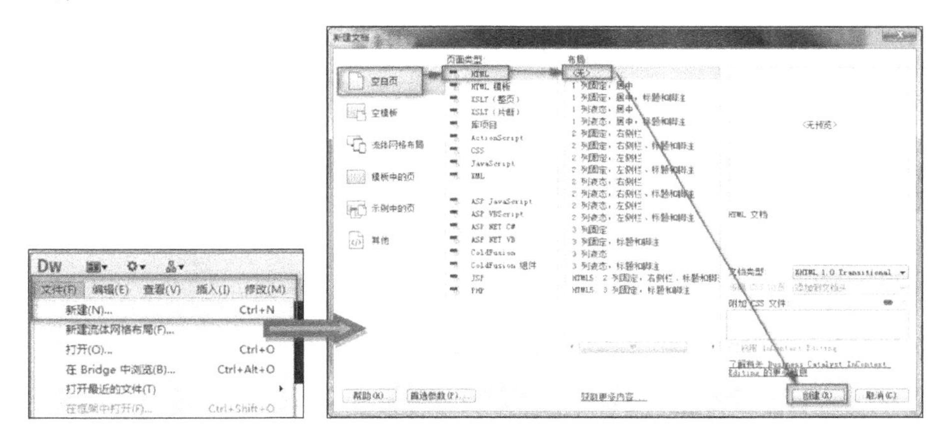

图1-3-20　创建网页

方法三：选择工具面板的【文件】→【本地文件】，在空白位置单击鼠标右键，在弹出的菜单中选择【新建文件（F）】，新建一个空白的 HTML 网页文档（见图 1-3-21）。

注意：新建的文件名默认为“Untitled-X”（X 表示从 1 开始的数字），保存时注意更改网页文件的名称。

2. 保存网页文档

单击 Dreamweaver 的选择菜单栏【文件】→【保存】命令（或按 Ctrl+S 键），打开【另存为】对话框（见图 1–3–22），然后在该对话框中选择文档存放的位置并输入保存的文件名称，单击【保存】按钮，即可将当前打开的网页保存。

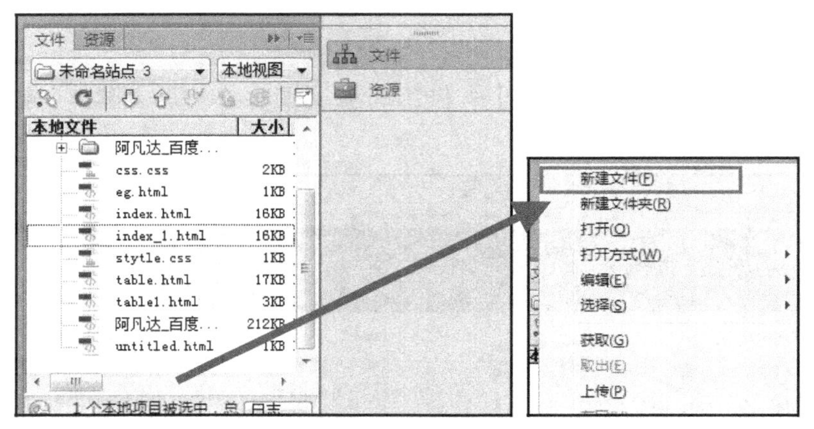

图1–3–21 创建网页文档

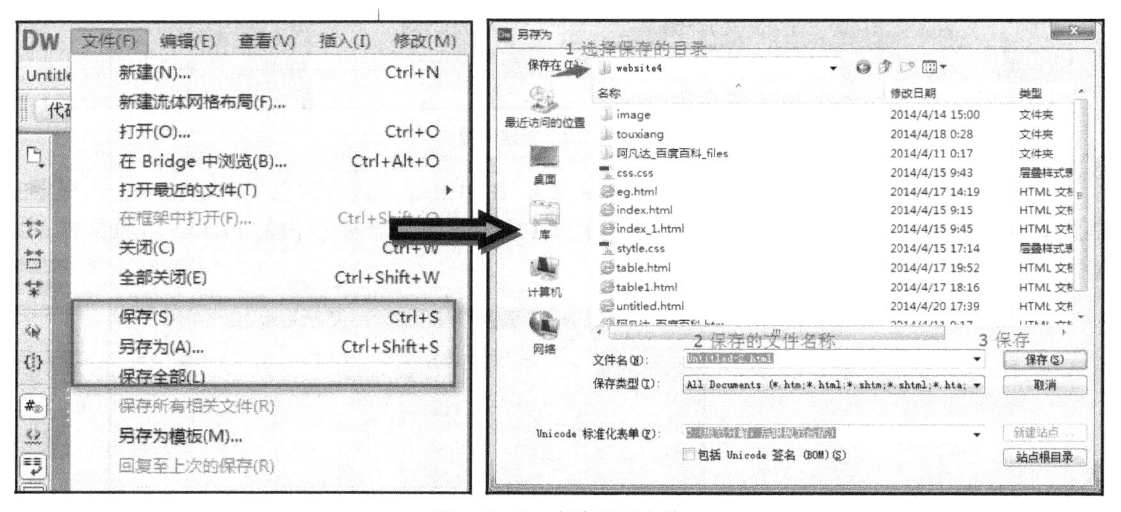

图1–3–22 保存网页文档

还可以通过单击菜单中的【文件】→【保存全部】保存正在 Drewmweaver 中打开的所有文档。

3. 打开网页文档的方式

要在 Dreamweaver 中打开网页文档，可采用以下两种方式：

方法一：选择菜单栏的【文件】→【打开】，在【打开】对话框的【查找路径】中选择对应文件夹，单击需打开的文件名，单击【打开】按钮打开对应文档（见图 1–3–23）。

方法二：在工具面板中单击【文件】，在打开的文件面板中，单击【本地试图】的【本地文件】（见图 1–3–24），然后在显示的界面中选择需要打开的文档，双击鼠标左键即可。

4. 网页预览的方式

在制作网页的时候，常常需要通过浏览器查看网页的效果，Dreamweaver CS6 提供网页的预览功能，单击【文档】工具栏中的预览工具按钮（见图 1–3–25），选择预览的浏览器工具，即可使用该浏览器打开网页并查看该网页的效果。

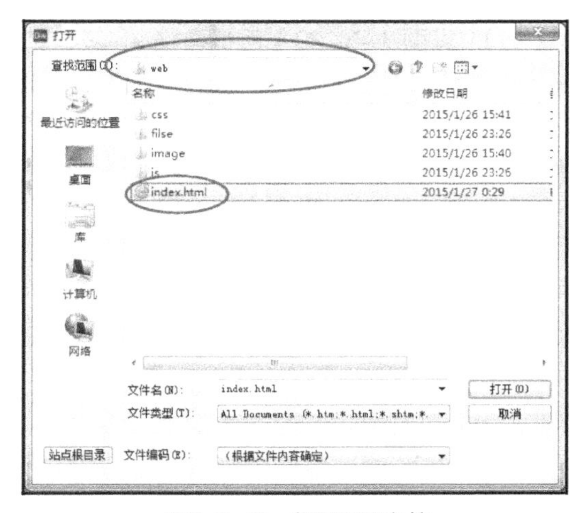

图1-3-23　打开网页文档

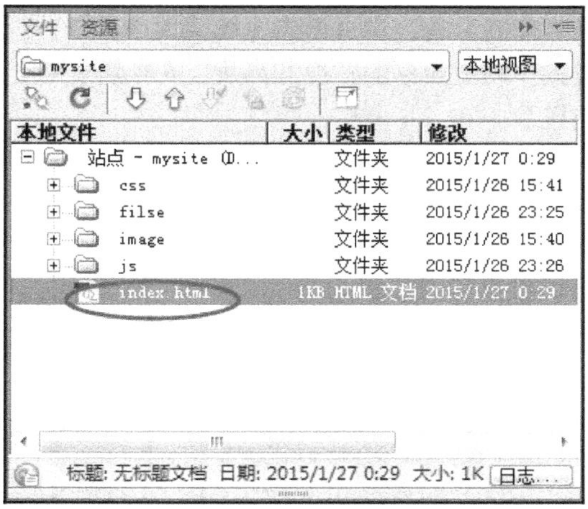

图1-3-24　打开网页文档

图1-3-25　预览按钮

单击【编辑浏览器列表】可打开浏览器的编辑面板（见图 1-3-26），通过面板中的 + − 增加或减少浏览器工具。如单击 + 按钮，弹出【添加浏览器】面板（见图 1-3-27），输入名称，单击【浏览】按钮选择浏览器工具，再单击【确定】按钮完成添加，并可以将浏览器工具设置为【主浏览器】或【次浏览器】。【主浏览器】为默认的预览浏览器，当按下键盘的“F12”时默认使用浏览器工具，【主浏览器】只能设置一种浏览器工具。

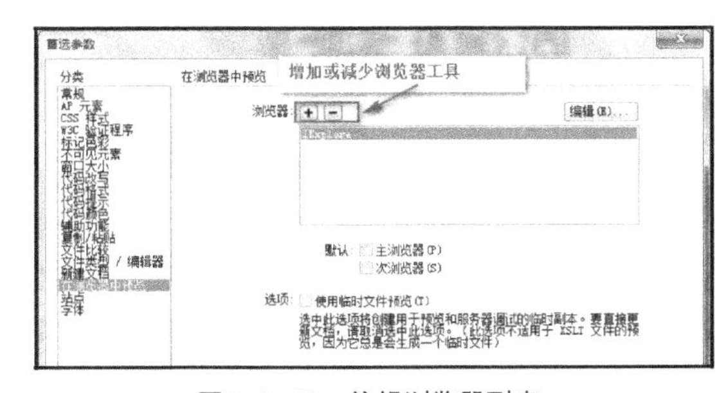

图1-3-26　编辑浏览器列表

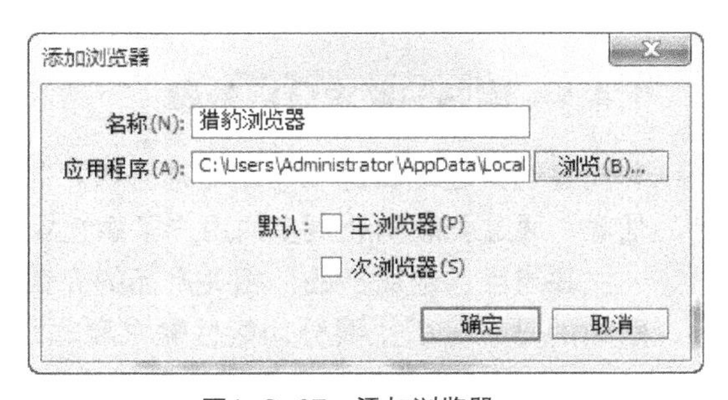

图1-3-27　添加浏览器

Dreamweaver CS6 还提供了实时视图功能，用户可以通过单击【文档】工具栏中的【实时视图】按钮，在 Dreamweaver 中直接预览网页效果，但采用实时视图功能只能查看当前网页的效果，不能实现超链接效果，即只能查看一个网页的效果，不能实现网页间的跳转。用鼠标单击【实时视图】按钮，【设计】界面显示网页的预览效果，再单击【实时视图】按钮，可取消实时视图的效果。

Dreamweaver CS6 提供多屏幕预览工具，用户可以根据不同设备，模拟如手机、iPad 等分辨率不同的网页预览效果。单击【文档】工具栏的【多屏幕】（见图 1-3-28），用户可以直接选择对应的设备，也可单击【编辑大小】，打开【窗口大小】(见图 1-3-29)面板，按⊞ ⊟来增加或减少浏览窗口的宽度和高度，多屏幕预览工具实现的预览效果是在 Dream weaver 的设计视图中显示。

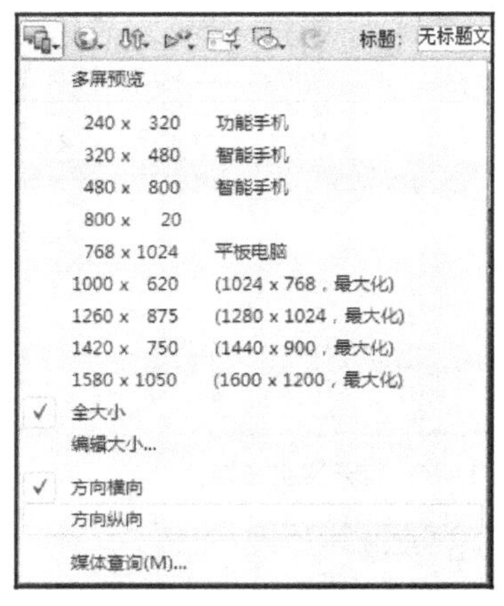

图1-3-28　多屏幕预览

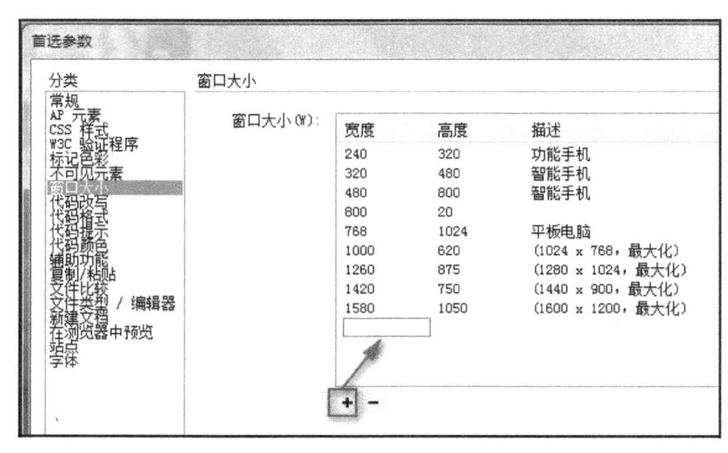

图1-3-29 【编辑大小】

也可以单击当前标签栏的右边的设备按钮或单击窗口大小的位置，选择适当的窗口大小进行预览(见图 1-3-30)。

图1-3-30　当前标签栏

1.4 案例实施过程：企业网站的规划和站点的管理

1.4.1 网站的需求分析阶段

首先是确定建站目标和网站需求分析。“大尚鞋业有限公司”的建站目的是宣传企业信息和产品信息，通过互联网让更多的用户了解企业的情况，包括企业的规模、历史、经营理念、企业动态、主要产品、最新产品、相关产品的介绍等，语言采用简体中文，以展现企业的良好形象。

网站的需求分析主要分功能性需求和非功能性需求。功能性需求是指具体的完成内容的需求。非功能性需求是指除功能需求以外为满足用户业务需求而必须具有的特性，包括系统的性能、可靠性、可维护性、可扩充性和对技术、业务的适应性等。大尚鞋业网站的功能需求，主要包含以下几条内容：

- 企业展示宣传，通过网站向消费者展现企业的雄厚实力；
- 发布信息，浏览者通过网站可以得知企业最新新闻资讯；
- 加强与客户的沟通，收集整理消费者/代理经销商投诉、咨询及建议，并及时反馈；
- 产品展示，浏览者通过网站可得到有关企业产品详细信息；
- 网络招聘，应聘者可通过网络发送简历。

非功能需求主要包含以下几条内容：

- 网站运行环境，域名、空间的申请；
- 网站的后期维护和更新；
- 网站的扩展接口的设计。

完成网站需求分析后，进入网站的规划阶段。

1.4.2　网站的规划

网站的规划主要从网站的风格、网站布局和网站内容 3 个方面考虑。

1．网站风格

网站的风格是指网页的所有元素，包括网页的布局模式、文字、颜色等组成后给用户的视觉印象。风格是抽象的，是用户对网站的综合感受，是向用户展现网站的整体形象，如用户对网站的感受是严肃的、专业的或活泼的。在网站的建设初期，确定网站面对的用户群和网站的内容，定义好网站的风格，营造统一、独特的风格，协调网页的色调，选择适当的线条和形状，适当美化以突出主题内容，这就是网站风格的主要内容。本书案例“大尚鞋业”的网站是一个企业网站，公司产品是以鞋为主，并以女性的鞋为主要销售类别，产品以大众化产品为主，所以在色彩上采用白色背景，浅蓝色为主要色调。

2．网站布局

网页的布局主要有三大类，“国”字型、框架型和封面型。“国”字型又称为“同”字型，是从上之下的布局模式，网页布局按照“网站标志→导航条（或 Banner 广告）→主要内容→版权信息”的顺序进行设计，外观方正整洁。一般企业网站、门户网站采用“国”字型结构。框架型又可以分为上下框架和左右框架，常常使用在论坛、网站后台、邮箱系统的布局设计。封面型的布局是首页采用一般 Flash 的动画或一幅主题图像为主，是一种个性化的结构，比较适合用在个人网站、娱乐网站、游戏网站或其他的主题网站。由于大尚鞋业为典型的企业网站，所以采用“国”字型的布局结构，配合浅蓝色的主色调。

3．网站内容

站点的内容除了首页外，还划分 4 个主题，分别是“关于我们”“新闻资讯”“产品中心”和“联系我们”（见图 1-4-1）。

（1）首页：网站首页是一个网站的入口，首页的内容基本是网站信息的缩影，通过首页，用户可以了解到网站的内容，引导用户浏览网站其他网页的内容，首页也相当于是网站的目录或导航。

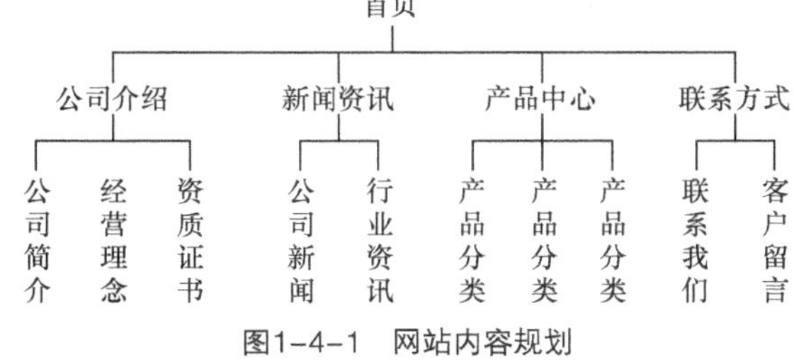

图1-4-1　网站内容规划

（2）关于我们：“关于我们”是对企业的情况进行简介，包括企业的规模，发展历史，公司文化，经营理念，证书资质等，可以划分为“公司简介”“经营理念”“证书资质”3 个子栏目。

（3）新闻资讯：企业网站的特色之一就是能通过新闻资讯展现企业的目前情况，新闻资讯分为“公司新闻”和“行业资讯”两个子模块。

（4）产品中心：产品中心的作用是通过网站来介绍和推荐产品，将不同类的产品分别展示出来。

（5）联系我们：“联系我们”可以分为“联系我们”和“客户留言”两个部分，“联系我们”

的内容为企业的地址、邮箱、电话、QQ 或其他即时通信工具的联系方式；“客户留言”方便用户留下信息，也有利于企业发现问题和联系有意向的客户。

1.4.3 站点管理

完成网站内容规划后，进行网站文件的规划。网站文件的规划是对网站中所有文件，即网页文件、图片、CSS 文件、JS 文件等内容进行合理的安排。

创建网站要从创建站点开始。站点又分为本地站点和远程站点。本地站点是指本地硬盘中存放网站所有文档的文件夹，本书中所涉及的站点指的都是本地站点；网站中的远程站点常常指的是远程服务器，即是指将通过网络连接的方式，将网站的文件上传到在网络中提供网站存储的指定的位置。

创建本地站点就是在本地计算机上创建一个文件夹用来存放网站所有的文件和文件夹。在进行网页制作前必须先建好站点，并采用网页编辑工具来实现站点的管理和网页的制作。

在 Dreamweaver CS6 中创建站点，命名为“dashang”，并创建站点的图像文件夹为“images”，创建网站的首页文档“index.html”。其操作步骤如下：

STEP 1 打开 Dreamweaver CS6，单击菜单栏中的【站点】→【新建站点】，打开【站点设置对象】对话框，在【站点】→【站点名称】的输入框中输入“dashang”，单击【本地站点文件夹】输入框后面的【浏览文件夹】按钮，打开【选择根文件夹】对话框，在【选择】中选择位置，在【名称】中单击将设置为站点的文件夹（如需要新建文件夹，则单击鼠标右键，在菜单中选择【新建文件夹】，或单击【选择】输入框旁的【创建新文件夹】按钮），按【选择】按钮确定（见图 1-4-2）。

STEP 2 单击左边命令中的【高级设置】→【本地信息】→【默认图像文件夹】，单击【浏览文件夹】按钮，选择站点“dashang”文件夹内的“images”文件夹（图像文件夹必须位于站点文件夹内），单击【打开】（见图 1-4-3），进入“images”文件夹，再单击【选择】按钮。

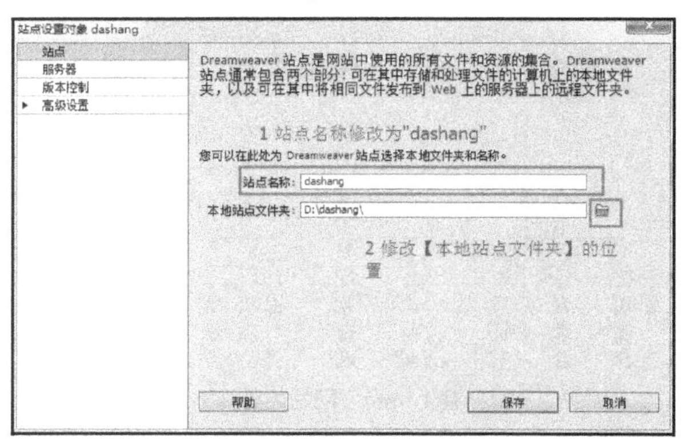

图1-4-2 设置站点文件夹

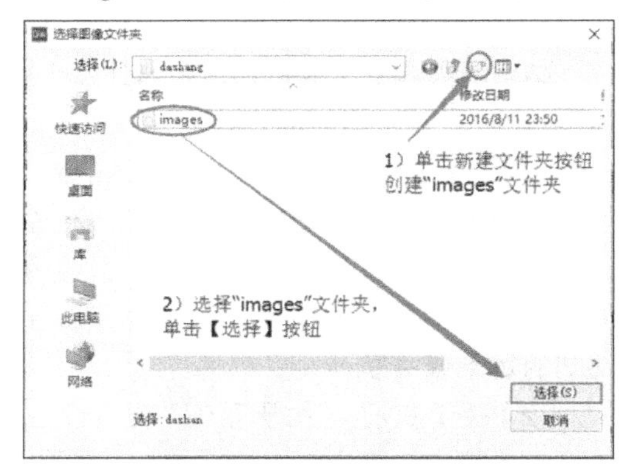

图1-4-3 设置站点图像文件夹

STEP 3 选中【文件】工具面板中的【本地文件】的站点名称，单击鼠标右键，在弹出的菜单用选择“新建文件”，并将网页名称改为“index.html”（见图 1-4-4），也可以采用其他新建 HTML 网页的方式创建首页。

STEP 4 在 Dreamweaver CS6 中打开“index.html”文件，在设计视图中输入一行文字：“这是网站的首页”，并修改标题的内容为“首页”，然后保存网页单击按钮下的【预览在

IExplore】选项（见图 1-4-5），在 IE 浏览器中预览网页的效果。

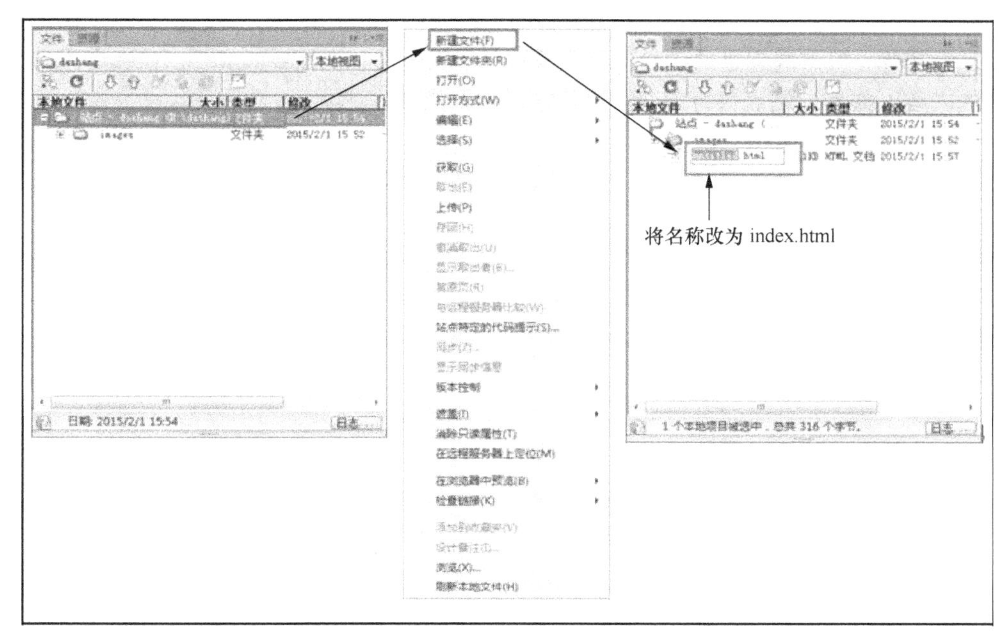

图1-4-4　创建index.html文件

图1-4-5　设置标题和预览

STEP 5 单击弹出的对话框中的【是】（见图 1-4-6），打开 IE 浏览器，显示网页 “index.html” 的预览效果（见图 1-4-7）。

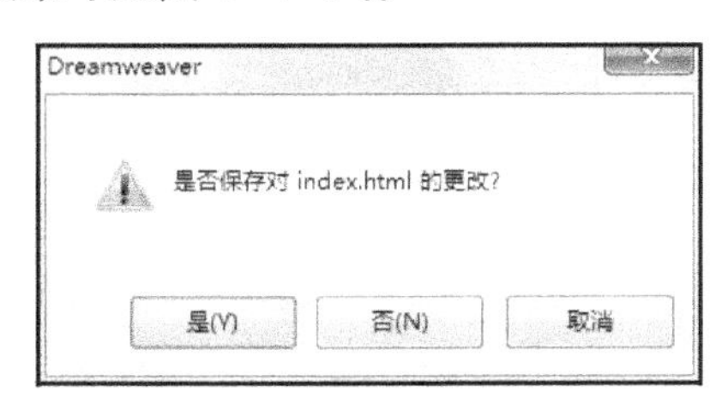

图1-4-6　是否保存对话框

图1-4-7　预览效果

1.5 本章小结

本章主要介绍了网页的基础知识、Dreamweaver CS6 的界面和基本操作，具体是先从网页的基础知识开始，介绍网页、网站的定义，常用术语，网页的组成元素， 接着介绍网站的开发流程，然后介绍 Dreamweaver CS6 的工具界面和网页的创建、保存，站点的创建、修改、导入导出的基本操作，重点内容是站点的创建和管理；最后通过一个简单的实例，让读者学习如何设计网站的内容，如何对站点进行创建和进行站点的目录安排。

Dreamweaver CS6

Chapter

第2章
（X）HTML和CSS

■ 本章导读

HTML 是网页设计的基础，熟悉使用 HTML 的标签可以掌握网页文档的结构、标签；使用 CSS 样式可以让网页更加美观。

■ 知识目标

- 了解什么是 HTML；
- 了解什么是 CSS；
- 掌握常用的 HTML 标签的使用；
- 掌握 CSS 的使用。

■ 技能目标

- 掌握 HTML 的语法规则；
- 掌握 CSS 的编辑规则。

2.1 课堂案例：人物介绍网页的制作

在本章中，通过对 HTML 语言和 CSS 的学习，能制作简单的人物介绍网页，并通过定义 CSS 样式，增加网页的美观性，效果如图 2-1-1 所示。

图2-1-1　效果图

2.2 准备知识：HTML 语言和 XHTML 语言

2.2.1 HTML 与 XHTML 概述

超文本标记语言（Hypertext Marked Language，HTML）是一种用来描述网页的计算机语言，我们通常说的网页的源代码就是指 HTML。HTML 是一种标记语言，不是编程语言，对字符的大小写不敏感。HTML 文档也称为网页，内容包含 HTML 标签和纯文本。用 HTML 编写的文档称为 HTML 文档，保存的文档格式主要是“.html”和“.htm”两种。HTML 文档需要使用浏览器工具软件解析才能正确显示内容。在 HTML 文档中，使用尖括号标记的网页元素称为标签，如“<html>”“<body>”等，标签的作用就是告诉浏览器如何显示这个网页。HTML 的标签分为单标签、双标签和注释标签。双标签是指标签含有起始标签和结束标签，如<html></html>，双标签中的第一个标签标识称为是起始标签，第二个标签标识称为结束标签，两者的区别在于结束标签比起始标签多“/”。单标签是指标签标识只有一个，如
<hr /><img />标签。注释标签是包含一对尖括号、叹号和注释内容的标签，如“<!注释内容>”。使用注释标签的位置，浏览器会忽略标签的内容，在网页中不显示注释的信息。“超文本标记语言”中的超文本是指在文本中可以加入图片、声音、动画、影视等内容，使用超链接将不同空间的文本信息组织在一起，能实现网页与网页元素之间相互连接。

可扩展的超文本标记语言（Extensible HyperText Markup，XHTML），是由 HTML 发展而来的网页编写语言，XHTML 与 HTML 4.01 几乎是相同的，也是目前网络中常见的网页编写语言。

与 HTML 文档相比，XHTML 文档的结构更加规范与严谨，标签名字一定要用小写字母，所有的 XHTML 元素一定要关闭。XHTML 文档具有固定的结构，其中包括定义文档类型、根元素、头部元素、主体元素 4 个部分。

2.2.2 HTML 文档结构

一个 HTML 文档里的元素以<html>为起始标签，以</html>为结束标签，文档中的所有文本和标签都包含在<html></html>内部，它表示该文档是以超文本标记语言（HTML）编写的。现在常用的 Web 浏览器都可以自动识别 HTML 文档，并不要求必须有<html>标签，也不对该标签进行任何操作，但是为了使 HTML 文档能够适应不断变化的 Web 浏览器，在操作中还是应该养成不省略这对标签的良好习惯。

HTML 文档是由一系列的元素和标签组成，HTML 用标签来规定元素的属性和它在文件中的位置。HTML 超文本文档分文档头部<head></head>和文档主体<body></body>两部分，文档头部标签主要是设置文档的基本信息，如编码信息、CSS 样式等，文档主体是要显示的各种文档信息，如表格、文字、图像等。

在 Dreamweaver CS6 中新建一个网页，单击【代码】视图，删除已有的代码，输入 HTML 文档结构的具体代码：

```
<html>
<head>
```

```
<title>这是一个 HTML 文档</title>
</head>
<body>这是主体部份的内容，这里可以放置文字、图片、视频等元素
</body>
</html>
```

保存文档为“1.html”，并单击【浏览】按钮，在浏览器中预览网页，预览的效果如图 2-2-1（a）所示，出现乱码的原因是网页的编码问题，当前浏览器的编码默认为“简体中文（GB2312）”。修改浏览器的编码为“UTF-8”，则可正常显示，如图 2-2-1（b）所示。

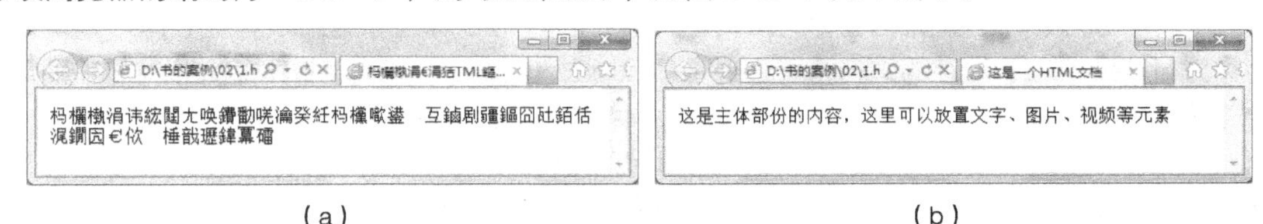

（a）　　（b）

图2-2-1　HTML文档结构

<head></head>是 HTML 文档的头部标签，在浏览器窗口中，头部标签内的标签信息是不显示在网页的正文中的，如<title></title>标签是嵌套在<head></head>头部标签中的，标签的内容显示在网页的标题栏。头部标签内可以插入多种标签，常用除了<title>之外，还有<link>（链接标签）、<meta>（页面描述标签）、<style></style>（样式标签）等。

<body></body>标签一般不省略，是网页的正文，也是网页的主体。在<body></body>标签内的 HTML 标签内容会显示在网页中，如表格、图像等内容，都要放在<body>标签中。

注意：HTML 的大部分标签在一个网页中可以重复使用，但是一个网页中只能分别存在一对<html></html>、<head></head>、<body></body>标签。

2.2.3　HTML 标签和属性

标签是由“<标签名称>”来分割区分不同的元素，以形成文本的布局、文字的格式及五彩缤纷的画面。标签通过指定某块信息为段落或标题等来标识文档某个部件。属性是标签里的参数的选项。

HTML 的标签除了注释标签之外，主要分为单标签和双标签两种。双标签的作用域只作用于这对标签中的文档。单标签的格式<标签名称>，单独标签在相应的位置插入元素就可以了，如
（换行标签）。大部分标签都有自己的一些属性，属性要写在起始标签内，不同属性词用空格分隔。属性的作用是描述标签，使其能在浏览器中显示不同的效果，如颜色、大小等。各属性之间无先后次序，属性是可选的，属性也可以省略而采用默认值，标签和属性的格式如下：

```
<标签名称 属性 1 属性 2 属性 3 >内容</标签名称>
```

HTML 的属性值并不是一定要加引号，不过当使用的属性值是空格、%、# 等特殊字符时则必须加入双引号。为了养成好的习惯，提倡操作时全部对属性值加双引号，如使用 font 标签进行字体设置 <font color=“#ff00ff”face=“宋体”size=“30”>字体设置</font>。

注意：输入标签时不能使用中文字符，包括引号也不能使用中文的引号，否则浏览器将不能正确地识别。

2.2.4 XHTML与HTML的区别

XHTML是一个基于XML的置标语言，与HTML相像。本质上说，XHTML是一个过渡技术，结合了XML的强大功能及HTML的简单特性，XHTML的语法较为严谨，与HTML的区别主要有下面几点：

- XHTML中所有的标签都必须有结束标签或者以特殊的方式书写，而且所有的标签必须合理地嵌套。

例如：

正确：标签嵌套 <p><em>这是一个要强调的段落。</em></p>

错误：标签交叉 <em><p>这是一个要强调的段落。</em></p>

- XHTML中标签名称和属性必须小写，例如：
不能写为
。
- XHTML中的属性值必须使用引号包裹，例如：必须使用<img src="abc.jpg" alt="" />而不能使用<img src=abc.jpg alt="">。
- XHTML禁止属性简化。
- XHTML中的单标签必须有一个结束标签，或者用“/>”来结束开始标签，例如：
要写成
。

目前网页的文档类型基本使用XHTML 1.0 Transitional（XHTML 过渡型），即不严格的XHTML，可以兼容HTML书写规范。

2.2.5 常用的HTML标签

对HTML文档进行编辑，可以采用Dreamweaver工具中的【代码】视图，也可以用Windows操作系统中自带的记事本工具，或者其他网页编辑工具也可对HTML文档进行编辑。

1. 主体标签body

在<body>和</body>中放置的是页面中所有的内容，如图片、文字、表格、表单、超链接等设置。<body>标签有自己的属性，设置<body>标签内的属性（见表2-2-1），可控制整个页面的显示方式。

表2-2-1 body标签的常用属性

属 性	描 述
background	设定页面的背景图片
bgcolor	设置页面的背景颜色
link	设置页面默认连接文字的颜色
text	设置页面文字的颜色

例2-1：创建一个网页，设置网页的背景颜色为蓝色，文字的颜色为红色。

在Dreamweaver CS6中创建一个新的网页，在【代码】视图中输入如下代码：

```
<html>
<head>
<meta http-equiv="Content-Type" content="text/html; charset=utf-8" />
<title>这是一个 HTML 网页</title>
</head>
```

```
<body  bgcolor="#00FFFF" text="#FF0000">这是网页的主体
</body>
</html>
```

将文件以“2-1.html”保存，并在浏览器中预览，效果如图 2-2-2 所示。

图2-2-2　设置body标签的属性

注意：要正确显示网页的文字，必须先定义好网页的编码，<meta>标签中的 charset 的作用是定义当前网页的编码格式，utf-8 是国际编码，一般网页都采用该编码。针对中文字符，也可以采用 gb2312 或 gbk、gb2312，即简体中文编码。gbk 是中文编码，gbk 除了能显现简体中文，还能显示繁体中文字符。

2. 文字标签

文字标签<font>可以设置文字的大小、颜色、字体等效果。<font>标签常用的属性如表 2-2-2 所示。

表 2-2-2　文字标签 font 的属性

名称	属　性	默认值
color	设置文字颜色	黑色
size	设置文字字号大小	3
face	设置文字的字体	宋体（系统默认字体）

例 2-2：设置页面中文字的颜色为蓝色，文字大小为 5 号字，字体为黑体。

在 Dreamweaver CS6 中创建一个新的网页，保存为“2-2.html”，在【代码】视图中输入如下代码并在浏览器中预览网页的效果（见图 2-2-3）。

```
<font color="#000099" size="5" face="黑体" >
文字</font>
```

图2-2-3　设置文字标签font的属性

除了<font>标签外，HTML 还提供多种常用的文字标签，如表 2-2-3 所示。

表 2-2-3　常用的文字标签

名称	说　明
<b >	加粗，文字以加粗方式显示
<i>	斜体，文字以斜体方式显示
<u>	下划线，文字加下划线显示
<strong>	强调，文字加粗显示
<em>	强调，文字斜体显示
<cite>	引证标签，文字斜体显示

例 2-3：用 HTML 的文字标签将“这是一行文字”这句话实现加粗、斜体、加下划线、强调等效果。

在 Dreamweaver CS6 中创建一个网页，保存为“2-3.html”，在【代码】视图中输入如下代码，并在浏览器中预览网页的效果（见图 2-2-4）。”

```
<font size="+2">
<b>这是一行文字</b><br>
<i>这是一行文字</i><br>
<b><i><u>这是一行文字</u></i></b><br>
<u>这是一行文字</u><br>
<em>这是一行文字</em><br>
<cite>这是一行文字</cite><br>
<strong>这是一行文字</strong>
</font>
```

图2-2-4　设置常用的文字标签

3. 段落标签和换行标签

由<p>标签所标识的文字代表同一个段落的文字。<p>标签是一个双标签，即有起始标签<p>，也有结束标签</p>，但是<p>标签也可以作为单标签使用，单独使用时，下一个<p>的开始就意味着上一个<p>的结束。由<p>标签分成的不同段落之间的间距默认为一行空白行在实际使用时可以使用 CSS 样式修改段落的行高和行间距。

换行标签
是个单标签，也叫空标签，没有任何属性和内容。在 HTML 文件中的任何位置只要使用了
标签，在浏览器中显示该网页时，该标签之后的内容将显示在下一行。

例 2-4：创建一个新的网页，按图 2-2-5 所示的效果显示《山村咏怀》这首诗。

在 Dreamweaver CS6 中创建一个新的网页，保存为“2-4.html”，在【代码】视图中输入如下代码并在浏览器中预览网页的效果（见图 2-2-5）。

```
<body>
<p>这是用段落标签&lt;p&gt;&lt;/p&gt;</p>
<p>山村咏怀</p>
<p>宋代邵康</p>
<p>一去二三里，
<p>烟村四五家。
<p>亭台六七座，
<p>八九十枝花。</p>
<hr />
<p>这里是用换行标签&lt;br/&gt;<br />
山村咏怀<br />
宋代邵康<br />
一去二三里，<br />烟村四五家。<br />
亭台六七座，<br />八九十枝花。</p>
</body>
```

图2-2-5　段落标签和换行标签

4. 超链接标签

所谓的超链接是指从一个网页指向一个目标的连接关系。这个目标可以是一个网页，也可以是网页上的不同位置，可以是一个图片、一个电子邮件地址、一个文件、一个视频、一个应用程序等。而在一个网页中实现超链接的对象，可以是一段文本或者是一个图片。当用户单击设置了超链接的文字或图片后，链接目标将显示在浏览器上，并且根据目标的类型打开或运行。超连接是 HTML 文件中最重要的应用之一，是一个网站的灵魂。超链接的标签为<a>和</a>，是双标签。

超链接标签的基本格式为：<a href=“目标地址路径”>超链接内容</a>，例如<a href=“http://www.163.com”>网易</a>，单击文字“网易”就可以在浏览器中打开网易的网站。“href”

是指目标地址的路径，该属性是超链接标签中最重要的属性，如果路径上出现错误或文件路径不正确，该资源就无法访问。目标地址路径的表示方式主要有两种：绝对路径和相对路径。绝对路径是文件所在位置的完整路径信息，如文件“index.html”在C盘的“web”文件夹中，其绝对路径为：C:\web\index.html。网络上的网址也是绝对地址的一种。如果超链接的对象是网络上的某一个网址，在超链接时，必须包括完整的协议名称、主机名称、文件夹名称和文件名称。一般端口号默认是80端口，则不需要输入端口号，其格式如下。

通讯协议：//服务器地址:通讯端口/文件位置……/文件名

例如：http://www.websiteweb.cn/index.html。

相对路经：以当前文件所在路径为起点的文件的路径，如文件“index.html”在C盘的“web”文件夹中，当前文件的相对路径就是“index.html”，而通过“index.html”查找“web”文件夹中另一个文件夹“news”中文件“1.html”，则相对路径为“news/1.html”。相对路径不需要包含协议和主机地址信息，它的路径与当前文档的访问协议和主机名相同，只需包含文件夹名和文件名。在网页制作中，站点文件的相互链接一般采用相对路径，如<a href="news/1.html">更多</a>，当鼠标单击文字“更多”时，则打开站点中“news”文件夹中的“1.html”。

注意：站点内文件的超链接一般使用相对路径。因为如果使用绝对路径实现站点中网页间的超链接，当文件夹改名或者文件移动之后，预览时会显示链接出错，这样就要重新修改链接的设置；而一旦将此文件夹移到网络服务器上时，需要重新改动的地方就更多了。而使用相对路径，则网站被上传到网络或移动到其他位置时都能正常打开链接文件。

超链接标签的主要属性如表2-2-4所示。

表2-2-4　超链接标签的主要属性

属性	说　　明
href	设置链接指向的页面的URL
name	设置链接文档中的特定位置
target	设置在打开链接文档的方式

例2-5：绝对路径和相对路径的超链接。

在Dreamweaver CS6中创建一个新的网页，保存为“2-5.html”，在【代码】视图中输入如下代码。

```
<p>这是一个绝对路径的超链接： <a href=http://www.163.com target="_blank">网易</a></p>
<p>这是一个相对路径的超链接：请打开 <a href="2.html">2.html</a></p>
```

在浏览器中预览网页的效果，如图2-2-6所示，并分别测试两个超链接是否正确。

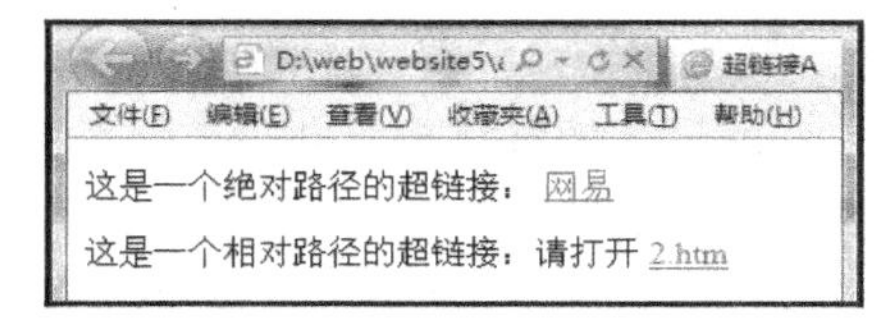

图2-2-6　设置文字的超链接

5. 插入图像标签

在网页中插入图像使用<img>标签，图像标签是单标签当浏览器读取到<img>标签时，就会显示此标签所设定的图像。图像标签在使用时，必须结合“src”属性一起使用才能正确地显示图像，“src”属性是指图像文件的路径，还可以使用“width”和“height”属性定义图像的宽度和高度值，表2-2-5所示的是<img>标签的主要属性。

表 2-2-5　图片标签 img 的属性

属　　性	描　　述
src	图像的所在位置的路径
alt	提示文字
width	图片宽度
height	图片高度
align	图像和文字之间的对齐属性
border	边框
hspace	水平间距
vspace	垂直间距

例 2-6：在网页中将图像文件“h3.jpg”插入到网页中，并将图像的垂直间距和水平间距设置为 10，边框的大小为 3。

创建一个新的网页，保存为“2-6.html”，在<body></body>标签中输入以下代码：

```
<img src="images/h3.jpg" width="200" height="200" vspace="10" hspace="10"
border="3" alt="美丽的花朵"
```

在浏览器中预览网页的效果（见图 2-2-7）。

图2-2-7　设置图像标签的属性

6. 列表标签

网页中的列表主要是用来对文本或图像进行排列，常与 CSS 一起使用。HTML 提供 3 种列表标签，分别为无序列表、有序列表和定义列表。无序列表用来表示没有先后顺序列表项目，有序列表用来表示有先后顺序的列表项目，定义列表是一组带有特殊含义的列表，包含条件和说明两部分。

列表中常用的标签如表 2-2-6 所示。

表 2-2-6　列表常用的标签

名　　称	说　　明
ul	无序列表
ol	有序列表
li	列表项目
dl	定义列表
dt	定义列表中的项目
dd	描述列表中的项目

- 无序列表

无序列表表示列表项目之间并无顺序关系，使用的一对标签是<ul></ul>，每个列表项目以<li>标签起始，以</li>结束。“type”属性可设置无序列表内容前的符号，默认为实心圆点（type=“disc”），还可改为空心的圆圈（type=“circle”）和实心正方形（type=“square”）。<ul>和<li>都可设置“type”属性，如果<ul type=“符号类型”>，则无序列表的列表项目的符号全部设置为 type 的值；如果设置<li type=“”>，则设置的是当前这个列表项目的符号，其他列表项目不改变。

例 2-7：设置无序列表的类型符号。

创建一个新的网页，保存为“2-7.html”，在<body></body>标签中输入以下代码，在浏览器预览的效果如图 2-2-8 所示。

```
<ul ><li>这是一个无序列表</li>
<li>这是一个无序列表</li></ul>
<ul>
<li type="circle">这是一个无序列表</li>
<li type="square" >这是一个无序列表</li>
</ul>
```

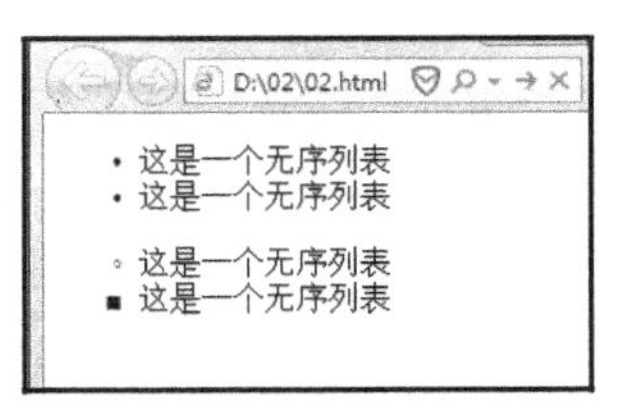

图2-2-8 设置无序列表标签的type属性

- 有序列表

有序列表在列表中将列表项按数字或字母顺序排序，有序列表的标签是<ol></ol>，是双标签，每个列表项目采用一对<li></li>标签，列表项目的编号默认为阿拉伯数字 1，2，3…，可通过标签的“type”属性来设置其他的编号，其他的编号类型如表 2-2-7 所示。

表 2-2-7 有序列表常用的 type 属性值

名称	类　型
1	数字 1、2、3、4…
a	小写英文字母 a、b、c、d...
A	大写英文字母 A、B、C、D...
i	小写罗马数字 i、ii、iii、iv...
I	大写罗马数字 I、II、III、IV...

例 2-8：设置有序列表常用的列表类型属性的值。

创建一个新的网页，保存为“2-8.html”，在<body></body>标签中输入以下代码，在浏览器预览的效果如图 2-2-9 所示。

```
<ol><li>这是一个有序列表</li>
<li>这是一个有序列表</li>
<li>这是一个有序列表</li></ol>
<ol type="a"><li>这是一个有序列表</li>
<li>这是一个有序列表</li>
<li>这是一个有序列表</li></ol>
<ol type="a">
<li type="1">这是一个有序列表</li>
<li type="A">这是一个有序列表</li>
<li>这是一个有序列表</li></ol>
```

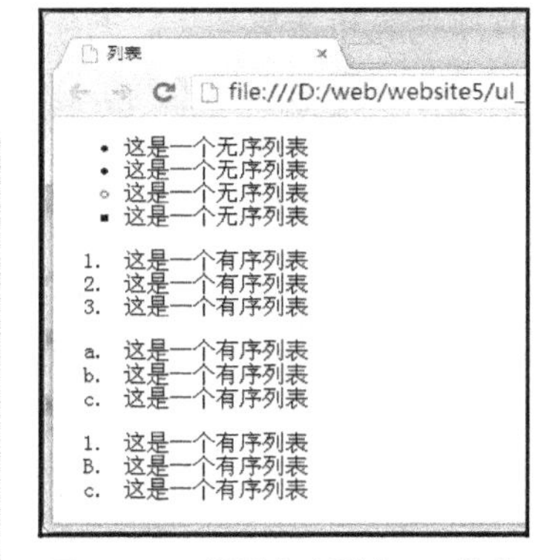

图2-2-9 设置有序列表type的值

- 定义列表

定义列表是由定义条件和定义描述两部分组成。定义列表的标签是一对<dl></dl>，定义条件的标签为<dt></dt>，定义描述的标签为<dd></dd>。一对定义列表中，可以有多个定义条件和定义描述，定义列表的结构如下。

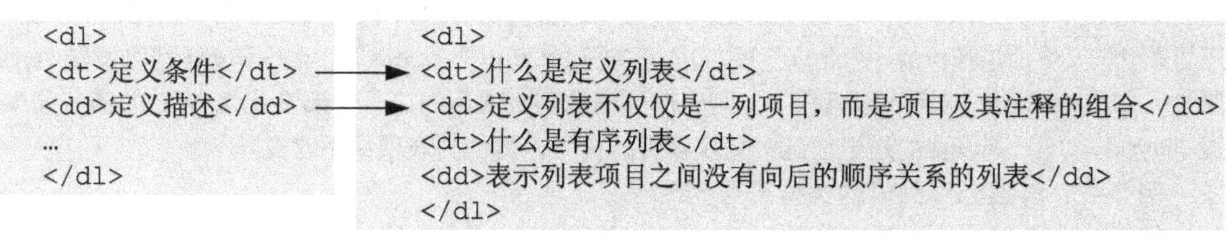

```
<dl>
<dt>定义条件</dt>
<dd>定义描述</dd>
…
</dl>
```

```
<dl>
<dt>什么是定义列表</dt>
<dd>定义列表不仅仅是一列项目，而是项目及其注释的组合</dd>
<dt>什么是有序列表</dt>
<dd>表示列表项目之间没有向后的顺序关系的列表</dd>
</dl>
```

如下 HTML 代码在浏览器中效果如图 2-2-10 所示。

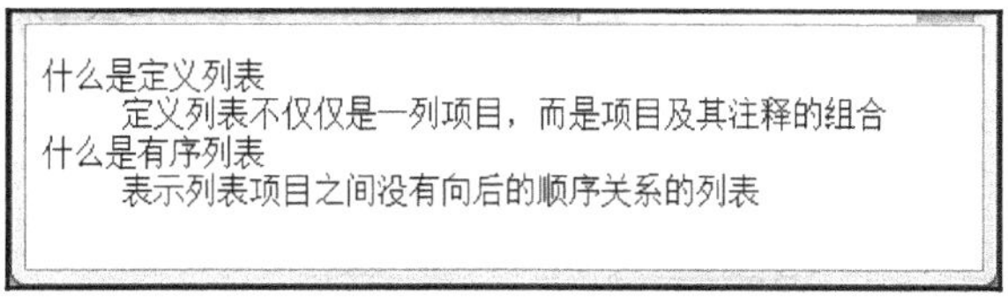

什么是定义列表
定义列表不仅仅是一列项目，而是项目及其注释的组合
什么是有序列表
表示列表项目之间没有向后的顺序关系的列表

图2-2-10 定义列表

7. 表格标签

表格是网页制作中使用率较高的标签之一，经常采用表格进行网页布局。表格由行、列和单元格 3 部分组成，创建一个表格一般需要使用 3 个标签，分别为表格标签<table></table>、行标签<tr></tr>和单元格标签<td></td>。与表格相关的标签，如行标签、单元格标签等，都是应用在表格标签中，即在表格的开始标签<table>和表格的结束标签</table>之间，而单元格标签（<td></td>）应用在行标签（<tr></tr>）中才有效。表格常用的标签如表 2-2-8 所示。

表 2-2-8 表格常用的标签

名 称	说 明
table	表格标签，一对<table></table>标签表示一个表格
tr	行标签，一对<tr></tr>标签表示一行
td	单元格标签，一对<td></td>标签表示一个单元格
th	表头标签，一对<th></th>表示一个单元格，表头标签内的文字为加粗效果

例 2-9：创建一个两行两列的表。

创建一个新的网页，保存为“2-9.html”，在<body></body>标签中输入以下代码，在浏览器预览的效果如图 2-2-11 所示。

```
<table>
<tr><td>第一行的单元格</td>
<td>第一行的单元格</td></tr>
<tr> <td>第二行的单元格</td>
<td>第二行的单元格</td></tr>
</table>
```

文件(F) 编辑(E) 查看(V) 收藏夹(A) 工具
第一行的单元格 第一行的单元格
第二行的单元格 第二行的单元格

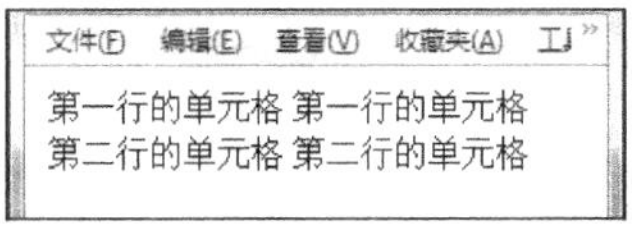

图2-2-11 两行两列的表格预览图

图 2-2-11 中显示两行两列的表格在网页中的效果，由于没有设置边框、背景等属性，所以看上去并不像是一个表格的效果，所以要加入表格的属性设置。常用的表格属性如表 2-2-9 所示。

表 2-2-9 表格常用的属性

属 性	说 明
width	宽度
height	高度
background	背景图片
bgcolor	背景颜色

续表

属　　性	说　　明
border	边框大小
bordercolor	边框颜色
cellpadding	单元格的填充值
cellspacing	单元格的间距值

例 2-10：创建一个两行两列的表格，并设置边框值为 1、表格的背景色为灰色、单元格边距和间距值为 5 像素。

创建一个新的网页，保存为“2-10.html”，在<body></body>标签中输入以下代码，在浏览器预览的效果如图 2-2-12 所示。

```
    <table  bgcolor="#CCCCCC" width="300" height="150"
border="1"  bordercolor="#009999" cellpadding="5" cells
pacing="5">
    <tr><td >第一行的单元格</td>
    <td>第一行的单元格</td></tr>
    <tr><td>第二行的单元格</td>
    <td>第二行的单元格</td></tr></table>
```

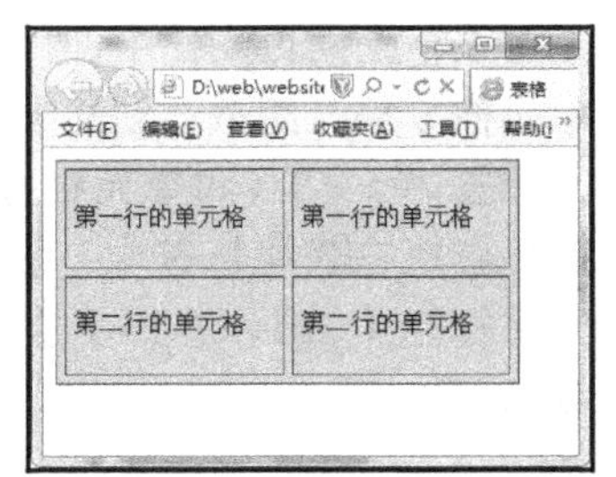

图2-2-12　设置表格的属性

8. 特殊字符

在 HTML 文档中，有些字符没办法直接显示出来，例如©，使用特殊字符可以将键盘上没有的字符表达出来，而有些 HTML 文档的特殊字符在键盘上虽然可以得到，但浏览器在解析 HTML 文当时会报错，例如“<”等，为防止代码混淆，必须用一些代码来表示它们。常用的特殊字符如表 2-2-10 所示。

表 2-2-10　常用的特殊字符表

特殊符号	符号的代码	特殊符号	符号的代码
空格		×	×
“	“	©	©
&	&	®	®
>	>	™	™
<	<	—	—

9. 插入水平线

在 HTML 文档中，可以采用水平线标签创建一条水平线，水平线的标签为<hr>，单标签、水平线标签结合“width”“size”“noshade”“color”的属性一起使用，可以创建不同效果的水平线，<hr>标签的主要属性如表 2-2-11 所示。

表 2-2-11　水平线标签 hr 的属性

属　　性	说　　明
width	宽度（长度）
size	高度（厚度）
noshade	阴影
color	颜色
align	对齐方式，值可为：左、中、右

例 2-11：创建一条水平线，长度为 100，左对齐，颜色为蓝色，高度为 3。

创建一个新的网页，保存为“2-11.html”，在<body></body>标签中输入以下代码，在浏览器预览的效果如图 2-2-13 所示。

```
<p>这是神秘的分隔线</p>
<hr width="100" align="left" color="#000099" size="3"
noshade="noshade" />
<p>这是神秘的分隔线</p>
```

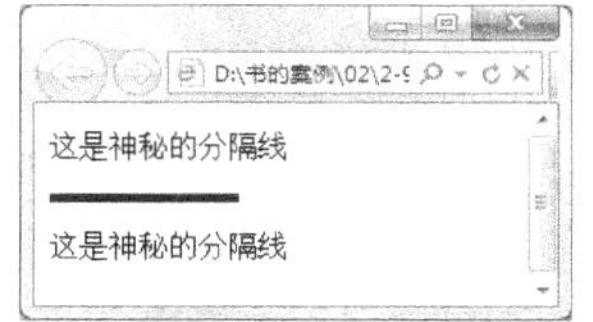

图2-2-13 设置水平线标签的属性

2.2.6 DOCTYPE（文档类型）的含义和选择

XHTML 中的定义文档类型采用了<!DOCTYPE>标签。该标签用来定义文档的类型，是 document type（文档类型）的缩写。它设置 XHTML 文档的版本，该标签的名称属性必须大写。在 Dreamweaver 中，可以直接创建包含 XHTML 结构的网页，单击菜单栏的【文件】→【新建】，打开【新建文档】对话框，执行【空白页】→【HTML】→【无】→【文档类型】，在【文档类型】中选择版本，如图 2-2-14 所示。

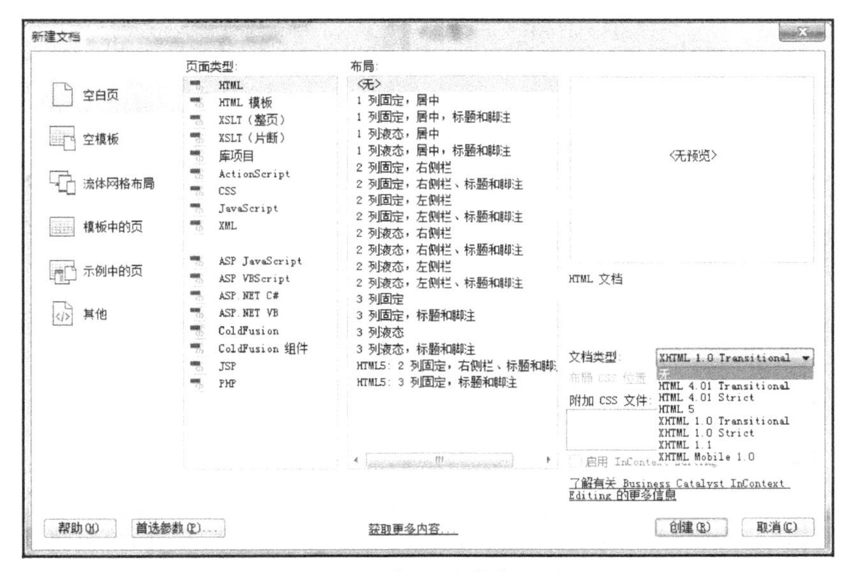

图2-2-14 【新建文档】对话框

Dreamweaver CS6 中的默认文档类型设置是【XHTML 1.0 Transitional】，可通过单击【新建文档】对话框中的【文档类型】下拉菜单修改当前网页的文档类型，目前采用【XHTML 1.0 Transitional】比较合适，【XHTML 1.0 Transitional】是 XHTML 过渡型，XHTML 过渡型对标签的书写规范较宽松，允许用户使用 HTML 4.0 的标签元素，但是一定要符合 XHTML 的语法要求。【XHTML 1.0 Strict】在书写规范上较为严格，它不允许用户使用任何描述性的元素和属性，完全要按照 XHTML 的标准化规则来编写网页。【HTML5】目前并不是主流的规范，所以新建文档时采用默认设置。Dreamweaver CS6 新建文档的代码如下所示：

```
<!DOCTYPE html PUBLIC "-//W3C//DTD XHTML 1.0 Transitional//EN" "http://www.
w3.org/TR/xhtml1/DTD/xhtml1-transitional.dtd">
<html xmlns="http://www.w3.org/1999/xhtml">
```

```
<head>
<meta http-equiv="Content-Type" content="text/html; charset=utf-8" />
<title>无标题文档</title>
</head>
<body>
</body>
</html>
```

<!DOCTYPE >称为文档类型，作用是指示浏览器应采用哪个HTML版本解释当前网页的标签；它不是HTML的标签，要放置在<html>标签的前面，一般放置在网页的第一行。

2.3 案例实施过程：人物介绍网页的制作（一）

1. 实训目标

- 熟悉站点的创建；
- 熟悉常用的HTML标签的使用。

2. 效果图

本实训中制作的人物介绍网页的效果如图2-1-1所示。

3. 具体操作步骤

使用HTML的标签，完成任务介绍网页的制作，具体的操作步骤如下。

STEP 1 创建一个新的站点，单击菜单栏→【站点】→【新建站点】，打开【站点设置对象】面板，在【站点名称】中输入“renwu”，并单击【本地站点文件夹】浏览文件夹按钮，选择站点文件夹的位置，单击【保存】按钮，完成站点的创建（见图2-3-1）。

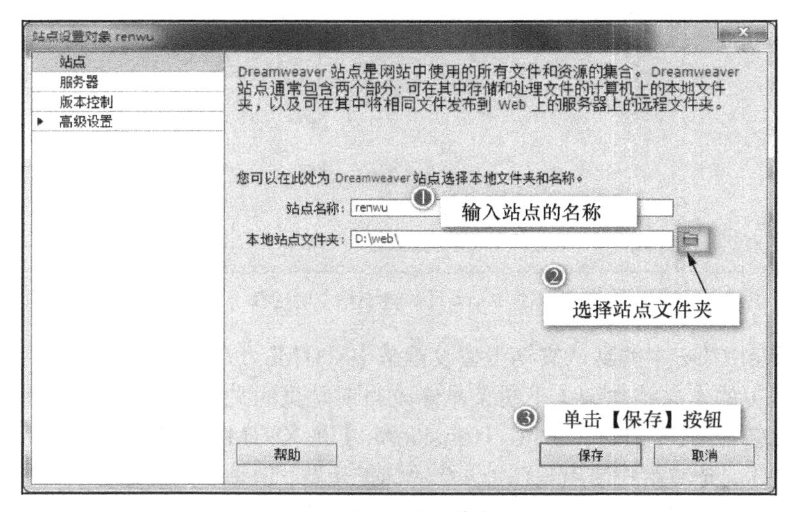

图2-3-1 创建站点

STEP 2 单击欢迎屏幕的【新建】→【HTML】，创建一个HTML网页文件（见图2-3-2），并保存为“renwu.html”。

STEP 3 单击【设计】视图，将素材中“02/renwu/”的“齐白石简介.txt”的文字信息，复制到网页中，单击【代码】视图，可看到复制的文字自动增加了<p>、
标签，单击【拆分】

视图，在右边的【设计】视图中，对文字信息进行调整，如图 2-3-3。

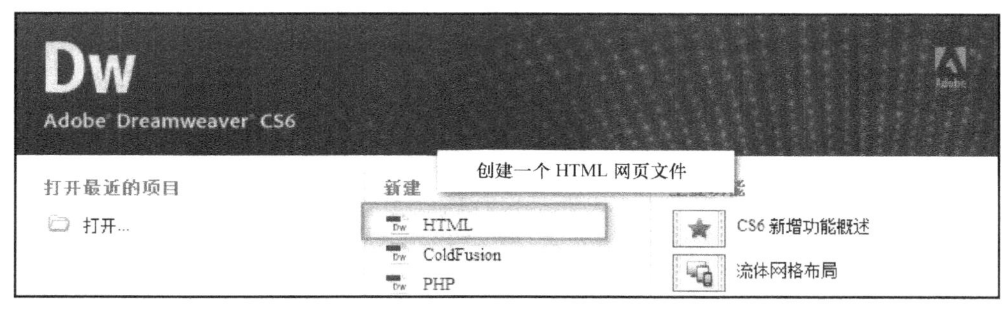

图2-3-2　新建一个网页文件

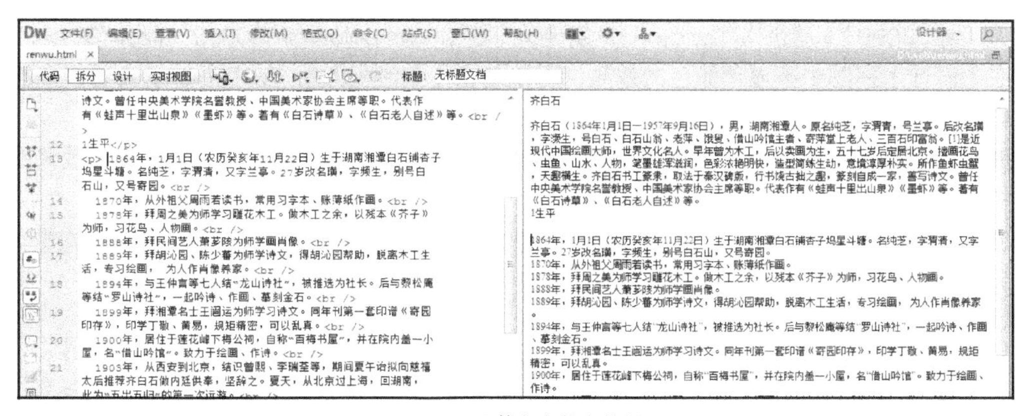

图2-3-3　调整文字信息的排版

STEP 4 在【代码】视图中，在第二行的文字“齐白石”的前方，插入图像标签<img src="q.jpg" width="200" />，设置图像的宽度值为 200 像素，不设置图像的高度值，在网页中，如果只设置了图像的高度值或宽度值，图像将按比例自动调整大小，效果如图 2-3-4 所示。

图2-3-4　插入图像

STEP 5 在图像标签中，增加一个属性 align="left"，即<img src="q.jpg" width="200" align="left" />，“align”是对齐属性，可以设置文字与图像的对齐效果，修改后的网页效果如图 2-3-5 所示。

图2-3-5 图像标签对齐属性

STEP 6 在文字信息“1 生平”后方插入一个水平线<hr>标签，设置水平线的属性值“color”颜色为“#000099”（蓝色），“width”宽度值为“3”，<hr color="#000099" size="3" />，<hr>标签在【设计】视图中不显示颜色的效果，可以单击【实时视图】，在 Dreamweaver 中的实时视图中查看网页的预览效果（见图 2-3-6），也可在浏览器中预览网页的效果。

注意：使用【实时视图】在 Dreamweaver 中查看网页的预览效果后，再单击【实时视图】按钮，才能取消预览。

图2-3-6 插入水平线

STEP 7 在<body>标签中，设置网页的背景图像为“b1.gif”，即<body background="b1.gif">，效果如图 2-3-7 所示。

图2-3-7 设置网页的背景图像

STEP 8 单击浏览按钮，在浏览器中预览网页的效果，如图 2-3-8 所示。

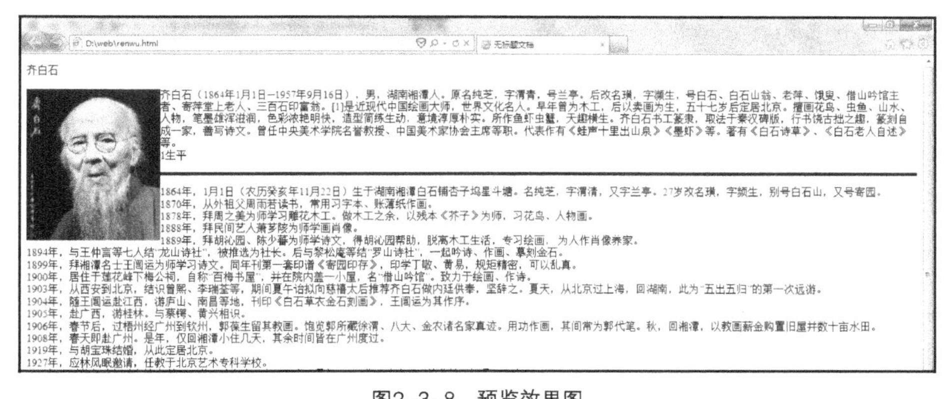

图2-3-8 预览效果图

2.4 准备知识：CSS样式表

2.4.1 CSS样式表简介

层叠样式表（Cascading Style Sheets，CSS），简称样式表，是由W3C组织制定和发布的用来定义网页内容元素的表现形式的规范标准。1996年12月，W3C发布了CSS1.0版本，目前用的版本是CSS3.0。通过CSS修饰（X）HTML的标签的显示效果，例如字体、边框、颜色、背景等属性，网页将达到良好的美观效果，还可以通过定义外部的样式表文件统一整个网站网页的风格，例如构建公共样式，便于引用和修改，减少重复操作，方便网页设计人员的协同开发。CSS实现了内容与样式的分离，简化网页的代码，提高网页的访问速度，是目前网页中必不可少的元素。CSS的应用需要浏览器能正确解析，早期的浏览器版本如IE6.0、IE8.0等，并不能完全解析CSS3.0版本的代码内容，故有些CSS的效果不能实现，但是目前主流的浏览器基本能够正确的解析CSS的样式。

2.4.2 CSS的语法规则

在使用和设置CSS时，必须遵循CSS的规则。CSS规则由两个主要的部分构成：选择器，以及一条或多条声明，即：选择器｛声明1；声明2；……声明*N*｝。选择器通常是需要改变样式的HTML元素，每条声明由一个属性和一个值组成，CSS的语法规则如下所示。

```
selector {
 property:value;
 property:value;
 ......
}
```

代码中，关键词的含义如下：

selector：选择器，需要定义样式的标签、ID值、类名；

property：选择器的属性名称；

value：属性的值。

属性和属性值之间使用“:”分开，属性值可以有不同的写法和单位，如颜色可用十六进制（十六进制值如果是成对重复的可以简写，如“#FF0000”的简写方式“#F00”）或 RGB 值[rgb（255，0，0）]或[rgb（100%，0%，0%）]的方式来表示。CSS 不区分字母的大小写，但是当 CSS 与 HTML 文档一起工作时，class（类）和 id 的名称是区分大小写的。

2.4.3 Dreamweaver 的 CSS 工具

Dreamweaver 提供 CSS 样式面板，打开 CSS 样式面板的方式是单击菜单栏中的【窗口】→【CSS 样式】，在右侧的工具栏中可找到 CSS 工具面板（见图 2-4-1）。

CSS 样式面板主要按钮的含义如下。

- 当前：是当前选定内容所应用的 CSS 样式规则。
- 全部：当前页面中所应用的 CSS 样式规则。
- ：附加样式表文件按钮，可以在 HTML 文档中链接一个外部的 CSS 文件。
- ：新建样式表规则按钮。
- ：编辑样式表规则，修改已有的样式表规则。
- ：删除样式表规则。

单击右下角的 按钮，打开【新建 CSS 规则】面板（见图 2-4-2）。可通过 Dreamweaver 提供的面板选项定义 CSS 样式，【新建 CSS 规则】面板的主要选项含义如下。

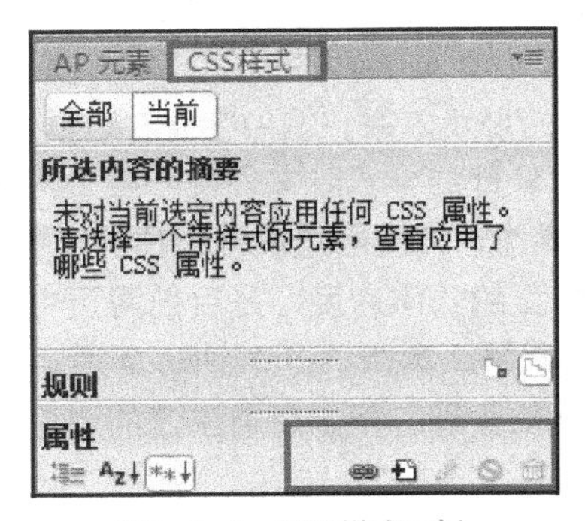

图2-4-1　CSS样式面板

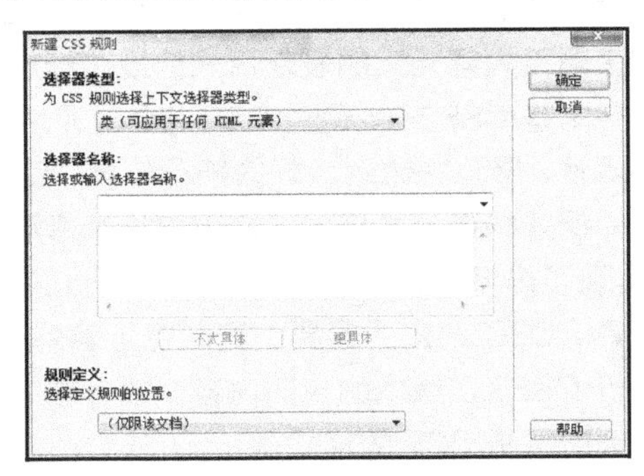

图2-4-2　新建CSS规则对话框

1.【选择器类型】

【选择器类型】用来设置 CSS 样式类型，可选的类型为：类、ID、标签、复合内容。

（1）类：是指可以通过自定义样式后，可将样式应用在任何标签的类型。自定义的类样式，必须以点为开始，一般采用字母和数字组合来命名，名称的第一个字符不能是数字，应该类的方式是在使用该样式的标签的属性中增加“class”属性，如<p class=“wenzi”>应用类样式</p>。

注意：*在应用类样式时，不需要在“class”的属性值中加“.”。*

（2）标签：即对 HTML 的标签定义样式，在【选择器名称】中选择或输入标签，使用标签定义 CSS 样式，该样式效果直接应用到标签的内容中，如定义了段落标签<p>的行高，设置 CSS 样式后，当前网页的段落标签直接响应行高的设置。

（3）ID：即对页面元素中 id 属性的值为 CSS 样式名称定义样式，样式名称是在 id 的属性值前加“#”，例如 DIV 标签的 id=“abc”，CSS 的样式名称为“#abc”，使用 ID 的方式定义 CSS 样式，该样式会直接应用到设置的 ID 对象；

（4）复合内容：是指两种或以上的选择器类型所构成的样式，例如定义#aa 中的<li></li>标签的文字大小，名称写作“#aa li”，选择器之间以空格分隔。

2.【规则定义】

【规则定义】用来设置 CSS 样式存放的位置，可选择【仅限该文档】或【新建样式表文件】。【仅限该文档】是将样式表嵌入到当前的 HTML 文档的头部标签处。【新建样式表文件】就是将样式表内容存放在一个文件扩展名为“.CSS”的文档中，并在当前的 HTML 头部标签处生成<link>标签。

2.4.4 在网页中引入 CSS 的方法

CSS 文档单独存在并不能实现它的功能，必须与 HTML 标签一同使用，所以要将 CSS 引入到 HTML 中才能让 CSS 控制 HTML 中的标签实现 CSS 美化网页的功能。

在 HTML 中引入 CSS 的方法主要有行内式、内嵌式、链接式和导入式 4 种。

1. 行内式

行内式即在HTML标签的style属性中设置CSS样式,行内式样式表只能应用在当前标签中。

```
<p  style="font-size:12px; color:#066">这是一个行内样式</p>
```

2. 内嵌式

内嵌式即在页面中的头部标签中采用<style>标签加入 CSS 样式，这种 CSS 样式只能应用在当前页。

例：在【代码】视图中输入下面的代码，并使用浏览器预览效果。

```
<html >
<head>
<meta http-equiv="Content-Type" content="text/html; charset=utf-8" />
<title>CSS</title><!--这是内嵌式样式表-->
<style type="text/css">
.biankuang {border:1px solid #F00;  /* 定义一个边框的CSS类样式*/ }
</style>
</head>
<body>
<p style="font-size:12px; color:#066">这是一个行内样式</p>
<p class="biankuang">这行是由内嵌式的样式控制的</p>
</body>
</html>
```

网页预览的效果如图 2-4-3 所示。

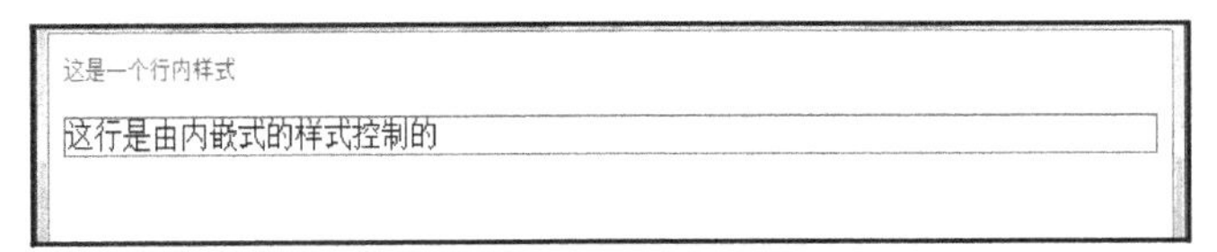

图2-4-3 内嵌式样式的效果

3. 链接式

链接式是将一个独立的 CSS 文件通过<link>标签引入到 HTML 文件中。链接式的前提是必须先有 CSS 文件。在 Dreamweaver CS6 中新建一个 CSS 文件的方式：选择菜单栏的【文件】→【新建】，打开【新建文档】对话框，单击【空白页】→【CSS】→【创建】（见图 2-4-4），即可创建一个 CSS 文档（见图 2-4-5）。

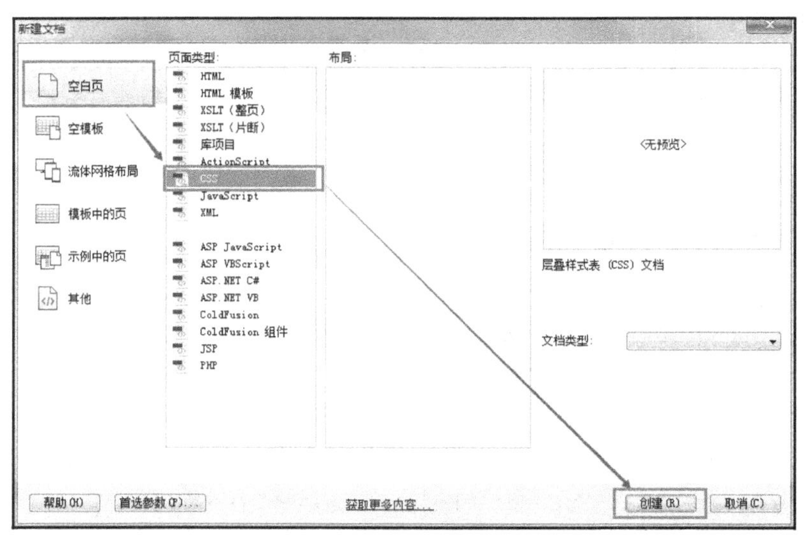

图2-4-4 新建CSS样式文件

将 CSS 文档命名为“CSS.CSS”保存在站点中，设置对应的样式，将 CSS 文档通过 CSS 面板的链接功能或 link 标签引入 HTML 页面中，可采用两种方式。

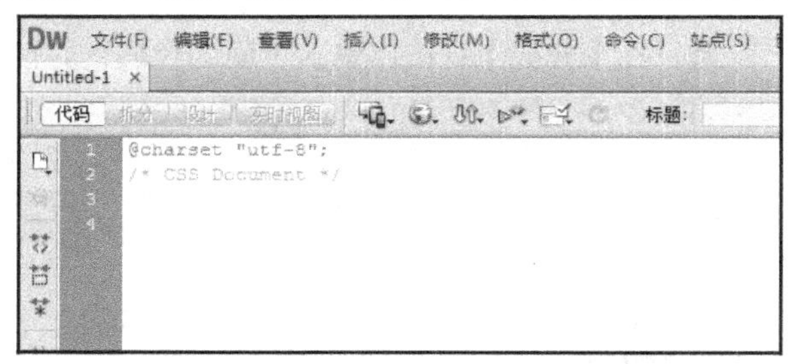

图2-4-5 新建CSS文档

方式一：通过 CSS 面板的链接功能将 CSS 文件链接到 HTML 页面中，选择【CSS】面板中的【附加样式表】（见图 2-4-6），打开【链接外部样式表】对话框（见图 2-4-7），单击【浏览】按钮，在弹出的选择面板中选定 CSS 文档并返回，在【添加为】选项选择【链接】，按【确定】将 CSS 文档链接到 HTML 文档中，同时网页的头部标签将生成<link>语句。

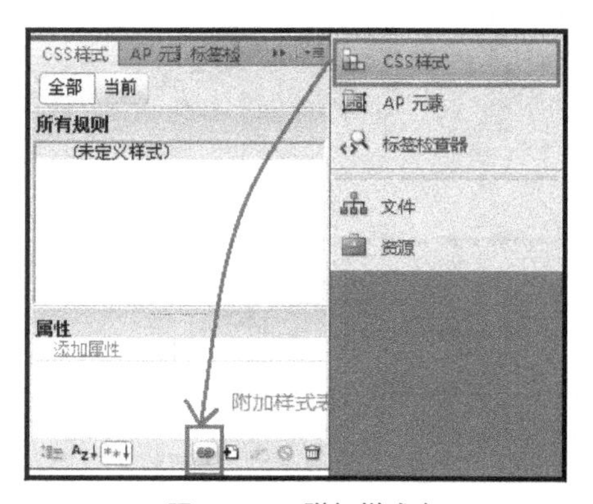

图2-4-6 附加样式表

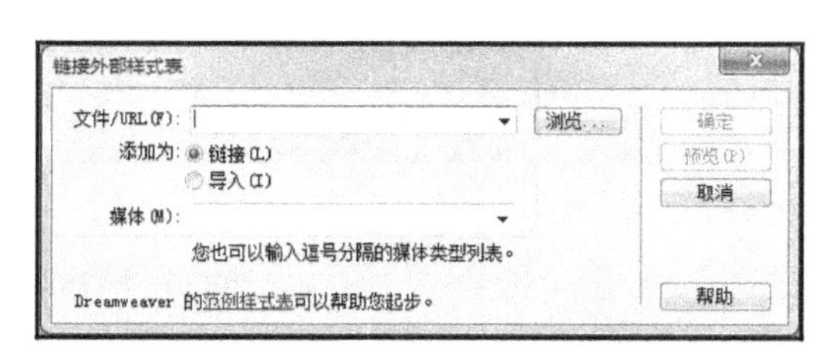

图2-4-7 链接外部样式表

方式二：通过<link>标签链接到 HTML 页面中。

在网页的头部标签<head></head>中直接加入链接外部文件的语句，例如：

```
<link href="css/css1.css" rel="stylesheet" type="text/css" />
```

其中，“href”是指样式表文档的路径和文件名，“rel”是指链接的文档类型是样式表，“type”是指文档类型是“text/css”。

4. 导入式

导入式也是将 CSS 文件导入到 HTML 文档中，但是与链入式不相同，是采用“@import”的方式导入 CSS，例如：在网页的头部标签<head></head>中加入导入 CSS 文档的语句。

```
<head>
<style type="text/css">
@import url("css/css1.css");
</style>
</head>
```

注意：链接式和导入式都是采用导入外部 CSS 文件的方式来引入 CSS，但是两者有所区别，使用链接式的时候，网页在打开时会在装载页面主体部分之前装载 CSS 文档，这样显示出来的网页从一开始就是带有样式效果的；而使用导入式时，会在整个页面装载完后再装载 CSS 文档，所以当遇到网页文件装载时间较长的情况，会先显示没有样式效果的网页，待 CSS 文档装载完后再显示完整的网页效果。

2.4.5 CSS 选择器

选择器是 CSS 中一个重要的概念，所有 HTML 标签都是通过不同的 CSS 选择器进行控制的。对网页 CSS 设置时，首先要确定选用哪一种选择器对 HTML 标签进行控制，再进行具体的设置，才可实现各种效果。在网页上，如果标签 h1 文字是红色，h2 的文字是蓝色，为了表示这两个标签的效果，对 h1 和 h2 这两个标签进行 CSS 的设置，则需要将标签和样式对应起来。这种对应的方法选择，就是选择器。CSS 的选择器从使用的角度上主要分为标签选择器、类别选择器、ID 选择器和复合选择器。

1. 标签选择器

一个网页是由多种不同的 HTML 标签组成，CSS 的标签选择器是用来声明 HTML 指定标签的 CSS 样式，每一种 HTML 标签都可以作为相应的标签选择器的名称。如 p 选择器，就是用来定义网页中所有的<p>标签的样式风格。如在网页中创建 CSS 样式，定义<h1>标签的文字颜色为“#F00”，文字大小为 12 像素，网页预览后的效果如图 2-4-8 所示。

```
<style type="text/css" >
    h1 {color:#F00;
    font-size:12px;}
</style>
```

图2-4-8 设置标签选择器样式

每一个选择器都是由选择器本身、属性和值构成（见图 2-4-9），一个选择器中可以设置多个不同的属性，同一属性在一个选择器中不要重复设置，实现同一个标签不同的风格类型。

如图 2-4-9 所示，如果要改变 h1 的属性，只需要修改 h1 选择器里的值即可，例如，将 h1 标签文字的颜色从红色改成绿色，只要将“color:#F00”改成“color:#060”，在设置样式时，我们可以采用 Dreamweaver 的代码视图。Dreamweaver 代码视图提供了良好的代码提示功能，只需要输入标签或属性的第一个字母，即出现下拉提示，可在提示中用键盘或鼠标选中标签或属性的名称或值。标签选择器一般用来定义页面中标签的常用样式效果，如定义网页的超链接的<a>标签和<body>标签的样式。

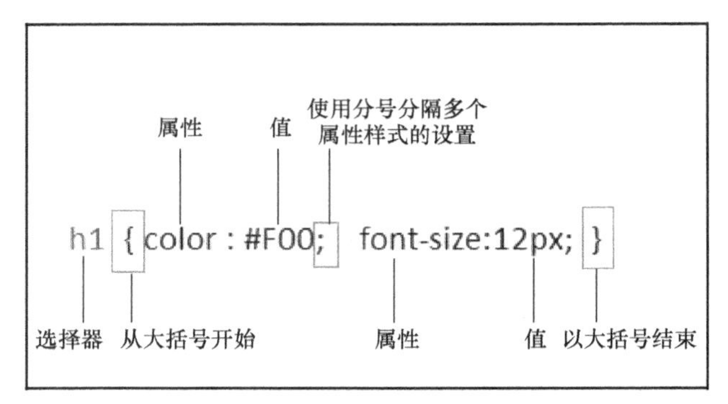

图2-4-9　标签选择器

例 2-12：使用 CSS 对网页进行基本的设置。

在 Dreamweaver 中打开素材“02/04/1.html”，网页的原效果如图 2-4-10（a）所示。在网页的头部标签<head></head/>中加入 CSS 规则，定义页面文字大小为 13 像素，文字颜色为“#333”，行高为 22 像素（请注意，行高的值要大于文字的大小）。<p>标签是段落标签，边距和填充有默认值，通过 CSS 修改<p>标签的边距值和填充值改变段落与段落间的行距，超链接<a>标签默认的文字是蓝色，有下划线，通过 CSS 修改链接文字的颜色为“#F00”，设置“text-decoration”的值设为“none”，去掉超链接文字默认的下划线效果，“font-weight”设置文字加粗效果，具体 CSS 样式代码如下。

```
<style type="text/css">
body {font-size:13px;color:#333;line-height:22px;}
p {margin:0; padding:0;}
a {color:#F00;text-decoration:none;font-weight:bolder;}
</style>
```

加入 CSS 美化网页后，在浏览器预览的网页效果如图 2-4-10（b）所示。

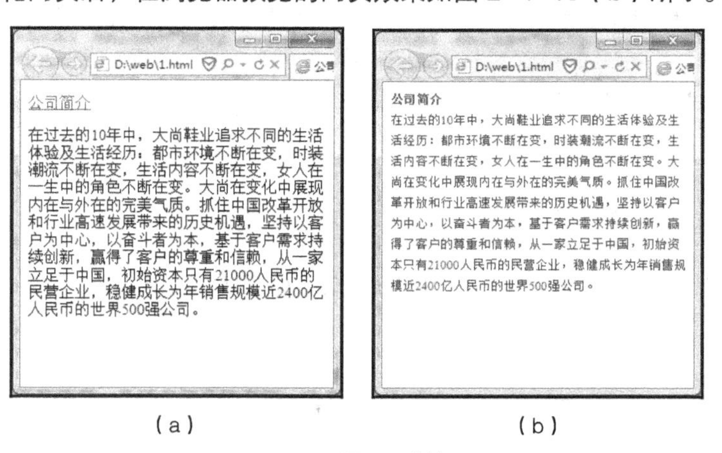

（a）　　　　（b）

图2-4-10　网页预览效果图

注意：CSS 对标签的属性和值都有严格的要求，如果设置的属性在 CSS 规范中不存在，或者某个属性的值不符合属性的要求，都不能使该 CSS 语句生效。

2. 类别（class）选择器

标签选择器所设置的 CSS 样式，是针对页面中的标签的，一旦设置，则页面中所有对应的标签均会自动应用这些样式，例如设置了 h1 标签的颜色为红色，文字大小为 25 像素，则该网页中所有 h1 标签内的文字都应用这样的样式。如果希望存在 h1 的文字大小既可以是 25 像素，也可以是 30 像素，只有标签选择器是不够的，还需要引入类别（class）选择器。类别选择器必须以“.”开始，名称由用户自定义命名（见图 2-4-11）。

```
.wenzi{color:#069; font-size:30px; }

类别选择器
注意前面必须以.开始
```

图2-4-11　类别选择器

以类别选择器来设置的 CSS 样式，定义样式后，使用标签的“class”属性来应用，类别选择器是可以多次应用或者应用在多个标签中，代码如下所示。

```
<!DOCTYPE html PUBLIC "-//W3C//DTD XHTML 1.0 Transitional//EN" "http://www.w3.org/TR/xhtml1/DTD/xhtml1-transitional.dtd">
<html xmlns="http://www.w3.org/1999/xhtml">
<head>
<meta http-equiv="Content-Type" content="text/html; charset=utf-8" />
<title>无标题文档</title>
<style type="text/css" >
h1 {color:#060;font-size:12px;}
.wenzi {color:#069; font-size:30px;}
</style>
</head>
<body>
<h1>这是标题 1</h1>
<h1 class="wenzi">这是类选择器，这里是一个 H1 标签</h1>
<p class="wenzi">这里是一个 P 标签</p>
</body>
</html>
```

在网页中，使用标签选择器定义的<h1>标签的样式，直接应用到<h1>的文字信息中，类别样式“wenzi”分别应用在<h1>标签和<p>标签中。当标签选择器和类别选择器同时作用在同一对象上并且定义同一个属性时，类别选择器的优先级高于标签选择器，如上面的代码制作的网页在浏览器中预览效果如图 2-4-12 所示。

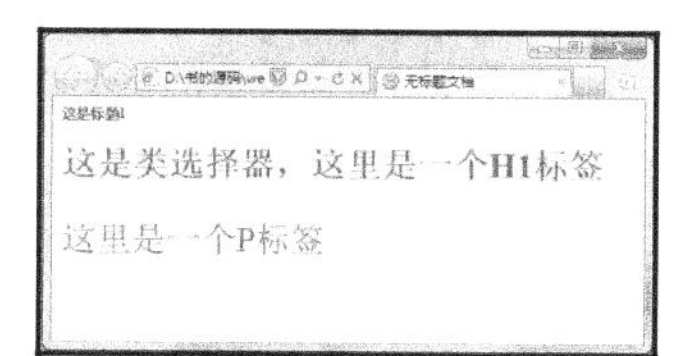

图2-4-12　类别样式应用效果图

在预览效果中可以看到，两个标题 h1 有两种不同的效果，在第二行的标题文字中，应用了类别样式“wenzi”，定义了标题 1 文字的大小和颜色，除此外，不改变标题 1 文字的原有效果，即仍有粗体的效果，因为“wenzi”这个样式中只定义了文本的颜色和文字大小效果，在没有修改的情况下标题 1 的文字继续保持原有的加粗效果。

由于类别选择器在一个网页中可重复使用，在制作网页时常常使用类别选择器定义需重复使用多次或多个标签需要应用到的 CSS 样式。

一个标签如果需要应用多个类样式，不能重复使用“class”属性，应该在该标签的“class”属性中使用 class= “样式名 1 样式名 2”，类样式的名称之间用空格分隔，如下面的例子，效果如图 2-4-13 所示。

```
<!DOCTYPE html PUBLIC "-//W3C//DTD XHTML 1.0 Transitional//EN" "http://www.w3.org/TR/xhtml1/DTD/xhtml1-transitional.dtd">
<html xmlns="http://www.w3.org/1999/xhtml">
<head>
<meta http-equiv="Content-Type" content="text/html; charset=utf-8" />
<title>无标题文档</title>
<style type="text/css" >
h1 {color:#060;font-size:12px;}
.wenzi {color:#069; font-size:30px;}
.wenzi2 {line-height:40px; background-color:#0C6}
</style>
</head>
<body>
<h1>这是标题 1</h1>
<h1 class="wenzi">这是类选择器，这里是一个 H1 标签</h1>
<p class="wenzi">这里是一个 P 标签</p>
<p class="wenzi wenzi2">这里应用了 2 个类</p>
</body>
</html>
```

特殊的类选择器：伪类选择器

CSS 的选择器除了根据 id（#）、class（.）、标签选取网页元素以外，就是根据元素的特殊状态来选取，即伪类选择器。伪类是应用在伪元素中，伪类和伪元素都是预定义的、独立于文档的，常见的伪元素主要是超链接的<a>标签。使用伪类和伪元素的方法为：选择器:伪元素{属性:值}，超链接的 4 个状态的伪类选择器如下。

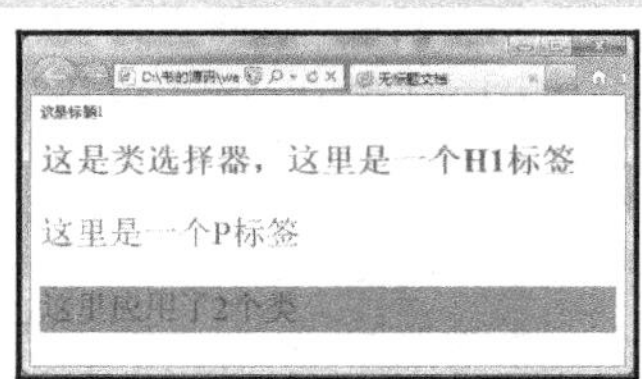

图2-4-13 网页预览效果图

a：link（链接的原始状态）；

a：visited（被点击或访问过的状态）；

a：hover（鼠标经过时的状态）；

a：active（当鼠标点击时的状态）；

文字或图像如果含有超链接，则在默认状态下显示文字颜色为蓝色、有下划线效果，图像显示 2 像素大小的蓝色边框，当文字或图像被单击过或访问过，则颜色均改为紫色。因此，常常通过 CSS 的伪类选择器重新定义含有超链接的文字或图像的显示效果。

例 2-13：设置导航菜单的超链接样式。

打开素材【02】→【05】→“1.html”，在<head>标签添加伪类样式，“text-decoration”是用来设置下划线效果的，默认状态含超链接的文字有下划线效果，将值改为“none”（无）即可去掉下划线，具体代码如下。

```
<style type="text/css">
a:link { color:#666; font-size:16px; text-decoration:none;}
a:visited {color:#06F;}
a:hover { color:#F00; font-weight:bolder; font-style:italic;}
a:active {color:#0F0;}
</style>
```

网页在浏览器中预览的效果如图 2-4-14 所示。

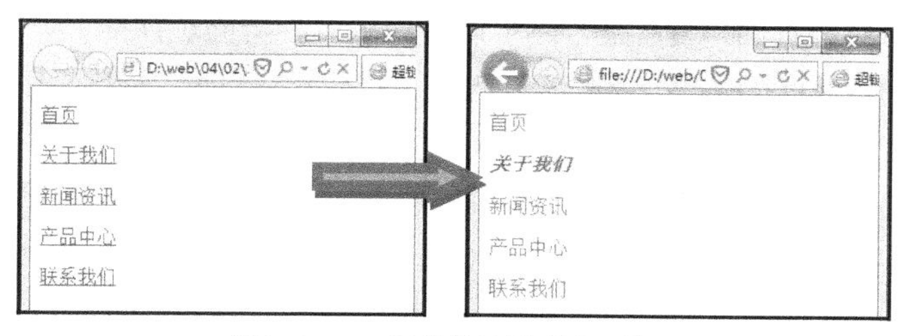

图2-4-14　导航菜单样式设置效果

一般情况下，只需定义标签 a 和 “a：hover” 两种状态下的 CSS 样式。定义<a>标签的样式时，如果没有定义伪类，则 4 种状态的样式效果相同。当需要同时设置 4 种状态时，要按 link→visited→hover→active 的顺序设置，否则，伪类的设置将会存在冲突的问题，样式的效果将无效。

3. ID 选择器

ID 选择器的使用方法与类别选择器的方式基本相同，以 “#” 开始，自定义名称，名称必须是字母、数字或下划线，并且名称不能以数字或下划线开始，即 ID 选择器的名称以 “#” 开始后，第一个字符必须是字母。

ID 选择器是利用属性 id 对指定的 id 定义样式，而 id 的值在一个页面中不能重名，所以 ID 选择器定义的样式只能在 HTML 页面中只对指定对象应用，因此针对性更强，ID 选择器的格式如图 2-4-15 所示。

属性　　值

#id{color:yellow；font-size:25px；}

ID选择器　　属性　　值

图2-4-15　ID选择器

例 2-14：设置 ID 选择器样式。

```
<!DOCTYPE html PUBLIC "-//W3C//DTD XHTML 1.0 Transitional//EN" "http://www.w3.org/TR/xhtml1/DTD/xhtml1-transitional.dtd">
<html xmlns="http://www.w3.org/1999/xhtml">
<head>
<meta http-equiv="Content-Type" content="text/html; charset=utf-8" />
<title>ID 选择器</title>
<style type="text/css">
#a1 {color:#F00; font-size:20px;}
#a2 {color:#FFF;line-height:30px; background-color:#063;}
</style>
</head>
<body>
<p id="a1">这里是应用了 a1 的位置</p>
<p id="a2">这是是应用了 a2 的位置</p>
</body>
</html>
```

浏览的效果如图 2-4-16 所示。

注意：ID 选择器可以用于多个标签，即每个标签定义的 id 不同，即可应用对应的 CSS 样式，id 的使用不仅仅是 CSS，Javascript 等其他的脚本语言也可以调用。所以在使用 id 这个属性时，一个网页中 id 的名称不能重复，如果要多个地方使用同一样式，可以采用类别选择器。ID 选择器设置的样式，也不可同时应用多个，类似 id= "a1 a2" 这种写法是错误的。

4. CSS 复合选择器

以前面 3 种选择器为基础，通过组合还可以产生更多种类的选择器，实现更强、更方便的选择功能。这种称为复合选择器（见图 2-4-17），即将标签选择器、类别选择器和 ID 选择器通过不同的连接方式组合而成的选择器，一般是由两个或以上的选择器类型组成。

图2-4-16　设置ID选择器

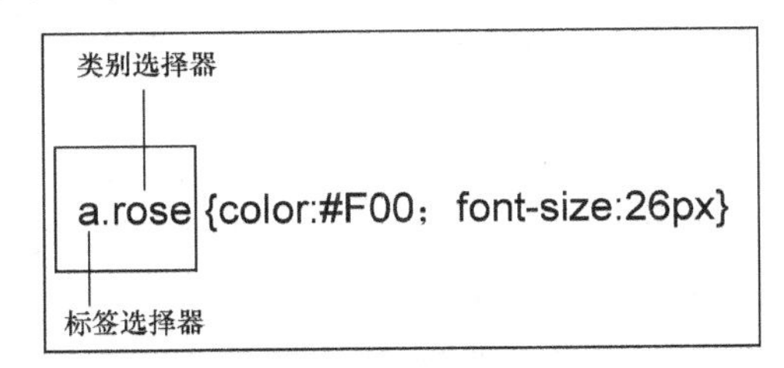

图2-4-17　CSS符合选择器

1）标签选择器与类别选择器的组成的复合选择器类型

超链接的<a>标签与类别选择器的联合应用，可以设置多种超链接的样式，也是常用的样式设置方法。

"a" 是超链接标签，"rose" 是类名，名称需要符合类的命名规则，两者合起来就是 "a.rose"，是针对超链接标签设置的 CSS 样式，是标签与类的联合使用，在一个网页中可以多次使用，通过设置不同的类来设置多种的超链接的方式。

在编写 CSS 代码时经常加入注释内容，注释的内容浏览器不解析，只对局部的代码进行标识或说明，CSS 的注释方式是以 "/* 注释内容 */" 的方式实现。

例 2-15：在一个网页中设置多种超链接的效果。

在头部标签中插入 CSS 具体样式，具体的代码如下。

```
    <style type="text/css">
    body {font-size:12px; text-align:center; margin-top:100px; }
    h1 {text-align:center; font-size:36px;}
    a {font-size:14px; font-weight:bold; text-decoration:none}
    a.rose{color:#F00; font-size:26px}
    /* a 是超链接标签，.rose 是类别选择器，两者组合成 a.rose 是一个复合选择器，应用对象是超链接标签，类名为 rose 的位置 */
    a:hover.rose {color:#03C }
    /* a:hover 是超链接标签的鼠标 over 状态，要对应类别选择器的名称来设置 */
    a.rose1 {color:#FC0; font-size:20px}
    a:hover.rose1 {color:#3CF}
    a.black {color:#000; font-size:18px}
    a:hover.black {color:#999}
    a.blue {color:#06C; font-size:30px}
    a:hover.blue {color:#366}
    </style>
```

网页的应用方式如下。

```
<body>
<h1>花语大全</h1>
<p><a href="#" class="rose">红玫瑰：热恋、热情、热爱着你紫玫瑰：浪漫真情、珍贵独特。
</a></p>
<p><a href="#" class="rose1">黄玫瑰：高贵、美丽或道歉、享受与你一起的日子、珍重祝福、
失恋、褪去的爱。</a>。</p>
<p><a href="#" class="black">黑玫瑰：温柔真心。</a></p>
<p><a href="#" class="blue">蓝玫瑰:敦厚善良。</a></p>
</body>
```

预览效果如图 2-4-18 所示。

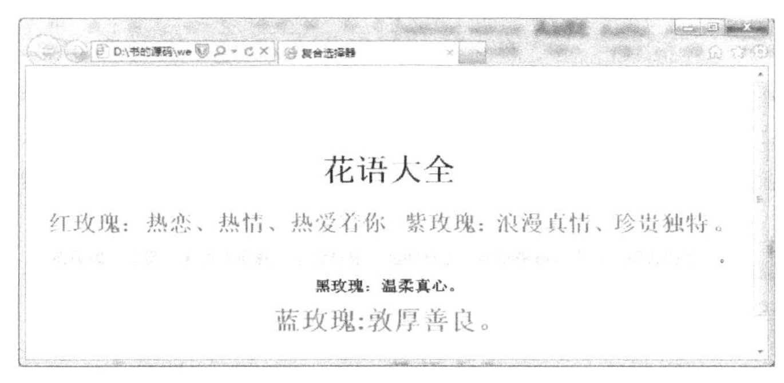

图2-4-18　预览图

注意：对于其他的标签同样可以实现复合选择器，例如“p.a1”“p.a2”等。如“p”、“.a1”、“p.a1”这 3 种选择器所设置的 CSS 样式的应用对象不同。p 是标签选择器应用页面中所有的 p 标签；“.a1”是类选择器，在页面中可通过属性“class”多次应用，“p.a1”则是应用在标签是 p，属性 class=“a1”的位置上。另外，如果当前页中已定义了一个类“.a1”，则不再使用“a1”这样的名称，因为类名不能重复。

2）通过嵌套选择器构成的复合选择器

在 CSS 选择器中，经常会将多个选择器通过嵌套的方式对指定的位置的 HTML 标签进行设置，例如，设置<ul>标签内的超链接文字的 CSS 样式，可以采用嵌套选择器的方式实现，而且可以有多种嵌套方式，如“.a3 a”“.a3 li a”“ul.a3 a”“ul.a3 li a”都可以实现对同一个位置超链接对象的 CSS 样式的设置。但是“.a3 a”的应用范围最大，可以用于所有属性 class 为“.a3”的位置，“ul.a3 li a”只能用于无序列表（<ul>）标签中 class 属性为“a3”的<li><a>标签中。

2.4.6　Dreamweaver CS6 中的 CSS 规则定义面板

利用 CSS 样式可以定义网页元素的效果，如文字的字体、颜色、大小，行间距，元素的边框、背景，列表的符号，鼠标的形状等。随着 CSS 的发展，CSS 对网页元素的影响越来越大，主要定义网页元素的 9 大类，分别为：类型、背景、区块、方框、边框、列表、定位和扩展、过渡。Dreamweaver CS6 的【CSS 规则定义】面板就是对应这 9 大类，具体如下。

1. 类型

【类型】（见图 2-4-19）主要用于定义网页中的文字的效果。

（1）Font-family（F）：设置文字的字体，可在下拉菜单中选择合适的字体，如果下拉菜单

中没有对应的字体，则单击下拉菜单中的【编辑字体列表项】，打开【编辑字体列表】面板，在【可用字体】中选择要采用的字体，单击«按钮将字体名称选中到【选择字体】模框中，按次序可选多个，完成后按【确定】按钮返回，在字体的下拉菜单中则可见到刚选择的字体，单击选中字体，字体项就设置好了。

（2）Font-size：设置文字大小，单位有“px”（像素）、“pt”（点）、“in”（英寸）、“cm”（厘米）、“mm”（毫米）、“pc”（派卡）、“em”（字高）、“ex”（字母 x 的高度）、“%”（百分比）。

（3）Font-style：设置议定的字体格式，默认为“normal”（正常），还能设置为“italic”（斜体）、“oblique”（斜体），“italic”和“oblique”都是向右倾斜的文字，但区别在于“italic”是指斜体字，而“oblique”是倾斜的文字，对于没有斜体的字体应该使用“oblique”属性值来实现倾斜的文字效果。

（4）Line-height：设置行高，一般设置为具体的高度值，但是要注意行高要大于文字的大小，例如文字大小为 9px，行高就不能小于 9px。

（5）Font-weight：设置文字的粗体效果；“normal”：正常效果，不加粗；“bold”：粗体，等同于 700；“bolder”:更粗；“lighter”:更细；“100 | 200 | 300 | 400 | 500 | 600 | 700 | 800 | 900”：字体粗细的绝对值。

（6）Font-variant：设置小写字母的大小写，“normal”：正常的字体；“small-caps”：将小写文字转换为大写。

（7）Text-transform：设置字母的大小写。“none”：默认，按原来大小写不改变；“capitalize”：文本中的每个单词以大写字母开头；“uppercase”：定义仅有大写字母；“lowercase”：定义无大写字母，仅有小写字母。

（8）Color：设置文字的颜色，如果采用 16 进制表示，则前面需加“#”，例如：“#3333333”。

（9）Text-decoration：设置划线的效果。“underline”：下划线；“overline”：上划线；“line-through”：删除线；“blink”：闪烁效果；“none”:无任何线。

2. 背景

背景面板如图 2-4-20 所示。

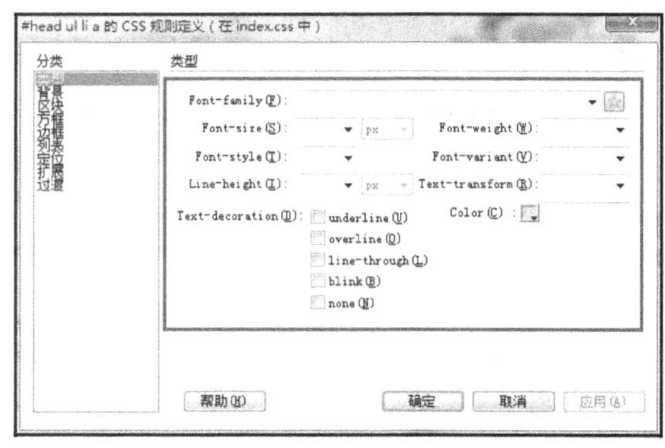

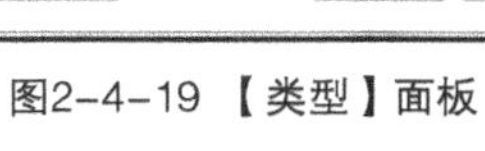
图2-4-19 【类型】面板

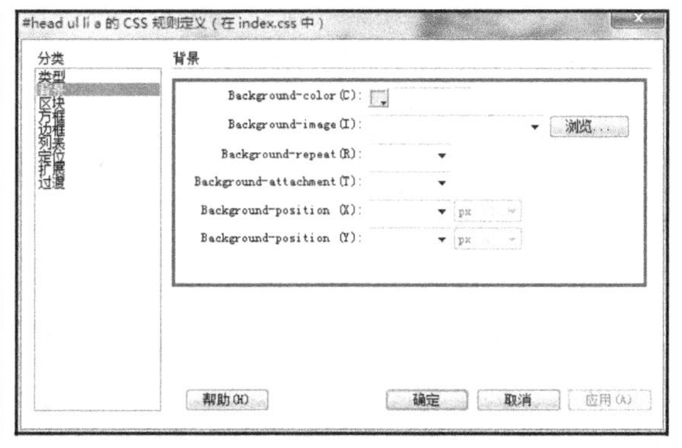

图2-4-20 【背景】面板

（1）Background-color：设置背景颜色。

（2）Background-image：设置背景图片。

（3）Background-repeat：设置背景图片的重复效果，可选择设置为“repeat”（整个页面重复）、“no-repeat”（不重复，即只出现一次）、“repeat-x”（只在水平方向重复，即水平一行重复）、“repeat-y”（只在垂直方向重复，即垂直重复一列）。

（4）Background-attachment：设置定义背景图片随滚动轴的移动方式，“fix”（固定背景不动），“scoll”（与页面一起滚动，默认值）。

（5）Background-position（X）：设置背景图像的水平方向的起始位置，可设置为“left”（左）、“right”（右）、“center”（中）和具体值。

（6）Background-position（Y）：设置背景图像的垂直方向的起始位置，可设置为“top”（上）、“bottom”（下）、“center”（中）和具体值。

3. 区块

区块面板如图 2-4-21 所示。

（1）Work-spacing：用来设置文字之间的距离。

（2）Letter-spacing：用来设置字母之间的距离。

（3）Vertical-align：垂直间距，用来设置文字或图像的垂直距离。

（4）Text-indent：文本的水平对齐方式。

（5）Text-indent：文字缩进，设置缩进的值。

（6）White-space：空格，用来设置对空格的处理，“normal”表示收缩空格，“pre”表示采用类似预定义标签“<pre>”的效果，“nowrap”表示仅遇到
标签时文本才换行。

（7）Display：指定是否以及如何显示元素。

4. 方框

【方框】面板如图 2-4-22 所示。

（1）Width：设置宽度的值。

（2）Height：设置高度的值。

（3）Float：设置浮动效果。有“left”（左）、“right”（右）、“none”（无）三项设置。

（4）Clear：设置清除浮动效果的设置。

（5）Padding：设置“top”（上）、“bottom”（下）、“left”（左）、“right”（右）的填充值。

（6）Margin：设置“top”（上）、“bottom”（下）、“left”（左）、“right”（右）的边距值。

图2-4-21 【区块】面板

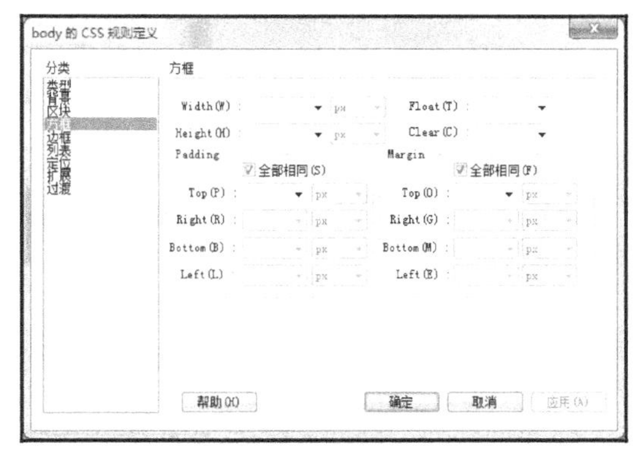

图2-4-22 【方框】面板

5. 边框

边框（见图 2-4-23）可分别设置对象的“top”（上）、“bottom”（下）、“left”（左）、“right”

(右)4 条边框的线型、大小和颜色。

(1)Sytle：设置边框的线条的线型，有“none”(无)、“dotted”(点划线)、“dashed”(虚线)、“solid”(实线)、“double”(双线)、“groove”(根据 border-color 的值画 3D 凹槽)、“ridge”(根据 border-color 的值画菱形边框)、“inset”(根据 border-color 的值画 3D 凹边)、“outset”(根据 border-color 的值画 3D 凸边)。

(2)Width：设置线条的宽度值。

(3)Color：设置线条的颜色。

6. 列表

【列表】面板如图 2-4-24 所示。

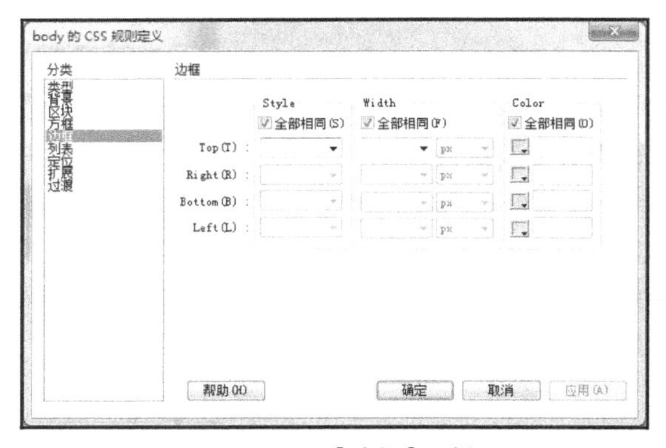

图2-4-23 【边框】面板

图2-4-24 【列表】面板

(1)List-style-type：设置列表中每行的符号，可设置为“disc”(默认值，实心圆)、“circle”(空心圆)、“square”(实心方块)、“decimal”(数字)、“lower-roman”(小写罗马数字)、“upper-roman”(大写罗马数字)、“lower-alpha”(小写英文字母)、“upper-alpha”(大写英文字母)、“none”(无)。

(2)List-style-image：设置列表中每行的符号为图像，按 浏览... 按钮选定图像。

(3)List-style-Position：设置在放置列表项符号的位置，“inside”(在文本以内，且环绕文本根据标记对齐)、“outside”(默认值，在文本的左侧)。

7. 定位

【定位】面板如图 2-4-25 所示。

(1)Position：设置定位效果，可设置“absolute”(绝对定位，相对于 static 定位以外的第一个父元素进行定位)、“fixed”(生成绝对定位的元素，相对于浏览器窗口进行定位)、“relateve”(相对定位，相对于其正常位置进行定位)、“static”(默认值，没有定位)。

(2)Visibility：可见性设置，可设置为“inherit”(规定应该从父元素继承)、”visibility”属性的值)、“visible”(默认值，可见)、“hidden”(隐藏)。

(3)Width：设置宽度值。

(4)Height：设置高度值。

(5)z-index：设置元素的堆叠顺序。拥有更高堆叠顺序的元素总是会处于堆叠顺序较低的元素的前面。

(6)overflow：设置溢出效果为“visible”(可见)、“hidden”(不可见)、“scroll”(有滚动

条）、“auto”（自动）。

（7）placement：设置对象定位层的位置和大小。可以分别设置“left”（左）、“top”（上）、“width”（宽）、“height”（高）。

（8）clip：定义了绝对（absolute）定位对象可视区域的尺寸。

注意：“clip”属性必须和定位属性“postion”一起使用才能生效。

8. 扩展

【扩展】面板如图2-4-26所示。

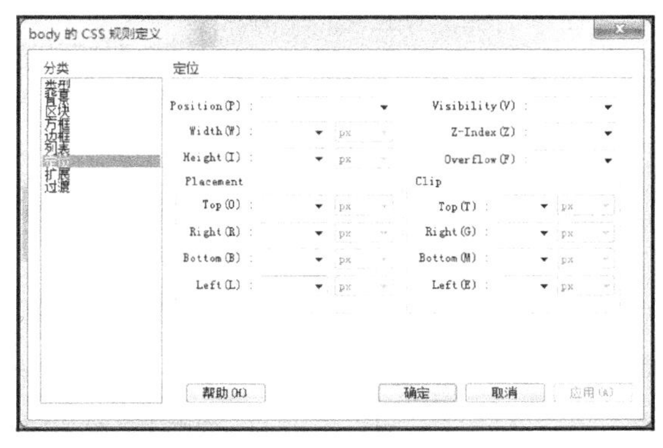

图2-4-25 【定位】面板

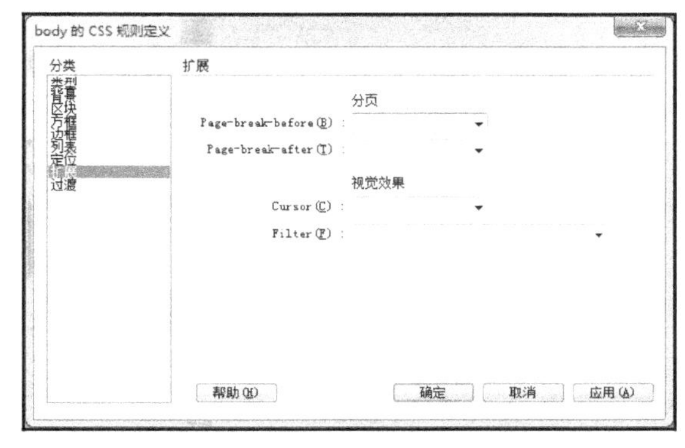

图2-4-26 【扩展】面板

（1）分页：Page-break-before：设置在表格元素之后始终进行分页的分页行为；page-break-after：设置在表格元素之后始终进行分页的分页行为。

（2）视觉效果：“cursor”（鼠标图标效果）、“filter”（滤镜效果）。

9. 过渡

【过渡】面板如图2-4-27所示。CSS的“Transition”（变换）效果，这种属性能够实现在元素的某些属性的数值发生改变时产生过渡的效果。比如长度增加，能产生类似拉长的动画效果；颜色改变时，也可以利用“Transition”产生一种颜色渐变的效果。

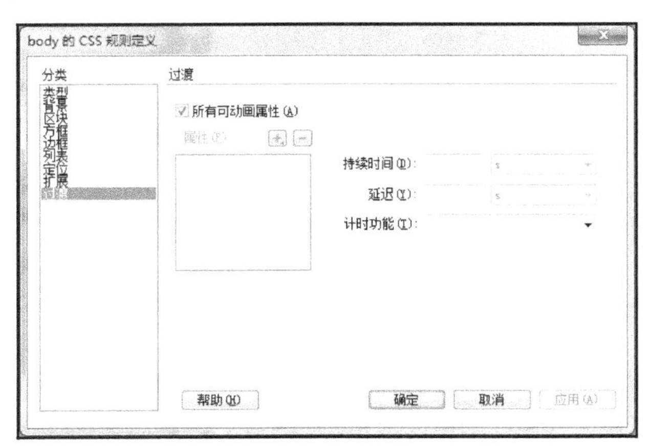

图2-4-27 【过渡】面板

可将【所有可动画属性】前【√】的去掉，在属性的⊞中选择要设置的属性，设置对应的【持续时间】、【延迟】和【计时功能】。

注意：Dreamweaver 中提供的 CSS 工具面板中只是包含常用的样式定义，要求在学习中，将常用的 CSS 样式记住，最好使用【代码视图】来编辑 CSS 样式，Dreamweaver 提供代码提示和功能，非常方便对 CSS 样式的定义。

2.4.7 课堂练习：CSS 制作水平菜单

导航菜单是网页中重要的组成元素之一，导航菜单的风格往往也决定了整个网站的风格，因此在制作网页时会投入很多时间和精力来制作各式各样的导航条，从而体现网站的整体构架。用 CSS 与 HTML 的列表标签来制作导航菜单，实现起来简单美观，并且可以做水平菜单和垂直菜单。目前常用项目表或编号列表标签结合 CSS 样式制作水平菜单或垂直菜单，水平菜单的效果如图 2-4-28 所示。

首页　产品介绍　服务介绍　技术支持　立刻购买　联系我们

图2-4-28　效果图

具体实现步骤如下。

STEP 1 定义一个站点，新建网页文件“cz.html”，新建样式表文件“css.css”，保存两个文件在站点中，单击【CSS 样式】工具栏中的【链接外部样式表】按钮，将“css.css”链接到“cz.html”文件中（见图 2-4-29）。

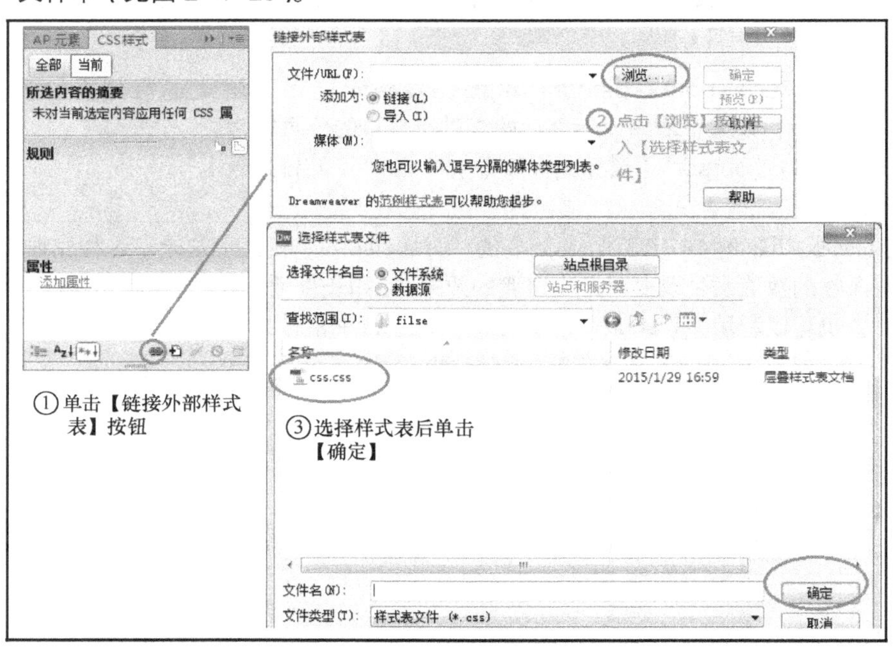

图2-4-29　链接外部样式表

STEP 2 定义无序列表<ul>，每对<li></li>里包含一个菜单项，并加入空的超链接，效果如图 2-4-30 所示，HTML 代码如下：

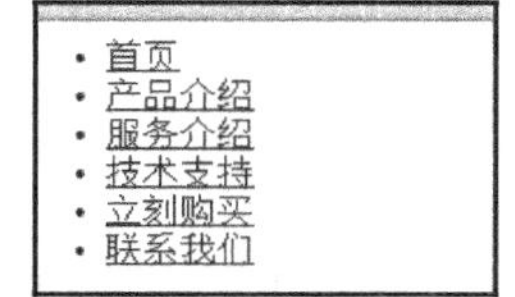

图2-4-30　项目列表

```
<ul>
<li><a href="#">首页</a></li>
<li><a href="#">产品介绍</a></li>
<li><a href="#">服务介绍</a></li>
```

```
<li><a href="#">技术支持</a></li>
<li><a href="#">立刻购买</a></li>
<li><a href="#">联系我们</a></li>
</ul>
```

STEP 3 在“css.css”文件里设置<ul>的样式为：

```
ul {padding:0; margin:0; list-style-type:none;}
```

定义“padding”和“margin”为 0，可去掉<ul>标签默认的边距和填充值；“list-style- type”的值设为“none”，就将<ul>的列表符号设置为无，如图 2-4-31 所示。

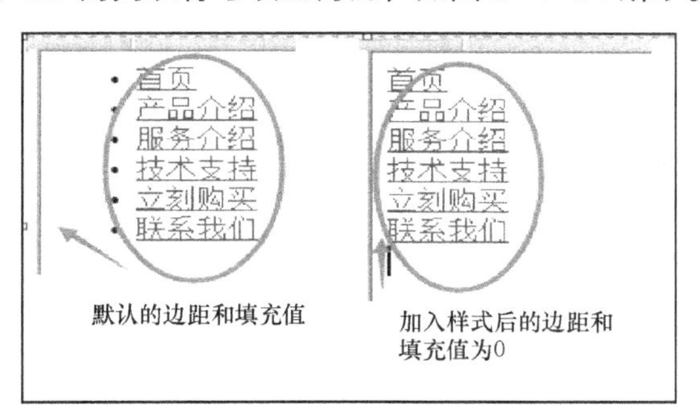

图2-4-31 ul的CSS样式效果

STEP 4 设置<li>标签的样式为“float”的左对齐效果 li { float:left;}，菜单变为水平菜单。

STEP 5 设置超链接文字的效果，在<a>标签的样式中，设置宽度值“width”和高度值“height”的同时，必须设置“display”的值设置为“block”（块），对超链接的文字设置指定的宽度值和高度值后，就像设置一个指定宽度和高度的按钮，还可以继续设置超链接文字的背景及文字的位置。

```
a {font-size:13px; /*设置超链接文字的大小为 13 像素 */
width:100px; /*设置宽度为 100 像素 */
height:25px; /*设置高度为 25 像素 */
background-color:#066; /*设置背景颜色为#066 */
display:block; /*设置显示效果为 block */
margin-left:10px; /*设置左边距为 10 像素 */
color:#FFF; /*设置文字的颜色为白色*/
text-decoration:none;/ *设置超链接所产生的下划线效果为无 */
text-align:center;/ *设置文字垂直居中效果*/
padding-top:5px;/ *设置上填充值为 5 像素*/}
```

网页浏览的效果如图 2-4-32 所示。

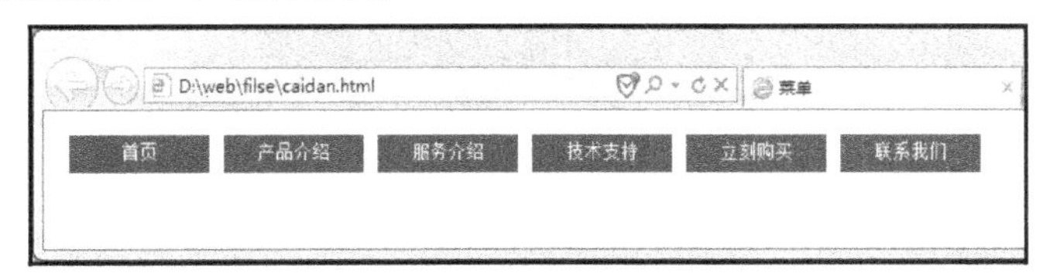

图2-4-32 效果

STEP 6 设置鼠标经过超链接效果，CSS 样式代码如下：

```
a:hover {background-color:#0FF;/ *设置背景颜色#0FF*/
color:#000;/ *设置文字的颜色是黑色*/}
```

效果预览如图 2-4-33 所示。

图2-4-33 网页预览图

STEP 7 在<a>中设置圆角效果，CSS3 提供圆角属性“border-radius”，设置圆角半径的值，单位可以是“em”“ex”“pt”“px”“%”等，CSS 样式的代码如下：

```
border-radius:5px ; /*设置边框的四个圆角半径为 10px*/
```

圆角效果如图 2-4-34 所示。

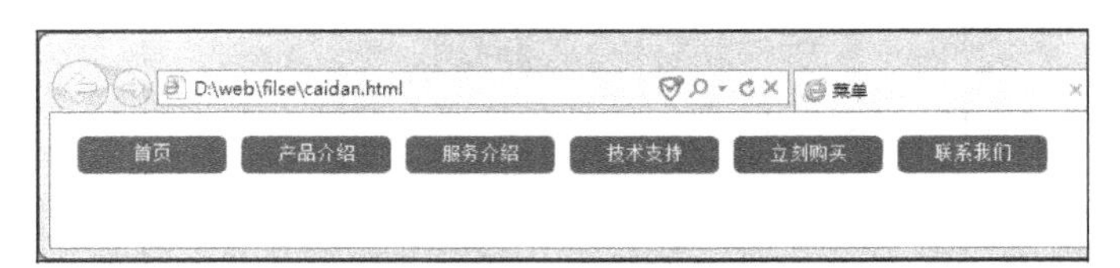

图2-4-34 圆角效果预览图

注意：CSS 的圆角效果需要浏览器的支持，IE6\IE7\IE8 均不支持，IE9 以上版本支持圆角效果。

另外，还可以通过设置背景图片、设置边框来提高菜单的美观度。

例：制作多种超链接效果的设置。

一个网页中，超链接的效果一般有两种以上，在<a>标签的样式设置上，可以通过类或者 ID 选择器的方式来设置多种超链接的效果。

方法 1：类方法。CSS 中用 4 个伪类来定义链接的样式，分别是 a:link、a:visited、a:hover 和 a ：active，要设置多种超链接的样式，可以给<a>标签的样式加入不同的类名，使用时通过“class”属性来应用，实现方式如下。

STEP 1 在 Dreamweaver 中打开“caidan.html”文件，单击“css.css”，进入 css【代码视图】，添加一种超链接的类样式，写法为“a.类名”，必须注意，“a”后面的“.”代表类，类名要遵循 CSS 类名的命名规则，不能用数字为类名的第一个字符，要用字母做第一个字符，例如，可用“a.caidan2”这样的名称，4 个伪类的写法为“a.caidan2:link”“a.caidan2:visited”“a.caidan2:hover”和“a.caidan2:active”，设置默认类名为“a.caidan2”的超链接状态，背景颜色为“#f00”，文字的颜色为“#F03”。CSS 有继承的功能，如果不需要修改原有的 CSS 效果，则 CSS 样式的代码如下：

```
a.caidan2 {background-color:#F00;color:#0F3;}
a.caidan2:hover { background:#030 url(img/bg.gif) no-repeat right ;}
```

STEP 2 选中要应用的超链接对象，在属性面板中【类】选项中选择“candan2”应用类的效果（见图 2-4-35）。

HTML 代码为：<a href="1" class="caidan2">首页</a>

请注意：应用 CSS 样式的位置必须是在<a>标签中。

STEP 3 网页浏览的效果如图 2-4-36 和图 2-4-37 所示。

通过定义不同的类，如可以定义“a.caidan3”“a.caidan4”等方式，设置多个超链接的效果，在指定的超链接对象中应用，采用类的方式设置，可以在多个地方使用样式，非常实用。

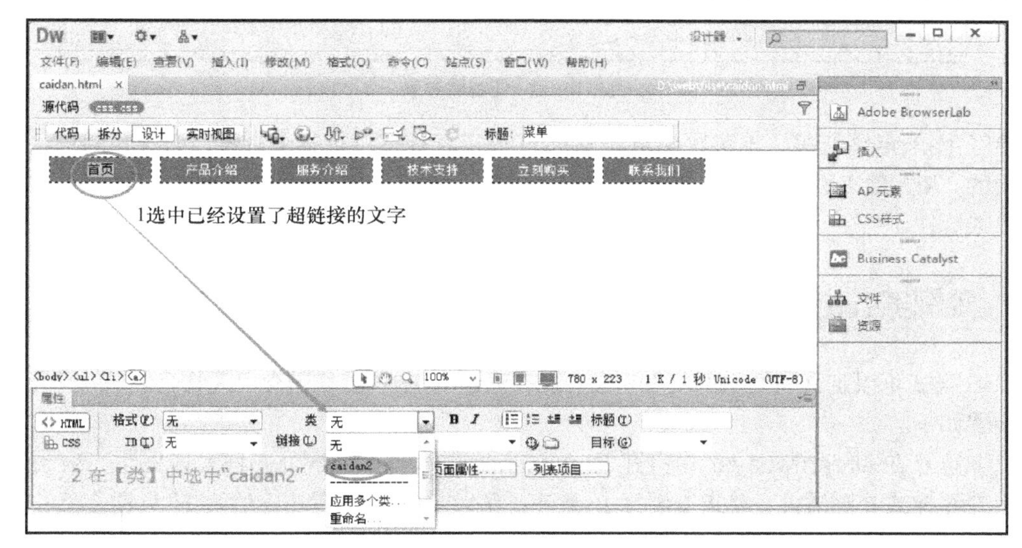

图2-4-35 应用类

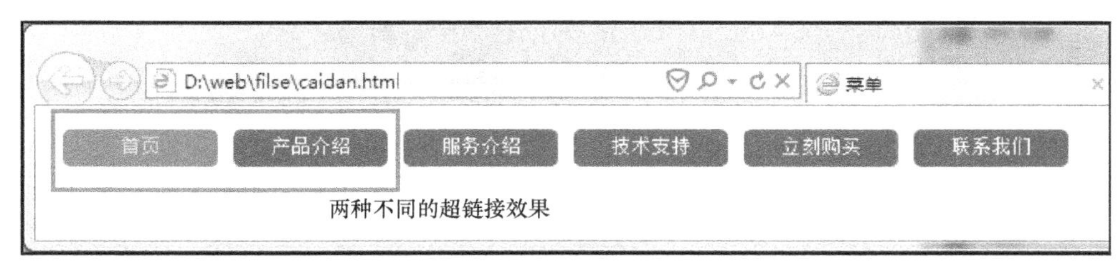

图2-4-36 超链接效果浏览图

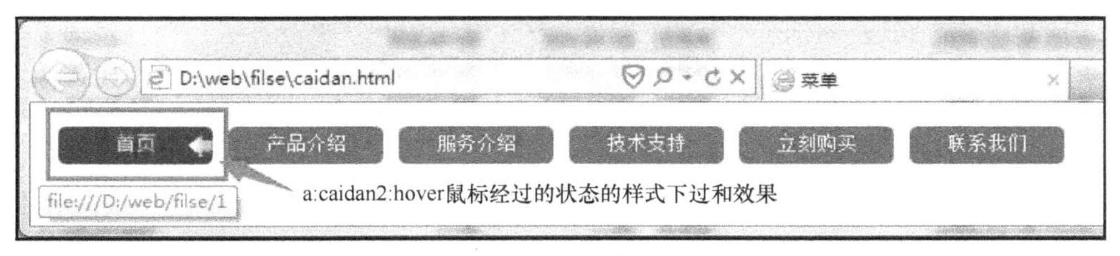

图2-4-37 超链接效果浏览图

方法 2：在“产品介绍”的超链接标签前加入 HTML 的<span>标签，并设置 id 属性为“cp”，HTML 代码如下：

```
<span id="cp"><a href="2">产品介绍</a></span>
```

在“css.css”文档中添加样式：

```
#cp a {color:#F00;font-weight:bolder;/*文字加粗*/}
#cp a:hover {background-color:#39F;}
```

将“产品介绍”的文字颜色改为“#F00”，文字效果为加粗，鼠标经过时改变背景颜色，如图 2-4-38 所示。

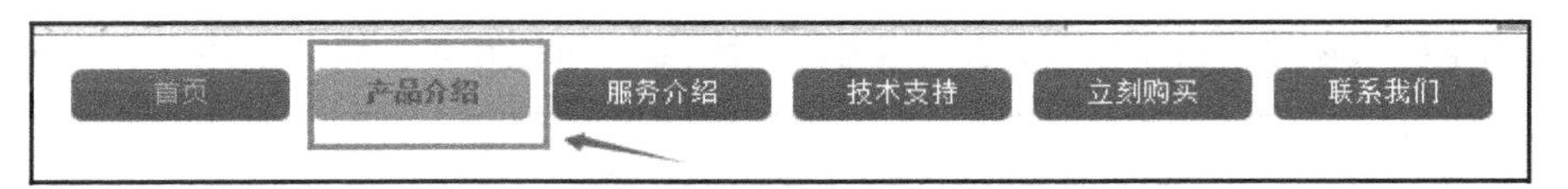

图2-4-38　超链接效果

除了用<span>标签，也可以使用其他的 HTML 标签来指定某个位置，如<div>标签，并通过不同的“id”值来设置多种超链接的 CSS 效果，实现在一个页面中创建多种不同的超链接的样式效果。

2.5 案例实施过程：人物介绍网页的制作（二）

CSS 样式可以定义网页中的所有对象，现在通过 CSS 样式表美化“人物介绍”的网页界面，操作步骤如下。

STEP 1 在 Dreamweaver 中打开“renwu.html”文件，新建外部样式表文件“5.css”，打开链接外部样式表对话框，单击【浏览】，选中“5.css”文件，单击【确定】（见图 2-5-1），将 CSS 样式表链接入“renwu.html”页面中（见图 2-5-1）。

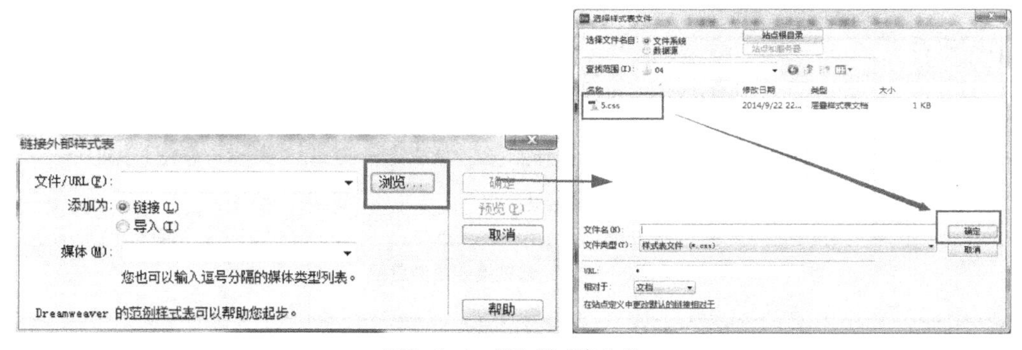

图2-5-1　插入样式表文件

STEP 2 在“5.css”文件中定义 body 标签的样式，设置整个页面的背景效果、文字效果、行间距的样式，其中主要的属性如下。

width：定义网页元素的宽度值。

height：设置网页元素的高度值。

font-size：为设置页面的文字大小，请注意必须要正确选择单位，一般情况下使用“px”为单位。

line-height：设置行高，这个值必须大于 font-size，文字才能完整显示。

color：设置文字的颜色。

background-image：设置背景图片。

margin：边距值，如设置“0 auto”，即上下边距为“0”，左右边距为“auto”。设置左右边距的值为“auto”，可配合“width”的值，将网页内容显示在浏览窗口的中间位置，是一种居中效果的设置。

CSS 样式的代码如下：

```
body {/* 定义 body 标签的 CSS 样式*/
font-size: 14px;     /*定义 body 标签中的文字大小为 14 像素*/
```

```
line-height: 22px;  /*定义body标签中的行高为22像素*/
color: #666; /*定义body标签中的文字的颜色为 #666 */
background-image: url(b1.gif);/ *定义当前网页的背景图是b1.jpg*/
width:900px;     /*定义网页内容宽度为900像素*/
margin:0 auto;/ *定义网页的上下边距值为0，左右边距值为自动，网页内容显示在屏幕的中间*/
}
```

STEP 3 在CSS文件中采用ID选择器创建一个CSS样式名称为“#q1”，该样式的作用是对指定图片设置宽度大小和边框效果，在网页中的图像标签<img src="q.jpg" width="200" align="left" />中加入ID属性，即<img src="q.jpg" width="200" align="left" id="q1" />，图像会自动应用“#q1”的CSS样式，效果如图2-5-2所示。

```
#q1 {
width: 100px;   /*定义盒子q1的宽度为100像素*/
border: 4px double #FF0; /*定义盒的边框为4个像素大小颜色为#FF0的双线边框效果*/
height: auto;/ *定义#q1的高度为自动*/
float:left;/ *定义#q1的浮动为左对齐*/
}
```

图2-5-2 “#q1”效果图

STEP 4 使用类别选择器定义两个CSS样式，名称为“wenzi”和“wenzi2”，定义文字的大小、颜色和加粗效果，将“wenzi”应用到第一行的文字“齐白石”，“wenzi2”应用到第二段的数字“1”中。两个类别样式的CSS代码具体如下：

```
.wenzi {
    font-size:30px;/ *文字的大小为30像素*/
    line-height:30px;/ *行高为30像素*/
    color:#000; /*文字的颜色为#000*/
    font-weight:bold;/ *文字的加粗效果*/
    margin:10px auto 0 auto;}/ *定义边距上右下左的值分别为10px自动0自动*/
.wenzi2 {
    font-size:35px;/ *文字的大小为30像素*/
    color:#F00; /*文字的颜色为#000*/
    font-weight:bold;/ *文字的加粗效果*/
    }
```

CSS的样式应用在网页中的效果如图2-5-3所示。

STEP 5 单击【在浏览器预览/调试】按钮，在浏览器中预览网页，效果如图2-1-1所示。

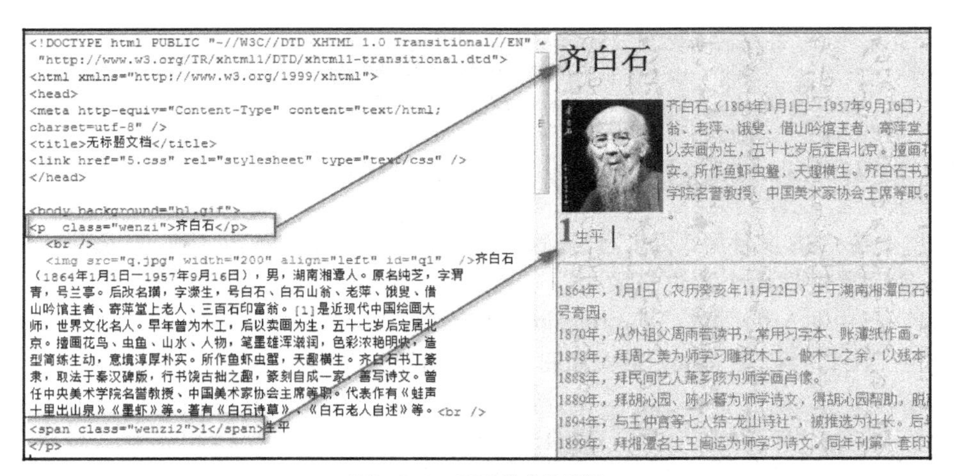

图2-5-3　CSS样式效果图

2.6 本章小结

本章主要介绍了（X）HTML 和 CSS。首先介绍（X）HTML 的标签，对于一些常用的标签，要求同学们必须掌握，这有利于我们进一步理解和创建网页，在定义 CSS 样式表也需要熟悉使用 HTML 的常用标签。CSS 内容介绍了 CSS 的基本使用，包括语法规则、网页中引入的 CSS 样式表文件的方式和主要使用的 4 种 CSS 选择器，学习使用 CSS 样式表修改网页显示效果，用水平菜单的制作案例进行综合练习。

Chapter

第3章
图文混排和超链接

■ **本章导读**

文本和图像都是网页的重要组成元素。文本与图像的排列格式不同，网页的显示效果也会不同。本章通过对网页中插入各种文本信息和图像，进行不同的排列再结合 HTML 标签和 CSS 样式，增加网页的美观性。超链接是网页中不可缺少的元素，网页与网页之间网页与其他对象之间的连接方式就是超链接。本章通过对文本超链接、图像超链接、其他对象超链接的介绍，完成多个网页间的超链接。

■ **知识目标**

- 了解常用的网页元素；
- 了解网页元素实现超链接的方法；
- 了解网页中常用的多媒体格式和插入多媒体元素的方法。

■ **技能目标**

- 掌握网页的图文混排；
- 掌握网页中插入文本的方式；
- 掌握在网页元素中实现超链接的方式；
- 掌握在网页中插入多媒体对象的方式。

3.1 课堂案例：人物主题介绍网站

文字和图像是网页中使用最多的元素之一，文字具有信息量大、编辑方便、占用空间小、能够明确描述数据的信息、便于用户浏览和下载等显著特点。对文本进行输入、编辑、格式的设置、文本的修饰是基本的网页技能之一。

在本章中，读者学习图文混排和超链接，制作人物主题网站，效果如图 3-1-1 至图 3-1-3 所示。

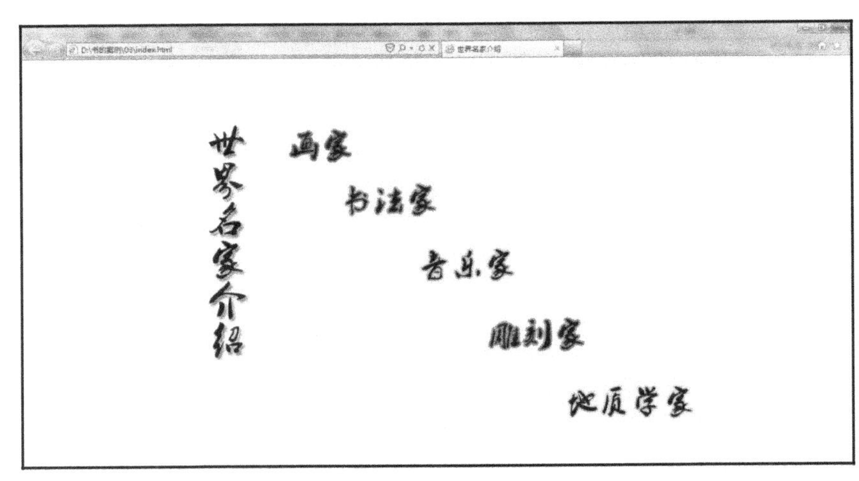

图3-1-1　网站首页

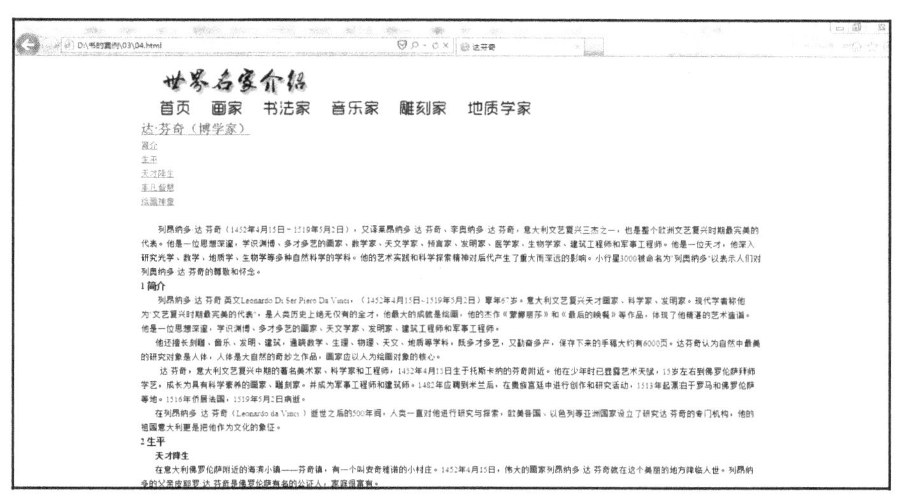

图3-1-2　网站二级页面

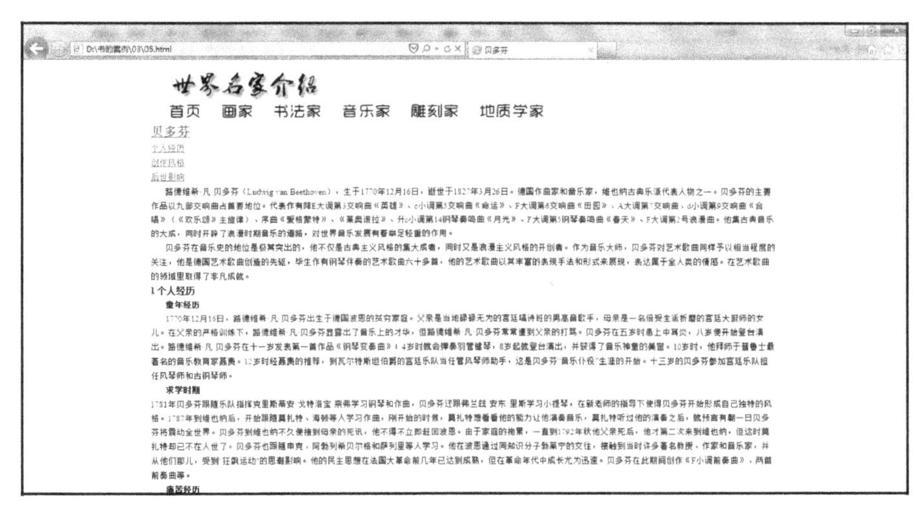

图3-1-3　网站二级页面

3.2 准备知识：常用的网页元素

3.2.1 网页中的文本

1. 插入文本的方式

文本是网页的主要元素之一，在 Dreamweaver 中插入文本，可使用直接输入、粘贴和导入文本 3 种方式。

- 直接输入文本：这是最常用的插入文本的方式。在 Dreamweaver 中创建或打开一个网页文档，即可直接在【设计】视图中或【代码】视图中通过键盘输入字符。
- 粘贴文本：在其他软件或文档中将文本复制到粘贴板中，然后单击 Dreamweaver 中需要输入文本的位置，单击菜单栏的【编辑】→【粘贴】命令或者按键盘的“Ctrl+V”组合键完成文本的粘贴。

Dreamweaver CS6 提供对粘贴的文本信息格式的设置。在 Dreamweaver CS6 中单击【编辑】→【首选参数】中的【分类】→【复制/粘贴】(见图 3-2-1)，设置【复制/粘贴】的内容，如果只是需要文本，不需要带有其他格式的，选“仅文本”；如需要带格式，可选择对应的选项，默认选项为【带结构的文本以及基本格式(粗体、斜体、样式)】，可根据需要更改成其他的选项。

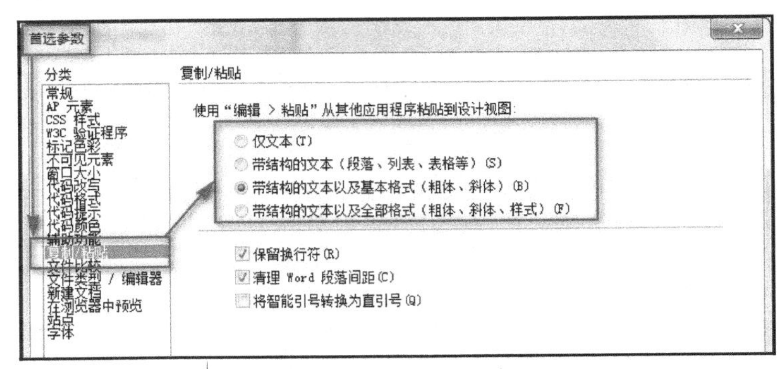

图3-2-1 【首选参数】中的【复制/粘贴】面板

- 导入文本：Dreamweaver 中提供可以直接导入 Word 文档和 Excle 表格等软件编辑的文本，例如将 Word 文档“eg.doc”导入到网页中，具体的操作步骤如下。

STEP 1 创建站点，在站点中创建一个网页，保存网页的名称为“01.html”，在【设计】面板中单击一下，再单击菜单栏的【文件】→【导入】→Word 文档(W) Word 文档(W)... (见图 3-2-2)。

STEP 2 打开【导入 Word】文档对话框，选中 Word 文档，单击【打开】按钮(见图 3-2-3)，在 Dreamweaver 的【设计】界面中(见图 3-2-4)，可以看到导入的文本内容，这种方式可以快速导入其他文档的文本。

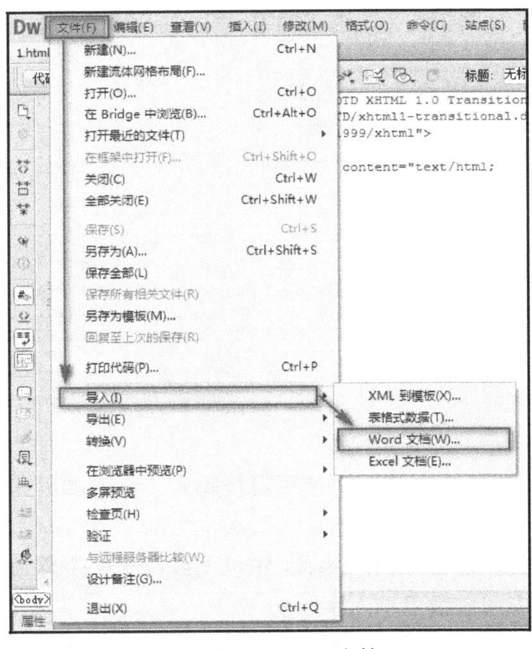

图3-2-2 导入Word文档

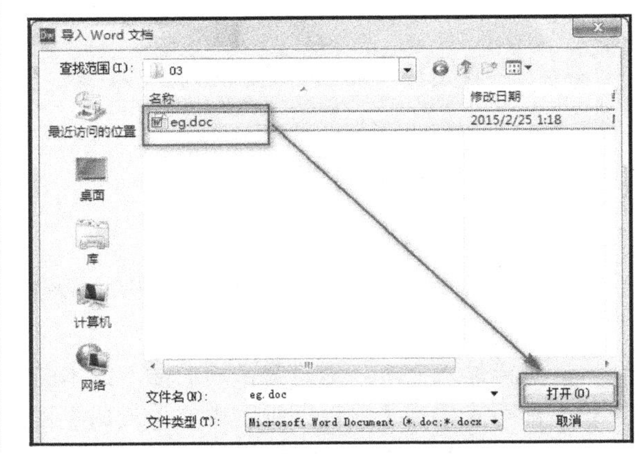

图3-2-3 导入Word文档

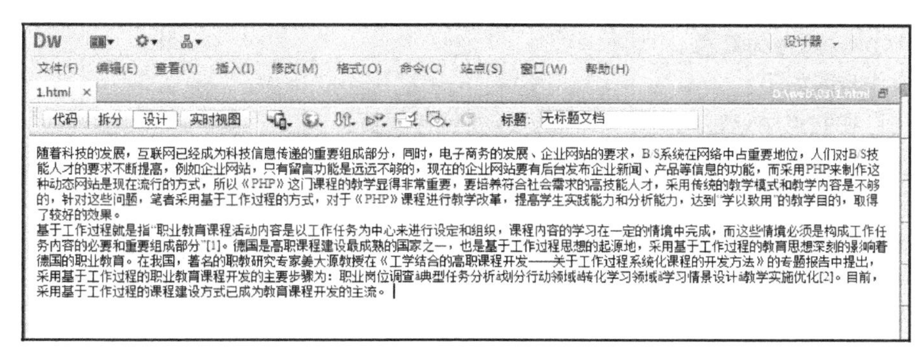

图3-2-4　导入【Word文档】中的文本

2. 文本属性面板

在【设计】视图编辑区中输入文字信息“世界著名画家介绍”，选中文本内容，在编辑区的下方有文本的属性面板。属性面板有两部分组成，一个是 HTML 部分（见图 3-2-5），另一部分是 CSS （见图 3-2-6），文本属性面板的主要设置如下。

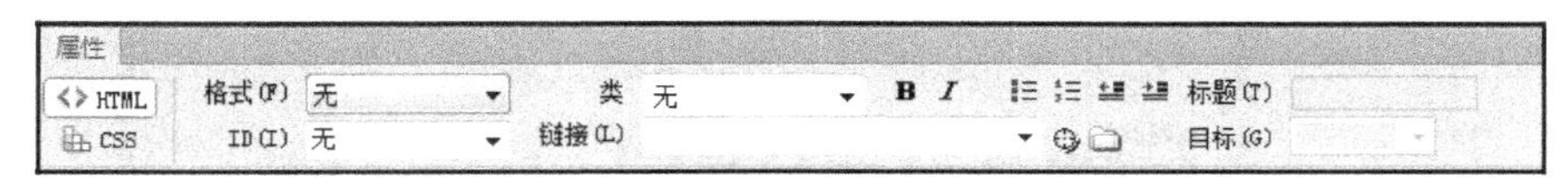

图3-2-5　文本的属性面板

【格式】：默认为段落，可选的值有“无”，标题 1 至标题 6，“预先格式化的”；

【ID】：ID 的值默认为无，可设置 ID 值；

【类】：默认值为“无”，如已经创建好类样式，可在下拉菜单中选中并应用；

【B I】：B 为设置文本内容为加粗效果，I 为斜体效果；

【 】：项目列表和编号列表，实为 HTML 标签的<li>和<ol>；

【 】：向左缩进和向右缩进；

【链接】：设置文本内容的超链接对象；

【标题】：为设置了超链接后，链接内的 title 属性；

【目标】：设置超连接对象的打开方式。【标题】和【目标】都需要先设置【链接】项后才可设置；

【目标规则】：设置 CSS 目标规则的存储、删除、应用；

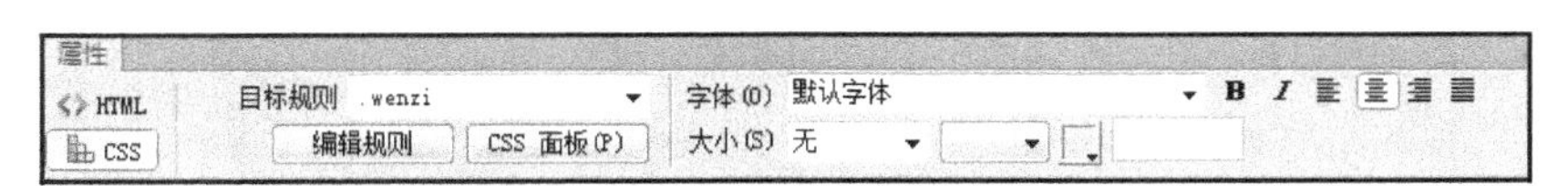

图3-2-6　文本的属性面板

【字体】：设置文本的字体；

【大小】：设置文本的大小；

：设置对齐方式，分别是左对齐、居中对齐、右对齐和两端对齐；

：设置文本的颜色的选色板，可在输入框中直接输入“#”号加 6 位 16 进制的颜色或 3 位 16 进制颜色的编码。

例 3-1：在网页中输入文本信息“世界著名画家介绍”，网页中的内容设置为居中效果，文字大小为 14px，颜色为红色。

具体操作步骤如下：

STEP 1 在站点中新建网页“w1.html”，并保存网页；

STEP 2 在【设计】界面中输入文本“世界著名画家介绍”，选中文本，单击文本属性面板中【CSS】的居中按钮（），弹出【新建 CSS 规则】面板，创建一个 CSS 的类“wenzi”，规则定义选择“(仅限该文档)”，单击【确定】按钮（见图 3-2-7）进入规则定义面板。

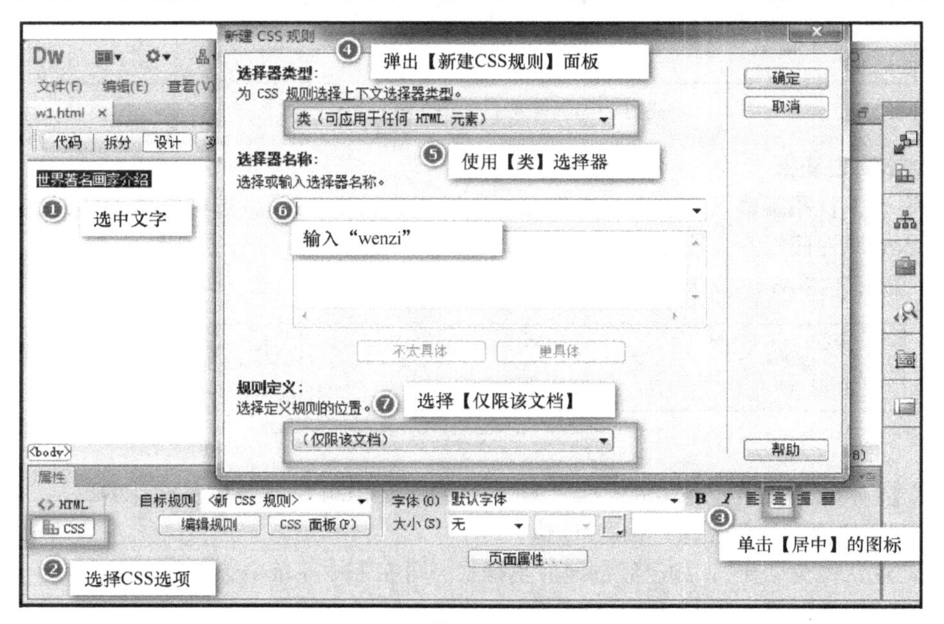

图3-2-7

STEP 3 【目标规则】显示为 目标规则 .wenzi ，可在属性面板中设置【大小】为 14px，选择颜色为，也可点击 编辑规则 ，显示【.wenzi 的 CSS 规则定义】面板，在【类型】中设置 Font-size 为 14 像素和 Color 为“#F00”（见图 3-2-8）。

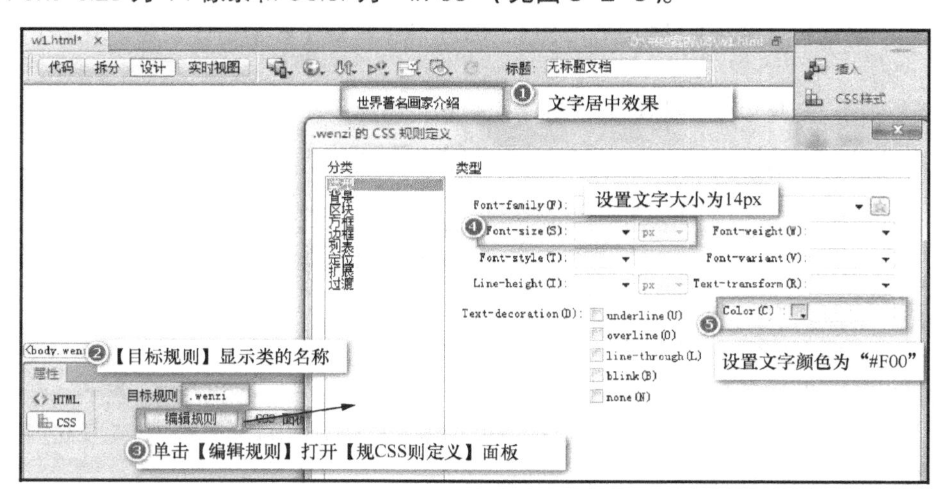

图3-2-8

STEP 4 在【代码】视图中，CSS样式插入在当前页面中，网页的代码如下所示：

```
<!DOCTYPE html PUBLIC "-//W3C//DTD XHTML 1.0 Transitional//EN" "http://www.w3.org/TR/xhtml1/DTD/xhtml1-transitional.dtd">
<html xmlns="http://www.w3.org/1999/xhtml">
<head>
<meta http-equiv="Content-Type" content="text/html; charset=utf-8" />
<title>无标题文档</title>
<style type="text/css">
.wenzi {
    text-align: center;
    font-size: 14px;
    color: #F00;}
</style>
</head>
<body>
<p class="wenzi">世界著名画家介绍 </p>
</body>
</html>
```

STEP 5 点击【在浏览器中调试/预览】按钮，用IE浏览器预览的效果如图3-2-9所示。

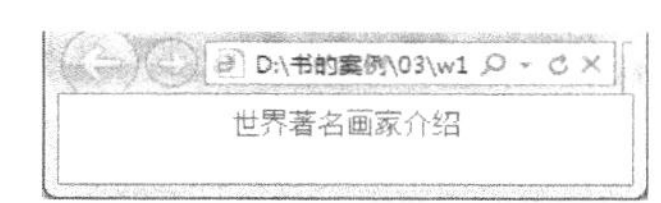

图3-2-9 预览图

3. 插入特殊符号

Dreamweaver提供特殊符号的工具，在插入工具面板中选择【文本】工具，单击最后一个选项里的倒三角图标，则有一部份常用的特殊符号，如版权、商标等，单击最后的【其他字符】选项，打开插入其他字符面板，单击需要使用的字符，单击【确定】按钮完成特殊符号的插入（见图3-2-10）。

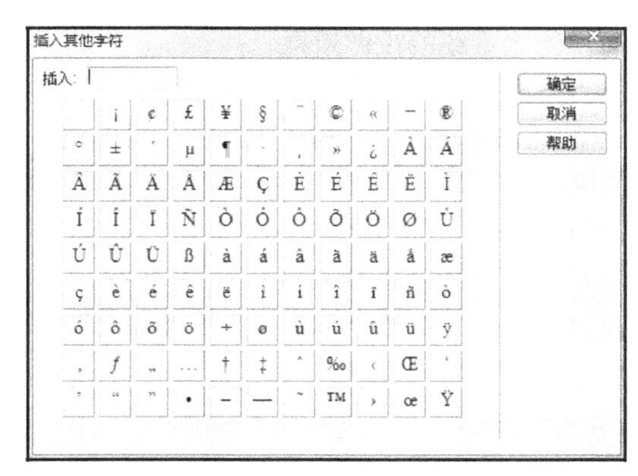

图3-2-10 【插入特殊字符】工具面板

4. 插入水平线

在网页中插入水平线可以将不同的内容分隔开，水平线的HTML标签是<hr>，是单标签，在Dreamweaver中提供三种方式插入水平线。

方法1：在代码界面中直接输入<hr>标签插入水平线；

方法2：选择【插入】工具栏→【常用】→【水平线】（见图3-2-11）；

方法3：选择菜单栏上的【插入】菜单→【HTML】→【水平线】（见图3-2-12）。

图3-2-11 插入【水平线】

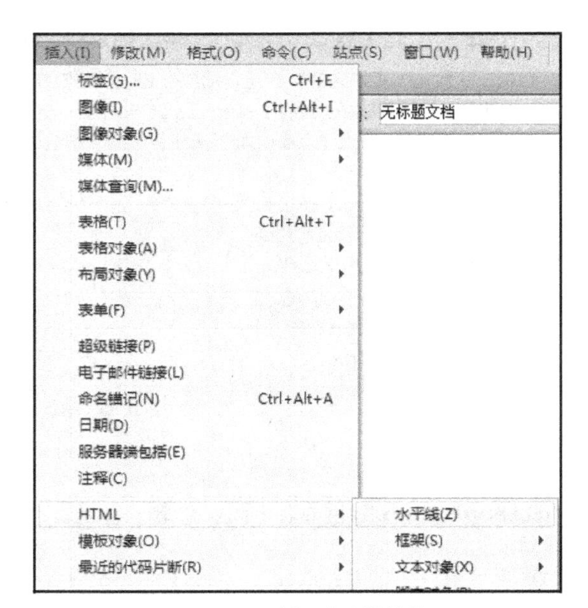

图3-2-12 插入【水平线】

插入水平线后，选中水平线，属性面板显示【水平线】的属性值（见图 3-2-13），主要的属性值如下。

【水平线】：设置水平线的 ID 值。

【宽】：设置水平线的宽度值，单位可以是像素或百分比。

【高】：设置水平线的高度值，单位可以是像素或百分比。

【对齐】：设置水平线的对齐方式，包括默认、左对齐、右对齐和居中对齐。

【阴影】：可设置水平线的投影效果。

例 3-2：插入 3 条水平线，第一条水平线的长度为 50 像素，宽为 4 像素，左对齐；第二条水平线的长度为 50%，宽度为 1，颜色为红色，居中对齐；第三条水平线长度为 1，宽度为 500 像素，颜色为黑色。

操作步骤如下：

STEP 1 在站点中新建网页“hr.html”，并保存。

STEP 2 选择【插入】工具栏→【常用】→【水平线】插入一条水平线，单击水平线，在属性面板中，按图 3-2-13 进行设置；

图3-2-13 设置水平线的属性

STEP 3 单击【插入】菜单栏→【HTML】→【水平线】插入一条水平线，单击水平线，按图 3-2-14 所示设置水平线的属性。由于属性面板中没有水平线的颜色的设置项，单击【拆分】按钮，在【代码】界面中的<hr>标签中，加入颜色的属性代码 color="#FF0000"，颜色的效果在 Dreamweaver 视图中是不可见的，通过浏览器预览时效果可见。

图3-2-14　设置水平线的属性

STEP 4 在【拆分】视图的【代码】界面中，直接输入水平线的标签，并输入水平线的属性，宽（width）、高（size）、颜色（color）和对齐（align），HTML 代码如下：

```
<hr width="1" size="500" color="#000000" align="center" />
```

STEP 5 单击按钮在浏览器中预览，效果如图 3-2-15 所示。

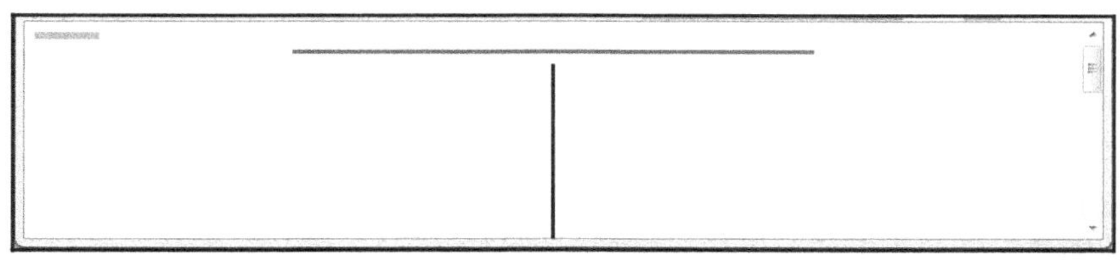
图3-2-15　预览效果图

注意：当设置水平线的宽度为 1 像素，高度为 500 像素时，水平线显示的效果是一条竖线。

5. 插入时间日期

Dreamweaver 提供在网页中插入本地计算机的当前时间和日期的功能，选择【插入】工具面板→【常用】→【日期】，即可打开【插入日期】对话框，如图 3-2-16 所示。

在【插入日期】对话框中，可以设置的格式如下所示。

【星期日期】：在选项的下拉列表中可选择中文或英文的星期格式，也可以不要星期。

【日期格式】：在选项框中可选择要插入的日期格式。

【时间格式】：在选项的下拉菜单中选择时间格式或选择不要时间。

【储存时自动更新】：如选中该选项，则每次保存网页文档时都是自动更新为当时的时间日期。

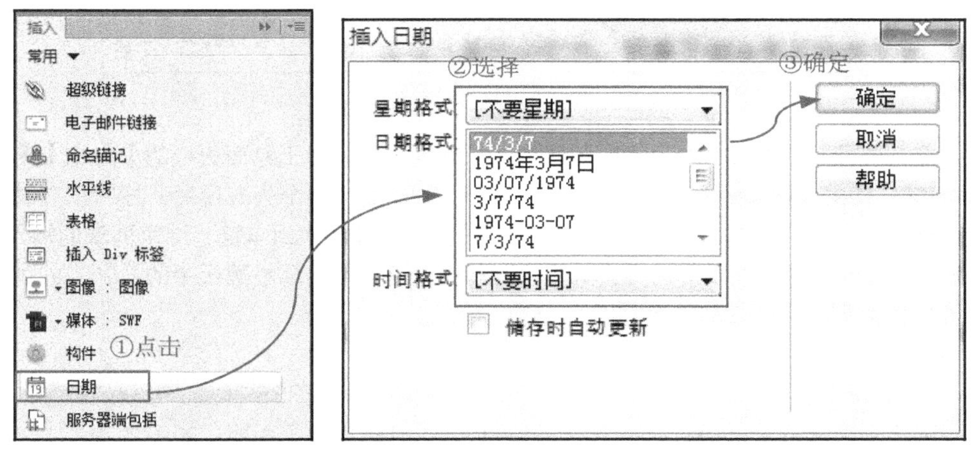

图3-2-16　插入时间日期

6. 插入列表

网页中常用的列表主要是项目列表、编号列表和定义列表 3 种，其中项目列表又称为无序列表，标签为<ul></ul>，编号列表称为有序列表，标签为<ol></ol>，项目列表和编号列表的列表项标签都是采用<li></li>，定义列表的标签为<dl></dl>，定义列表的列表项包含定义术语<dt></dt>和定义说明<dd></dd>。

- 创建列表

在 Dreamweaver 中，可以采用 3 种方法来创建列表。

方法 1：直接在代码视图中输入列表标签：

编号列表标签：

```
<ol>
<li>列表内容</li>
<li>列表内容</li>
</ol>
```

项目列表标签：

```
<ul>
<li>列表内容</li>
<li>列表内容</li>
</ul>
```

定义列表标签：

```
<dl>
<dt>定义</dt>
<dd>内容</dd>
</dl>
```

显示效果如图 3-2-17 所示。

编号列表标签：	编号列表标签：	定义列表标签：
1.列表内容 2.列表内容	• 列表内容 • 列表内容	定义 内容

图3-2-17 列表标签

方法 2：采用工具面板上的列表项创建列表，选择【插入】工具面板中的【文本】中的列表选项 ul 项目列表 或 ol 编号列表 或 dl 定义列表（见图 3-2-18）；完成一个列表项后，按回车按键，即可再输入下一个列表项；如果已经完成列表项的创建，连续按两次回车键，结束列表的输入。

方法 3：将选中文本按段落的方式排列，再选中段落，单击属性面板中的 中的列表，即可将段落转换为列表，列表的效果如图 3-2-19 所示。

- 列表的属性

Dreamweaver 提供列表的属性面板，在此可以设置列表的 CSS 样式、列表的类型。单击属性面板中的【列表项目】（见图 3-2-20），即可打开【列表属性】面板，如图 3-2-21 所示。列表的属性设置主要有以下几种。

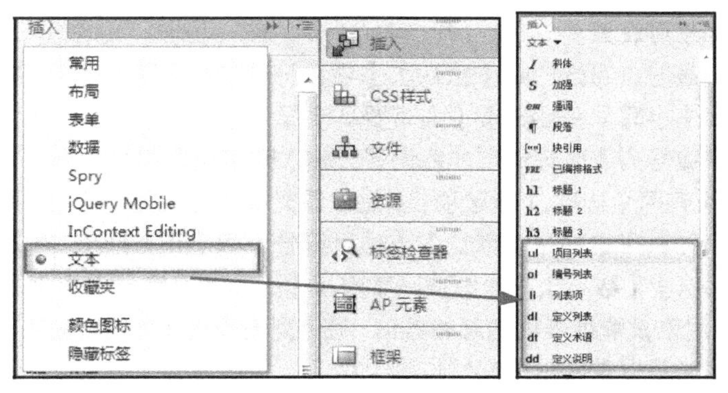

图3-2-18 列表工具

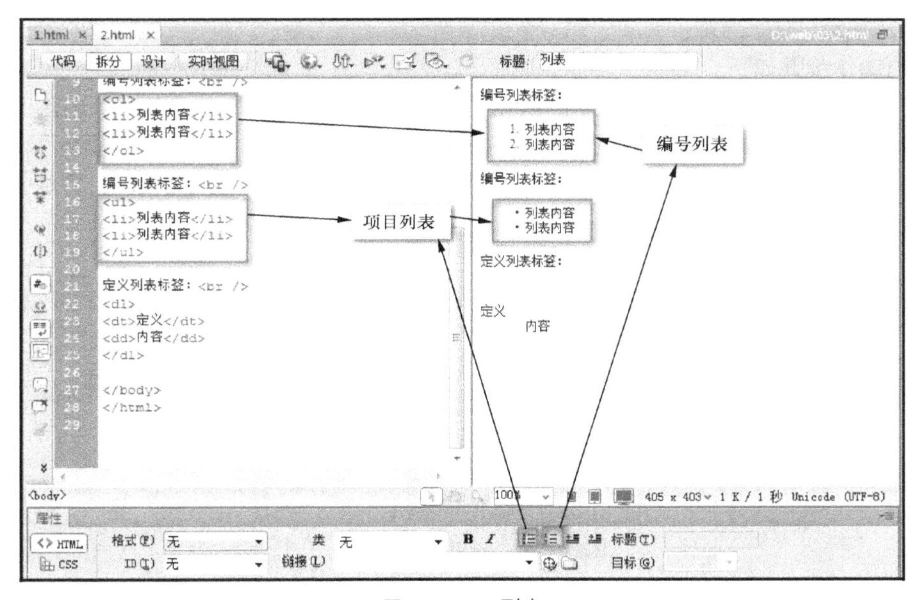

图3-2-19 列表

图3-2-20 属性面板

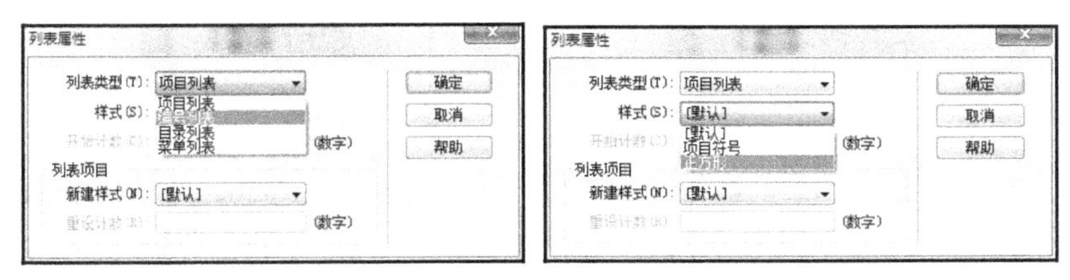

图3-2-21 列表属性面板

【列表类型】：有项目列表、编号列表、目录列表和菜单列表可选，如选择目录列表和菜单列表，则后面的选项都不可设置。

【样式】：项目列表时，可选的是【默认】、【项目符号】和【正方形】；编号列表时，可选的是【默认】、【数字】、【小写罗马字母】、【大写罗马字母】、【小写字母】和【大写字母】。

【开始计数】：在编号列表时该选项才能设置，输入数字设置起始大小。

【列表项目】中的有两个选项，【新建项目】是设置光标所在位置的段落列表项的图标，当【列表类型】是项目列表时，可选的是【默认】、【项目符号】和【正方形】；当【列表类型】是编号列表时，选项为【默认】、【数字】、【小写罗马字母】、【大写罗马字母】、【小写字母】和【大写字母】；【重设计数】是用来设置列表项的起始数值，在【列表类型】为项目列表时不可设置；在【列表类型】为编号列表时可以重新设置起始位的大小。

例 3-3：定义项目列表的列表符号修改为“正方形”，编号列表的中的列表符号为“大写字母”，计数从字母“C”开始。

具体的操作步骤如下。

STEP 1 创建站点，并创建一个新的网页文档，保存为“li.html”。在网页中，创建图 3-2-22 的列表内容，将光标落在项目列表项中的任意位置，单击属性面板中的【列表项目】，打开【列表项目】面板，如图 3-2-22 所示，修改【样式】为“正方形”，单击【确认】，完成修改。

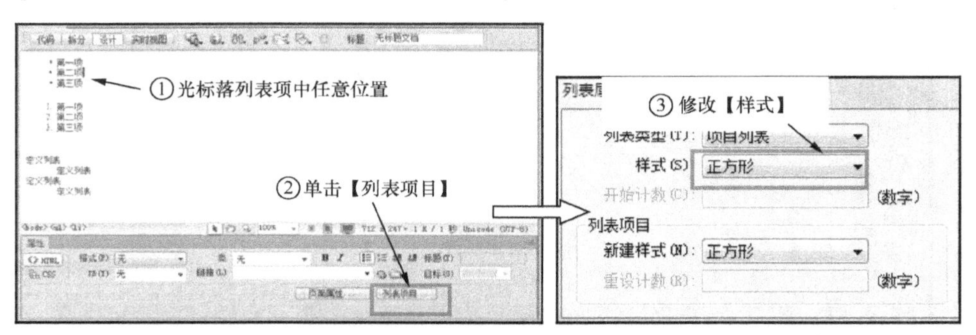

图3-2-22 设置【列表属性】

STEP 2 将光标落在编号列表的文本的任意位置，单击属性面板中的【列表项目】，打开【列表项目】面板，在【样式】中选择“大写字母”，【开始计数】中输入数字“3”，单击【确定】按钮完成，如图 3-2-23 所示。

STEP 3 单击 按钮，效果如图 3-2-24 所示。

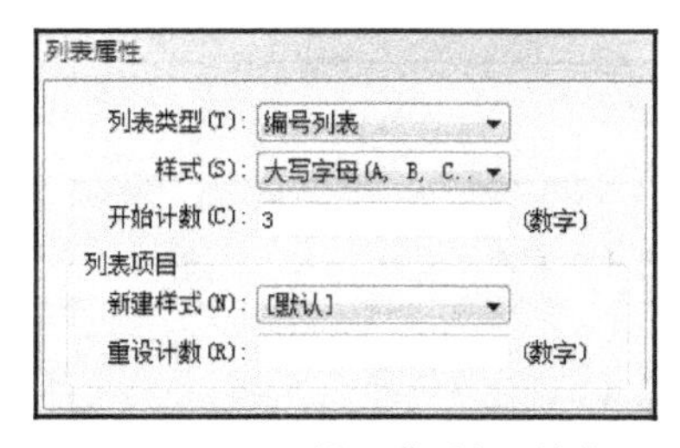

图3-2-23 设置【列表属性】

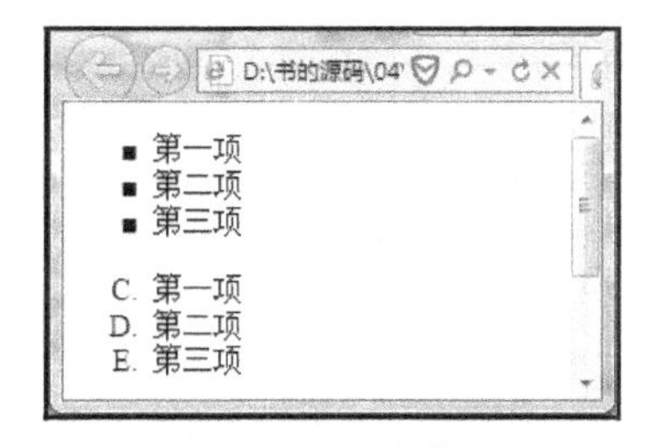

图3-2-24 预览效果图

3.2.2 设置网页的页面属性

Dreamweaver 提供了【页面属性】面板，可以对网页进行页面字体、大小、文本颜色、背景颜色、背景图像、边距等的设置。在新建的页面中任一空白位置单击鼠标右键，在菜单中选定【页面属性】，或在属性面板中，如有 页面属性... 按钮也可单击，打开【页面属性】面板，【页面属性】工具面板如图 3-2-25 所示。

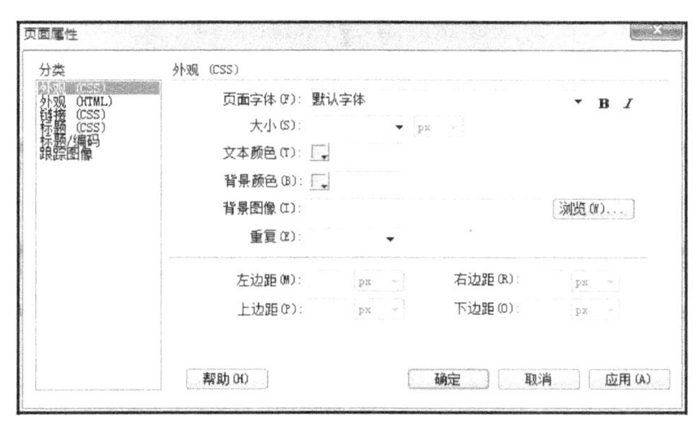

图3-2-25 【页面属性】面板

【页面属性】面板主要有 6 个部分内容，分别为【外观（CSS）】、【外观（HTML）】、【链接（CSS）】、【标题（CSS）】、【标题/编码】和【跟踪图像】。

1. 外观（CSS）设置

这项的设置主要是对当前网页的文字、背景作统一的设置，并在当前页面中生成内联的 CSS 样式表，具体设置项如下（见图 3-2-25）。

【页面字体】：设置页面中的字体，并设置是否具有加粗和斜体的效果。

【大小】：设置页面的文字大小，一般设置在 10 ~ 14 像素（px）之间。

【文本颜色】：设置当前网页中文字的默认颜色。

【背景颜色】：设置当前网页的背景颜色。

【背景图像】：设置当前网页的背景图像，如果即设置了【背景颜色】又设置了【背景图像】，则图像在颜色的上面，即背景颜色会被背景图像遮住。

【重复】：设置了【背景图像】选项后，背景的图像可设置为【no-repeat】不重复，即图像只出现一次；【repeat】图像重复，是默认项；【repeat-x】水平重复，背景图像只有水平位置重复一行；【repeat-y】垂直重复，背景图像只有垂直位置重复一列。

【左边距】【上边距】【右边距】【下边距】：设置 4 个方面的边距值，默认的上下边距为 20px，左右的边距为 10px。

2. 外观（HTML）

该选项的设置是以 HTML 代码的方式设置网页的基本属性，当前基本不再使用。

3. 链接（CSS）

该选项的作用是设置当前网页中超链接对象的 4 种链接状态，及文字的下划线的设置（见图 3-2-26）。

【链接字体】：设置超链接的文字的字体。

【大小】：设置超链接的文字的大小。

【链接颜色】：即 a：link 的颜色，当文字设置了超链接后，文字未被单击过时的颜色。

【变换图像链接】：即 a：hover 的颜色，当鼠标指到链接文字上方时的文字颜色。

【已访问链接】：即 a：visited 的颜色，当超链接文字被点击过的文字颜色。

【活动链接】：即 a：active 的颜色，当鼠标点击在超链接的文字时文字的颜色。

【下划线样式】：可设置超链接的文字下式是否有下划线，【始终有下划线】是默认选项，可以设置【始终无下划线】、【仅在变换图像时显示下划线】和【变换图像时隐藏下划线】。

4. 标题（CSS）

设置当前页面中的标题的样式，从标题 1（h1）到标题 6（h6），设置标题的大小和颜色（见图 3-2-27），该项的设置是通过 CSS 样式重新定义标题的显示效果。

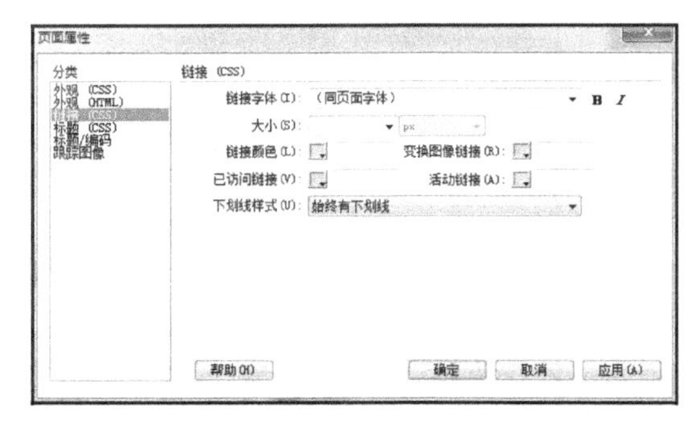

图3-2-26　链接（CSS）

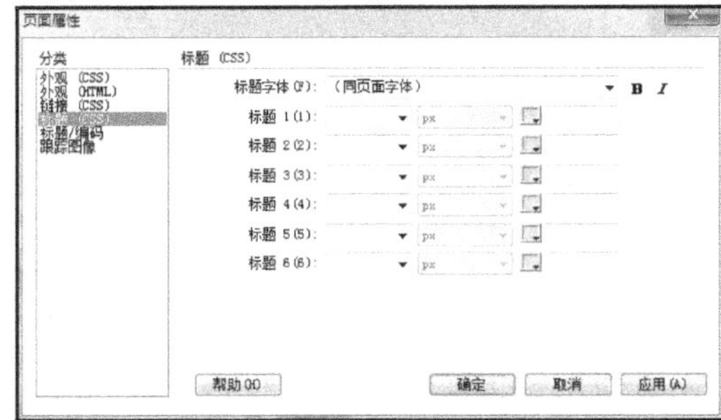

图3-2-27　标题（CSS）

5. 标题/编码

设置当前页面中的标题和编码（见图 3-2-28）。

【标题】即<title></title>标签内的值，默认为“无标题文档”。

【文档类型】：指创建的网页文档中使用的 HTML/XHTML 语言规范，可通过此项修改网页的文档类型。

【编码】：设置当前文档的字符编码，默认为 UTF-8，可通过此项修改网页的编码类型，修改成“GB2312”等编码。

6. 跟踪图像

将设计好的图像作为网页的整体背景，并设置其透明度。Dreamweaver 的跟踪图像支持多种图像格式，如 GIF、JPG、PNG 等（见图 3-2-29）。

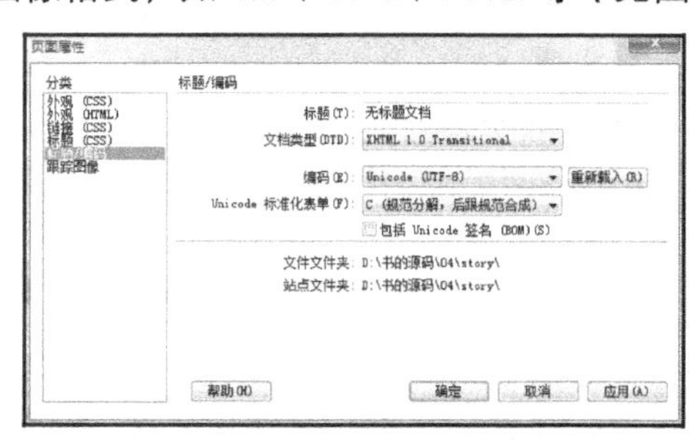

图3-2-28 【标题/编码】面板

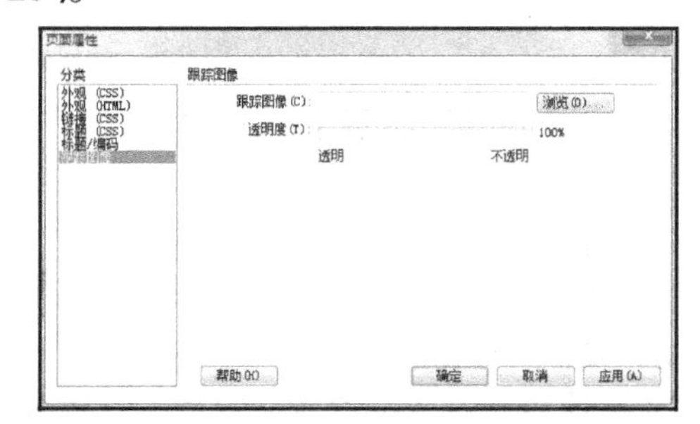

图3-2-29 【跟踪图像】面板

3.2.3 课堂练习：水果介绍页面

1. 实训目标

- 掌握的网页页面属性的基本设置；

- 掌握网页内文本的基本设置；
- 掌握水平线的基本设置。

2. 效果图

实训内容要达到的效果如图 3-2-30 所示。

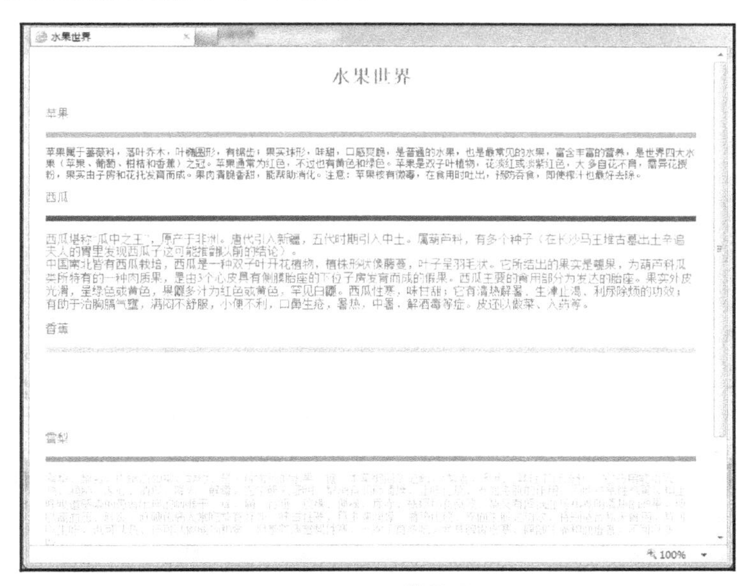

图3-2-30　效果图

3. 具体操作步骤

STEP 1 创建站点，将素材中的“03/02/1.html”的“1.html”复制到站点中并打开，设置【页面属性】，文字大小设置为 14 像素，文字的颜色默认设置为“#666”，设置上下左右边距均为 20 像素（见图 3-2-31），修改文档标题为“水果世界”（图 3-2-32）。

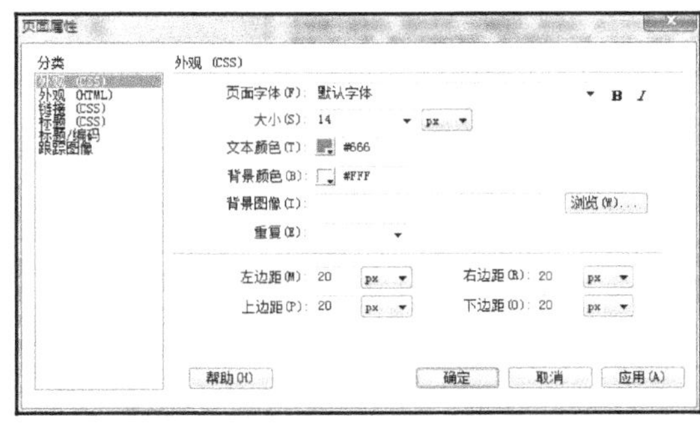

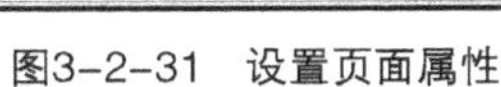
图3-2-31　设置页面属性

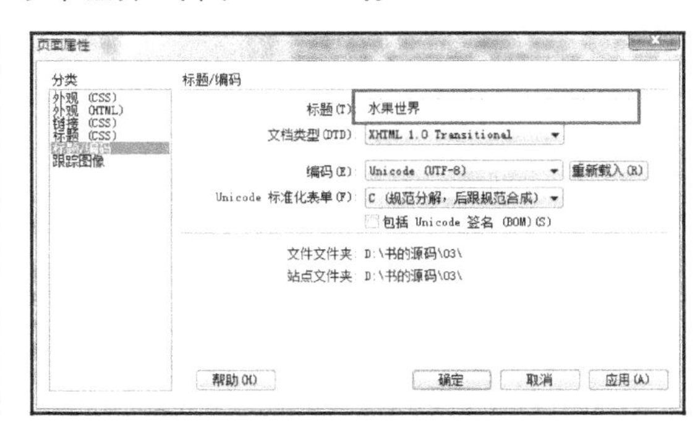

图3-2-32　设置标题

STEP 2 选中第一行的“水果世界”4 个文字，设置属性面板中的【CSS】的【目标规则】为【内联样式】，再单击【大小】为“24”，颜色设置为“#F00”，文字加粗（B），并设置为居中 ☰ 效果，如图 3-2-33 所示。

STEP 3 光标落在第二行的文本“苹果”的末端，单击【插入】面板的【常用】中的【水平线】，插入一条水平线；单击水平线，在水平线的属性面板中设置【高】为“5”（见图 3-2-34），单击【拆分】视图界面，在<hr>标签里增加属性 color= "#F00"，即<hr size="5" noshade="noshade "color="#FF0000" />，在每种水果的名称后面插入一条水平线，并设置水平线的高度和颜色。

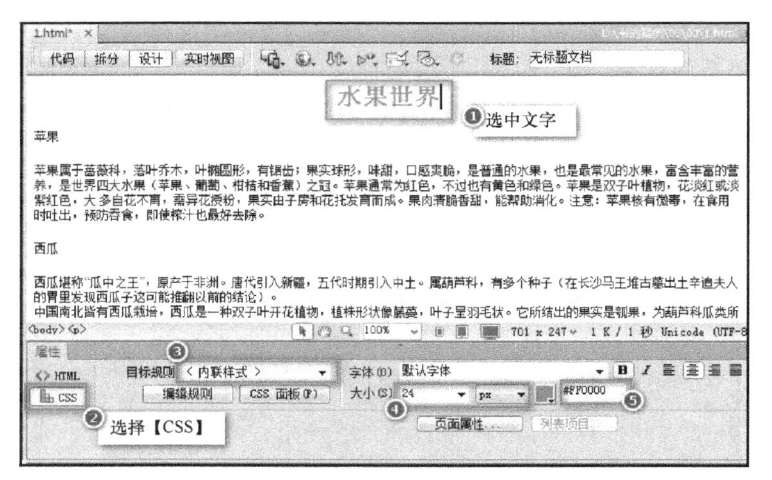

图3-2-33 文本的设置

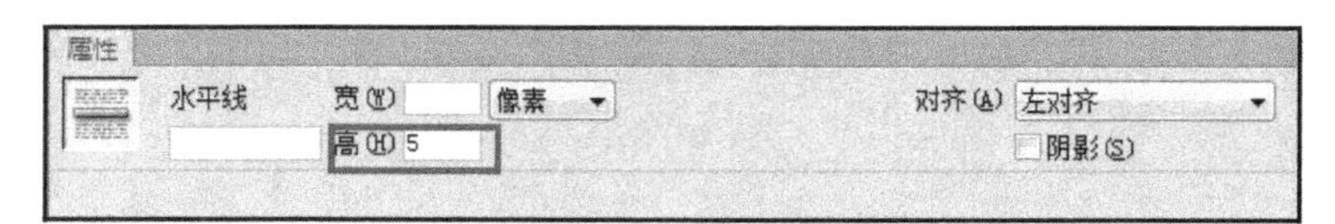

图3-2-34 水平线属性设置

STEP 4 设置不同水果文本的样式。选中介绍苹果的文字，先单击属性面板中的【CSS】→【目标规则】中的【内联样式】后，设置【大小】为“12”，单位为“px”，颜色设置为“#F00”，用同样的方法设置其他的水果的文字效果（自定义）。

STEP 5 设置底部的版权信息。在网页的末端插入一个段落，输入文字信息“版权所有©网页设计小组”，并设置段落为居中效果，如图 3-2-35 所示。

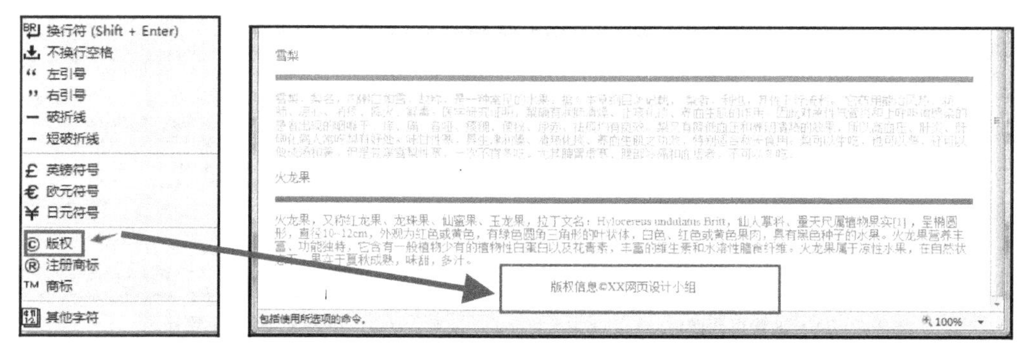

图3-2-35 设置版权信息

STEP 6 设置完成后，单击 F12 按键，即可在浏览器中预览效果（见图 3-2-30）。

3.2.4 插入图像

图像是网页的主要组成元素之一，Dreamweaver 中提供了多种插入图像的方法，可以通过插入图像工具和属性设置，轻松完成插入图像的操作。

1. 插入普通图像

图像的 HTML 标签<img>是单标签，在网页中插入一张图像的标签代码如下：

```
<img src="a.jpg"  width="200"  height="200"  alt="图像">
```

“src”是指图像文件的路径，“width”和“height”是图像的宽度值和高度值，单位为像素（px），“alt”是当鼠标停留在图像时的显示的提示文本信息。

Dreamweaver 提供了插入图像的工具按钮，插入普通图像的操作步骤如下。

STEP 1 在 Dreamweaver 的【设计】界面，将光标放置在网页中需要插入图像的位置；

STEP 2 单击【插入】工具栏→【常用】→【图像】按钮，打开【选择图像源文件】，通过【查找范围】选择图像，根据【相对于】选择中的【文档】和【站点根目录】，URL 会显示图像的绝对路径或相对路径（见图 3-2-36）。

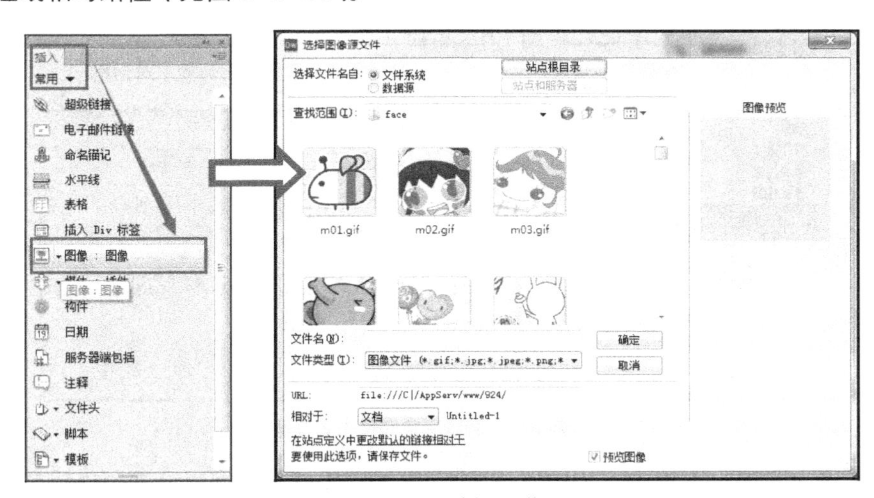

图3-2-36　插入图像

STEP 3 选择图像并单击【确认】按钮后，显示【图像标签辅助功能属性】对话框（见图 3-2-37），【替换文本】的值是当图像不能正常显示时的替换字符，是图像标签<img>中的“alt”属性的值。单击【编辑】→【首选参数】→【辅助功能】（见图 3-2-38）中的图像前的符号√，则可以取消每次插入图像时显示【图像标签辅助功能属性】面板的功能。

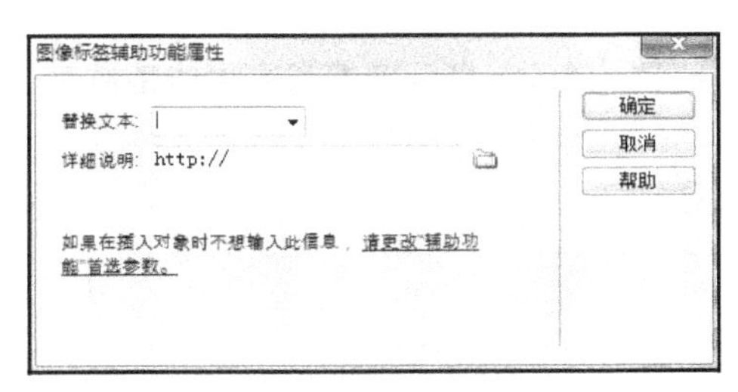

图3-2-37 【图像标签辅助功能属性】

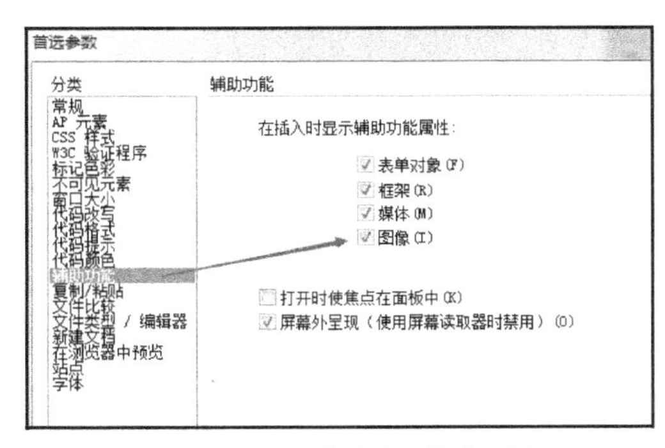

图3-2-38 【辅助功能】面板

如果插入的图像不在站点中并且站点没有设置【默认图像文件夹】，在插入图像时会出现图 3-2-39 的对话框，单击“是”按钮，显示【复制文件为】（见图 3-2-40）对话框，将图像保存在站点中。如果站点中设置有【默认图像文件夹】（见图 3-2-41），插入的图像文件如果不在站点中，Dreamweaver 会自动将图像复制保存到默认图像文件夹中，并不出现图 3-2-39 和图 3-2-40 的对话框。

图3-2-39　图像保存提示

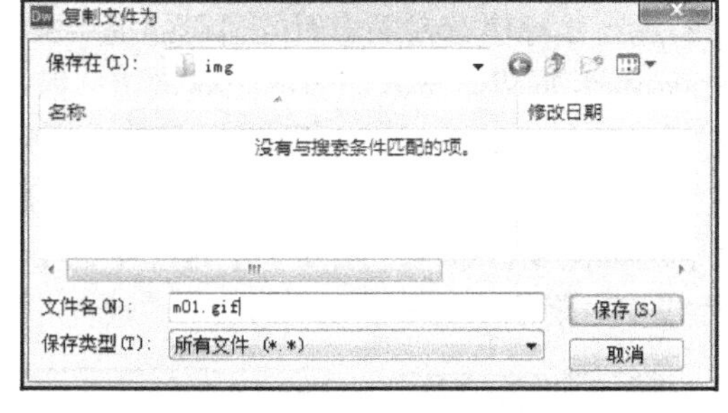

图3-2-40　【复制文件为】对话框

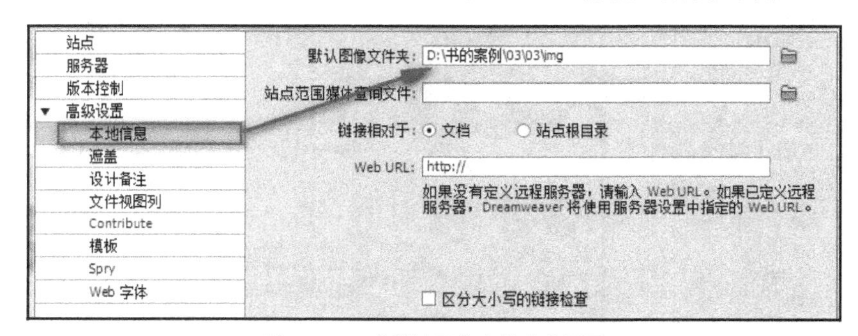

图3-2-41　【默认图像文件夹】设置

STEP 4 单击【设计】界面上的图像，在 Dreamweaver 的底部，显示图像的属性面板（如果属性面板被关闭，则单击菜单栏的【窗口】→【属性】，重新打开属性面板），图像的属性面板（见图 3-2-42）主要设置如下。

【ID】：图像的定义 ID 值。

【源文件】：图像的路径和文件名。

【链接】：设置图像的超链接对象。

【替换】：图像的 ALT 属性值。

【编辑】：采用 Photoshop 工具编辑图像；打开图像优化工具；裁剪图像大小设置亮度和对比值；可设置锐化的功能，保存将修改原图像。

【宽】：图像的宽度值；是对宽度和高度值作比例约束。表示宽度和高度的值约束为等比例显示，当修改宽度值时，高度值会自动修改。

【高】：图像的高度值；解除对宽度和高度的比例约束。

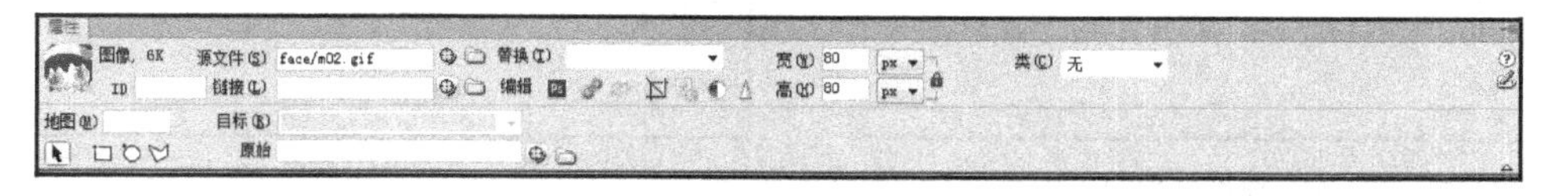

图3-2-42　图像属性面板

【地图】：设置图像的热区的名称，选择矩形、圆形或不规则图形设置热区范围。热区的作用是用来设置图像中的局部位置的超链接，可以在一张图像上实现多个超链接。

2．插入图像占位符

图像占位符的作用就是在网页中插入一个“空”的图像，该图像没有真正的源文件。查看网页的源代码，会发现图像的源地址是一对空的双引号（“”），通过设置图形的宽度和高度的属性值在网页上占据一个位置，当还没准备好要插入的图像时，可以先用图像占位符占一个位置，不影响网页的下一步编辑。

单击【插入】工具栏→【图像】→【图像占位符】（见图 3-2-43），显示【图像占位符】对话框，【名称】输入框中可以输入名称，也可以不输入，【宽度】和【高度】中输入占位符的大小，单位为像素，【颜色】默认为灰色，可以单击设置，也可以直接在输入框中输入 16 进制的颜色值，【替换文本】是可选参数，可以不输入任何值，如图 3-2-44 所示。

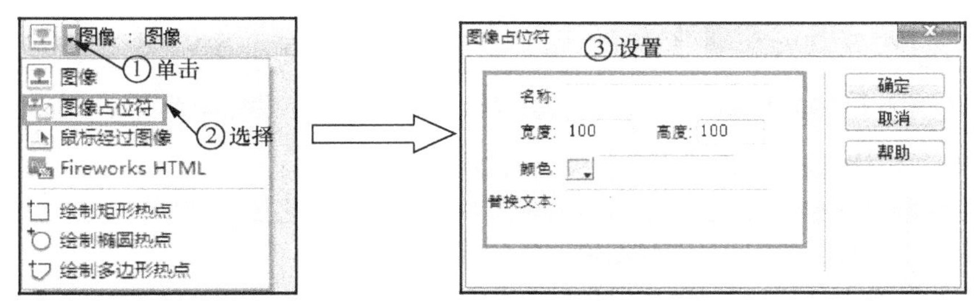

图3-2-43　插入【图像占位符】　　图3-2-44　【图像占位符】面板

通过属性面板修改占位图像的大小、源文件、链接的值来设置图像占位符的效果（见图 3-2-45）。

图3-2-45　【占位符】属性面板

在 Dreamweaver 中插入占位符的效果如图 3-2-46 所示，在浏览器中预览的效果如图 3-2-47 所示。

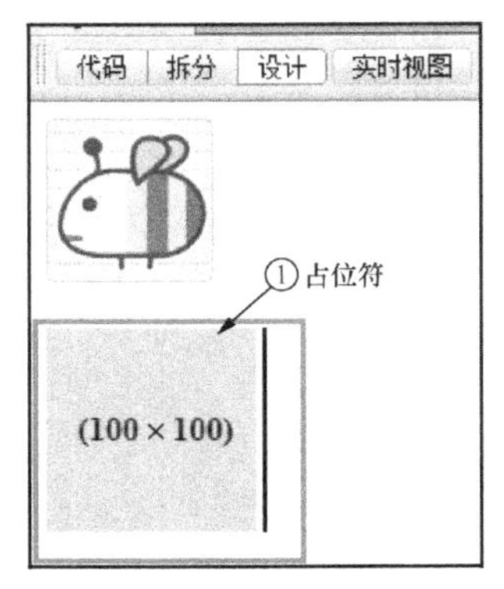

图3-2-46　占位符效果

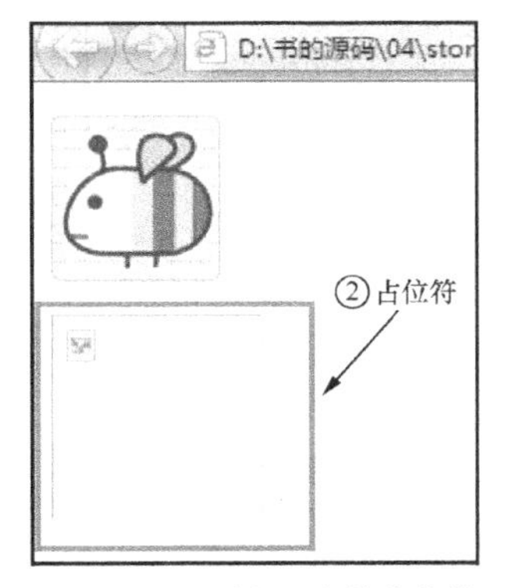

图3-2-47　浏览器中的占位符

3. 插入鼠标经过图像

鼠标经过图像就是在图像里增加鼠标经过时的图像轮换效果，此时需要两张图像，两张图像的宽度和高度相等，显示的效果较佳，这一功能是由 JavaScript 的脚本实现的。在 Dreamweaver CS6 中通过单击【插入】→【图像】→【鼠标经过图像】(见图 3-2-48)命令，即可打开【插入鼠标经过图像】(见图 3-2-49)对话框。

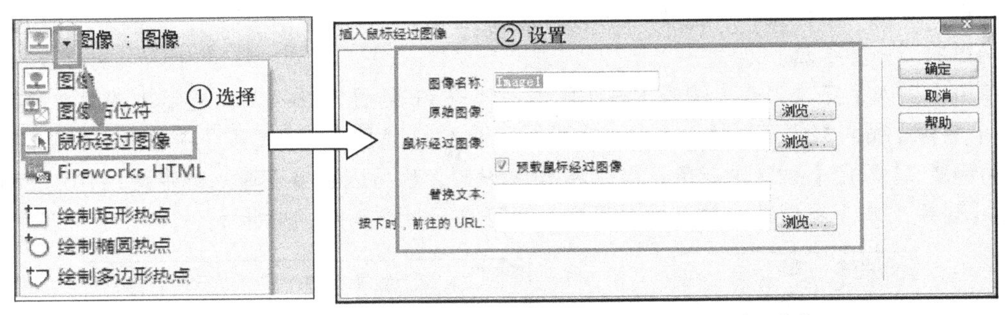

图3-2-48 插入【鼠标经过图像】　　图3-2-49 【插入鼠标经过图像】

【插入鼠标经过图像】对话框主要的设置有以下几种。

【图像名称】：可自定义，但是不可与同网页的其他对象同名。

【原始图像】：页面加载是显示的图像(第一张图像)。

【鼠标经过图像】：鼠标经过时显示的图像(第二张图像)。

【替换文本】：当图像无法正常显示时显示的文本。

【按下时：前往的 URL】：鼠标单击该图像时超链接的目标，如果不设置该选项，将默认设为“#”(空链接)。

在使用【插入鼠标经过图像】工具时，需要先准备两张宽度和高度大小一样的图像，如果度和高度大小不一样，显示的大小为【原始图像】中的图像的大小。如采用【插入鼠标经过图像】插入图像“01.gif”和图像“02.gif”，设置【原始图像】为图像“01.gif”，【鼠标经过图像】为图像“02.gif”，单击【确定】完成一组。再次采用【插入鼠标经过图像】插入图像“1.jpg”和图像“2.jpg”，设置【原始图像】为图像“1.jpg”，【鼠标经过图像】为图像“2.jpg”，单击【确定】完成第二组，第一组图像的两张图像的宽度和高度的大小一样，第二组图像“02.jpg”的宽度和高度的值比“01.jpg”的大，保存浏览效果如图 3-2-50 所示。

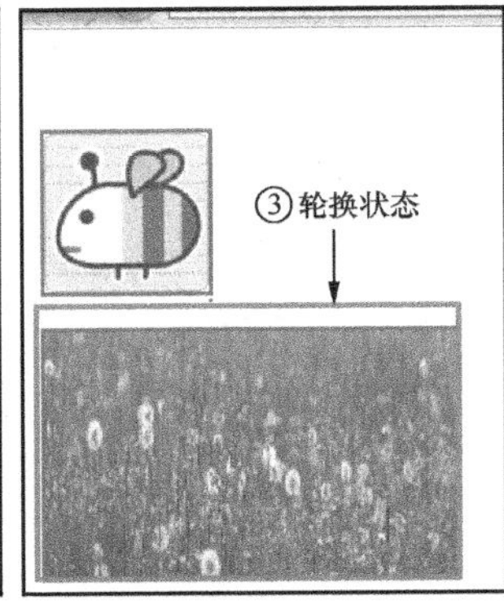

图3-2-50 【插入鼠标经过图像】浏览效果

【插入鼠标经过图像】的效果，实质是加入一段脚本在当前网页中，所以在网页的代码区域的<head></head>中，将自动插入一段 Javascript 的脚本，具体代码如下所示：

```
<!DOCTYPE html PUBLIC "-//W3C//DTD XHTML 1.0 Transitional//EN" "http://www.w3.org/TR/xhtml1/DTD/xhtml1-transitional.dtd">
<html xmlns="http://www.w3.org/1999/xhtml">
<head>
<meta http-equiv="Content-Type" content="text/html; charset=utf-8" />
<title>无标题文档</title>
<script type="text/javascript">
function MM_swapImgRestore() { //v3.0
  var i,x,a=document.MM_sr; for(i=0;a&&i<a.length&&(x=a[i])&&x.oSrc;i++) x.src=x.oSrc;
}
function MM_preloadImages() { //v3.0
  var d=document; if(d.images){ if(!d.MM_p) d.MM_p=new Array();
    var i,j=d.MM_p.length,a=MM_preloadImages.arguments; for(i=0; i<a.length; i++)
    if (a[i].indexOf("#")!=0){ d.MM_p[j]=new Image; d.MM_p[j++].src=a[i];}}
}
function MM_findObj(n, d) { //v4.01
  var p,i,x; if(!d) d=document; if((p=n.indexOf("?"))>0&&parent.frames.length) {
    d=parent.frames[n.substring(p+1)].document; n=n.substring(0,p);}
  if(!(x=d[n])&&d.all) x=d.all[n]; for (i=0;!x&&i<d.forms.length;i++) x=d.forms[i][n];
  for(i=0;!x&&d.layers&&i<d.layers.length;i++) x=MM_findObj(n,d.layers[i].document);
  if(!x && d.getElementById) x=d.getElementById(n); return x;
}
function MM_swapImage() { //v3.0
  var i,j=0,x,a=MM_swapImage.arguments; document.MM_sr=new Array; for(i=0;i<(a.length-2);i+=3)
   if ((x=MM_findObj(a[i]))!=null){document.MM_sr[j++]=x; if(!x.oSrc) x.oSrc=x.src; x.src=a[i+2];}
}
</script>
</head>
```

Dreamweaver 会在<body>标签和<img>标签中自动加入触发图像轮换的动作，代码如下所示：

```
<body onload="MM_preloadImages('m02.gif','2.jpg')">
<p><a href="#" onmouseout="MM_swapImgRestore()" onmouseover="MM_swapImage('Image1','','m02.gif',1)"><img src="m01.gif" width="80" height="80" id="Image1" /></a></p>
<p><a href="#" onmouseout="MM_swapImgRestore()" onmouseover="MM_swapImage('Image2','','2.jpg',1)"><img src="1.jpg" width="200" height="122" id="Image2" /></a></p>
</body>
```

4. 插入 Fireworks HTML

Fireworks 是一种图像处理工具，经常用来处理 Web 应用程序中的图像，以及生成各种简单的文本脚本。在实现【插入 Fireworks HTML】功能前，需从 Fireworks 中将图像内容通过【导出】命令，将内容保存为网页。在 Dreamweaver 中，执行【插入】→【图像】→【插入 Fireworks HTML】 Fireworks HTML ，打开【插入 Fireworks HTML】对话框，单击【浏览】，选择 Fireworks 中导出的文件，单击【确定】完成操作（见图 3-2-51）。

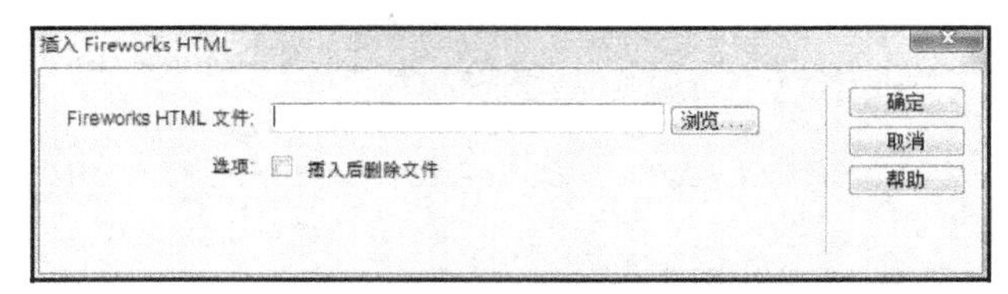

图3-2-51　插入Firewords HTML

3.3 案例实施过程：人物主题介绍网站（一）

使用图像与文字元素，制作图 3-3-1 所示的网页，实现网页的图文混排效果。

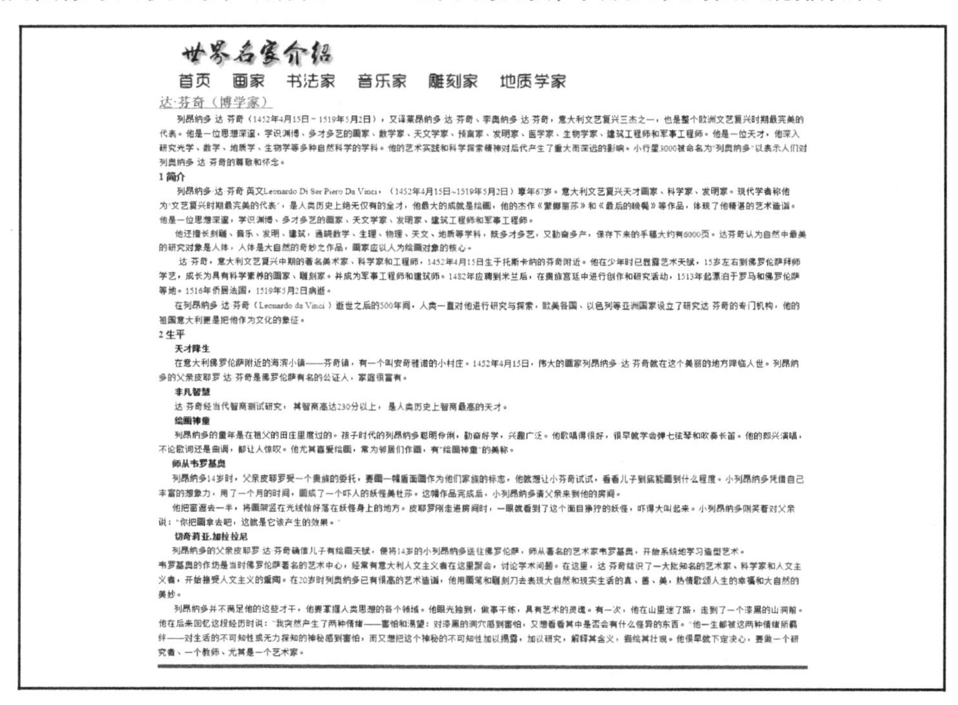

图3-3-1　效果图

1. 实训目标

- 在网页中插入文本和图像；
- 熟悉掌握图文混排的方式。

2. 效果图

本实训中网页制作的目标效果如图 3-3-1 所示。

3. 具体的操作步骤

素材在“03/04/”文件夹，具体的操作步骤如下。

STEP 1 新建站点，在站点中新建网页“04.html”，在网页中插入图像文件“top1.gif”，如图 3-3-2 所示。

STEP 2 打开素材文件夹中的第 3 章“03.txt”，将文本全部复制到“04.html”中，如图 3-3-3 所示，并保存网页。

图3-3-2　插入图像

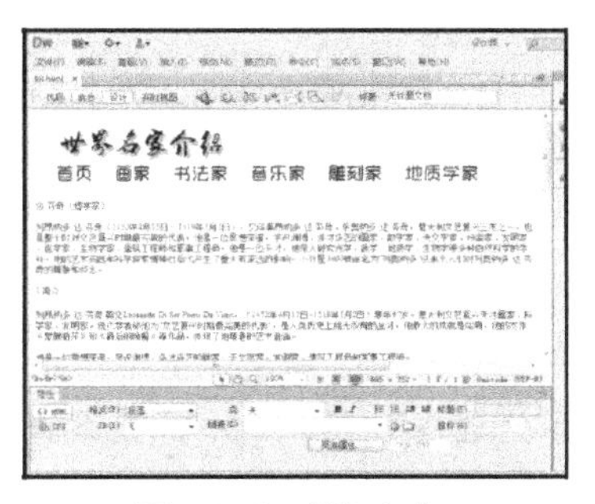

图3-3-3　插入文本

STEP 3 在文本的末端插入一条水平线，设置水平线的属性（见图 3-3-4）宽度为 100%，高度为 3 像素，对齐方式为居中对齐，取消【阴影】效果，设置水平线的颜色为“#333333”。

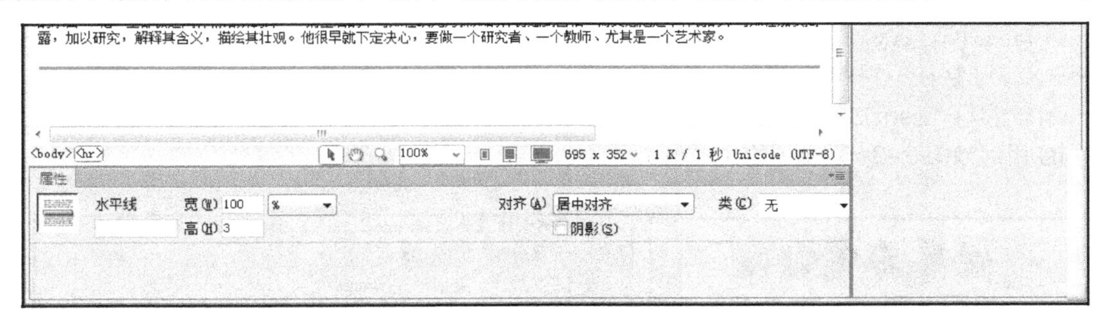

图3-3-4　水平线属性的设置

STEP 4 设置连续空格的效果，单击菜单栏的【编辑】→【首选参数】→【常规】（见图 3-3-5），设置【允许多个连续的空格】前的选项为 ☑，则可以通过键盘的空格键直接插入空格，修改页面的文本，每段的段首空两个中文字符大小的空格（见图 3-3-6）。

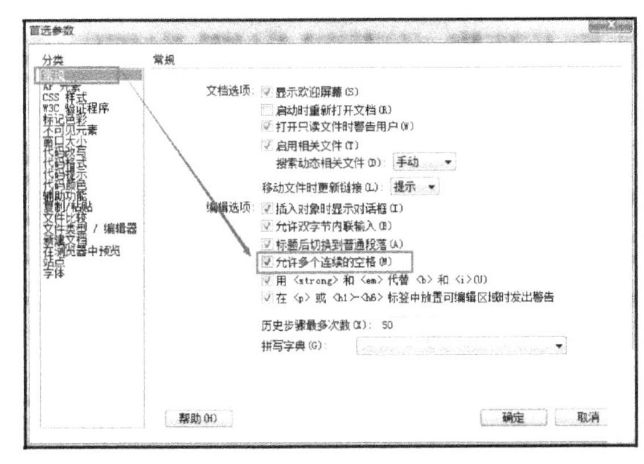

图3-3-5　设置连续空格

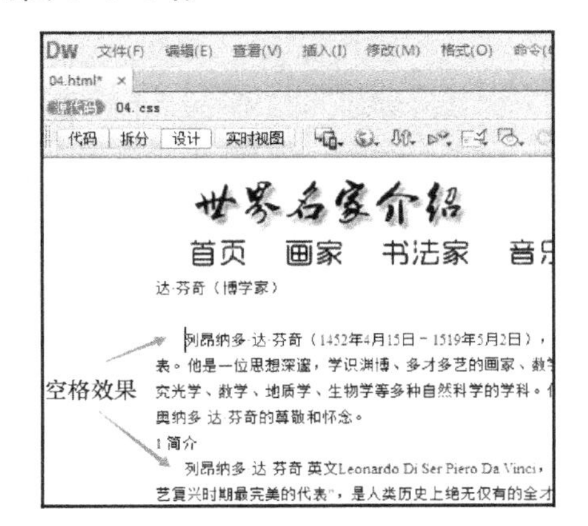

图3-3-6　段首的空格

STEP 5 新建 CSS 文件“04.css”并保存在站点中，将“04.css”链接到“04.html”网页中（见图 3-3-7）。

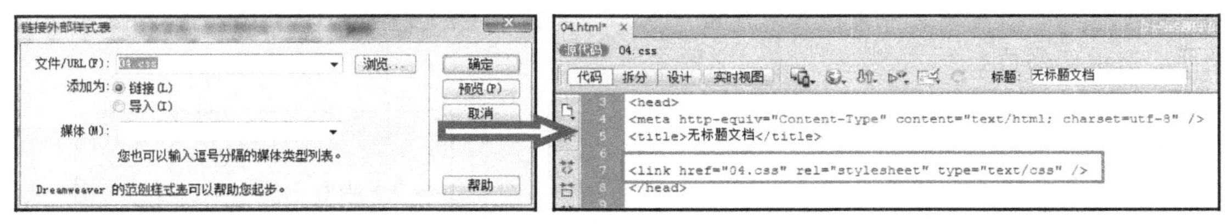

图3-3-7 链入CSS样式

STEP 6 设置网页的 CSS 样式，分别设置<body>和<p>标签的样式，<body>标签设置页面的宽度值为 960 像素，上下边距值为“0”，左右边距值为“auto”，填充值均为“0”，网页内容显示为居中效果，<p>标签设置边距和填充值为“0”，定义 3 个主要应用于文本的类样式“wenzi”、“wenzi2”和“wenzi3”，具体的 CSS 的代码如下：

```
body {margin:0 auto; padding:0; width:960px; font-size:13px; line-height:22px; }
p {margin:0 ; padding:0;}
.wenzi{ font-size:14px; font-weight:bolder; color:#000;}
.wenzi2 {font-size:13px; font-weight:bolder; color:#000;}
.wenzi3 {font-size:20px; font-weight:bolder; color:#F00; line-height:30px;
text-decoration:underline;}
```

STEP 7 “wenzi3”样式应用在第一行的文本中（见图 3-3-8（a）），将“wenzi”和“wenzi2”分别应用到如图 3-3-8（b）的文本中。

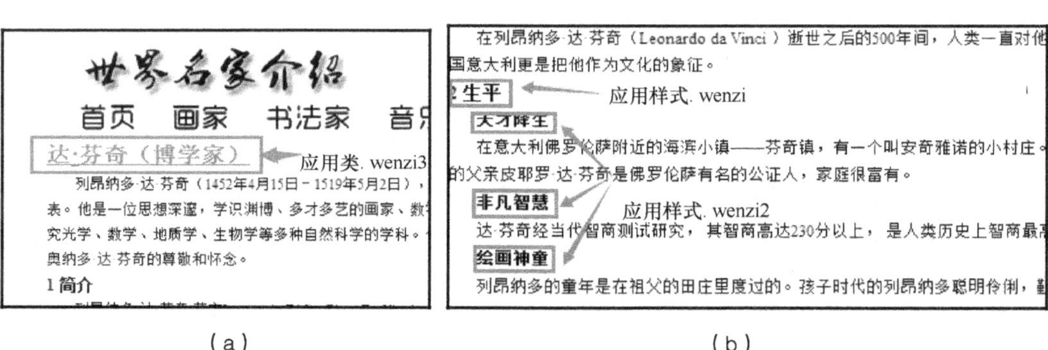

（a） （b）

图3-3-8 CSS样式的应用

STEP 8 单击按钮或按“F12”在浏览器中预览网页效果（见图 3-3-1）。

3.4 准备知识：超链接

超链接是连接网页与网页的桥梁，是网页的重要组成部分。通过单击设置了超链接的对象，可以打开对应的对象，网页中设置超链接的对象主要是文本和图像。

超链接的 HTML 标签是<a></a>（参考第 2 章）。超链接的对象存在 4 种状态，分别是普通、鼠标滑过、鼠标单击和已访问。

- 普通(link):即打开网页时所看到的最原始的状态，默认的文本超链接的状态为文字蓝色，有下划线，图像链接为 2 个像素的图像边框，颜色为蓝色。
- 鼠标滑过(over):当鼠标滑过含有超链接的对象时的状态，鼠标默认为手形。
- 鼠标单击(active):当鼠标在单击含有超链接的文本时的状态。
- 已访问(visited):当鼠标已经单击过含有超链接的文本时，默认的文本超链接的已 访问状态为紫色，有下划线。

除了文字设置了超链接有默认的效果外，图像设置了超链接后会有两个像素的图像边框效果，没有下划线。超链接中最重要的属性为“href”和“target”,“href”的值是指链接的地址，地址如果写错任意一个字符，链接都不成功;“target”是链接对象打开的位置，默认是在原网页中打开(“_self”),另外打开一个浏览器窗口(“_blank”)。空链接是常用的一种链接方式，空链接并不具有跳转页面的功能，href 的值设置为“#”,如<a href=“#”>首页</a>。

链接分为相对超链接和绝对超链接两大类。

相对链接：相对链接也称为“内部链接”,是链接对象所在的位置与创建链接的页面存在同一个站点中，例如“index.html”首页中的文字“公司简介”的超链接地址是“files/about.html”,而不是“D:\Web\03\files\about.html”这样的一个完全路径的地址。在网页制作的过程中，只要是站点中的文件和元素，我们都采用相对链接，在建立了站点和站点图像文件夹的情况下，Dreamweaver 默认采用相对链接。

绝对链接：与相对链接对应的是绝对链接，绝对链接是根据链接对象所在的位置严格地寻址，故要有完整的地址，如“D:\Web\03\files\about.html”“http://www.163.com”这类均属于绝对地址。

3.4.1 文本的超链接

当网页中的文本需要设置超链接时，除了通过【代码视图】的<a>标签实现之外，Dreamweaver CS6 还提供两种设置方式，如设置“超链接文字”这几个字的超链接，选中文本内容，然后可采用下面两种方式设置超链接。

方法 1:选择【插入】面板→【常用】→【超级链接】(见图 3-4-1),显示【超级链接】(见图 3-4-2)对话框。【文本】中的文字是需要设置超链接的文字信息;【链接】是设置超链接的对象；站点中的文件可以单击📁打开【选择文件】窗口进行选择;【目标】是链接对象打开的方式;【标题】是设置鼠标提示信息;【访问键】是设置“accesskey”的值，值为按键上的字符;【Tab 键索引】是设置“tabindex”的值，值为具体的数值。一般设置【链接】值和【目标】这两个项目即可，如果直接单击【确定】按钮，则文字的超链接默认设置为“#”,即空链接。

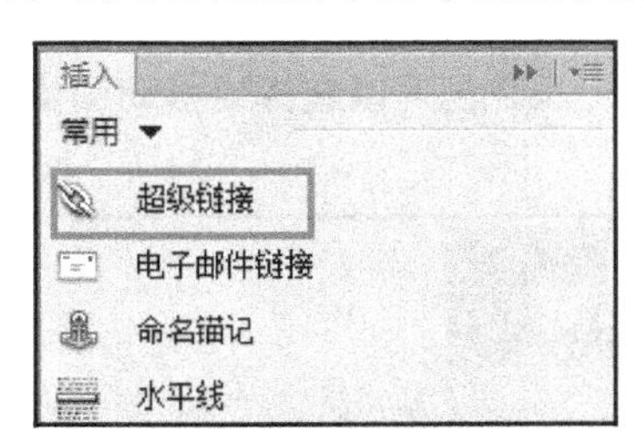

图3-4-1 插入【超级链接】

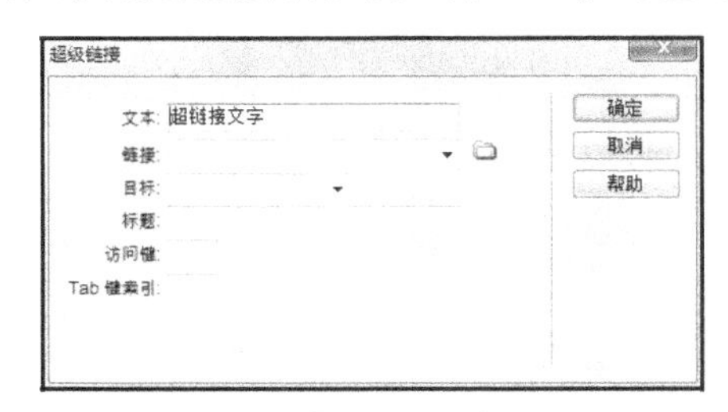

图3-4-2 【超级链接】对话框

方法 2:在文本的属性面板中的【链接】中，设置属性面板中【链接】(见图 3-4-3)项，链接项中的为【指向文件】，将【文件】面板固定，单击按钮后按着不放，出现一条带箭头的线指向超链接对象，放手即可将指向的文件设置为超链接的对象（见图 3-4-4）。

图3-4-3　链接

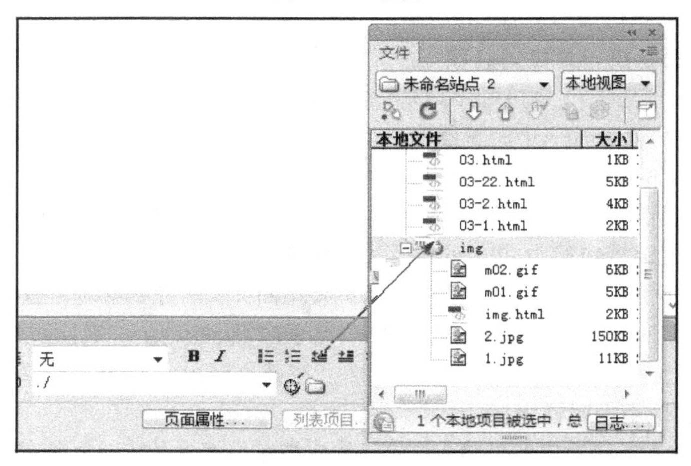

图3-4-4　指向文件

3.4.2　图像的超链接

图像的超链接是网页中常用的一种链接类型，设置超链接后单击图像时可以打开网页或打开其他对象。设置图像超链接的方式是在图像标签的前后分别插入<a>标签的起始标签和结束标签。Dreamweaver 的图像的属性面板中提供设置图像的超链接的选项，如在 Dreamweaver 中的 HTML 页中插入一张图像，单击图像，在图像的属性面板中【链接】项中设置超链接的对象（见图 3-4-5）。

除了可以对整张图像实现超链接外，还可以对图像中的局部区域实现超链接（见图 3-4-6）。热点超链接是一种简单实用的链接工具，可以指定图像中的局部区域为超链接的区域，从而实现单击一张图像上的不同位置可以打开不同的超链接对象，设置方法为单击图像，在属性面板中选择中的任意一种形状，在图像上选定区域，显示图 3-4-7 的提示后单击【确定】，图像上出现选定的蓝色区域；单击蓝色区域，显示【热点】属性面板（见图 3-4-8）；【链接】设置蓝色区域的超链接对象；【目标】是链接对象的打开方式，【替换】是设置“alt”属性的信息。一张图像中可以设置多个热点，一个热点只能超链接一个对象，采用可以选择或移动图像上的热点，热点上的可以拖动，修改热点区域的范围。

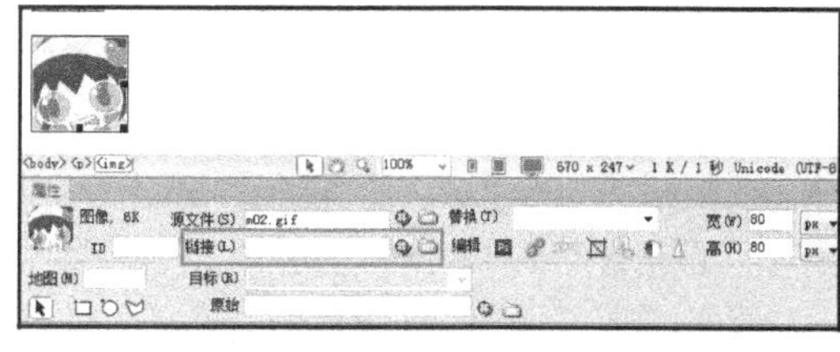

图3-4-5　设置图像超链接

图3-4-6　设置热点区域

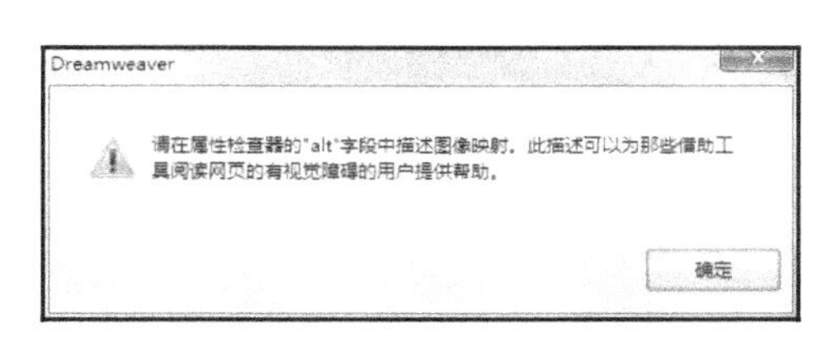

图3-4-7　Dreamweaver提示

图3-4-8　热点属性面板

3.4.3 锚记

锚记是网页中一种特殊的超链接形式，用来链接网页中的某一个位置，通常用来实现一个网页中超链接到该网页中的指定位置，如网页的底部跳转到网页头部或网页中某项标题。当网页的信息较多或页面较长时，可以实现快速跳转。

例：在网页“04.html”中创建页面超链接。

具体操作步骤如下。

STEP 1 在站点中打开“04.html”，在第一行文本下增加页面导航文本，如图 3-4-9 所示，每项导航文本为一个段落，HTML 代码如图 3-4-10 所示。

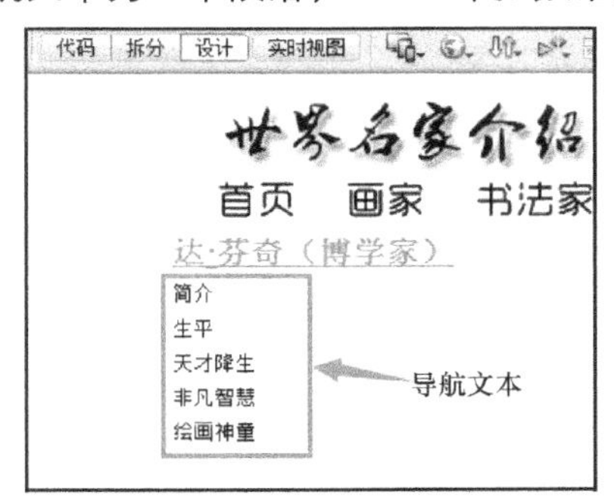

图3-4-9　导航文本

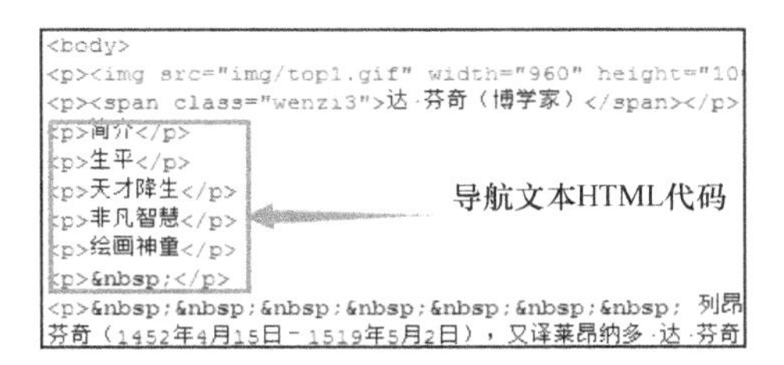

图3-4-10　导航代码

STEP 2 将光标放置在页面中“1 简介”这一行的任意位置，单击【插入】工具栏→【命名锚记】 命名锚记 ，显示【命名锚记】对话框，在【锚记名称】中输入名称“a1”，单击【确定】按钮完成锚记的定义，出现图标（图 3-4-11），锚记的 HTML 代码为：

```
<a name="a1" id="a1"></a>
```

锚记的名称是 HTML 标签<a>的属性 name 和 id（name 和 id 内名称要一致），名称主要使用字母和数字，并且注意不能以数字为名称的第一个字符。

Dreamweaver 中的锚记图标是不会在网页的预览中显示的，是不可见元素，也可以设置锚记图标在 Dreamweaver 中显示或隐藏，单击菜单栏中【编辑】→【首选参数】→【分类】→【不可见元素】中的 AP 元素的锚点，☑表示图标在 Dreamweaver 中不可见，☐表示图标在 Dreamweaver 中可见，默认为可见。

STEP 3 选择步骤 1 中插入的文本“简介”两字，在属性面板中设置【链接】项，输入“#a1”，锚记的超链接方式为：“#锚记名称”（见图 3-4-12）。

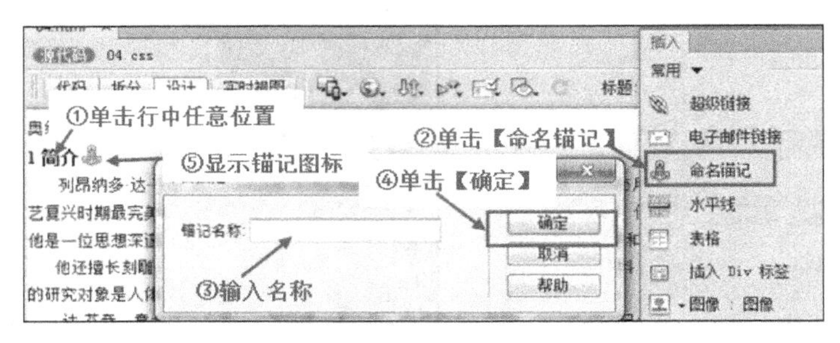

图3-4-11　插入锚记

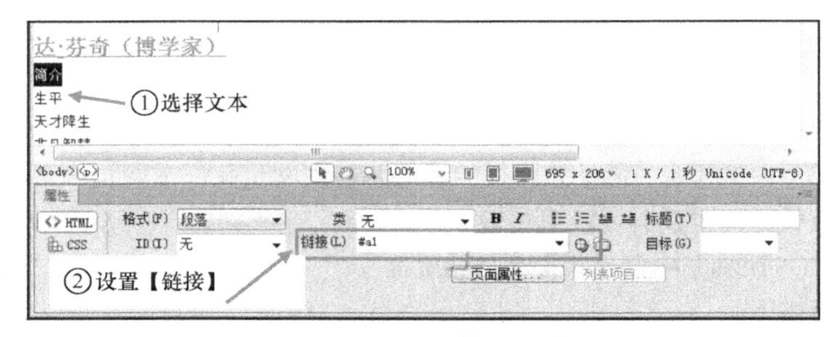

图3-4-12　设置锚记超链接

STEP 4 采用相同的方式，分别创建“生平”等文字的锚记名称，并设置好步骤 1 中的导航项的锚记超链接，单击或 F12，在浏览器中测试超链接效果。

3.4.4　电子邮件的超链接

电子邮件的超链接是指当用户单击指定文字（如邮箱地址）时，能打开用户客户端的邮件工具，自动填入收件方邮箱地址的功能。如在“04.html”文件的末端加入电子邮件联系方式，并加入电子邮件的超链接，操作步骤如下。

STEP 1 打开“04.html”，在网页末端插入一行文本：“世界名家介绍网站投稿邮箱：sjmj@sjmj.com。”

STEP 2 选中“sjmj@sjmj.com”，单击【插入】工具栏中的【常用】→【电子邮件链接】，显示【电子邮件链接】对话框（见图 3-4-13），【文本】中自动填入选中的文字，在【链接】中输入邮箱地址，单击【确定】按钮完成电子邮件的链接。

STEP 3 当用户在浏览网页时，单击电子邮件地址时，会自动调用当前系统的电子邮件工具软件（见图 3-4-14），并自动填入收件人的信息。

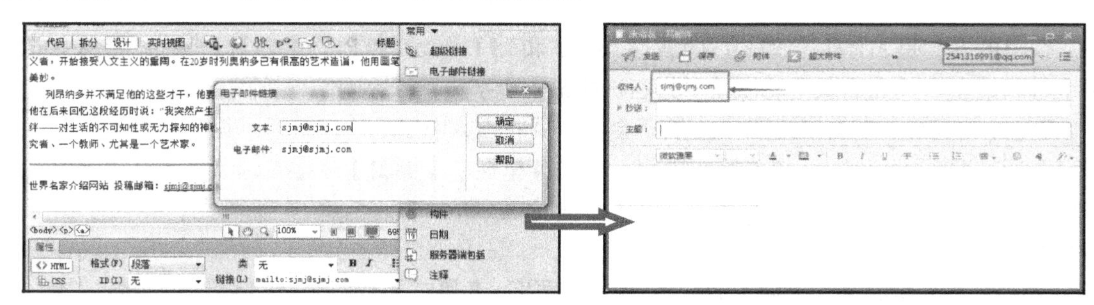

图3-4-13　插入电子邮件的超链接　　图3-4-14　电子邮件发送工具

3.5 案例实施过程：人物主题介绍网站（二）

1. 实训目标

- 熟悉文字实现超链接方式；
- 熟悉图像实现超链接方式；
- 熟悉锚记实现超链接方式。

2. 效果图

实训达到的目标如图 3-1-1、图 3-1-2 和图 3-1-3 所示。

3. 具体的操作步骤

STEP 1 继续完成人物主题介绍网站，在站点中新建网页，保存并命名为“index.html”，链入样式文件“04.css”，保存网页，在网页中插入图像文件“main.jpg”，效果如图 3-5-1 所示。

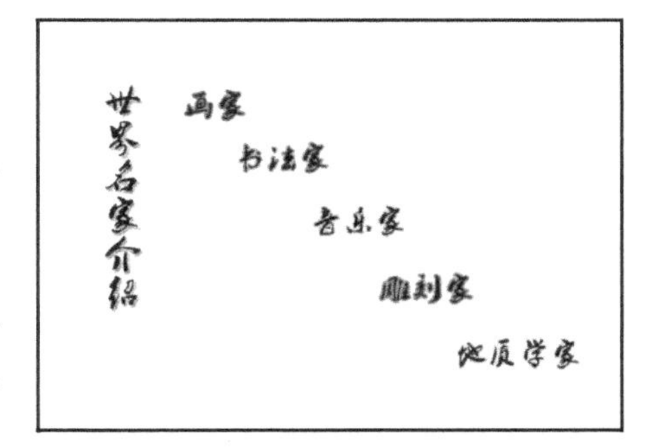

图3-5-1 网页index.html效果图

STEP 2 在 Dreamweaver 中新建网页文件，保存为“05.html”，链入样式文件“04.css”到“05.html”中，在网页中插入图像“top1.gif”，打开素材中的“05.txt”文件，并复制文本到“05.html”中，按图 3-5-2 所示插入导航文本，按照“04.html”的效果将文字的样式“wenzi”、“wenzi2”和“wenzi3”应用到网页中，插入命名锚记“a1”“a2”和“a3”并设置好导航文本的锚记超链接。效果如图 3-5-3 所示。

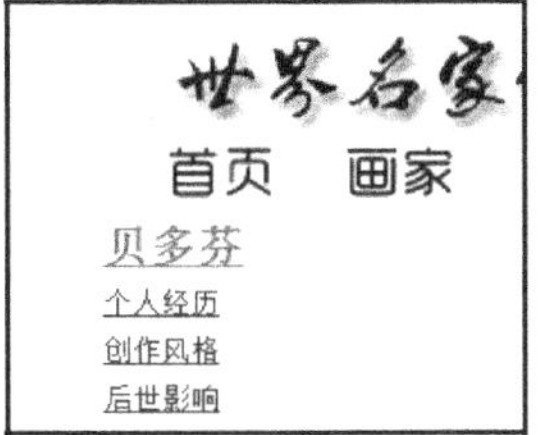

图3-5-2 插入导航文本

设置锚记

图3-5-3 设置锚记

STEP 3 单击“index.html”中的图像“main1.jpg”，在图像属性中的热区中选择矩形 ，在图像中“画家”的上方绘制一个矩形范围，属性面板为【热点】，在【链接】中单击 ，选择“04.html”。采用相同的方式设置图像中的“音乐家”为热点，【链接】选择“05.html”，效果如图 3-5-4 所示。

STEP 4 打开“04.html”文件，设置图像“top.gif”中导航的超链接，设置图像中文字为“首页”区域的超链接为“index.html”，“画家”的超链接文件为“04.html”，“音乐家”的超链接文件为“05.html”，采用同样的方式设置“05.html”中图像“top1.gif”的超链接，如图 3-5-5 所示。

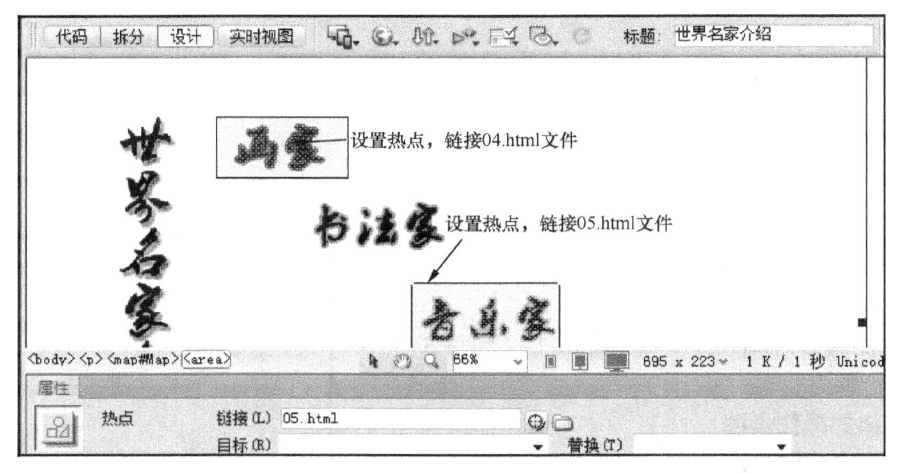

图3-5-4　设置图像图像热点

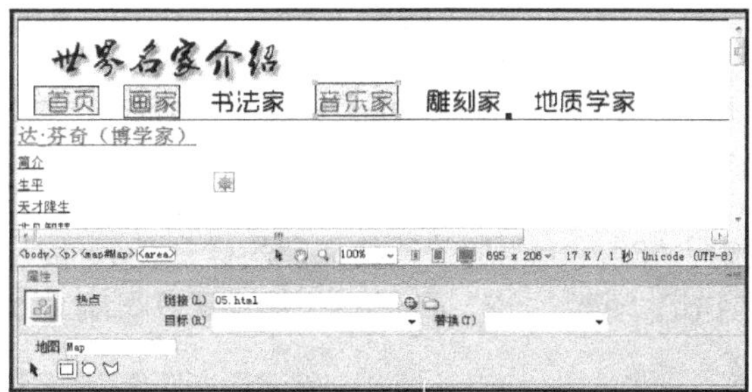
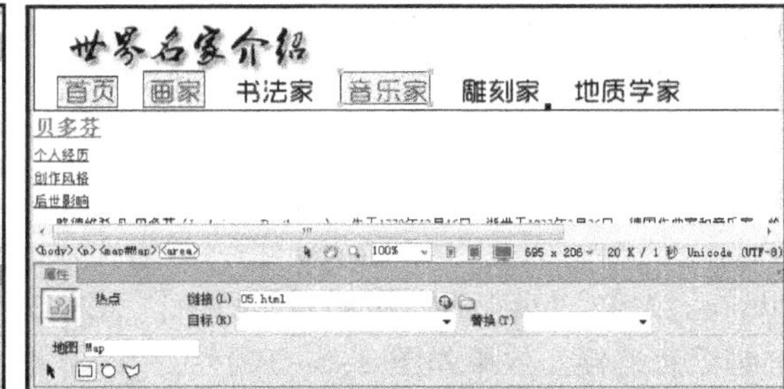

图3-5-5　设置超链接

STEP 5 通过按钮或按“F12”，在浏览器中预览网页“index.html”，并测试“index.html”“04.html”和“05.html”3个网页的超链接是否正确。

3.6 扩展知识：插入多媒体元素

网页中除了插入图片外，还可以插入音频、Flash 动画、视频等多媒体元素。目前音频文件主要是 MP3 格式文件，Flash 文件是指文件后缀为.SWF 的文件，视频文件主要是格式为 mpeg、AVI 和 FLV 格式的文件。音频文件可以作为背景音乐，也可以在网页中调用用户的播放器播放。

3.6.1 插入音频文件

网页中可以插入背景音乐，也可以插入音频播放器、视频文件，并在网页中控制音频和视频文件的播放。

方法一：使用< bgsound >标签插入背景音乐，具体的操作步骤如下。

STEP 1 在 Dreamweaver 中建立站点，将素材中的文件夹“03”的素材复制到站点中，打开网页文件“music.html”；

STEP 2 转换到【代码】面板，在 body 的起始标签后插入代码<bgsound src="clip.mp3" />，

保存网页，使用 IE 浏览器浏览网页，可听到背景音乐。

注意：采用<bgsound>标签插入背景音乐，主要是应用在 IE 浏览器中，该标签并非所有的浏览器均适用。

<bgsound>是一个单标签，其参数设定主要有“src”和“loop”。

- src：用来设定音频文件的路径，不可缺少。
- loop：设置是否自动循环播放。“LOOP=2”表示重复两次，“Infinite”或“-1”表示循环播放。

如：<bgsound src="clip.mp3" loop="-1"　/>，背景音乐将自动循环播放，直到网页被关闭。

方法二：使用媒体标签<embed></embed>。<embed>标签是用来插入各种多媒体，格式可以是 Midi、Wav 等，大部分浏览器都支持，其参数主要有以下几项。

- Src：设置音频或视频文件的路径。
- Autostart：设置是否在音乐档下载完之后就自动播放“true”(是)，“false”(否) 默认值。
- Loop：设置是否自动循环播放。“LOOP=2”表示重复两次，“true”或“-1”是循环，“false”为否 (默认值)。
- hidden：设置是否完全隐藏控制画面“true”为是，“no”为否 (默认值)。

使用<embed>标签插入音频文件的操作步骤如下。

STEP 1 使用素材中的“music2.html”文件，在【设计】视图中，单击需要插入音频播放器的位置，单击【插入】→【媒体】中的【插件】，弹出【选择文件】面板，选择音频文件，单击【确定】，在网页中出现如图 3-6-1 所示图标。

STEP 2 单击插件图标，用鼠标拖曳图标边上的小黑正方形调整插件图标的大小，如图 3-6-2 所示。

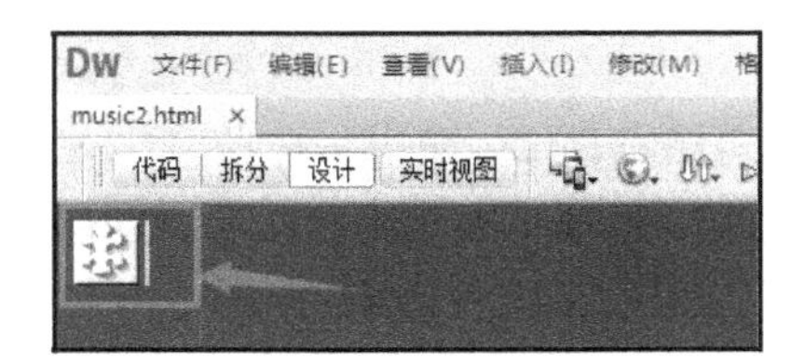

图3-6-1　插入【插件】

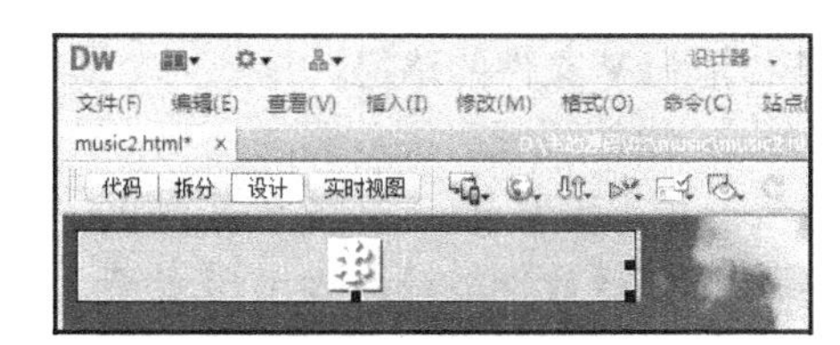

图3-6-2　修改插件大小

STEP 3 插件的属性面板如图所示，可通过属性面板，修改插件的大小、源文件的位置等，单击属性面板中的【播放】可看多媒体元素的内容。单击【参数】，弹出【参数】面板，在参数中输入“loop”，若值为“-1”，则设置音频文件为循环播放模式。

STEP 4 按图 3-6-3 的设置插入音频文件切换到【代码】视图，可看到插件的 HTML 代码为：

```
<embed src="clip.mp3" width="329" height="43" loop="1"></embed>
```

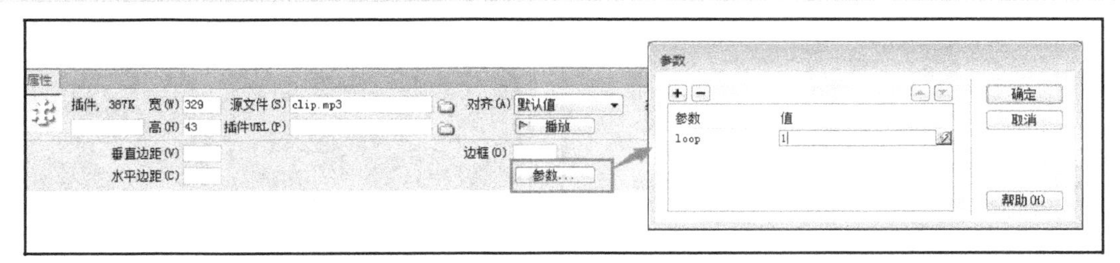

图3-6-3　设置插件的参数

STEP 5 在浏览器中浏览网页，效果如图 3-6-4 所示。默认音频播放器是可见的，返回 Dreamweaver，在插件的属性面板中单击【参数】，增加一项设置参数为“hidden”，值为“true”，再使用浏览器浏览网页，音频播放器被隐藏，音乐正常播放（见图 3-6-5）。

图3-6-4　效果图

图3-6-5　效果图

3.6.2　插入 FLV 格式的视频文件

在网页中，FLV 格式的视频文件是目前网络上流行的视频文件格式，Dreamweaver 提供了插入 FLV 文件的菜单和工具按钮。单击菜单栏的【插入】→【媒体】→【FLV】，或者单击【插入】工具栏的→【常用】→【媒体】→ 媒体 : FLV，两种方法都可以插入 FLV 文件，弹出【插入 FLV】面板（见图 3-6-6），该面板的主要设置项如下。

【视频类型】：用来设置视频的类型，有两个选项，分别为【累进式下载视频】、【流视频】。

【URL】：FLV 文件的路径。

【外观】：播放视频时播放器的外观，有多项选择，可根据具体效果进行选择。

【宽度】和【高度】：FLV 文件在网页中的宽度和高度。选择【限制高度比】，可以通过修改宽度或高度的值等比例的修改大小，【检查大小】按钮可检查 FLV 文件的原始大小，单位为像素。

【自动播放】和【自动重新播放】：设置当打开网页时，视频文件是否自动播放和播放完成后是否自动重新播放。选择复选框可以定义当网页打开时，自动播放视频和自动重新播放。

完成设置后单击【确定】按钮，在 Dreamweaver 的【设计】中可看到如图 3-6-7 所示的效果。

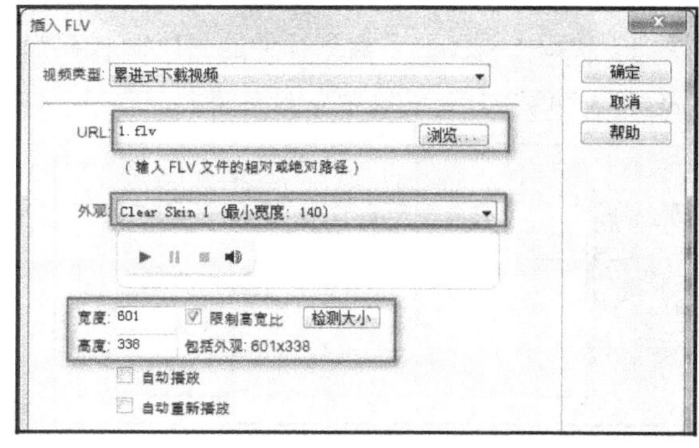

图3-6-6 【插入FLV】面板

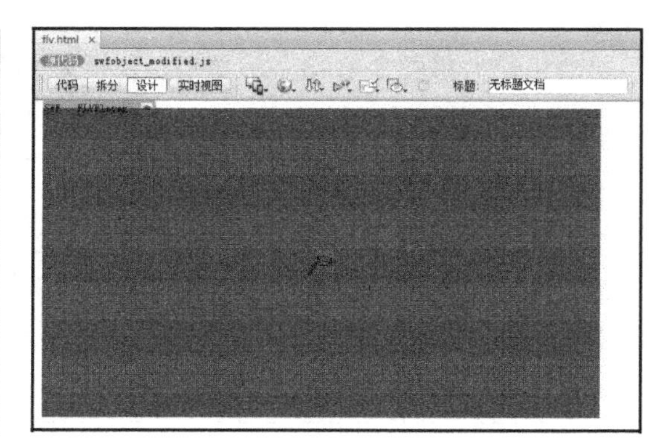

图3-6-7　插入FLV效果

可通过修改 FLV 文件的属性面板（见图 3-6-8）来修改 FLV 文件的设置，其选项与【插入 FLV】面板的选项基本一致。

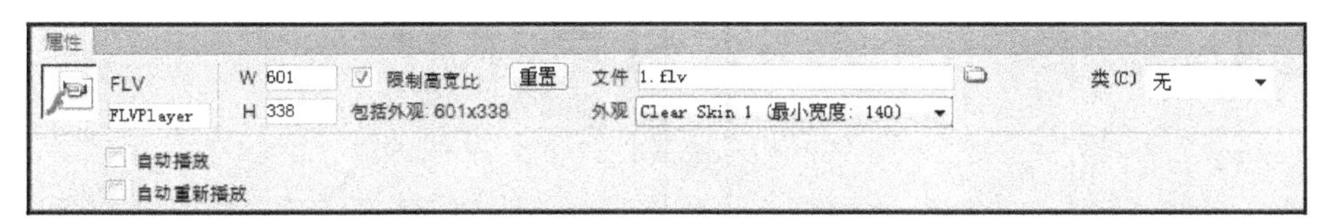

图3-6-8 【FLV】属性面板

在浏览器中预览网页效果（见图 3-6-9）。若没有设置自动播放，则网页打开时显示视频的第一帧的内容，单击“播放”，视频才开始播放。

图3-6-9　预览图

3.6.3　插入 Flash 格式的视频文件

网页中常常插入 Flash 动画增加网页的动态效果，网页中插入的 Flash 文件是采用扩展名为 SWF 的文件，Dreamweaver 的【插入】菜单中的【媒体】项目有插入 SWF 文件的菜单（见图 3-6-10），在【插入】的工具面板中也有插入 SWF 文件的工具按钮，如图 3-6-11 所示。在插入 SWF 文件前需要先保存网页。

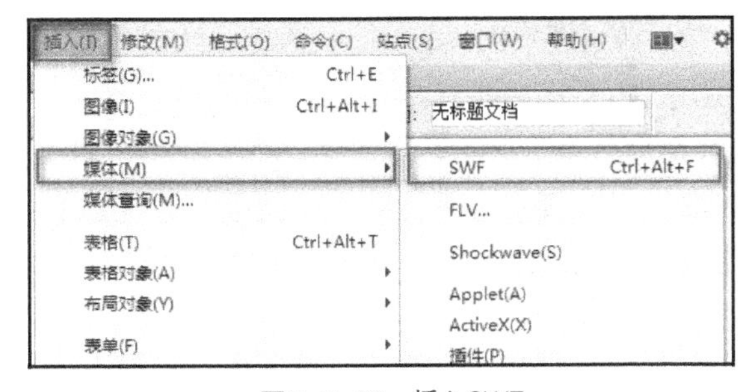

图3-6-10　插入SWF

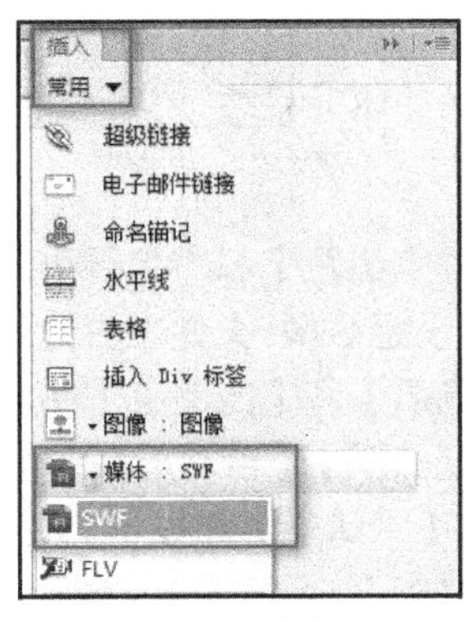

图3-6-11　插入SWF

在弹出的【选择 SWF】面板中选择 SWF 文件，然后单击【确定】按钮（见图 3-6-12）。

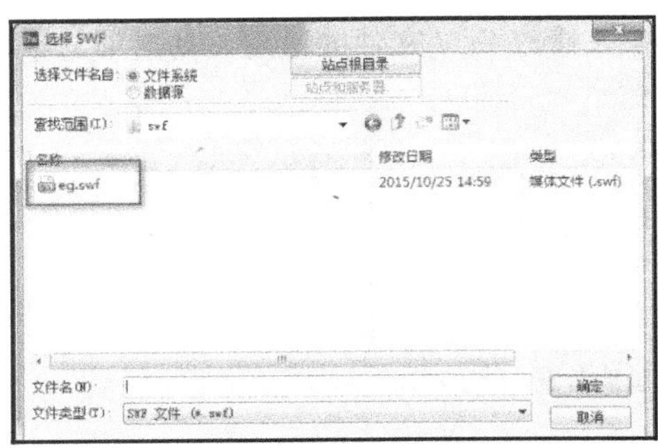

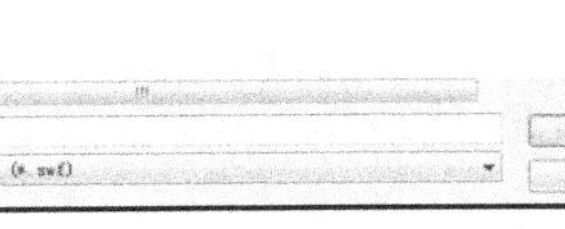

图3-6-12 插入SWF

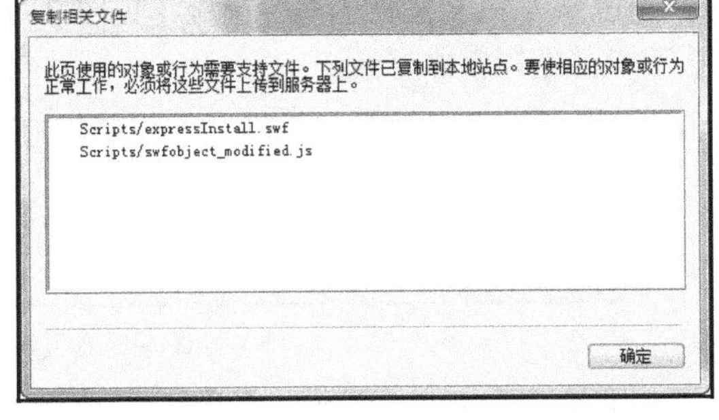

图3-6-13 【复制相关文件】

插入 SWF 文件后，网页将自动插入一个 js 文件和 SWF 文件，在保存文件时，出现如图 3-6-13 所示的提示对话框，单击【确定】按钮。

完成插入 SWF 文件的操作，在 Dreamweaver 中的显示如图 3-6-14 所示。

通过 SWF 的属性面板（见图 3-6-15）可以修改 SWF 的基本信息，主要的属性设置有以下几项。

【循环】和【自动播放】：用来设置打开网页时是否自动播放 SWF 文件和当播放一次完毕后是否循环播放。

【宽】和【高】：用来设置 SWF 文件的宽度值和高度值，直接输入数字修改，单位为像素。

【文件】：用来设置 SWF 文件的路径，可以通过单击旁边的文件夹图标或直接输入等方式修改使用的 SWF 文件。

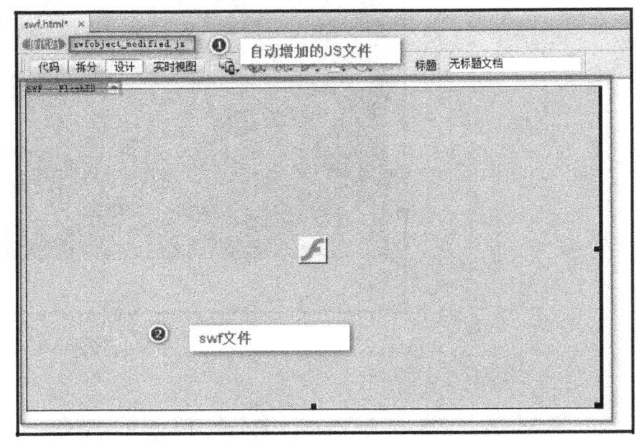

图3-6-14 插入SWF

【背景颜色】：设置 SWF 文件区域的背景颜色，当 SWF 文件还没有显示出来时，这个位置显示背景颜色。

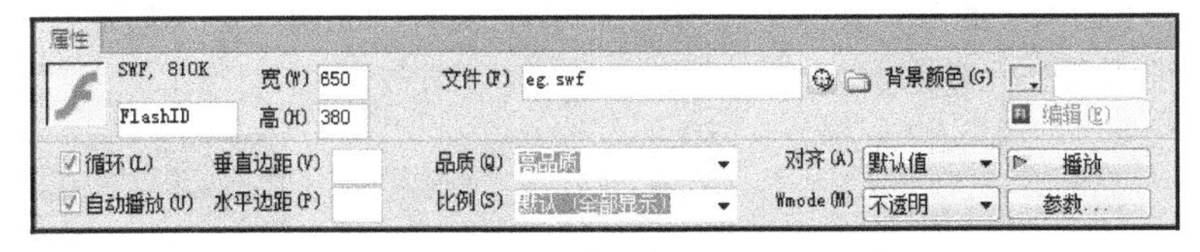

图3-6-15 SWF属性面板

【垂直边距】和【水平边距】：【垂直边距】是用来设置 SWF 文件的上下边距，【水平边距】是用来设置 SWF 文件左右边距，值的单位是像素。

【品质】和【比例】：【品质】是设置 SWF 文件的播放品质，有 4 个选项，分别是【默认】、【自动低品质】、【自动高品质】和【高品质】；【比例】是设置 SWF 文件播放的比例，有 3 个选项，分别为【默认（全部显示）】、【无边框】和【严格匹配】。

【对齐】：用来设置 SWF 的对齐方式，共有 10 个选项，分别为【默认】、【基线】、【顶端】、【中间】、【底部】、【文本上方】、【绝对中间】、【绝对底部】、【左对齐】和【右对齐】。

【Wmode】：透明度效果的设置，选项为【不透明】和【透明】。

【播放】：在 Dreamweaver 中播放 SWF 文件。
【参数】：可以对 SWF 进行参数的配置，如定义透明效果等。

3.6.4 插入其他格式的多媒体文件

1. 插入其他格式的视频文件

网页中常用的视频文件除了 FLV 格式之外，还有 MPEG、WMV、RM 等。要插入这些类型的视频文件，需要在网页中插入视频代码，如插入的视频文件是 WMV 格式。插入视频文件的具体代码如下：

```
    <object id="WindowsMediaPlayer1"
    classid="clsid:6BF52A52-394A-11D3-B153-00C04F79FAA6" width="400" height=
"300" ><!—视频文件类型，宽度值和高度值，注意边框的高度占 70 像素-->
     <param name="URL" value="1.wmv"><!--视频文件的路径-->
     <param name="rate" value="1" /><!—播放的速率-->
     <param name="balance" value="0" />
     <param name="currentPosition" value="0" />
     <param name="defaultFrame" value />
     <param name="playCount" value="1" /><!--控制重复次数：”x”为几重复播放几次；x=0，
无限循环-->
     <param name="autoStart" value="0" /><!—是否自动播放，值为 1 则自动播放-->
     <param name="currentMarker" value="0" />
     <param name="invokeURLs" value="-1" />
     <param name="baseURL" value />
     <param name="volume" value="50" /><!—播放时的音量-->
     <param name="mute" value="0" />
     <param name="uiMode" value="mini" />
     <param name="stretchToFit" value="-1" />
     <param name="windowlessVideo" value="0" />
     <param name="enabled" value="-1" />
     <param name="enableContextMenu" value="-1" />
     <param name="fullScreen" value="0" /><!—是否全屏播放，值为 1 则全屏播放-->
     <param name="SAMIStyle" value />
     <param name="SAMILang" value />
     <param name="SAMIFilename" value />
     <param name="captioningID" value />
     <param name="enableErrorDialogs" value="0" />
```

插入视频的代码后，在 Dreamweaver 的设计视图中，没有显示视频的区域，如图 3-6-16 所示。

网页在浏览器中预览效果如图 3-6-17 所示。

2. 插入 Shockwave 动画、ActiveX 控件和插入 Java Applet

Shockwave 是用来在网页中播放、由 Director Shockwave Studio 制作的多媒体文件。Shockwave 的多媒体文件可以集动画、位图、视频和声音于一体，并可以合成一个交互式的界面。在 Dreamweaver 的插入工具栏中的媒体中，提供了插入 Shockwave 动画的工具按钮 Shockwave，可通过此按钮插入 Shockwave 动画的 swf 文件。

ActiveX 控件是微软公司的 ActiveX 技术的一部分，可以在应用程序和网络中计算机上重复使用。创建它的主要技术是 Microsoft 的 ActiveX 技术，其中主要是组件对象模型(COM)。ActiveX 控件以小程序下载装入网页，也用在一般的 Windows 和 Macintosh 应用程序环境。在 Dreamweaver 的插入工具栏中的媒体中，提供了插入 ActiveX 的工具按钮 ActiveX ，可通过此按钮插入 ActiveX 文件。

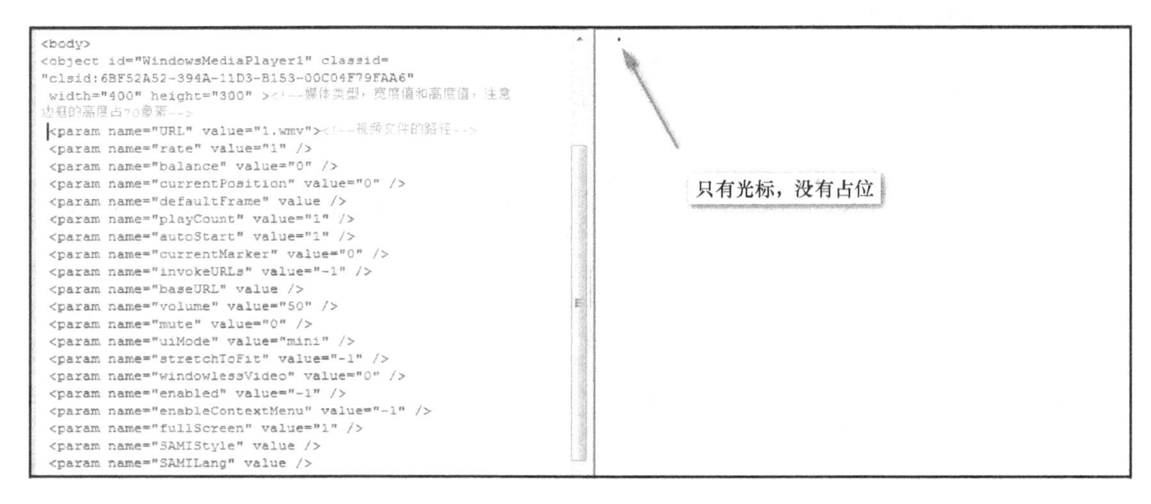

图3-6-16　插入WMV格式的视频文件

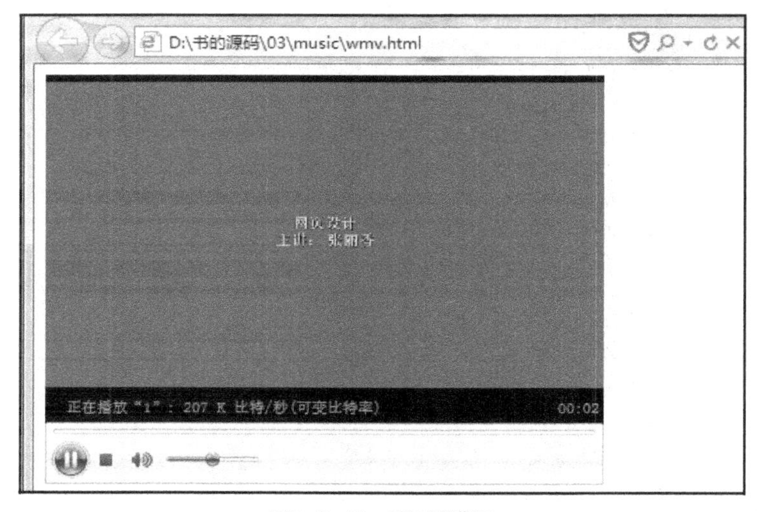

图3-6-17　网页预览图

Applet 是一种 Java 程序，一般运行在支持 Java 的 Web 浏览器内，因为有完整的 Java API 支持，所以 applet 是一个全功能的 Java 应用程序。网页中插入 Java Applet，浏览时浏览器要有安装响应的 JDK 插件，不然该 Applet 将不能正常显示。Dreamweaver 的【多媒体】工具中集成了插入 Java Applet 的工具按钮。在 Dreamweaver 的插入工具栏中的媒体中，提供了插入 Java Applet 的工具按钮 APPLET ，可通过此按钮插入 Applet 的“.class”文件。

插入 Shockwave 动画、ActiveX 控件和插入 Java Applet 都需要浏览器安装相应的插件，所以目前在网页中均较少使用 Shockwave 动画、ActiveX 控件和插入 Java Applet 类型的文件。

3.6.5　课堂练习：制作电影播放网页

1. 实训目标

- 熟悉 HTML 的表格标签；
- 熟悉创建 CSS 的样式；
- 熟悉在网页中插入 SWF 文件；
- 熟悉在网页中插入 FLV 视频文件。

2. 效果图

实训要达到的效果如图 3-6-18 所示。

图3-6-18　效果图

3. 具体的操作步骤如下

STEP 1 创建站点，在 Dreamweaver 中新建一个网页文件，保存为“sp.html”；在素材中复制视频文件“baituan.flv”和 SWF 文件“2.swf”到站点中。

STEP 2 在【设计】视图中，单击【插入】工具栏→【常用】→ 表格，使用表格工具按钮创建一个 3 行 1 列的表格，表格宽度为 800 像素，按图 3-6-19 所示设置表格的参数。

STEP 3 单击【代码】视图，设置表格的对齐方式为居中，第一行的高度为 100 像素，第二行的高度为 50 像素（见图 3-6-20）。

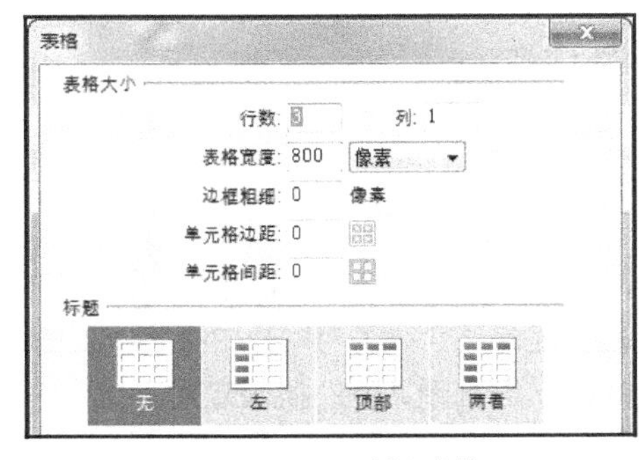

图3-6-19　插入表格

```
<body>
<table width="800" border="0"
cellspacing="0" cellpadding="0"
align="center">
  <tr>
    <td height="100"> </td>
  </tr>
  <tr>
    <td height="50"> </td>
  </tr>
  <tr>
    <td> </td>
  </tr>
</table>
</body>
```

图3-6-20　设置表格

STEP 4 在网页的<head></head>标签中，创建 CSS 样式，定义网页的<body>标签的文字为 14 像素，上下边距值为 0，左右边距值为自动，定义一个类“bg”，具体的 CSS 代码如下所示：

```
<head>
<meta http-equiv="Content-Type" content="text/html; charset=utf-8" />
<title>电影世界</title>
<style type="text/css">
body {font-size:14px; margin:0 auto;}
.bg {background-image:url(bg2.jpg)}
</style>
</head>
```

STEP 5 应用类“bg”到表格的第一个单元格，就是在第一个单元格的<td>标签中加入属性“class”，<td height="100" class="bg">。在【设计】视图中，将光标落在第一个单元格中，单击【插入】→【常规】→【媒体】→【 媒体：SWF 】，在打开的【选择 SWF】面板中选择“2.swf”文件，然后单击【确定】按钮，在属性面板中修改 SWF 文件的宽度值为“800”，高度值为“100”，设置 SWF 文件的 Wmode 值为“透明”，具体如图 3-6-21 所示。

图3-6-21 插入SWF

STEP 6 在【设计】视图中，单击第二个单元格内部，输入文字信息“当前影片→百团大战”。

STEP 7 将光标落在第三个单元格中，单击【插入】→【常规】→【媒体】→ FLV ，插入“baituan.flv”文件。

STEP 8 在浏览器中预览网页，效果如图 3-6-18 所示。

3.7 本章小结

本章主要介绍了在网页中插入普通文本、特殊符号、时间日期等文本信息和网页中文本或其他元素加入超链接的方法，并介绍了超链接的 4 种状态；此外还介绍了对网页中指定位置的超链接—锚记、网页中常用的多媒体的文件格式 FLV、SWF、WMV 等视频文件的插入方式，以及在网页中设置背景音乐的方法。本章实训内容为结合 CSS 样式，完成人物介绍网站和视频网站的制作。

Dreamweaver CS6

Chapter

第 4 章

网页布局方式——表格和 DIV+CSS

■ 本章导读

网页中的基本组成元素有文字、图像、表格等，要将这些网页元素在指定的位置上进行布局，就要考虑网页的布局方式。网页的布局主要采用表格和 DIV+CSS 两种方式，目前流行布局模式是 DIV+CSS 的模式。

■ 知识目标

- 了解什么是表格；
- 了解什么是盒子模式；
- 了解 DIV+CSS 的盒子布局模式。

■ 技能目标

- 掌握表格的基本操作；
- 掌握表格的布局模式；
- 掌握 DIV+CSS 的盒子布局模式。

4.1 课堂案例一：电影介绍网页

本章有两个课堂案例，第一个是通过学习表格的布局方式完成电影介绍的网页，根据百度百科提供的电影《阿凡达》的网页资料，模仿百度百科的网页效果，完成介绍《阿凡达》电影的网页，效果如图 4-1-1 所示。

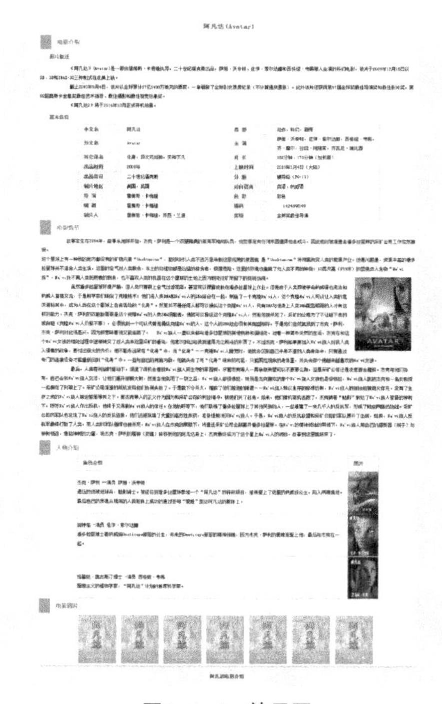

图4-1-1　效果图

4.2 准备知识：表格的布局模式

在网页设计过程中，为了将网页元素按照一定的顺序和位置进行排列，就要对网页进行布局。所谓的布局，即是在有限的版面空间里，将构成页面的元素（文字、图片等）根据特定内容的需要进行组合排列，并达到一定的视觉效果。常用的网页布局方式有表格和 DIV+CSS 两种。

表格就是早期广泛流行的网页布局方式，使用方便，操作简单，但是多个表格的嵌套会使网页代码繁琐，灵活性较差，不易修改和扩展，所以目前较少使用表格进行布局。

DIV+CSS 方式是目前使用较广泛的布局方式。DIV 就是指 HTML 标签中的<div></div>标签，理解为“盒子”，主要用来为 HTML 文档内大块的内容提供布局结构，与 CSS 一起使用可以对指定的<div></div>范围内的元素及其属性进行精确地控制，以实现内容与格式分离。DIV+CSS 的网页源码简单，便于修改。

4.2.1 表格

表格由行和列构成，每一行或每一列中又包括一个或多个单元格，单元格内放置网页的各种元素。

1. 表格的标签和属性

表格的标签为<table></table>。表格除了表格标签外，还必须与其他标签一起使用，其中用得最多的是行标签<tr></tr>和单元格标签<td></td>。<tr>表示一行的起始，行标签的结束标签</tr>表示一行的结束；一行中有一个或多个单元格<td></td>，单元格内放置网页元素，如文本、图像等；单元格中也可以嵌套另一个表格，常见的表格结构如图 4-2-1 所示。

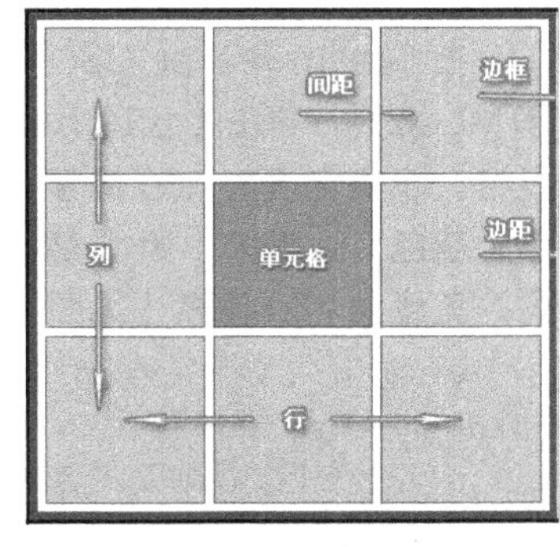

图4-2-1　表格的结构

一个表格包含一对<table></table>标签，每一行都包含一对<tr></tr>标签，每一个单元格包含一对<td></td>标签，常见创建一个表格的 HTML 代码如下所示。

```
<table width="500" border="0" cellspacing="0" cellpadding="0">
  <tr>
    <td>单元格</td>
    <td>单元格</td>
    <td>单元格</td>
  </tr>
  <tr>
    <td> </td>
    <td> </td>
    <td> </td>
  </tr>
</table>
```

表格标签<table>主要包含的属性如表 4-2-1 所示。

表 4-2-1　表格标签的属性

属性名	属性值	属性含义
border	像素值	边框大小
bordercolor	颜色值	边框颜色
background	图片位置或地址	背景图片
bgcolor	代表颜色的值	背景颜色
cellspacing	像素值	两个相邻的单元格之间的距离（间距值）
cellpadding	像素值	单元格内的内容与单元格边框的距离（边距值）
aling	Left（左）、center（中）、right（右）	对齐方式，分别为：左对齐，居中对齐，右对齐
width	像素值或百分比	宽度
height	像素值或百分比	高度
cellpadding	像素值	填充
cellspacing	像素值	间距
colspan	合并数量	行内单元格合并
rowspan	合并数量	列内单元格合并

2. 使用 table 标签创建表格

在 Dreamweaver CS6 中创建一个站点，在站点中新建一个 HTML 网页，单击【代码】视图，在网页中创建一个 2 行 2 列的表格，表格宽度为 300 像素，设置表格的背景色为灰色，边框颜色为蓝色，边框大小为 3 像素，第 1 行的高度为 40 像素，第 1 列的宽度为 150 像素（见图 4-2-2）。具体的 HTML 代码如下：

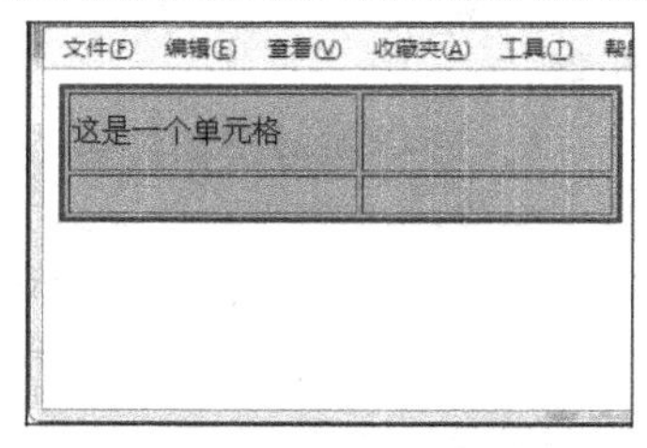

图4-2-2　表格效果预览图

```
<table width="300" bgcolor="#999999" border="3" bordercolor="#0033CC">
<!--表格的宽度为 300 像素，背景颜色为#999999，表格边框大小为 3 像素，边框颜色为#0033CC -->
<tr><td width="150" height="40">这是一个单元格</td>
<!--单元格的宽度为 150 像素，高度为 40 像素 -->
<td> </td></tr><!-- 是空格标签 -->
<tr> <td> </td> <td> </td> </tr>
</table>
```

3. 在 Dreamweaver 中创建表格

1）插入表格工具

在 Dreamweaver 中新建一个 HTML 网页，将光标置于需插入表格的位置，选择 Dreamweaver 菜单栏的【插入】→【表格（T）】或选择【插入】工具面板上的→【常用】→【表格】按钮（见图 4-2-3）。

在弹出的【表格】对话面板中设置相应的参数，即可在网页中插入一个表格。如，创建一个 3 行 3 列、表格宽度为 500 像素的表格，在显示的【表格】对话框中的“行数”中输入“3”，“列”输入“3”，“表格宽度”输入“500”（见图 4-2-4）。

在图 4-2-4 的【表格】对话框中，主要设置项如下。

- 【表格大小】中选项的具体含义如下表（见表 4-2-2）。

图4-2-3　插入表格

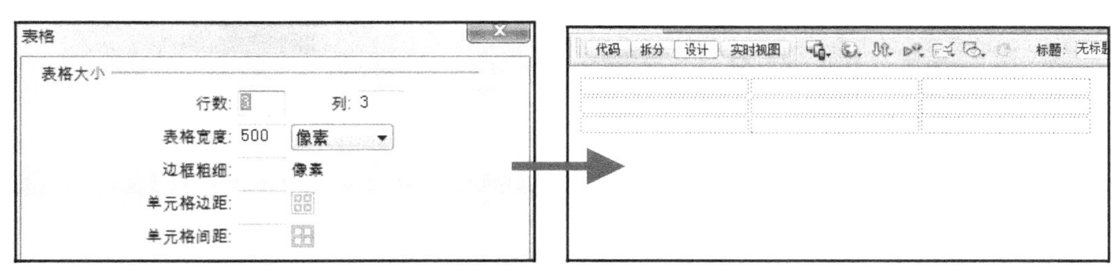

图4-2-4　插入表格

表 4-2-2 【表格大小】

行数	指表格的行数
列	指表格的列数
表格宽度	指表格的宽度值，有两种单位可选，分别为“像素”和“百分比”
边框粗细	表格边框的大小
单元格边距	单元格内的元素距离单元格四周的距离，【表格】属性面板称为“填充”
单元格间距	单元格与单元格之间的距离

- 【标题】选项的设置（见表 4–2–3）。

表 4-2-3 【标题】

无	表格不设置行或列的标题
左	设置列标题，在表格的第一列
顶部	设置行标题，在表格的第一行
两者	设置行标题和列标题，在表格的第一行和第一列

- 【辅助功能】设置（见表 4–2–4）。

表 4-2-4 【辅助功能】

标题	提供一个显示在表格外的表格标题
摘要	用于输入表格的说明

注意：使用 Dreamweaver 的插入表格工具，【单元格边距】和【单元格间距】的默认值为 2，所以如果不设置这两个选项的值，默认的值为单元格边距和单元格间距为 2 个像素。

2）表格属性

对于已经创建好的表格，用户可以通过表格的【属性】面板来查看或修改表格的结构、大小和样式等。选择表格的任意一条边，当鼠标的形状为双竖线时，可以选中这个表格，【属性】面板显示表格的属性。表格【属性】面板（见图 4-2-5）中的主要选项有以下几种。

表格 ID：用来设置表格的标识名称，ID 名称在当前页面中不允许重名，在表格 ID 输入框中直接输入即可，或在<table>标签中添加属性 id="idname"（设置值），例如<table id="table1">。

行和列：用来设置表格的行数和列数，直接修改值即可改变表格的结构。

宽（W）：用来设置表格的宽度，单位有"像素"或"百分比"。

填充（P）：用来设置表格中单元格内容与单元格边框之间的距离，单位是"像素"。

间距（S）：用来设置单元格与单元格之间的距离，单位是"像素"。

对齐（A）：用来设置表格相对同一段落中的其他元素的显示位置，可选的下拉菜单中有"默认""左对齐""居中对齐"和"右对齐"。

边框（B）：用来设置表格四条边框的宽度，以像素为单位。

类（C）：用来设置表格的 CSS 样式。

：依次为清除列宽、将表格宽度转换成像素、将表格宽度转换为百分比和清除行高。

当表格被选中时，表格的外边框显示为黑色线框，并出现绿色带有数值的测量线。这些数值分别表示表格或单元格的宽度值，这些绿色线称为"表格宽度"，单击数值会显示 5 个选项，分别为"选择表格""清除所有高度""清除所有宽度""使所有宽度一致"和"隐藏表格宽度"（见图 4-2-6）。如果选择了"隐藏表格宽度"，则这些绿色线和数值将隐藏不可见；通过在表格中单击鼠标右键，在出现的菜单中选择【表格】→【表格宽度】表格宽度(T) 重新显示。

图4-2-5 【表格】的属性

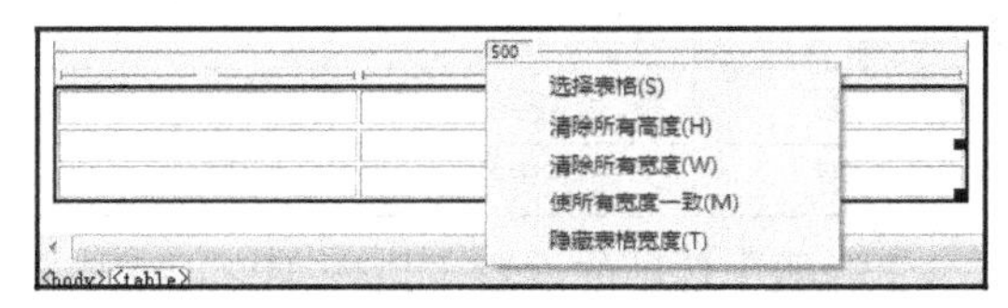

图4-2-6 【表格宽度】

选择表格：使用鼠标单击表格中的任意一条边框，都可选择整个表格。

修改表格大小：选择表格后，在表格【属性】面板中，修改 宽(W) 像素 中的值即可修改表格的宽度，或者拖动表格边框上的 3 个小正方形改变表格的宽度和高度。

3）单元格属性

单元格是表格的重要组成部分，就是我们看到的表格中一个一个的小格。单元格的 HTML 标签为 td，单元格标签必须有结束标签</td>，单元格的属性主要有背景颜色、背景图像、对齐方式、宽、高等。单击表格中任意一个单元格，将光标落在单元格内（见图 4-2-7），属性面板显示为【单元格】（见图 4-2-8）。

图4-2-7 单元格　　图4-2-8 【单元格】属性

【单元格】的属性面板选项如下。

水平（Z）：设置单元格内元素的水平位置，选项有“默认”“左对齐”“居中对齐”和“右对齐”。

垂直（T）：设置单元格内元素垂直方向的位置，选项有“默认”“顶部”“居中”“底部”和“基线”。

宽（W）：设置单元格的宽度值，单位为像素。

高（H）：设置单元格的高度值，单位为像素。

背景颜色（G）：设置单元格的背景颜色。

选择单元格的方式主要有以下几种。

一个单元格：将光标放置在需选择的单元格中单击，即可选择该单元格。

多个单元格：按住键盘上的“Ctrl”键，用鼠标单击需要选择的单元格，即可选择多个单元格。

一行单元格：把光标移到该行的第一个单元格的左边，光标会变成箭头状，单击即可选中一行。

一列单元格：把光标移到该列的第一个单元格的上方，光标会变成箭头状，单击即可选中一列。

4.2.2　课堂练习：下载图片的表格

1. 实训目标

- 熟练掌握表格的属性设置；
- 熟练掌握单元格的属性设置。

2. 完成效果

需要达到的效果如图 4-2-9 所示。

图4-2-9　项目完成效果图

3. 具体操作步骤

STEP 1 在 DW 中建立一个新站点，并创建一个新的网页文件，保存网页名称为“test.html”；创建一个新文件夹在站点中，命名为“touxiang”，将素材图片复制到“touxiang”文件夹中。

STEP 2 在“test.html”中创建一个 4 行 3 列的表格，表格宽度为 600 像素，【边框粗细】、【单元格边距】和【单元格间距】值均为 0（见图 4-2-10）。

STEP 3 在【拆分】视图中，左边视图为【代码】视图，右边的视图为【设计】视图。在左边的【代码】视图中查找表格的第 1 行第 1 个单元格的 td 标签，增加单元格的背景图像属性 background="touxiang/1.jpg"（见图 4-2-11）。

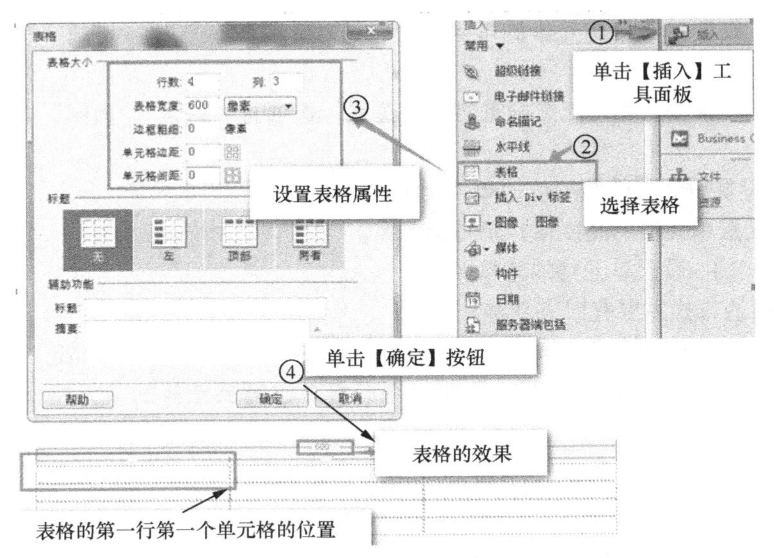

图4-2-10 表格的创建

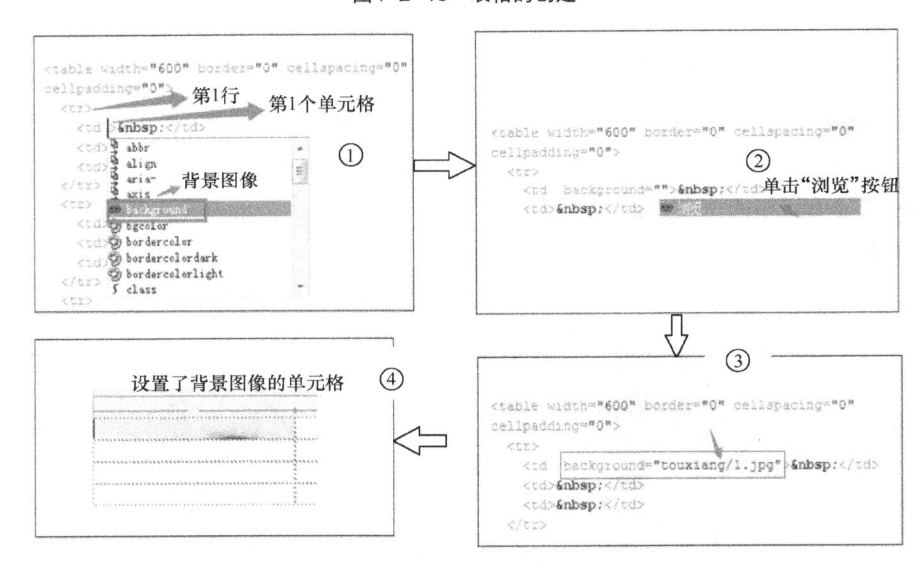

图4-2-11 表格的设置

STEP 4 图像"1.jpg"的宽度值和高度值均为 200 像素，设置该单元格的高度和宽度均为 200 像素，背景图像全部显示出来（见图 4-2-12）；在该单元格内输入文字"可爱的小朋友"，单击该单元格任意位置，在单元格的【属性】面板设置【水平（Z）】为"居中对齐"，【垂直（T）】为"底部"。

STEP 5 设置第 1 行第 2 个单元格的背景图片为"touxiang/2.jpg"，第 3 个单元格的背景图片为"touxiang/3.jpg"，设置两个单元格的【宽】、【高】均为 200 像素，默认单元格的水平效果为左对齐，垂直效果为居中，在第 2 个和第 3 个单元内均输入文字信息"可爱的小动物"，将第 2 个单元格的【水平】设为【居中对齐】，【垂直】设为【顶端】，第 3 个单元格保持默认，或【水平】设为【左对齐】和【垂直】设为【居中】（见图 4-2-13）。

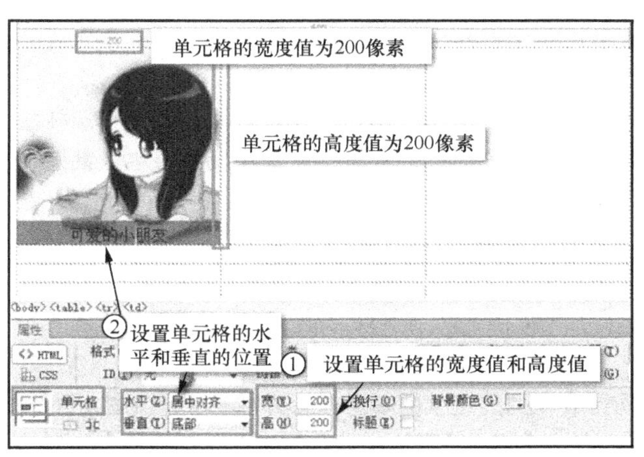

图4-2-12　设置单元格属性

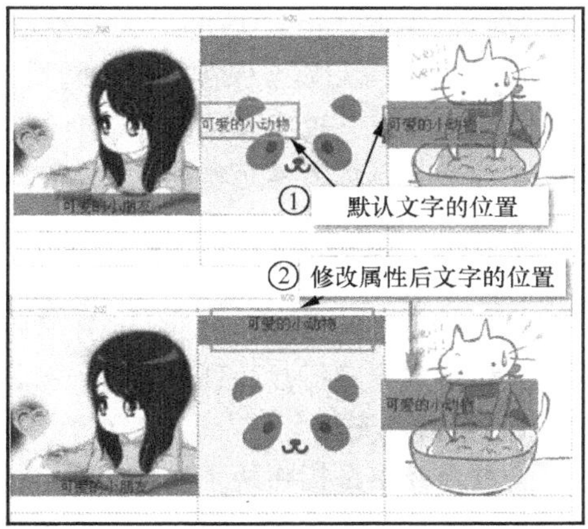

图4-2-13　设置单元格的位置

STEP 6 单击第 2 行第一个单元格，在【属性】面板的【背景颜色】设置为“#999999”，单元格的【高】值为“30”，输入文字“图片下载”，单元格的【水平】设为【居中对齐】，对“图片下载”添加超链接（见图 4-2-14）。

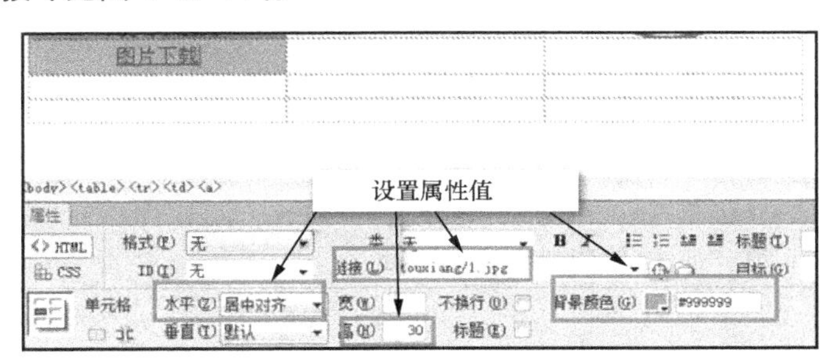

图4-2-14　设置文字超链接

STEP 7 第 2 行的第 2 个单元格和第 3 个单元格采用与步骤 6 相同的设置。

STEP 8 单击表格的边框，选中表格；在表格【属性】面板内设置【对齐】为“居中对齐”，【行】的值修改为“2”，【宽】修改为“604”，【间距】修改为“1”（见图 4-2-15）。

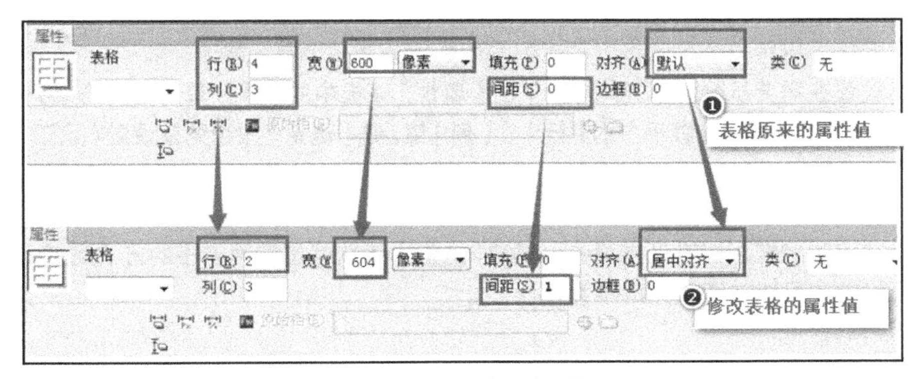

图4-2-15　修改表格属性

STEP 9 单击表格，在【代码】视图中，给表格添加背景颜色的属性值“#333333”，即表格标签的代码为<table width="604" border="0" align="center" cellpadding="0" cellspacing="1" bgcolor="#333333">，保存并预览网页，网页的预览效果如图 4-2-9 所示。

注意：采用先设置表格的背景颜色，表格【间距】值为 1 像素，再设置单元格的背景颜色，当表格的背景颜色与单元格的背景颜色使用的颜色不相同时，可实现表格的细线边框效果。

4.2.3 单元格的合并与拆分

单元格可进行合并和拆分，合并单元格必须是两个或以上连续的单元格，拆分单元格是将一个单元格拆成指定行数和列数。

1. 合并单元格

合并单元格是指将两个或两个以上的同行或同列的连续的单元格合并成一个单元格。合并单元时首先选定两个或两个以上连续的单元格，单击【属性】面板中的【合并所选单元格】按钮，或单击鼠标右键，在弹出的菜单中选择【表格】→ 合并单元格(M) Ctrl+Alt+M 即可将所选的多个单元格合并为一个单元格（见图 4-2-16）。单元格的标签<td>会响应增加“rowspan”或“colspan”属性，值为合并的单元格的个数，“rowspan”是同一列连续两个或以上单元格合并，“colspan”是同一行中连续两个或以上单元格合并。

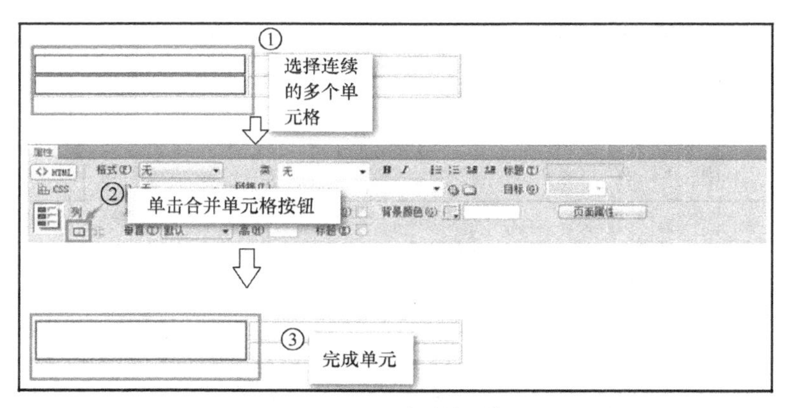

图4-2-16 合并单元格

2. 拆分单元格

拆分单元格可以将一个单元格以行或列的形式拆分为多个单元格。

将光标放置在需要拆分的单元格中，单击【属性】面板中的【拆分单元格为行或列】按钮，弹出【拆分单元格】面板，设置相应的【行】或【列】值，按【确定】按钮结束设置（见图 4-2-17）。

4.2.4 课堂练习：推荐模块制作

在网上冲浪时经常可以看见推荐的小模块，这些小模块就是采用表格的方式完成的以表格及单元格进行设置，可以快速地完成推荐模块。

1. 实训目标

- 表格的基本操作；
- 单元格的基本设置；
- 单元格的合并与拆分。

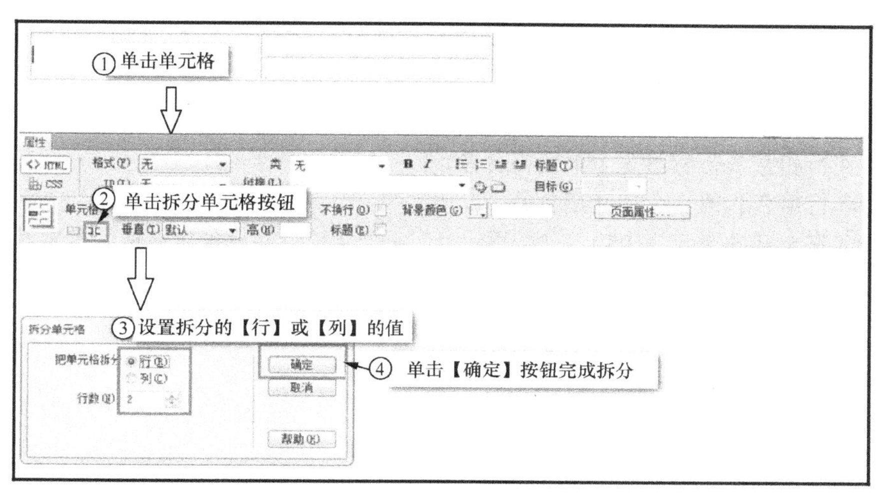

图4-2-17　拆分单元格

2. 效果图

实训要达到的效果如图 4-2-18 所示。

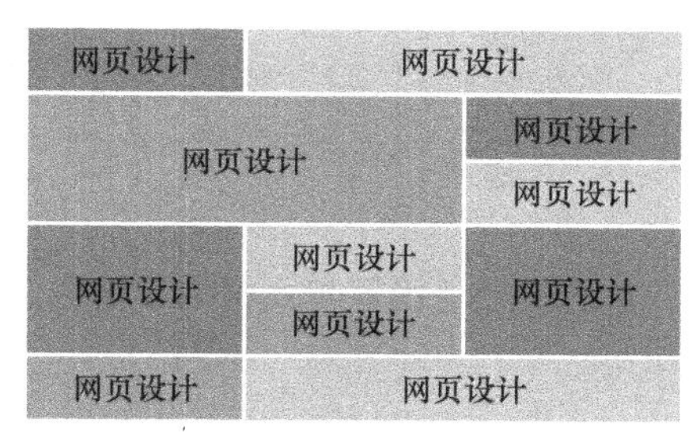

图4-2-18　效果图

3. 具体的操作步骤

STEP 1 在 Dreamweaver 中创建一个站点，在站点中新建一个 html 网页，保存网页名称为"table.html"。

STEP 2 在网页中创建一个 6 行 3 列的表格，表格宽度为 308 像素，【边框粗细】、【单元格边距】值均为 0，【单元格间距】值为 2 像素（见图 4-2-19）。

STEP 3 选择第 1 列的单元格，设置单元格的【高】为 30 像素（见图 4-2-20）。

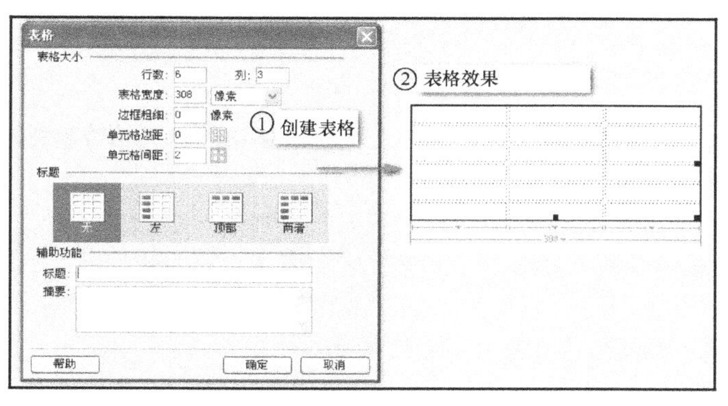

图4-2-19　创建表格

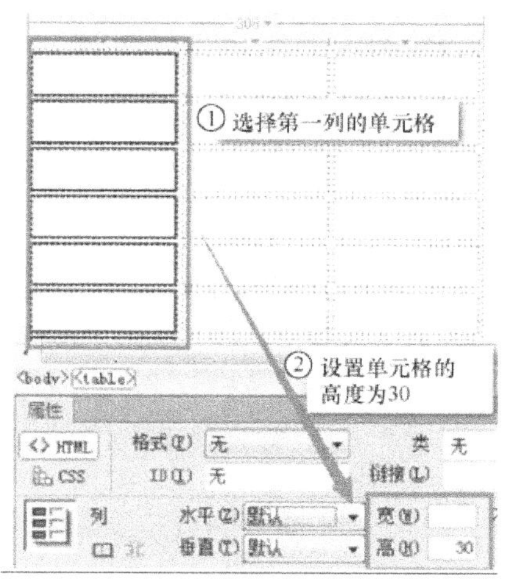

图4-2-20　选择列

STEP 4 设置第 1 行的 3 个单元格的单元格的【宽】均为 100 像素。

STEP 5 按图 4-2-21 所示，合并单元格：

- 将第 1 行的第 2 个和第 3 个单元格合并；

- 将第 2 行的第 1 个单元格和第 2 个单元格和第 3 行的第 1 个单元格和第 2 个单元格共 4 个单元格合并；
- 将第 4 行和第 5 行的第 1 个单元格合并；
- 将第 4 行和第 5 行的第 3 个单元格合并；
- 将第 6 行第 2 和第 3 个单元格合并。

STEP 6 在全部的单元格内输入“网页设计” 4 个字符，并设置单元格的水平对齐为“居中对齐”。

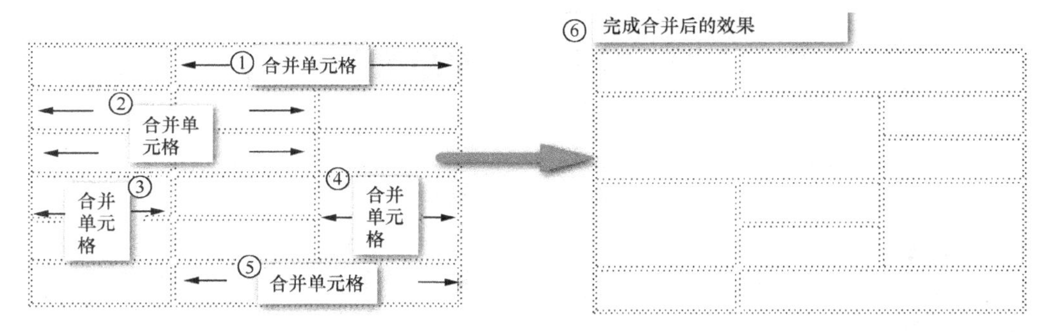

图4-2-21 合并单元格

STEP 7 设置单元格的背景色，分别为#0066ff、#00CC99 和#FF3333，效果如图 4-2-22 所示。

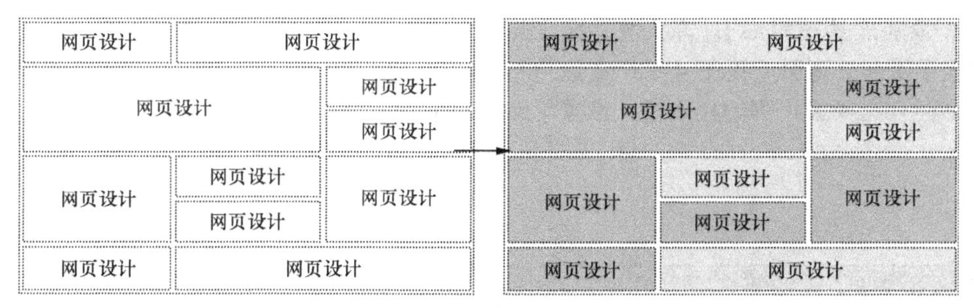

图4-2-22 设置单元格背景色

STEP 8 在网页头部标签里建立 CSS 样式的类“ta1”，并应用到表格中的单元格或直接应用到文字上均可，具体的 CSS 样式代码如下：

```
<style type="text/css">
.ta1 {font-size:14px;font-weight:bold;color:#FFF;}
</style>
```

STEP 9 保存网页并预览网页效果，预览效果如图 4-2-18 所示。

4.2.5 增加或删除行或列

为了修改表格的结构，可以增加或删除表格的行或列的数量。

1. 增加表格的行或列

在 Dreamweaver 中要在某行的上面或下面添加一行，或者是在某列的左边或右边添加一列，可以将光标定在需要添加行或列的单元格内，单击【插入】面板→【布局】→【标准】模式下的选项中“在上面插入行”“在下面插入行”“在左边插入列”和“在右边插入列”(见图 4-2-23)，即可在选定位置插入行或列，也可将光标定位在需要添加行或列的单元格内，单击鼠标右键(见图 4-2-24)，在弹出的快捷菜单中选择【表格】菜单中选择对应操作。

2. 删除行或列

在 Dreamweaver 中想要删除表格中的某行或某列，只要将光标放置在需删除的行或列中的任意一个单元格内，单击鼠标右键(见图 4-2-24)，在【表格】菜单中选择【删除行】或【删除列】即可。

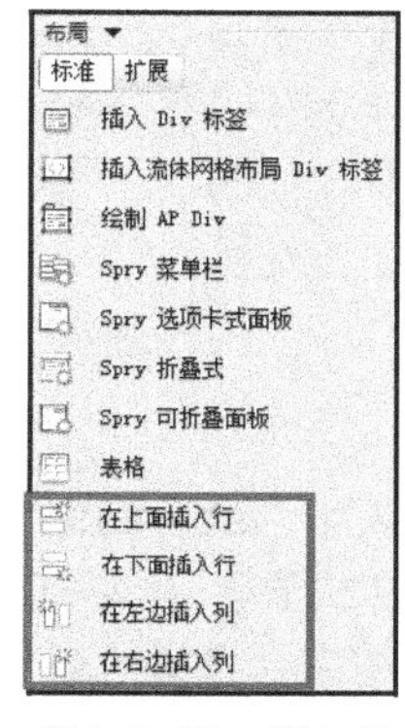

图4-2-23 插入行

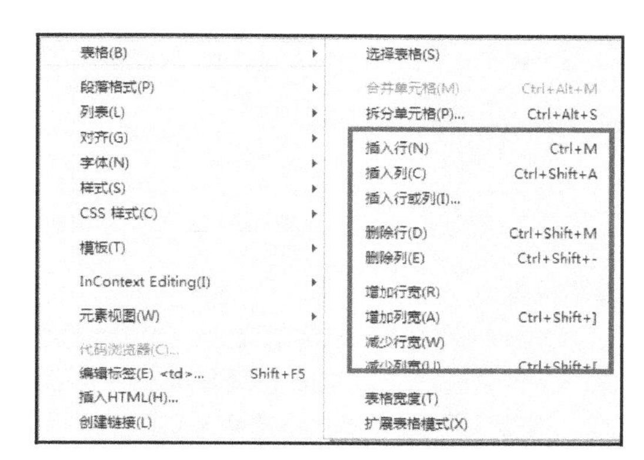

图4-2-24 修改表格行或列

3. 表格的嵌套

嵌套表格就是在一个表格中，插入一个或多个表格，嵌套表格也就是插入到表格单元格中的表格(见图 4-2-25)。表格的嵌套是表格的重要功能之一，采用表格布局网页时嵌套表格是必不可少的。

图4-2-25 嵌套表格

4.2.6 课堂练习：菜单模块

采用表格和表格的嵌套，可以制作整齐美观的网页。本练习通过表格的方式，制作一个常见的网页底部的菜单模块。

1. 实训目标

- 嵌套表格；
- 表格的背景颜色的设置；
- CSS 样式的设置。

2. 效果图

本课堂练习要达到的目标效果如图 4-2-26 所示。

新闻		体育		娱乐		财经		汽车	
国内	评论	NBA	CBA	明星	图片	股票	行情	购车	行情
国际	探索	综合	中超	电影	资料库	产经	新股	选车	车型库
社会	军事	国际足球	英超	电视	音乐	金融	基金	论坛	行业
图片		西甲	意甲			商业	理财	用车	汽车图片
科技		手机/数码		房产/家居		科技		科技	
通信	IT	移动	笔记本	北京房产	上海房产	通信	IT	通信	IT
互联网	移动互联网	手机库	家电	广州房产	全部分站	互联网	移动互联网	互联网	移动互联网
特别策划	五道口沙龙	手机论坛	平板	楼盘库	家具	特别策划	五道口沙龙	特别策划	五道口沙龙
易语中的	专题	相机	手机视频	卫浴	衣柜	易语中的	专题	易语中的	专题

图4-2-26　效果图

3. 具体操作步骤

STEP 1 在 Dreamweaver 中建立站点，新建网页文件，保存为“table2.html”。新建样式表文件并保存名为“style.css”，单击【CSS 样式】面板的【附加样式表】，打开【链接外部样式表】对话框，选择【浏览】按钮，选中 style.css，按【确定】结束，将样式表文件 style.css 链接到“table2.html”。

STEP 2 在页面中创建一个 2 行 5 列的表格，表格【宽度】为 1060 像素，【边框粗细】、【单元格边距】为 0，【单元格间距】值为 10 像素（见图 4-2-27），在【代码】视图中设置表格的背景色为#FFFFFF（白色），设置第 1 行 5 个单元格的宽度为 200 像素。。

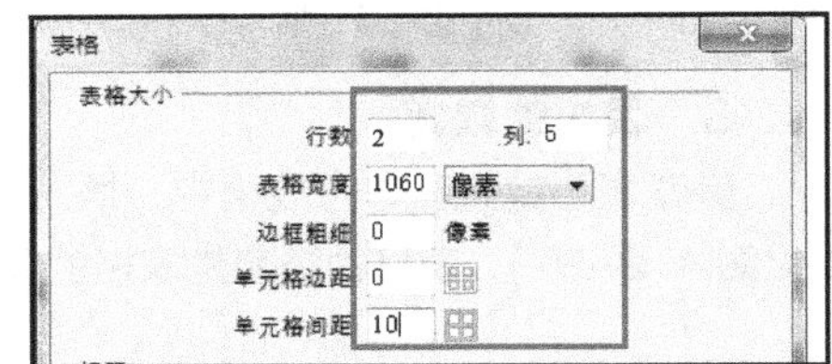

图4-2-27　创建表格

STEP 3 在第 1 行第 1 个单元格内嵌套一个 5 行 2 列的表格，表格【宽度】为 200 像素，【边框粗细】、【单元格边距】为 0，【单元格间距】值为 5 像素，并在【代码】视图中设置表格的背景色为“#E8E8E8”，效果如图 4-2-28 所示。

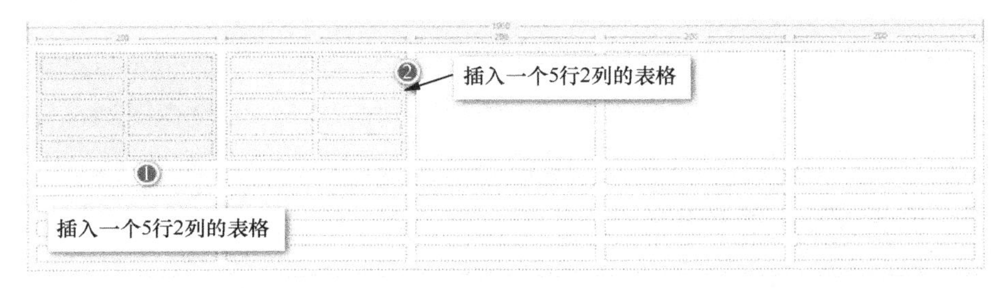

图4-2-28　嵌套表格

STEP 4 在第 1 行第 2 个单元格内插入一个 5 行 2 列的表格，表格【宽度】为 200 像素，【边框粗细】、【单元格边距】为 0，【单元格间距】值为 5 像素，并在【代码】视图中设置表格的背景色为“#F5F5F5”。

STEP 5 选中第 1 行第 1 个单元格内嵌套的表格，按键盘上的“Ctrl+C”组合键复制表格，在第 1 行第 3 个、第 5 个、第 2 行的第 2 个、第 4 个单元格内按“Ctrl+V”粘贴表格，效果如图 4-2-29 所示。

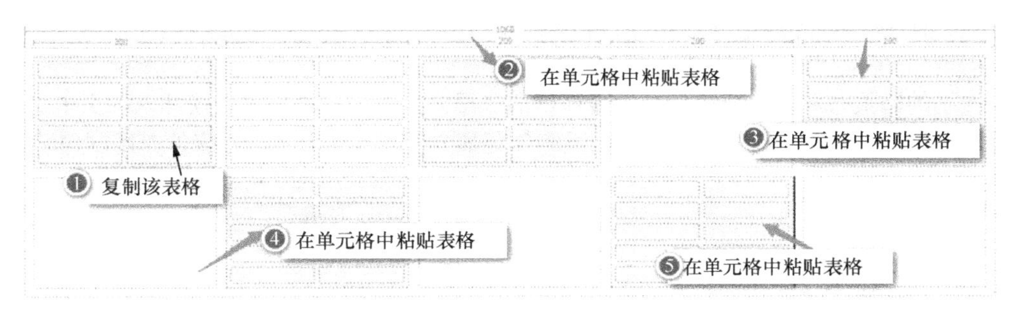

图4-2-29 复制嵌套表格

STEP 6 选中第 1 行第 2 个单元格内嵌套的表格，按键盘上的“Ctrl+C”键复制表格，在第 1 行第 4 个、第 2 行的第 1 个、第 3 个、第 5 个单元格内按“Ctrl+V”粘贴表格效果如图 4-2-30 所示。

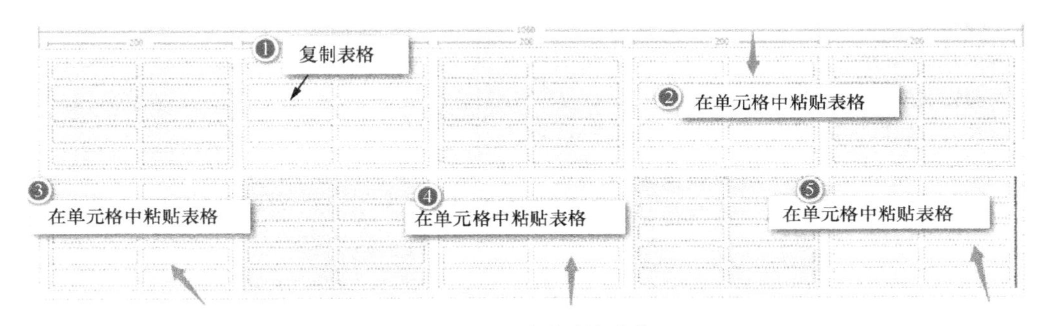

图4-2-30 复制嵌套表格

STEP 7 按图 4-2-26 所示的内容，在单元格内输入文字，在样式表文件 style.css 创建两个文字相关的类，名称为“ta”和“ta_1”。所有嵌套表格的第 1 行的单元格应用样式“ta”，其他单元格应用样式“ta_1”，CSS 的代码如下所示，应用 CSS 样式后网页的效果如图 4-2-31 所示。

```
.ta {   font-size:12px; color:#000;}
.ta_1 {color:#333;font-size:12px;font-weight:bold;}
```

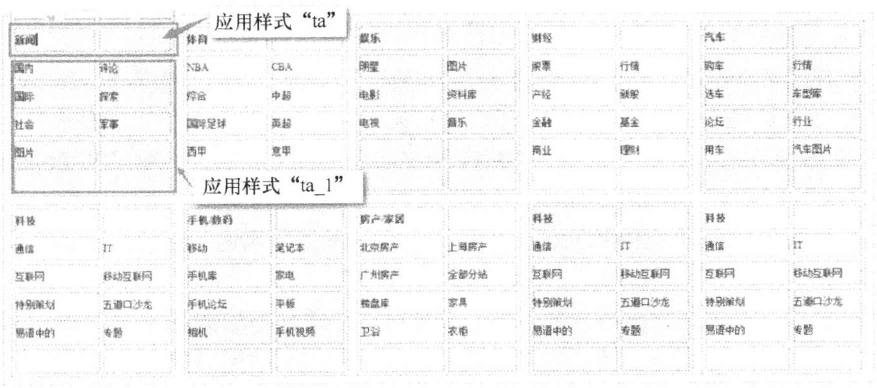

图4-2-31 样式的应用

STEP 8 保存网页，并单击按钮或键盘上的“F12”浏览网页。

4.3 案例实施过程：电影介绍网页

在传统的网页布局中，表格是应用最广泛的布局方式之一。表格可以使插入网页中的图像、文本等对象被固定在某一个位置上，使网页制作更加方便。本练习将通过表格布局制作一个“阿凡达电影介绍网页”。

1. 实训目标

- 熟悉掌握表格布局；
- 熟悉表格的嵌套；
- 掌握表格的拆分与合并；
- 掌握表格的基本设置；
- 熟悉 CSS 的样式设置。

2. 效果图

本实例制作的网页效果如图 4-1-1 所示。

3. 具体的操作步骤

STEP 1 在 Dreamweaver 中创建站点 web-site，新建文件夹 images，用来放置站点图片；

STEP 2 根据图 4-3-1 的布局进行网页的制作。

1 width:1000px height:50px
2 height:40px
3 height:40px
4 高度：按内容实际高度
5 height:40px
6 插入一个9行4列，宽度为80%的表格
7 height:40px
8 高度：按内容实际高度
9 height:40px
10 插入一个4行2列，宽度为80%的表格
11 height:40px
12 插入一个1行7列，宽度为80%的表格
13 height:5px
14 height:50px

图4-3-1 布局图

STEP 3 在站点中新建空白网页文件，保存为“index.html”，新建一个 CSS 样式表文件，保存为“css.css”，将“css.css”链接到“index.html”文件中，在“css.css”文件中写入 body 的样式，具体的 CSS 代码如下所示：

```
body {width:1000px; /*页面宽度设置为 1000px */
margin:auto; /*设置外边距为 auto，实现页面的自动居中效果 */
background-color:#F5F5F5; /*设置页面背景颜色 */
font-size:12px;/ *设置页面文字大小为 12px */
line-height:25px; /*设置页面文字行高为 25px */}
```

STEP 4 在网页“index.html”中新建一个 14 行 1 列表格，表格【宽度】为 1 000 像素，【边框粗细】、【单元格边距】、【单元格间距】值均为 0，并在【代码】视图中设置表格的背景色为“#FFFFFF”（白色），<table bgcolor="#FFFFFF" width="1000" border="0" cellspacing="0" cellpadding="0">。

STEP 5 在表格的第 1 行的单元格中，插入文字信息“阿凡达”（见图 4-3-2），在样式表文件“css.css”中设置类“wenzi1”，并应用到第一行中。

STEP 6 将第 2 行的单元格拆分为两列，设置第 1 个单元格的宽度为 10 像素，单元格【背景颜色】为“#559EE7”；第 2 个单元格插入文字，并在“css.css”文档中设置类“wenzi2”并应用样式到文字“电影介绍”中（见图 4-3-3）。

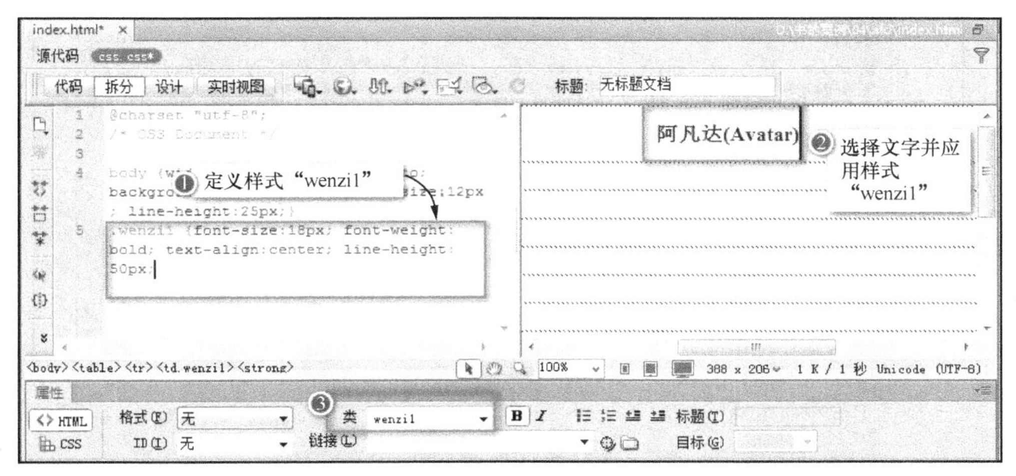

图4-3-2　应用CSS样式

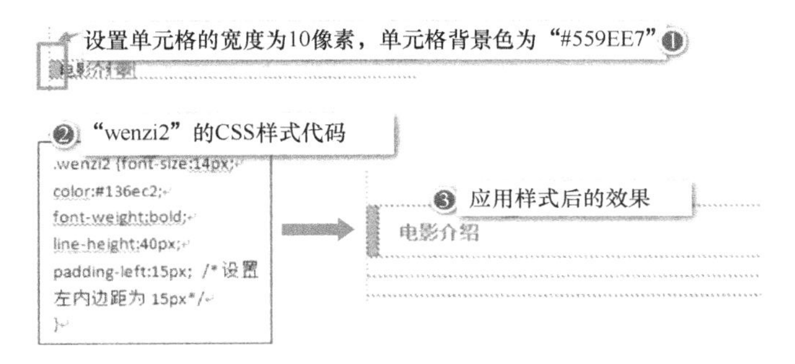

图4-3-3　单元格样式的应用

STEP 7 在第 3 行的单元格中输入文字“影片概述”，设置文字样式类“wenzi3”，并应用到第 3 行的单元格内；在第 4 行的单元格中输入文字内容，在第 5 行的单元格内输入“基本信息”，并应用样式文档中的类“wenzi3”。“wenzi3”的 CSS 样式代码如下所示：

```
.wenzi3 { font-size:12px;color:#336; font-weight:bold;line-height:40px;
padding-left:25px;   /*设置左内边距为 25px*/ }
```

STEP 8 在第 6 行的单元格里插入一个 9 行 4 列的表格，宽度为 80%，【边框粗细】、【单元格边距】、【单元格间距】值均为 0，设置表格属性中的【对齐】为【居中对齐】，设置第 1 行第 1 个单元格的【宽度】值为 15%，第 2 个单元格的【宽度】值为 35%，第 3 个单元格的【宽度】值为 15%（见图 4-3-4），第 4 个单元格不设置大小。

在单元格中输入文字内容，设置如图 4-3-5 所示的“第一列”和“第三列”的单元格的【背景颜色】为“#F7F7F7”，在“CSS.CSS”文档中分别创建类样式“wenzi4”“wenzi5”“biankuang”三个类，具体的 CSS 代码如下：

```
.wenzi4 {font-weight:bold;color:#333111;padding-left:15px;
border-bottom:1px dashed #CCCCCC; }
.wenzi5 {color:333;padding-left:10px;border-bottom:1px dashed #CCCCCC;}
.biankuang {border:1px solid #CCCCCC; }
```

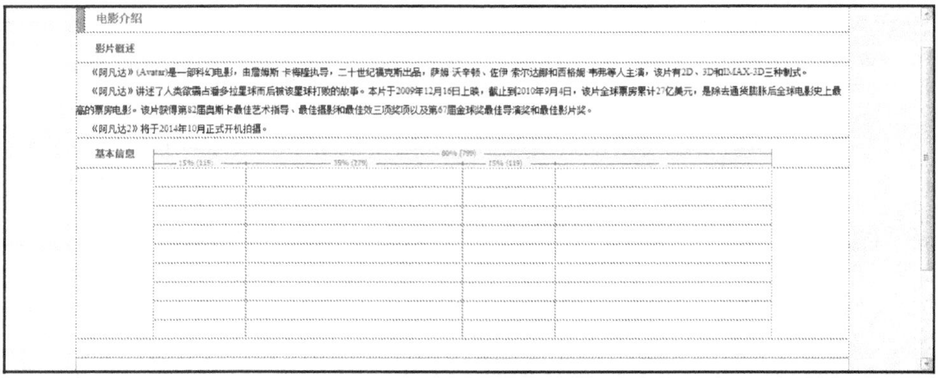

图4-3-4　插入表格

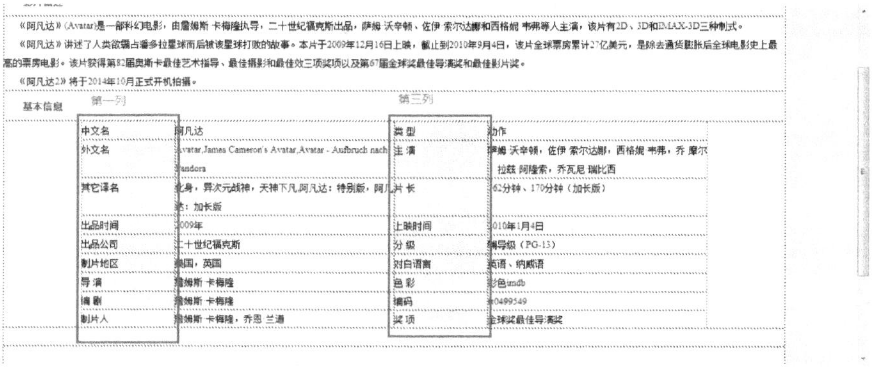

图4-3-5　输入文字

将类“biankuang”应用到表格中，将类“wenzi4”应用到第 1 列和第 3 列的前面 8 个单元格内，将类“wenzi5”应用到第 2 列和第 4 列的前面 8 个单元格内（见图 4-3-6）。

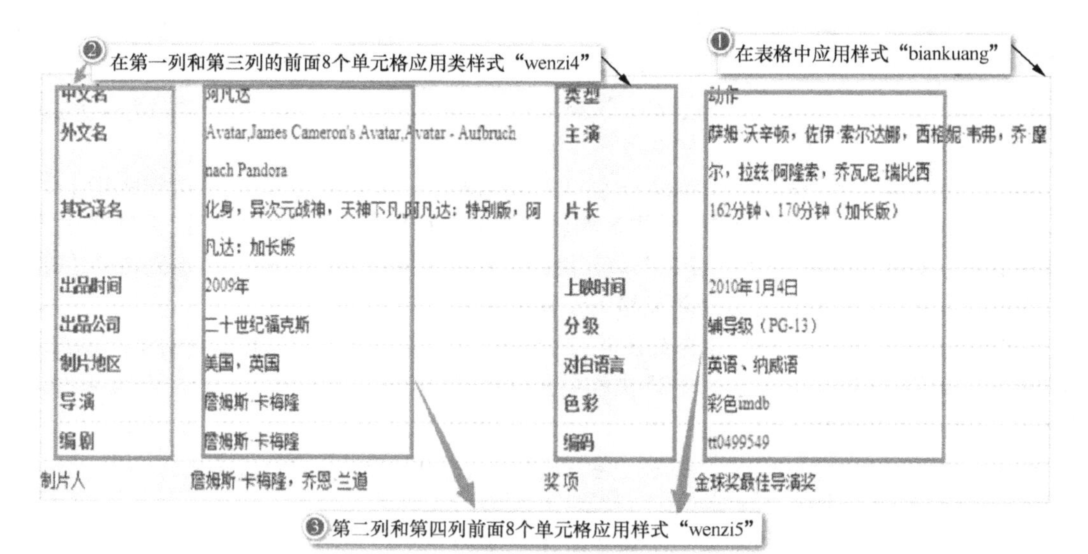

图4-3-6　应用样式

在“css.css”文档中创建两个类“wenzi6”和“wenzi7”，并将这两个类分别应用于表格的第 9 行的单元格内，第 1 个和第 3 个单元格应用类“wenzi6”，第 2 个和第 4 个单元格应用类“wenzi7”。应用样式后，表格的效果如图 4-3-7 所示，两个类的 CSS 代码如下：

```
.wenzi6{font-weight:bold;color:#333111;padding-left:15px; }
.wenzi7 {   color:333;padding-left:10px;    }
```

中文名	阿凡达	类型	动作
外文名	Avatar,James Cameron's Avatar,Avatar - Aufbruch nach Pandora	主演	萨姆 沃辛顿，佐伊 索尔达娜，西格妮 韦弗，乔 摩尔，拉兹 阿隆索，乔瓦尼 瑞比西
其它译名	化身，异次元战神，天神下凡,阿凡达：特别版，阿凡达：加长版	片长	162分钟、170分钟（加长版）
出品时间	2009年	上映时间	2010年1月4日
出品公司	二十世纪福克斯	分级	辅导级（PG-13）
制片地区	美国，英国	对白语言	英语、纳威语
导演	詹姆斯 卡梅隆	色彩	彩色imdb
编剧	詹姆斯 卡梅隆	编码	tt0499549
制片人	詹姆斯 卡梅隆，乔恩 兰道	奖项	金球奖最佳导演奖

图4-3-7　应用样式后的效果

问题：比较类样式“wenzi4”“wenzi6”“wenzi5”和“wenzi7”这 4 个类的设置有什么相同和不同的地方，这 4 个类分别实现什么功能?

STEP 9 表格的第 7 行，其操作及使用的样式与步骤 6 相同，文字信息输入“电影情节”。

STEP 10 在“css.css”文档中创建样式类“wenzi8”，在表格的第 8 行内输入电影情节的具体文字内容，并应用类“wenzi8”，在文字中间插入图片“6.jpg”，在图片的【属性】面板中设置图片的【宽度】值为 149 像素，高度为 200 像素，在【代码】视图中为图片增加对齐属性（align）为“右对齐（right）”，并设置水平边距（hspace）和垂直边距（vspace）分别为 10 像素，具体的 CSS 样式代码和 HTML 代码如下所示：

CSS 样式表

```
.wenzi8 {
Padding:5px;/ *设置内边距为 5px */ }
```

HTML 代码：

```
<img src="image/6.jpg" width="200" height="220" align="right"  vspace="10px" hspace="10px"/>.
```

STEP 11 表格中第 9 行的实现方式与步骤 6 相同，输入文字信息为“人物介绍”。

STEP 12 在第 10 行的单元格中插入一个 4 行 2 列的表格，【边框粗细】、【单元格边距】值均为 0，【单元格间距】的值为 1 像素，设置表格属性中的【对齐】为【居中对齐】，设置第 1 行单元格的背景颜色为“#F5F5F5”（见图 4-3-8），【高】的值为 40 像素。

设置第 2 行到第 4 行所有单元格的单元背景颜色为“#FFFFFF”（见图 4-3-9）。

在表格的第 1 行的两个单元格中分别输入文字信息“角色介绍”“图片”，并应用 CSS 样式中的类“wenzi6”，第 1 列的第 2 个到第 4 个单元格应用 CSS 样式中的类“wenzi8”，第 2 列的第 2 个至第 4 个单元格依次插入图像“1.jpg”“2.jpg”“3.jpg”（见图 4-3-10）。

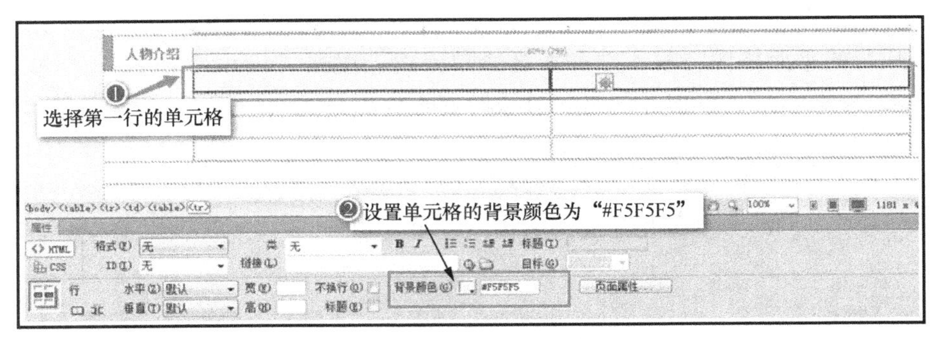

图4-3-8 设置背景颜色

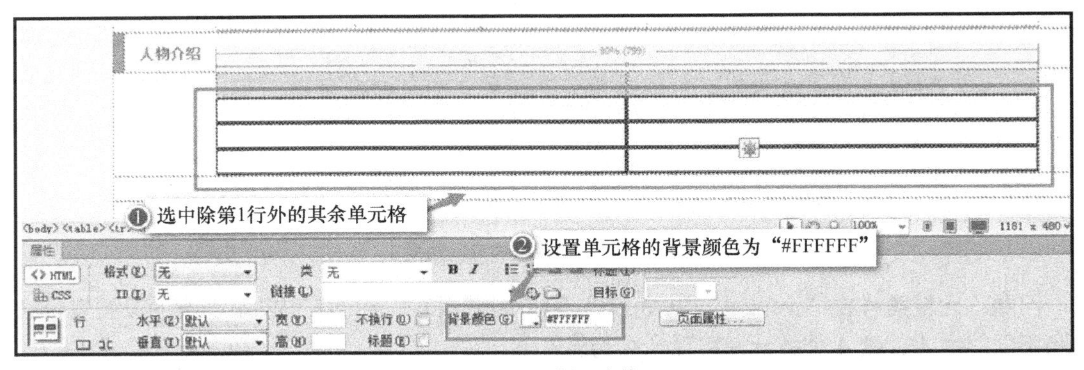

图4-3-9 插入表格

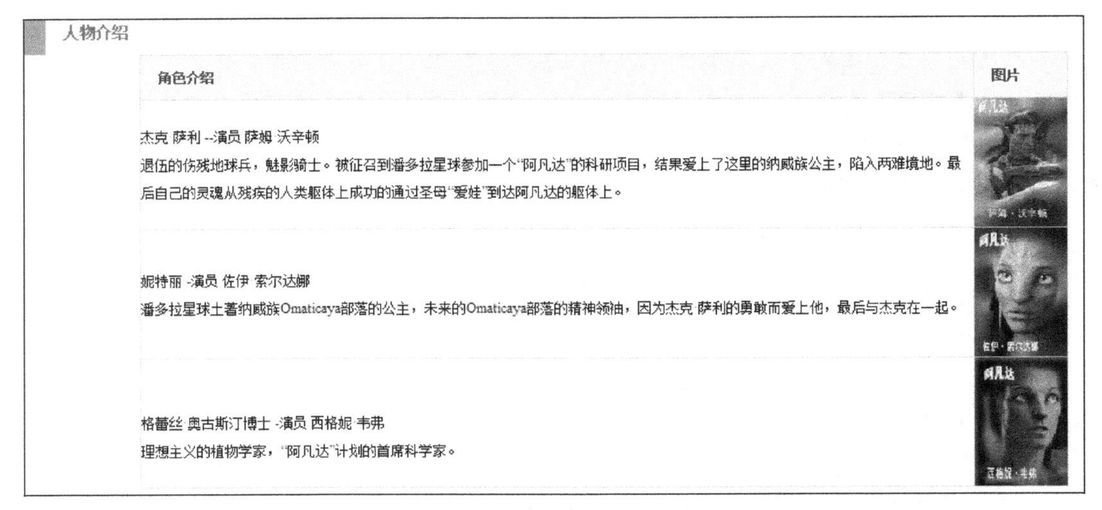

图4-3-10 输入文字和插入图像

STEP 13 按步骤 6 的方式制作第 11 行的内容。

STEP 14 在第 12 行的单元格内插入一个 1 行 7 列的表格，设置表格【宽】值为 80%，【边框粗细】、【单元格边距】值均为 0，【单元格间距】的值为 5 像素，设置表格属性中的【对齐】为【居中对齐】，连续插入 7 张图像到 7 个单元格内，设置 7 张图像的【宽】为 100 像素，【高】为 150 像素（见图 4-3-11）。

图4-3-11　插入表格和图像

STEP 15 设置第 13 行的单元格背景颜色为“#cccccc”，单元格【高】的值为 5 像素，并将【代码】视图单元格内的空格标签“ ”删除（见图 4-3-12）。

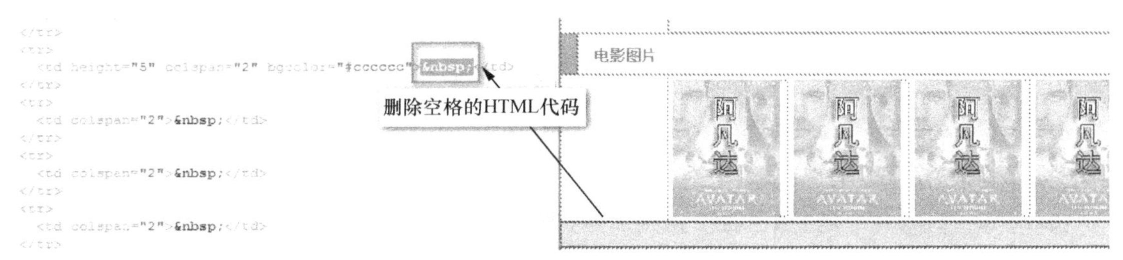

图4-3-12　删除空格的HTML代码

STEP 16 在第 14 行的单元格中输入文字“阿凡达电影介绍”，在 CSS 样式表文件中创建类“wenzi9”，并应用于第 16 行的单元格内，类“wenzi9”的代码具体如下：

```
.wenzi9 {font-size:12px; color:#333; font-weight:bold;
        text-align:center; line-height:30px;
        background-color: #F5F5F5; padding:10px;}
```

STEP 17 设置网页的标题(titile)值，输入“阿凡达电影介绍”，单击按钮或键盘上的“F12”浏览网页，效果如图 4-1-1 所示。

4.4 课堂案例二：企业网站首页的制作

本章的第二个课堂案例是通过学习 DIV+CSS 的网页布局模式，完成企业网站首页的制作，效果如图 4-4-1 所示。

图4-4-1　第二个课堂案例效果图

4.4.1　准备知识：DIV+CSS 布局模式

DIV+CSS 网页布局模式也称为盒子模式，是目前流行的模式。DIV 是指<div></div>标签，CSS 是指层叠样式表（Cascading Style Sheets），是一种网页的设计标准，与传统的通过表格（table）布局定位的方式不同，它可以实现网页 HTML 代码与网页的 CSS 样式相分离，是 W3C 推出的格式化网页内容的标准技术，也是网页设计者必须掌握的技术之一。

1. DIV+CSS 盒子模式

盒子模式是 CSS 中重要的概念，是用来描述一个元素是如何组成的，根据 CSS 的规则定义边界、边框、填充和网页元素内容的关系。图 4-4-2 是盒子模式的式样图，在盒子模式中，内容是最内层的部分，内容外层依次是填充（Padding）、边框（border）、边界（margin）。通过对盒子的 CSS 设置，可以定义填充、边框和边界的区域大小，值越大，占的面积就越大，盒子的总尺寸就会增加。盒子模式是将 HTML 标签<div>结合 CSS 的规则定义一起使用，所以也常常称为 DIV+CSS。设置 div 标签的宽度、高度、浮动、填充值、边框值和边界值的大小就可以定义这个盒子的区域和位置，如下面的 CSS 样式是对 id 为“box”的盒子的宽度、高度、背景颜色、边框和边距值的定义，id 在 CSS 中使用“#”表示，id 为“box”在样式表文件中表示为“#box”，具体的 CSS 样式代码如下所示：

```
#box {width:300px;    /* 定义盒子的#box 的宽度值为 300 像素*/
height:200px;    /* 定义盒子的#box 的高度值为 200 像素*/
background-color:#CCC;   /* 定义盒子的#box 的背景颜色*/
border:1px solid #069;   /* 定义盒子的#box 的边框值为 1 像素，实线，颜色为#069，请注意三个值都要设置*/
margin:5px;   /* 定义盒子的#box 的上下左右的边距值均为 5 像素*/
padding:15px; /* 定义盒子的#box 的上下左右的填充值均为 15 像素*/   }
```

在网页中应用这个 CSS 样式的网页效果如图 4-4-3 所示。

注意：id 的值在一个网页中是唯一的、不重复的，所以对指定的 id 对象创建了 CSS 的样式，该样式是直接应用到该 id 的对象上，不需要人工选择应用的对象，与类的应用不相同。

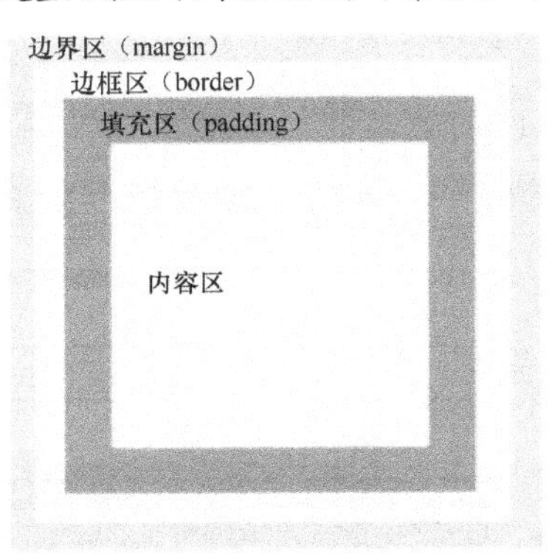

图4-4-2　盒子模式

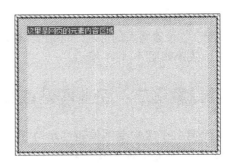

图4-4-3　效果图

padding：填充区，主要控制内容与盒子边框之间的距离，可分别设置 padding-top（上填充）、padding-bottom（下填充）、padding-left（左填充）、padding-right（右填充）4 个方向的填充值。

margin：边界区，主要控制盒子与其他盒子或对象的距离，可分别设置 margin-top（上边界）、margin-bottom（下边界）、margin-left（左边界）、margin-right（右边界）4 个方向的边界值。

border：边框区，指的是盒子的边框效果，可以设置线型、粗细和颜色，可分别设置 border-top（上边框）、border-bottom（下边框）、border-left（左边框）、border-right（右边框）4 个方向的边框的效果。

在 Dreamweaver CS6 中的，对应的设置是样式的规则面板中的【方框】(见图 4-4-4）和【边框】(见图 4-4-5)。

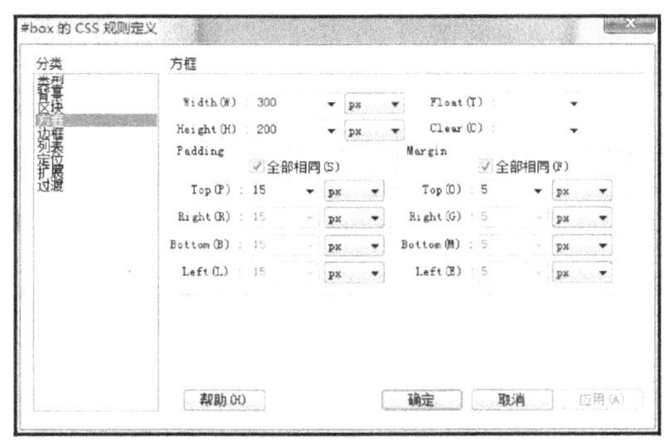

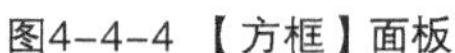
图4-4-4 【方框】面板　　图4-4-5 【边框】面板

Width：设置盒子的宽度，“值”单位有 px（像素）和%（百分比），还可选“auto”。

Height：设置盒子的高度，“值”单位有 px（像素）和%（百分比），还可选“auto”。

Float：设置浮动效果，是用来定位的，可以设置 left（左浮动）、right（右浮动）和 none。

Clear：设置清除效果，可以设置 left（左）、right（右）、both（两者）和 none。

盒子的宽度（width）和高度（height）的设置是定义盒子的宽度和高度的大小，在内容区设置内容，如插入一张图像，图像的宽度和高度大于盒子的宽度值和高度值时，盒子的宽度和高度会自动调整为适合图像的宽度和高度，但是在浏览器显示时需要浏览器支持，否则会导致页面变形。在实际应用中，高度值往往不可预计，所以设置“height:auto”，但是“auto”的设置也是需要浏览器的支持，为了保证浏览器均能有高度自动适应的效果，在设置的“height:auto”的盒子的后面可以增加一个<div style=“clear:both”></div> 的盒子，使自动高度的效果生效。

根据盒子的 CSS 的设置，可以计算出盒子占页面的总宽度和总高度的公式为：

总宽度值=边界值（左边界+右边界）+边框值（左边框+右边框）+填充值（左填充+右填充）+宽度值；

总高度值=边界值（上边界+下边界）+边框值（上边框+下边框）+填充值（上填充+下填充）+高度值；

图 4-4-3 所示的盒子的总宽度值和总高度值分别为：

总宽度值=5（左边界）+1（左边框）+15（左填充）+300（宽度值）+15（右填充）+1（右边框）+5（右边界）=342 像素。

总高度为=5（上边界）+1（上边框）+15（上填充）+200（高度值）+15（下填充）+1（下边框）+5（下边界）=242 像素。

2. 常用的 DIV+CSS 的布局模式

1）列固定宽度

一列式布局是所有布局的基础，也是最简单的布局形式。一列固定式布局的关键在于设置 div 的 CSS 样式的宽度值必须是固定的像素值，如定义一个宽度为 800 像素，高度为 600 像素的 div 区域，具体操作步骤如下。

STEP 1 在站点中新建一个空白网页文档，命名为“div1.html”；新建一个 CSS 文档，命名为“css.css”；将“css.css”链接到“div1.html”文档中（见图 4-4-6）。

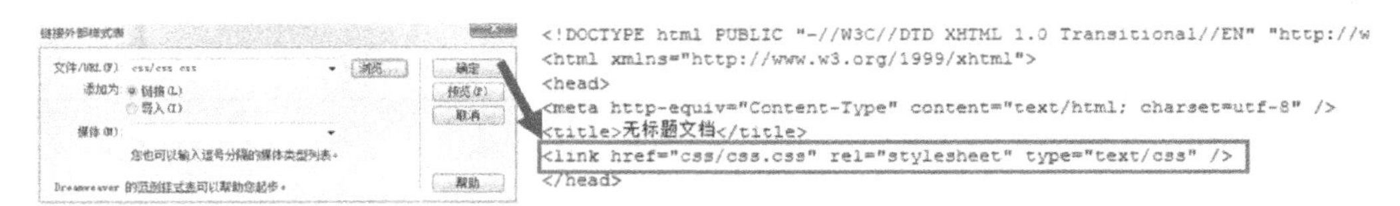

图4-4-6　链入样式表代码

STEP 2 在“div1.html”的 body 标签中插入一个 div 标签，id 为“test1”，在 Dreamweaver 中，单击【插入】工具栏→【常用】→ 插入 Div 标签 ，或者单击【插入】工具栏→【布局】→【标准】→插入 Div 标签，并设置 ID 的值为“test1”（见图 4-4-7），也可以直接在代码视图中输入 <div id=“test1”></div>。

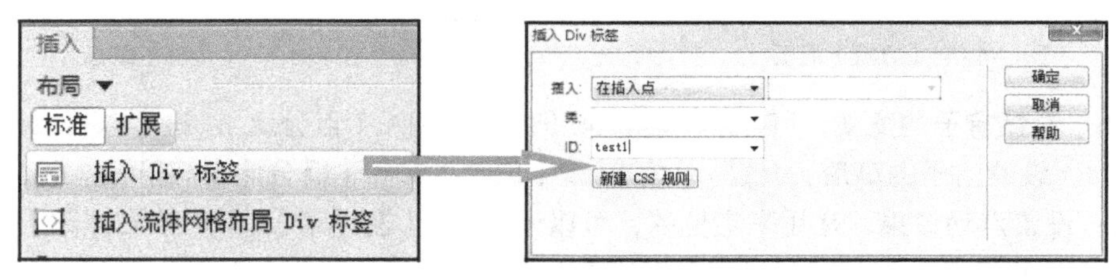

图4-4-7　插入Div标签

STEP 3 在“css.css”文档内设置“test1”的样式，设置宽度为 800 像素，高度为 600 像素，文字大小为 14 像素，背景颜色为“#0cc”。

```
#test1 {width:800px;   /*定义#test1 的宽度值为 800 像素 */
height:600px;  /*定义#test1 的高度值为 600 像素 */
font-size:14px; /*定义#test1 中的文字大小为 14 像素 */
background-color:#0CC;   /* 定义#test1 中背景颜色为#0CC */}
```

STEP 4 设置“css.css”文件中“#test1”的边距值，margin 可同时设置 4 个方向的边距，顺序为：上、右、下、左，将左右方向的边距设置为“auto”，上下设置为“0”，即可使得“#test1”在网页中显示为居中效果，代码为“margin:0 auto 0 auto”，也可以简写为“margin:0 auto”，具体的 CSS 代码如下所示。

```
body {width:800px;   /* 通过 body 的大小来控制页面的居中，必须先确定宽度值 */
margin:0 auto; /* 上下边距为 0，左右边距为自动 */ }
```

注意：*设置 margin 的四个方向时的顺序为：上、右、下、左；两个方向时的顺序为上下、左右。*

STEP 5 在浏览器预览网页效果，效果如图 4-4-8 所示。由于是采用固定的宽度和高度值，并设置了居中效果，所以改变浏览器的大小不会影响到显示的居中效果。

一列居中布局在实际应用中常常用于网站中主体结构的定位，也用于网页头部导航部分（见图 4-4-9），是网页设计中最常见的布局模式。在使用时，如果将页面中的 body 标签设置居中效果，则不需要再单独设置 div 标签在页面中的居中效果。

注意：*这里的居中并不是指 div 标签内文字或其他元素的居中，而是指 div 标签在页面中的居中效果。*

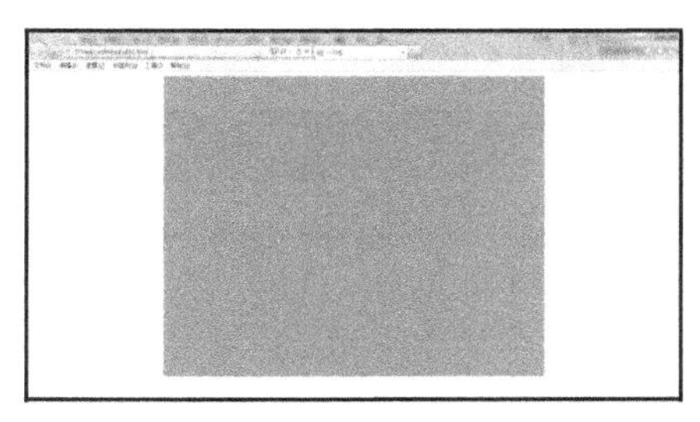

图4-4-8　一列居中效果

2）一列自适应

自适应布局是网页布局形式中另一种常用的布局形式，这种做法就是将宽度或高度的固定值改为百分比或自动，DIV 的大小会根据浏览器窗口的大小自动调整宽度和高度，效果如图 4-4-10 所示。但是，这种方式在使用的时候必须非常谨慎，使用不当，会使网页结构变得凌乱。

图4-4-9　固定大小的效果

图4-4-10　自适应100%效果图

在网页布局中，一列自适应方式一般用于页面头部的菜单条、滚动内容或轮换图模块中。在 div 内部嵌套 div 时，由于 div 外部已确定大小，所以在内部的 div 中如果宽度采用百分比为单位，实际效果与固定值一样，外部只要不改变宽度的大小，内部也不会改变。设置一列自适应的导航条效果的操作步骤如下。

STEP 1 新建站点，新建一个网页文件“div2.html”和一个 CSS 文件“css2.css”，将 CSS 文件外部链接到“div2.html”中，保存网页在站点中。

STEP 2 在“div2.hmtl”中插入一个<div>标签，id 值设为“nav”，输入导航文字，并加入空链接，HTML 代码如下：

```
<body>
<div id="nav">
<a href="#">网站首页</a> <a href="#">在线书库</a> <a href="#">古典文学</a> <a href="#">现代文学</a> <a href="#">外国文学</a> <a href="#">武侠小说</a> <a href="#">诗词歌赋</a> <a href="#">网络小说</a> <a href="#">言情小说</a> <a href="#">完结小说</a> <a href="#">出版小说</a> <a href="#">侦探小说</a>
</div>
</body>
```

STEP 3 在“css2.css”中定义 CSS 样式，代码如下：

```
body {margin:0; padding:0;  /*定义 body 标签的边界值和填充值都为 0 */  }
#nav {width:100%; height:30px; /*定义#nav 的宽度值为 100%，高度值为 30 像素 */
background-color:#09F; /*定义#nav 的背景颜色为#09F */
text-align:center; /*定义#nav 的文字居中效果 */
padding-top:10px; /*定义#nav 的上填充值为 10 像素 */ }
#nav a {color:#FFF; font-size:12px; font-weight:bolder; text-decoration:none; font-family:"幼圆"; margin-left:10px;
/*定义#nav 的超链接文字颜色为白色（#FFF）、字号为 12 像素、文字加粗、去掉下划线、字体为幼圆、左边界为 10 像素 */  }
#nav a:hover {color:#F00;} /*定义#nav 的超链接文字在 hove 状态下颜色为#F00 */
```

STEP 4 单击浏览按钮，在浏览器中预览的效果如图 4-4-11 所示。

网站首页 在线书库 古典文学 现代文学 外国文学 武侠小说 诗词歌赋 网络小说 言情小说 完结小说 出版小说 侦探小说

图4-4-11　一列自适应效果图

3）两列固定宽度

两列固定宽度的布局在网页制作中是使用率较高的布局模式，分别将两个<div>排列在水平线中并列显示，从而形成两列式的布局，操作步骤如下。

STEP 1 在网页“div2.html”中“#nav”的后面新建两个<div>标签，id 分别为“left”和“right”，代码如图 4-4-12 所示。

```
<div id="nav"><a href="#">网站首页</a> <a href="#">在线书库
</a> <a href="#">古典文学</a> <a href="#">现代文学</a> <a
href="#">外国文学</a> <a href="#">武侠小说</a> <a href="#">
诗词歌赋</a> <a href="#">网络小说</a> <a href="#">言情小说</
a> <a href="#">完结小说</a> <a href="#">出版小说</a> <a
href="#">侦探小说</a></div>
<div id="left"></div>
<div id="right"></div>
```

图4-4-12　新建#left和#right两个盒子

STEP 2 在“css2.css”文件中分别设置“#left”和“#right”的 CSS 样式，定义“#left”的宽度为 200 像素、高度为 400 像素，定义“#right”的宽度为 400 像素、高度为 200 像素，分别定义两个 div 的 float（浮动）为“left”。通过 float 的左对齐选项实现盒子的水平排列，设置边距值 5 像素，将“#left”和“#right”分隔，CSS 样式的代码如下所示：

```
#left {width:200px;height:400px;float:left;background-color:#999;margin-right:5px;}
#right {width:600px;height:400px;float:left;background-color:#066;}
```

注意：要实现两个盒子排在一行的效果，重点是在 CSS 中定义这两个盒子的 float。当两个盒子的总宽度相加不超过页面显示的宽度时，float 定义为“left”或“right”，都能使两个盒子排在一行中，当需要有两个或两个以上的盒子排成一行时，均是通过定义 float 的对齐方式实现。

STEP 3 浏览网页，效果如图 4-4-13 所示。“#left”和“#right”并排为一行，但是两个盒子的位置没有在网页的中间，是左对齐的效果。

STEP 4 在网页中增加一个名为“#main”的盒子，将“#left”和“#right”包含在“#main”里面，即盒子的嵌套，并定义“#main”的 CSS 样式。“#main”的宽度值的定义必须大于“#left”和“#right”的总宽度值，必须将 margin、border、padding 这些值全部计算进去，HTML 的代码如下：

```
<div id="main">
<div id="left"></div>
<div id="right"></div>
</div>
<div style="clear:both"></div>
```

CSS 的样式代码如下：

```
#main {
 width:810px;     /*定义#main 宽度为 810 像素*/
```

```
 height:auto;    /*定义#main的高度为自动*/
 margin:0 auto 0 auto;  /*定义边界效果，左右边界自动可以定义居中的效果*/
}
```

注意：由于定义了“#main”的“height:auto”，所以在“#main”的后面加入一个<div style="clear: both"></div>解决浏览器的兼容问题。

STEP 5 浏览网页，如图 4-4-14 所示，“#left”和“#right”在网页中居中。

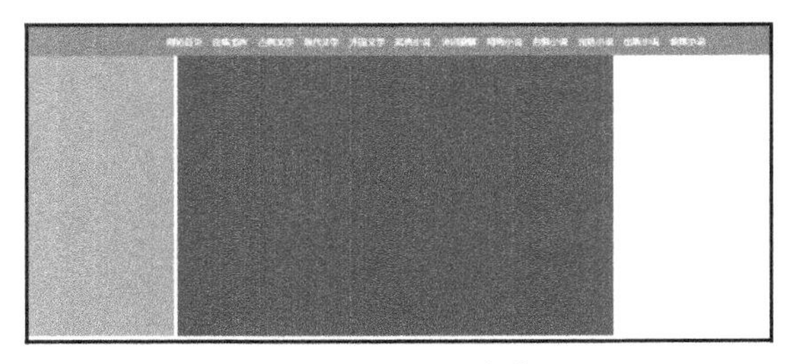

图4-4-13　左对齐效果

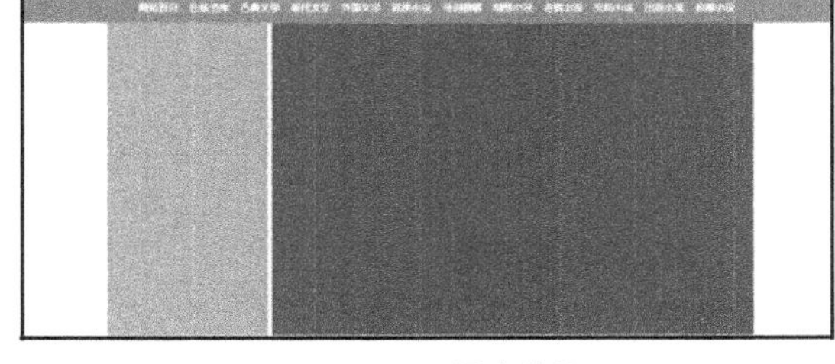

图4-4-14　居中效果

注意：实现多个<div>水平排列时，必须注意浏览器窗口的大小问题。

4.4.2　课堂练习：小说文学网

1. 实训目标

- 熟悉 DIV+CSS 的布局模式；
- 熟悉多个<div>的排列方式；
- 熟悉 CSS 样式的定义。

2. 效果图

本实训内容要达到的效果如图 4-4-15 所示。

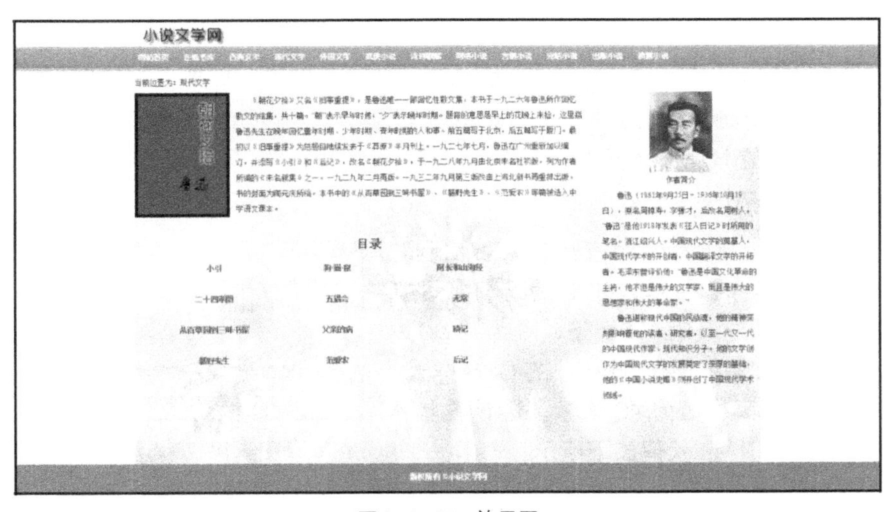

图4-4-15　效果图

3. 网页布局图

网页布局如图 4-4-16 所示（W 表示宽度值，H 表示高度值）。

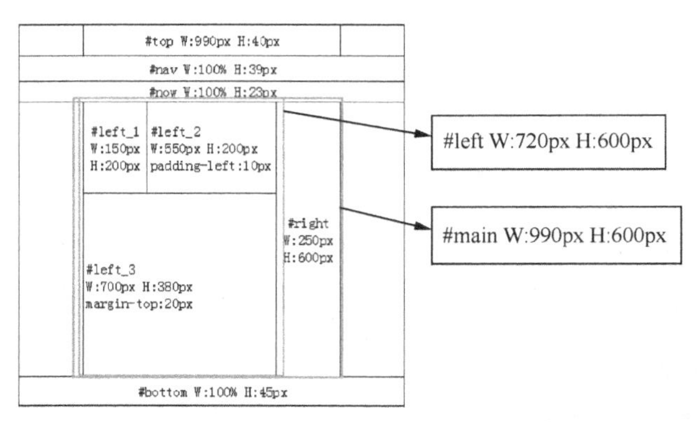

图4-4-16　布局规划图

4. 具体操作步骤

素材在“04/story/”文件夹中。

STEP 1 新建站点（见图 4-4-17），在站点文件夹中新建文件夹“images”，并定义为站点图像文件夹（见图 4-4-18）。

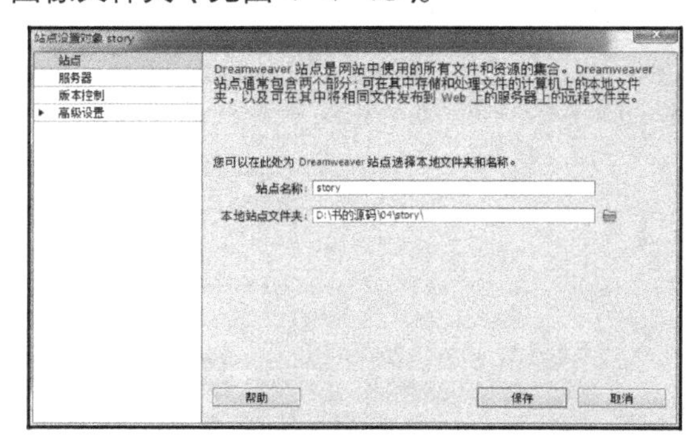

图4-4-17　创建站点

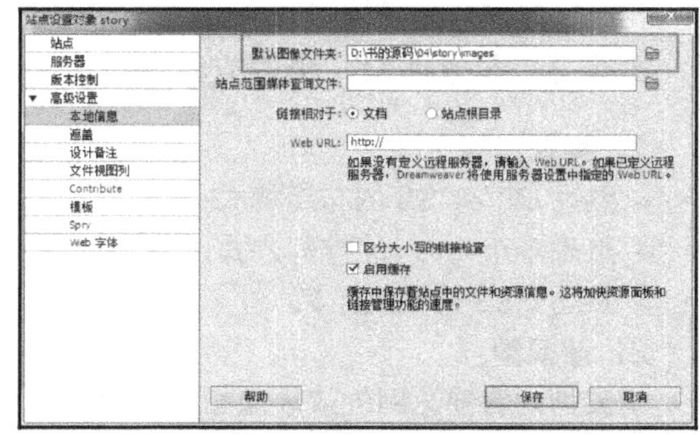

图4-4-18　创建站点图像文件夹

STEP 2 在站点中新建 HTML 网页，命名为“story.html”，新建 CSS 样式表文件名称为“story.css”，保存两个文件在站点中，将“story.css”链入“story.html”网页中（见图 4-4-19），在“story.css”中设置 HTML 标签 body 和 P 标签的 CSS 样式，具体的 CSS 样式的代码如下：

```
body,p {margin:0; padding:0; font-size:12px;}
```

STEP 3 在 Dreamweaver 中打开“story.html”网页，按布局图 4-4-16 所示，在【代码】视图中<body>起始标签后新建一个 div 标签，id 为“top”，在“story.css”样式文件中创建“#top”的 CSS 样式，宽度值为 990 像素，高度值为 40 像素，边界值上下为 0，左右为自动，HTML 代码如下所示：

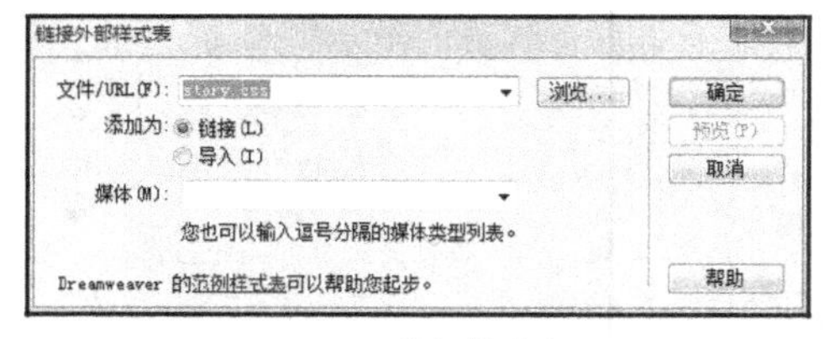

图4-4-19　链入外部样式表story.css

```
<div id="top"></div>
```

CSS 样式的代码如下所示：

```
#top {width:990px; height:40px; margin:0 auto;}
```

STEP 4 在网页的“#top”盒子中插入图像“logo.gif”。

STEP 5 在盒子“#top”的结束标签后插入一个新的 div 标签，id 为“nav”，并在“story.css”文件中定义“#nav”的 CSS 样式，设置“#nav”的背景图像为“bg.png”，在“#nav”的起始标签后创建一个 div 标签，class 为“nav”，在“nav”中输入导航文字信息，将每项导航菜单加入空链接，定义超链接的文字的 CSS 样式。HTML 代码和 CSS 代码如下：

HTML 代码：

```
<div id="nav">
<div class="nav"><a href="#">网站首页</a> <a href="#">在线书库</a> <a href="#">古典文学</a> <a href="#">现代文学</a> <a href="#">外国文学</a> <a href="#">武侠小说</a> <a href="#">诗词歌赋</a> <a href="#">网络小说</a> <a href="#">言情小说</a> <a href="#">完结小说</a> <a href="#">出版小说</a> <a href="#">侦探小说</a>
</div>
```

CSS 样式的代码：

```
#nav {width:100%; background-image:url(images/bg.png); height:29px; padding-top:10px; }
.nav {width:990px; height:auto; margin:0 auto 0 auto;}
#nav a {color:#FFF; font-weight:bold; text-decoration:none; margin:0 15px 0 5px; font-family:"幼圆";}
#nav a:hover {color:#F00;}
```

完成后，效果如图 4-4-20 所示。

图4-4-20　#top和#nav的效果

注意：“#nav”和“.nav”属于不同的选择器，所以名称相同也不会有冲突。

STEP 6 在“#nav”的结束标签后插入一个盒子，id 值为“now”，在“#now”中插入 class 为“nav”的 div 标签，并在“nav”中输入文字，将“g2.png”设置为“#now”的背景图像，HTML 代码如下：

```
<div id="now"><div class="nav">当前位置为：现代文学</div></div>
```

CSS 样式的代码如下：

```
#now {width:100%; height:23px; background-image:url(images/bg2.png);
padding- top:13px;}
```

STEP 7 在“#now”的结束标签后插入盒子，id 值为“main”，在“#main”内插入左右两个盒子“#left”和“#right”，在“#left”中插入 3 个盒子，分别为“#left_1”“#left_2”和“#left_3”，定义这些盒子的 CSS 样式，按布局图的位置和大小排列好。具体的 HTML 代码和 CSS 样式代码如下所示：

```
/* HTML 代码如下：*/
<div id="main">
<div id="left">
<div id="left_1"></div>
<div id="left_2"></div>
<div id="left_3"></div>
```

```
</div>
<div id="right"></div>
</div>
```

```
<!—CSS 样式的代码如下：!-->
#main {width:990px;height:600 px;
margin:0 auto 0 auto;}
#left {width:720px; height:600px; float:left;}
#left_1 {width:150px; height: 200px; float:left;}
#left_2 {width:550px; height:200px; float:left;  padding-left:10px;}
#left_3 {width:700px; height:380px; margin-top:20px; float:right; }
#right {width:250px; height:600px; float:left;}
```

应用 CSS 样式后，网页的布局如图 4-4-21 所示。

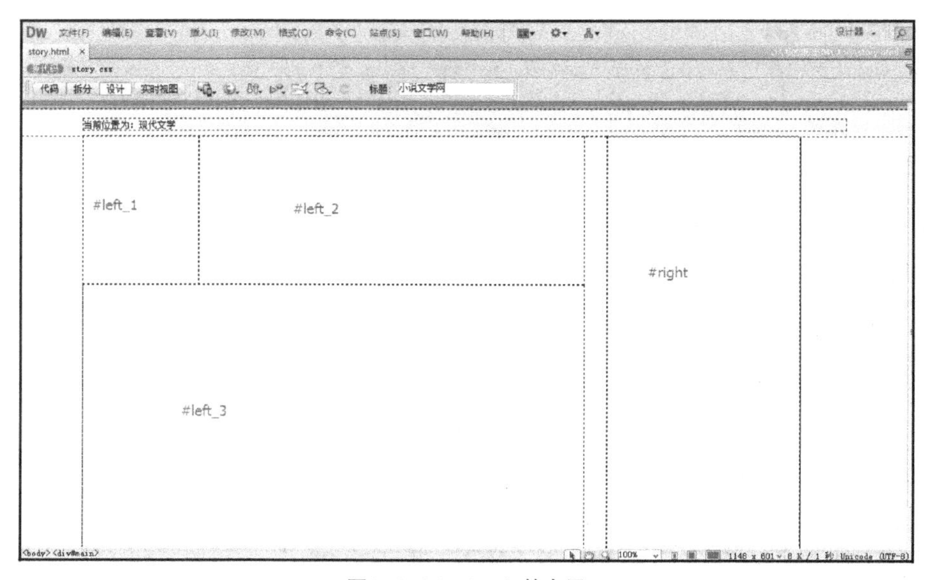

图4-4-21　#main的布局

STEP 8 在“#left_1”中插入图像“book.jpg”，在“#left_2”中输入书的简介，在“#left_3”中输入书的目录，在“#right”中插入图像“luxun.jpg”，设置图像的宽度为 100 像素，高度为 130 像素，并输入作者简介信息；在原来的“#main”的 CSS 样式中增加行高为 25 像素的样式效果，定义“#main”中的背景图像为“bg_m.jpg”，“#main”的盒子标签均响应行高的定义，将“#left_3”中的文字“目录”设置为标题 1，其他文字设置为项目列表，定义标题 1 和项目列表的样式效果，对每一项的目录添加空链接效果，同时定义“#left_3”的超链接样式，CSS 代码如下所示：

```
    #main {width:990px; height:600px; margin:0 auto 0 auto; line-height:25px;
background-image:url(images/bg_m.jpg); }
    #left_3 h1 {font-size:20px; text-align:center;}
    #left_3 ul,li {padding:0; margin:0; list-style-type:none;}
    #right {width:250px; height:600px; float:right;}
    #left_3 li {float:left;}
    #left_3 li a {width:180px; height:50px; text-align:center; display:block;
```

```
text-decoration:none; color:#036; font-weight:bold; padding-left:15px;}
    #left_3 li a:hover {color:#F00;}
```

效果如图 4-4-22 所示。

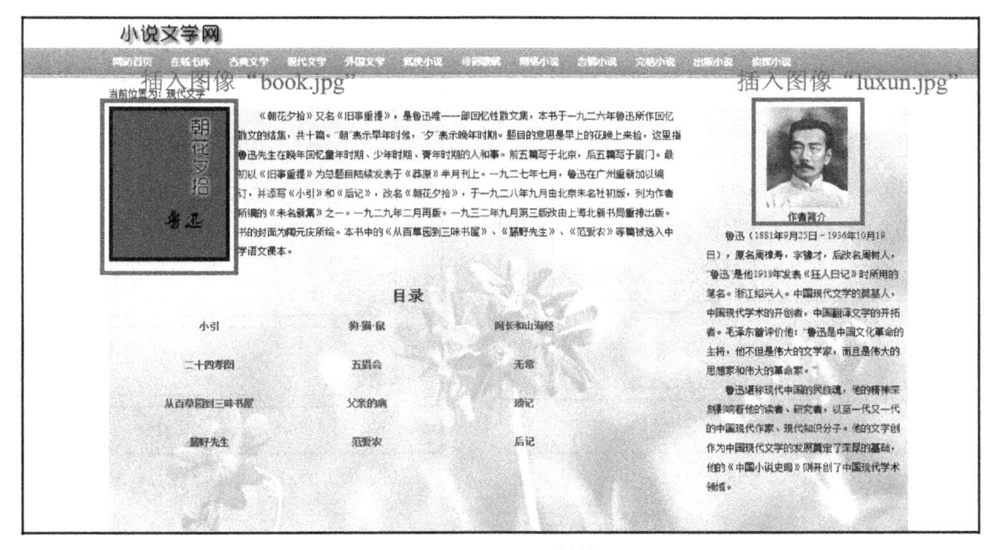

图4-4-22 #main的效果

STEP 9 在“#main”后插入 div 标签，id 值为“bottom”，并输入文字信息“版权所有 © 小说文学网”，字符©通过【插入】工具栏中→【文本】→【字符版权】© 版权 方式插入，定义“#bottom“的 CSS 样式，宽度值为 100%，高度值为 20 像素，上填充值为 15 像素，设置背景颜色为“#09C”，文字的颜色为白色、加粗、居中。具体的 CSS 样式代码如下：

```
    #bottom {width:100%; height:30px; padding-top:15px; background-color:#09C;
text-align:center; color:#FFF; font-weight:bold;}
```

STEP 10 单击浏览按钮，浏览网页效果如图 4-4-15 所示。

4.5 案例实施过程：企业网站首页的制作

1. 实训目标

- 熟悉使用 DIV+CSS 的布局模式；
- 熟悉 DIV 的嵌套方式；
- 熟悉 CSS 样式的定义规则。

2. 效果图

本实例操作要达到的效果如图 4-5-1 所示。

图4-5-1 效果图

3. 网页布局规划图

网页规划布局如图 4-5-2、图 4-5-3 所示。

4. 具体操作步骤如下

STEP 1 按图 4-5-4 的规划，在本地计算机中建立好站点，站点名称为“dashang”，设置“images”文件夹为站点图像文件夹，将素材的图像文件复制到站点的图像文件夹“images”中，新建网页文件“index.html”并保存在站点的根目录下。

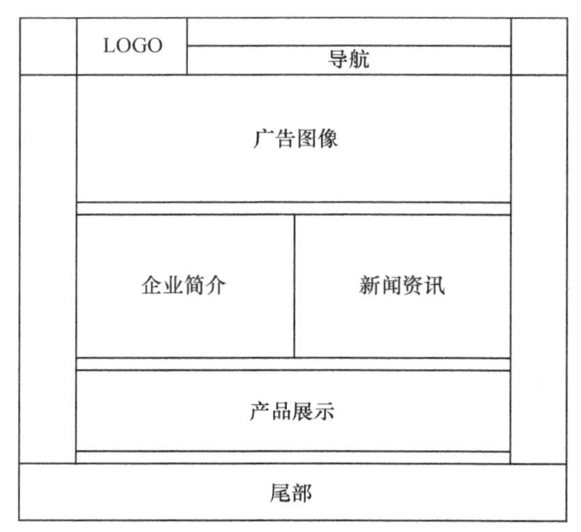

图4-5-2　首页布局规划图

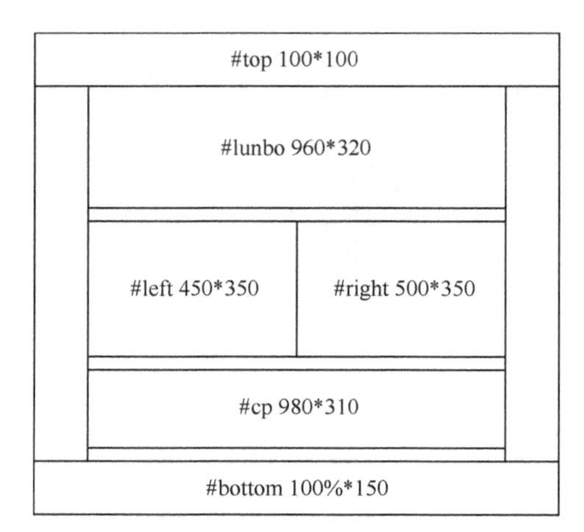

图4-5-3　首页布局图

图像文件夹名称为“images”，本例子中的所有图像文件均存放在该文件夹中。

网页特效文件文件夹为“js”。

CSS 样式文件夹为“css”。

网站首页：“index.html”，网站的首页一般采用“index”为名称。

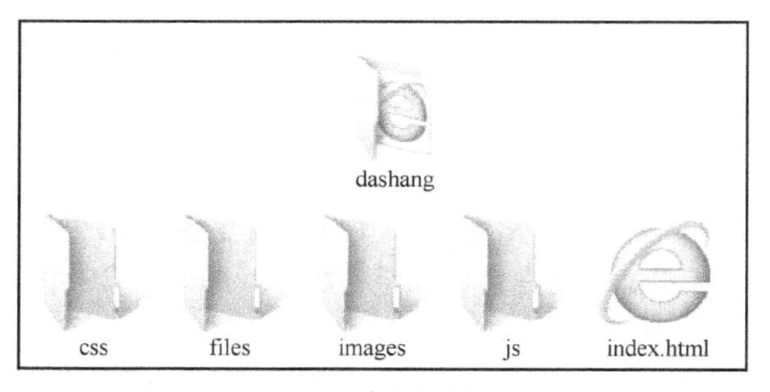

图4-5-4　站点文件规划图

STEP 2 新建 CSS 样式文件“style.css”并保存在文件夹 CSS 中，然后在网页“index.html”中链入样式文件（见图 4-5-5）。

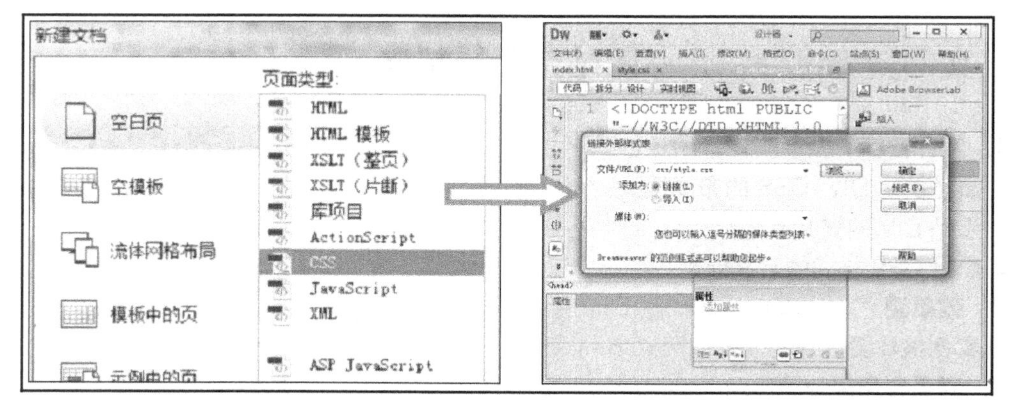

图4-5-5　链入CSS文件

STEP 3 按照图 4-5-3 的布局，在【代码视图】中快速地完成多个 div 盒子的创建，具体的 HTML 代码如下所示：

```
<!DOCTYPE html PUBLIC "-//W3C//DTD XHTML 1.0 Transitional//EN"
"http://www. w3.org/TR/xhtml1/DTD/xhtml1-transitional.dtd">
<html xmlns="http://www.w3.org/1999/xhtml">
<head>
<meta http-equiv="Content-Type" content="text/html; charset=utf-8" />
<title>无标题文档</title>
<link href="css/style.css" rel="stylesheet" type="text/css" />
</head>
<body>
<div id="top"></div>
<div id="lunbo"></div>
<div id="main">
<div id="left"></div>
<div id="right"></div>
</div>
<div id="cp"></div>
<div id="bottom"></div>
</body>
</html>
```

STEP 4 在“style.css”中进行 body 标签的 CSS 样式定义，设置文字大小为 13 像素，行高为 22 像素，边距值为上下为 0，左右 auto (见图 4-5-6)。

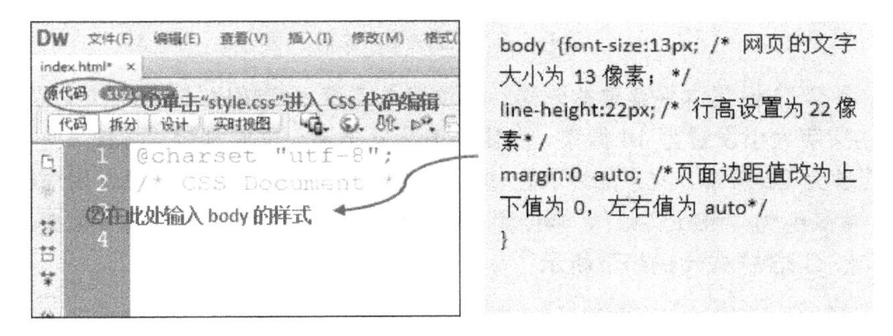

图4-5-6　设置body的样式

STEP 5 在“style.css”文件中定义“#top”的 CSS 样式，“# top”是网页的头部，里面包含有网站的 LOGO 和导航。首先设置“#top”的基本样式，为了让网页的效果显得宽阔，将“#top”的宽度值设为 100%，使网页宽度显示全屏的效果。在“#top”内创建一个“#top_1”的盒子，并按下面的 CSS 代码设置样式，效果如图 4-5-7 所示。

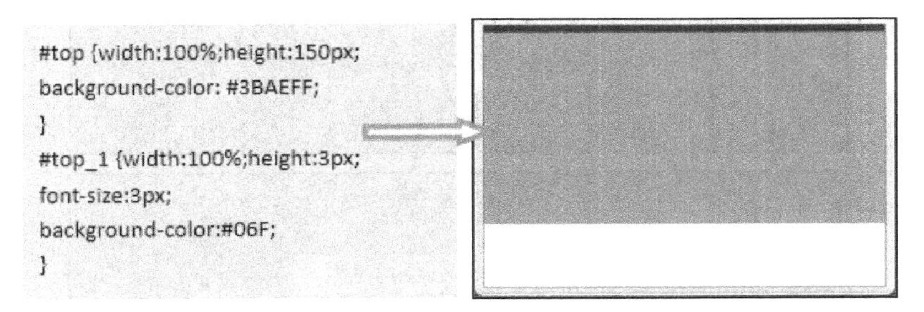

图4-5-7　设置#top的样式

STEP 6 插入 LOGO 和导航。在“#top_1”盒子的后面添加一个“#top_2”的盒子，“#top_2”的定位在网页的中间位置，宽度为 960 像素，并将图像“ad3.jpg”设置为背景，图像不重复，左对齐，垂直居中，在“#top_2”中插入导航的盒子“#nav”，位置在距离“#top_2”左边 477 像素的位置上，效果如图 4-5-8 所示。

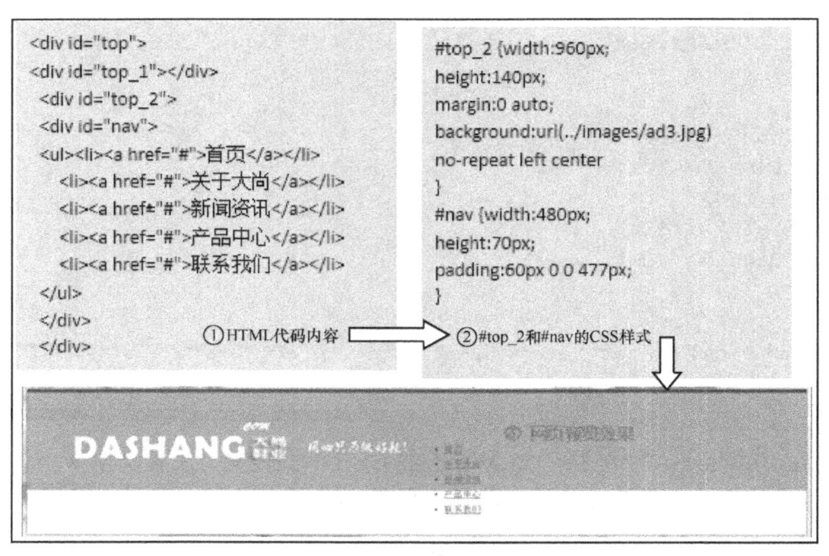

图4-5-8　网页的预览效果

STEP 7 用 CSS 设置水平菜单的效果，要注意总宽度不能超出“#nav”的宽度值（480 像素）；超链接的文字大小设置为 14 像素，上填充值为 5 像素，文字加粗，去掉下划线，宽度值为 80 像素，高度值为 25 像素，文字居中，左边距为 5 像素，此外，设置当鼠标滑过的菜单项的超链接文字时，背景色为“#6dc7ec”。半径为 5 的圆角效果（圆角的效果需 IE9 或以上的浏览器版本才能显示）。CSS 样式代码如下所示：

```
    #nav ul,li {margin:0; padding:0;}
    #nav li {list-style-type:none;float:left;}
    #nav a {color:#FFF;font-size:14px;padding-top:5px;font-weight:bolder;
    text-decoration:none;width:80px;height:25px;text-align:center;display:blo
ck;margin-left:5px;}
    #nav a:hover {background-color:#6dc7ec;border-radius:5px;}
```

效果如图 4-5-9 所示。

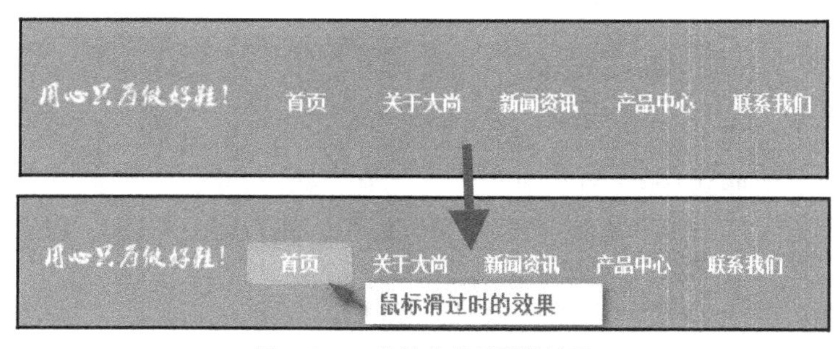

图4-5-9　导航菜单的预览效果

STEP 8 定义轮播位置“#lunbo”的 CSS 样式。在“#lunbo”内插入图像“lunbo1.jpg”，后期我们将在这个位置加入图像轮播的网页特效的效果，现在先用一张图片占位，网页 HTML 代码如下所示：

```
<div id="lunbo"><img src="images/lunbo1.jpg" width="960" height="320" /></div>
```

CSS 样式代码如下所示：

```
#lunbo {width:960px;height:350px;margin:5px auto 5px auto;}
```

插入图像后，网页在 Dreamweaver 中的效果如图 4-5-10 所示。

图4-5-10　插入图像后效果图

STEP 9 定义“#main”“#left”“#right”的 CSS 样式，“#main”作为大盒子，内部有“#left”和“#right”两个盒子。“#left”的内容是企业简介，在“#main”内部的左边；“#right”的内容是新闻资讯，在“#main”内部的右边。通过设置 CSS 的 float 的效果使“#left”和“#right”能排列在一行中，定义盒子的 float 为左对齐，具体的 CSS 样式代码如下所示：

```
#main {width:960px; height:350px; margin:0 auto;}
#left {width:450px; height:350px; float:left;}
#right {width:500px; height:350px; float:left; margin-left:5px;}
```

STEP 10 在盒子“#left”输入“企业简介”并设置为标题 1<h1>，将素材“1.txt”的内容复制到“#left”中，插入图像“gs.jpg”。

设置“#main”中的<h1>标签的样式：采用复合样式的方式定义局部应用的样式；设置类“pic”的样式用来定义图片的边框和对齐效果；定义<p>标签的边框和填充的值为 0，可以使页面中段落的行间距的值为 0。网页的效果如图 4-5-11 所示。

具体的 CSS 样式的代码如下：

```
#main h1 {padding:5px; margin:0; font-size:14px; width:98%; height:25px;
color:#FFF;background-color:#09F; display:block; }
.pic {border: solid 1px #999999; float:left; margin:5px;}
p {margin:0; padding:0;}
```

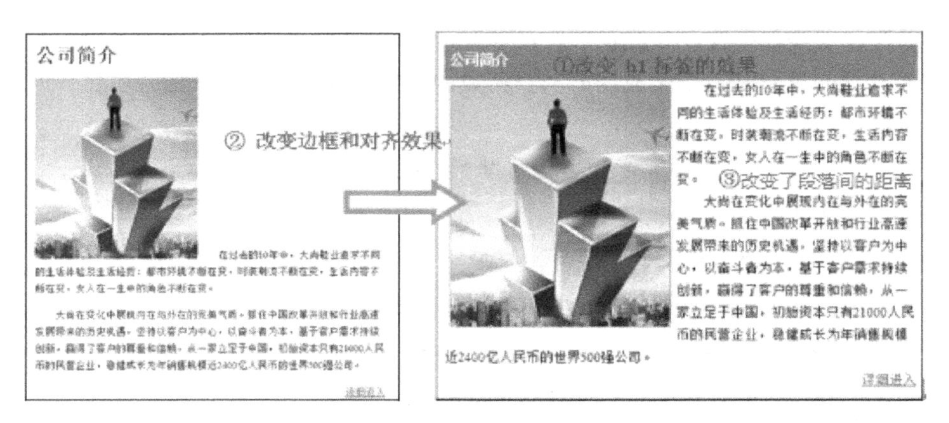

图4-5-11　添加了样式后的效果

STEP 11 在“#right”中输入文本“新闻资讯”并设置为标题 1（<h1>），插入图像“xiaofang.jpg”后将素材中的“2.txt”中的文字复制到“#right”中，按图 4-5-13 的效果进行排版，由于在步骤 10 中定义了“#main h1”的样式，所以在“#main”内的<h1>标签都响应该样式。图像“xiaofang.jpg”的属性面板中修改图像的宽度值为 200，去掉高度值，应用样式中的类“pic”（见图 4-5-12）。

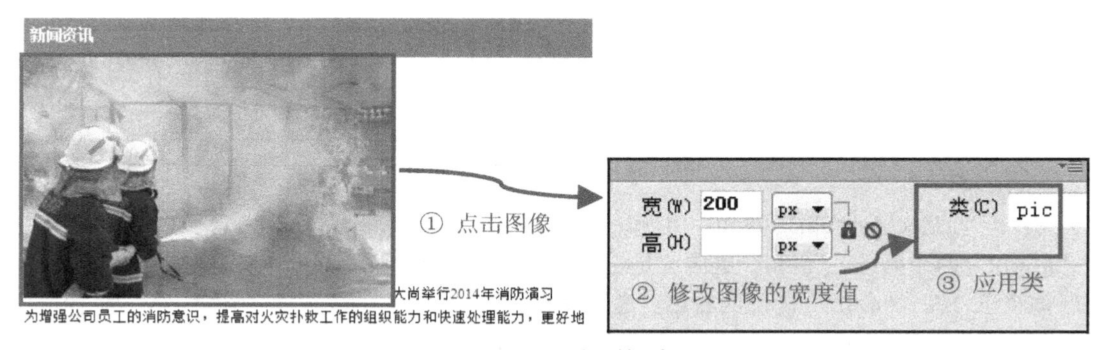

图4-5-12　图像属性面板

设置项目列表<ul>和<li>的样式，更换列表的图标为图像”dot.gif”，并设置下边框的虚线效果，列表的中文字加入空链接，设置超链接的样式，具体 CSS 样式设置的代码如下：

```
#main ul {padding:0;
margin:5px 0 0 15px;}
#main ul li {
 margin-left:10px;
list-style-image:url(../images/dot.gif);
border-bottom: dashed 1px #666666;
line-height:25px;}
#main ul li a { color:#333;
text-decoration:none;}
#main ul li a:hover {
 color:#F00; font-weight:bolder;}
```

完成后的效果如图 4-5-13 所示。

STEP 12 定义“#cp”的 CSS 样式，宽度值是 980 像素，高度值是 310 像素，垂直居中，设置背景图像的 CSS 代码如下：

```
    #cp {width:980px; height:310px; background:url(../images/g4.jpg) no-repeat
center; margin:0 auto;}
    #cp h2 {padding:50px 0 0 150px; color:#333;}
```

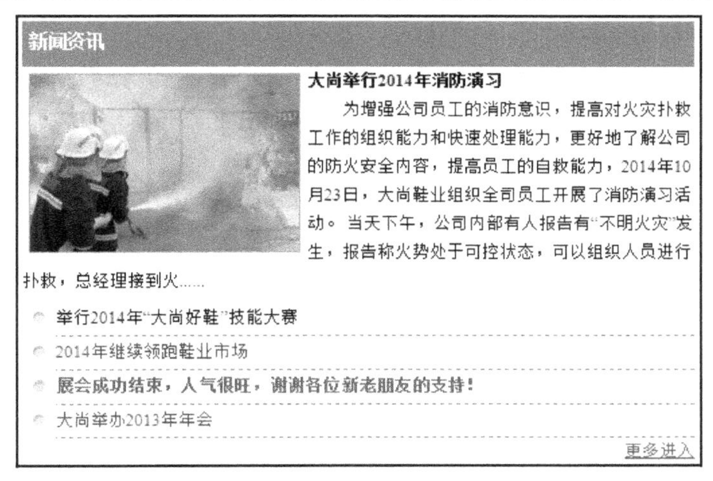

图4-5-13　鼠标滑过时的网页浏览效果图

返回网页的【设计】面板，在“#cp”中插入一个表格，宽度为 800 像素，2 行 5 列，居中对齐。在单元格中分别插入图像“gao1.jpg”“gao2.jpg”“gao3.jpg”“gao4.jpg”“gao5.jpg”，图像的宽度值均为 150 像素（见图 4-5-14）。

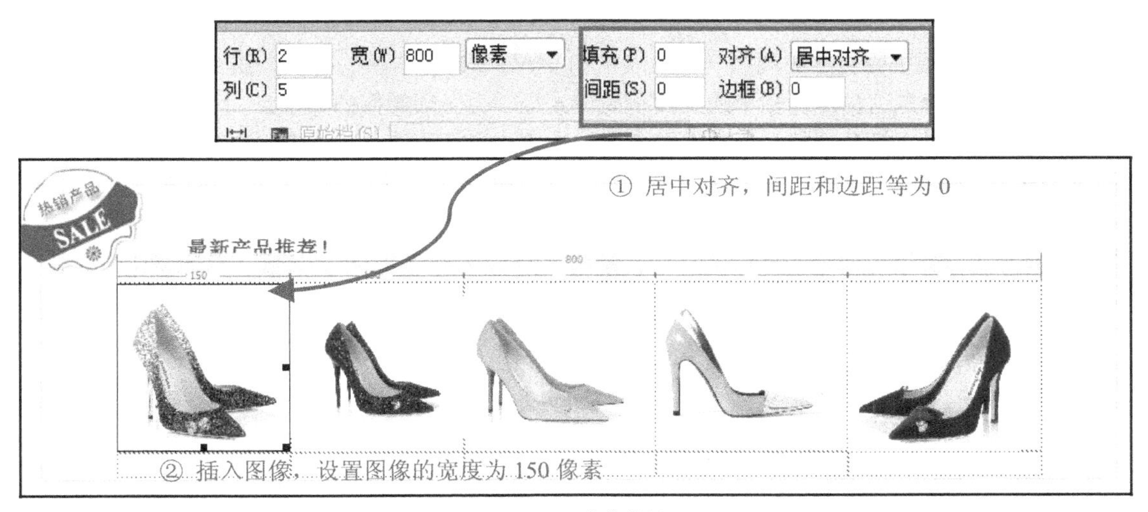

图4-5-14　表格的设置

STEP 13 定义尾部“#bottom”的 CSS 样式。尾部的内容一般是企业的联系方式和版权信息。“#bottom”与“#top”是网页的顶端和末端，相互呼应，采用 100%的布局模式。“#bottom”内的信息采用居中设置的效果。“#bottom”的样式如下设置：

```
    #bottom {width:100%;height:150px;background-color:#1C86D2; color:#FFF;}
```

在“#bottom”中添加一个表格，宽度为 960 像素，2 行 4 列，居中对齐，按图的格式插入图像和文字到单元格内，设置单元格的属性为水平左对齐。在表格后面插入一个 DIV，命名为“#bottom_2”，输入文字信息“版权所有@2015 大尚鞋业有限公司”，按下面代码内容设置“#bottom_2”的样式。

```
#bottom_2 {width:100%; height:30px; margin:0 auto; background-color:#039; text-align:center; padding-top:5px; color:#999;}
```

对邮箱地址和公司网址做好超链接，对应设置一个超链接的样式，可以采用复合样式的方式，代码如下：

```
#bottom a {color:#FFF;text-decoration:none;}
#bottom a:hover {color:#F00;}
```

“#bottom”的效果如图 4-5-15 所示。

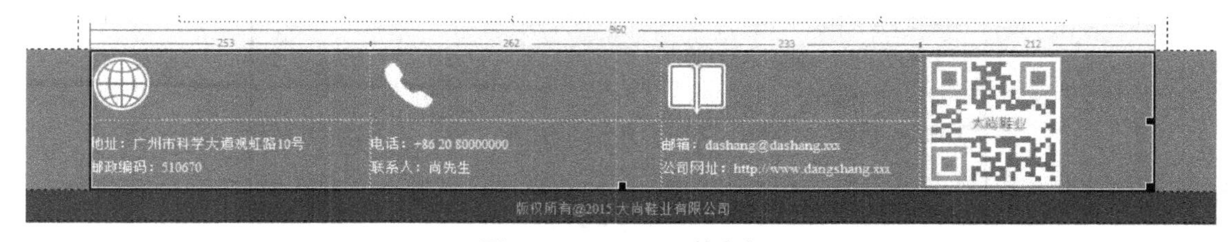

图4-5-15 #bottom的内容

STEP 14 通过浏览器窗口查看网页的效果，效果如图 4-5-1 所示。

4.6 本章小结

本章重点介绍了网页的布局模式——表格和 DIV+CSS。表格的布局方式目前不作为主流网页的布局模式，但是这种流行多年的网页布局模式是学生必须掌握的知识点，尤其要熟练地使用表格的嵌套、合并、拆分功能，合理设置表格的边框、间距等值。通过案例实践，要求学生逐步掌握表格在布局上的作用。DIV+CSS 是目前流行的网页布局模式，对 DIV 标签的合理使用，熟悉使用 CSS 样式对 DIV 的布局实现一行固定、一行自适应，一行多个 div 元素的排列等网页内容的排列方式，并通过对两个案例的实践，掌握采用 DIV+CSS 的布局方式，对元素进行定位。

Dreamweaver CS6

Chapter

第 5 章
模板和库

■ 本章导读

网站是由多个网页构成，除了首页以外，网站中的其他网页统称为“子页”，“子页”按排列分为二级页面、三级页面等。我们常常见到网站中的网页，尤其是二级页面或三级页面，网页的风格、结构排版、CSS 样式基本是一致的，如企业网站中，企业新闻中的页面除了新闻不同之外，网页的排版格局风格基本一样。为了快速制作大量风格、结构、样式相同的网页，HTML 提供了模板标签，Dreamweaver 提供模板和库的工具面板，大大地提高了网站制作的效率。

■ 知识目标

- 了解模板的作用；
- 了解模板的创建、应用、修改、删除方式；
- 了解库文件的作用；
- 了解库文件的创建、应用、修改、删除方式。

■ 技能目标

- 掌握创建模板、设置可编辑区域、重复区域、重复表格的创建方法；
- 掌握修改模板、保存模板、更新站点和删除模板文件的方法；
- 掌握脱离模板和加入模板的方法；
- 掌握创建、修改、删除和更新库文件的方法。

5.1 课堂案例：快速完成企业二级网页的制作

为了快速地完成网页结构、样式风格基本一致的网页（如网站的二级页面），可以采用网页的模板技术。本章采用模板技术完成企业网站的二级网页，完成效果如图 5-1-1 和图 5-1-2 所示。

图5-1-1　公司简介页

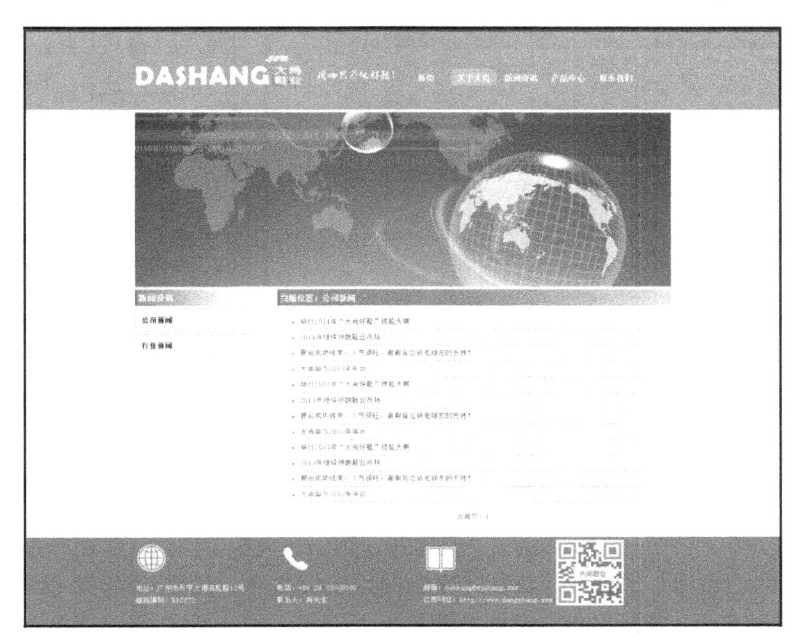

图5-1-2　新闻中心页

5.2 准备知识：模板

当要编辑多个结构、风格基本一致的网页时，往往采用模板的方式。采用模板的方式创建网页，不仅操作简单，而且可以快速地生成大量网页。模板的优点还在于，当修改了模板后，可以通过更新的方式。将站点中应用模板创建的网页的锁定位置进行更新修改，对网站的后期维护提供了便利。

5.2.1　创建模板和保存

1. 创建模板

Dreamweaver 中提供多种创建模板文件的方式，在一个站点中，常用的方式主要是【新建模板】和【另存为模板】，具体实现方式如下。

方法一：单击菜单栏的【文件】→【新建】，打开【新建文档】对话框，单击【空模板】→【HTML 模板】→【<无>】→【创建】(见图 5-2-1)，新建一个模板格式的文件。

方法二：打开一个已经制作好的 HTML 页(可以是新建的 HTML 网页，也可以是已存在的某个网页)，单击菜单栏的【文件】→【另存为模板】 另存为模板(M)... (见图 5-2-2)，将网页保存成模板文件。

2. 保存模板文件

1)保存【新建模板】的模板文件

通过单击菜单栏的【文件】→【保存】命令，在弹出【另存模板】对话框(见图 5-2-3)中单击【保存】;【站点】为当前站点的信息,【现存的模板】内显示当前站点已有的模板,【描述】用来简单的描述模板的信息,【另存为】是定义模板的文件名称，如命名为“moban”。

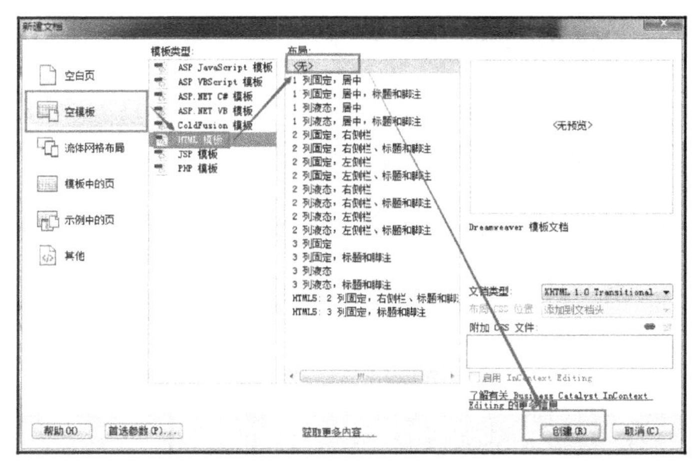

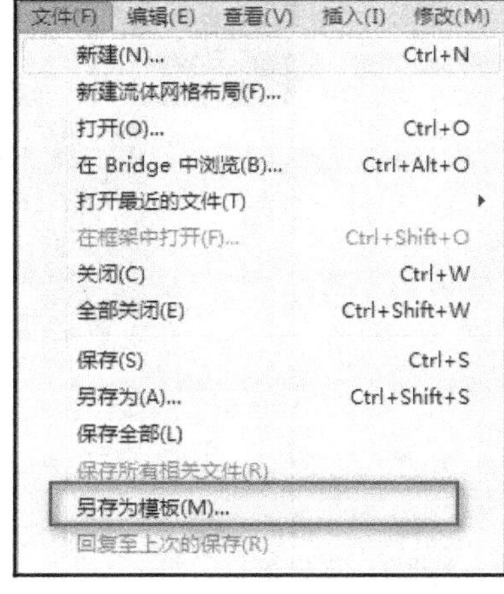

图5-2-1　新建模板

图5-2-2 【另存为模板】

如果当前站点中不存在“Templates”文件夹，则保存模板文件后，Dreamweaver 会在站点中自动创建“Templates”文件夹。该文件夹为站点模板文件，模板文件“moban”自动保存在“Templates”文件夹中，模板文件的文件扩展名为“.dwt”，所以模板“webmoban”保存后的文件名为“moban.dwt”（见图 5-2-4）。模板文件夹“Templates”是用来保存一个站点中所有的模板文件的，只有当该站点中不存在这个文件夹的时候才会自动创建，站点中的模板文件都要保存在该文件夹中，应用模板时网页才能找到相应的模板文件，新建网页时也能找到站点中已有的模板文件。

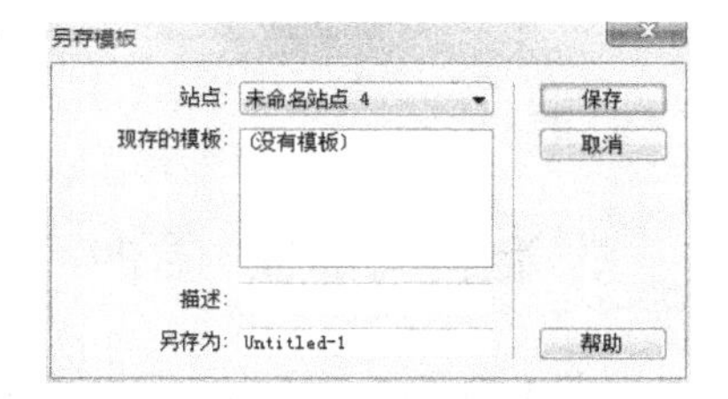

图5-2-3 【另存模板】

2）保存【另存为模板】的模板文件

打开上一章制作的企业网站大尚鞋业网站的首页“index.html”，将网页另存为模板。单击菜单栏中的【文件】→【另存为模板】，弹出 Dreamweaver 的提示面板（见图 5-2-5），单击【确定】按钮，显示【另存为模板】对话框，给模板命名为“webmoban2”，并单击【保存】。

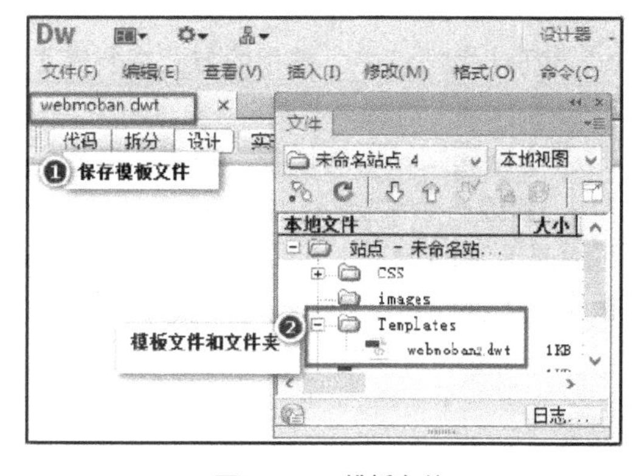

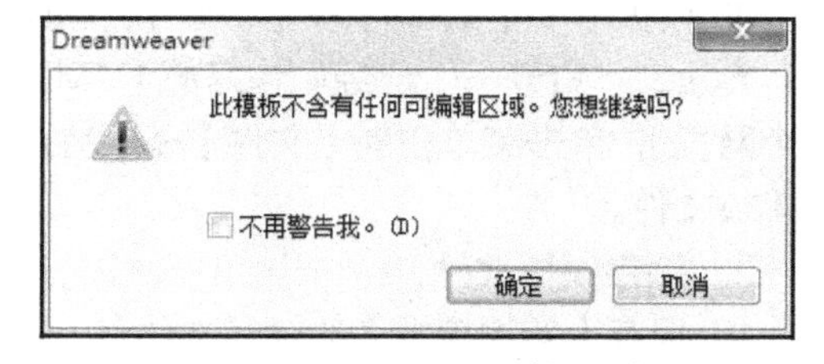

图5-2-4　模板文件

图5-2-5　Dreamweaver提示面板

3）编辑模板

模板文件创建以后，对模板文件进行编辑，把模板文件当做是网页进行页面结构、网页样式的编辑。如创建企业网站大尚鞋业网站二级页面的模板文件（使用第 4 章中的“dashang”站点的素材），具体的操作步骤如下。

STEP 1 在站点中新建一个空白的模板文件，命名为“moban.dwt”，并保存在站点中。

STEP 2 模板文件“moban.dwt”按图 5-2-6 所示的布局完成网页的编辑。

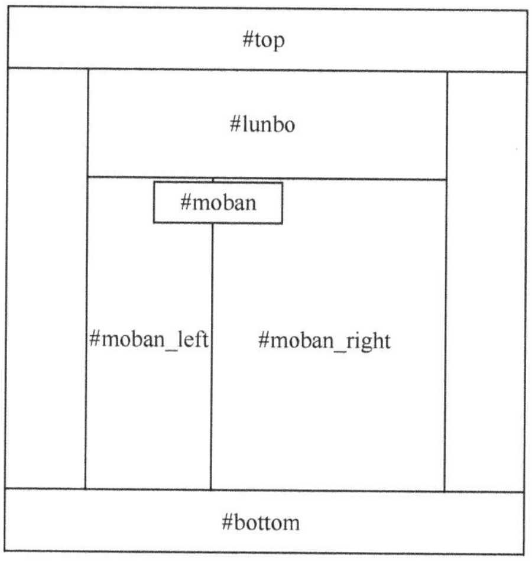

#top
#lunbo
#moban
#moban_left　#moban_right
#bottom

图5-2-6　布局图

网页的 HTML 代码如下所示：

```
<!DOCTYPE html PUBLIC "-//W3C//DTD XHTML 1.0 Transitional//EN" "http://www. w3.org/TR/xhtml1/DTD/xhtml1-transitional.dtd">
<html xmlns="http://www.w3.org/1999/xhtml">
<head>
<meta http-equiv="Content-Type" content="text/html; charset=utf-8" />
<!-- TemplateBeginEditable name="doctitle" -->
<title>大尚鞋业有限公司</title>
<!-- TemplateEndEditable -->
<!-- TemplateBeginEditable name="head" -->
<!-- TemplateEndEditable -->
</head>
<body>
<div id="top"><div id="top_1"></div>
<div id="top_2">
<div id="nav">
<ul><li><a href="#">首页</a></li>
<li><a href="#">关于大尚</a></li>
<li><a href="#">新闻资讯</a></li>
<li><a href="#">产品中心</a></li>
<li><a href="#">联系我们</a></li></ul>
</div>
</div></div>
<div id="lunbo"></div>
<div id="moban">
<div id="moban_left"></div><div id="moban_right"></div>
<div style="clear:both"></div>
</div>
<div style="clear:both"></div>
<div id="bottom"></div>
</body>
</html>
```

STEP 3 将站点中原有的样式文件“style.css”链入到模板文件“moban.dwt”中。

STEP 4 在“style.css”样式文件中定义“#moban”“#moban_left”“#moban_right”的 CSS 样式，具体样式如下所示：

```
#moban {
width:960px; height:auto;  /*定义宽度值，高度值为自动*/
```

```
margin:0 auto;    /*定义上下边距的值为 0，左右边距的值为自动*/}
#moban_left {width:250px; height:auto;
float:left;/ *设置浮动值为左浮动 */}
#moban_right {
width:700px; height:auto; float:left;  /*注意设置浮动值为左浮动 */
margin-left:5px;/ *设置左边距为 5 像素 */
font-size:14px;color:#333; line-height:23px; /*设置文字大小、文字颜色和行高*/
}
```

由于设置了“height”的值为“auto”，元素会由于没有高度值约束而出现移位和变形的情况，在 HTML 标签中加入<div style="clear:both;"></div>，有分隔标签的效果，使网页排版恢复正常。

保存模板，完成后的效果如图 5-2-7 所示。

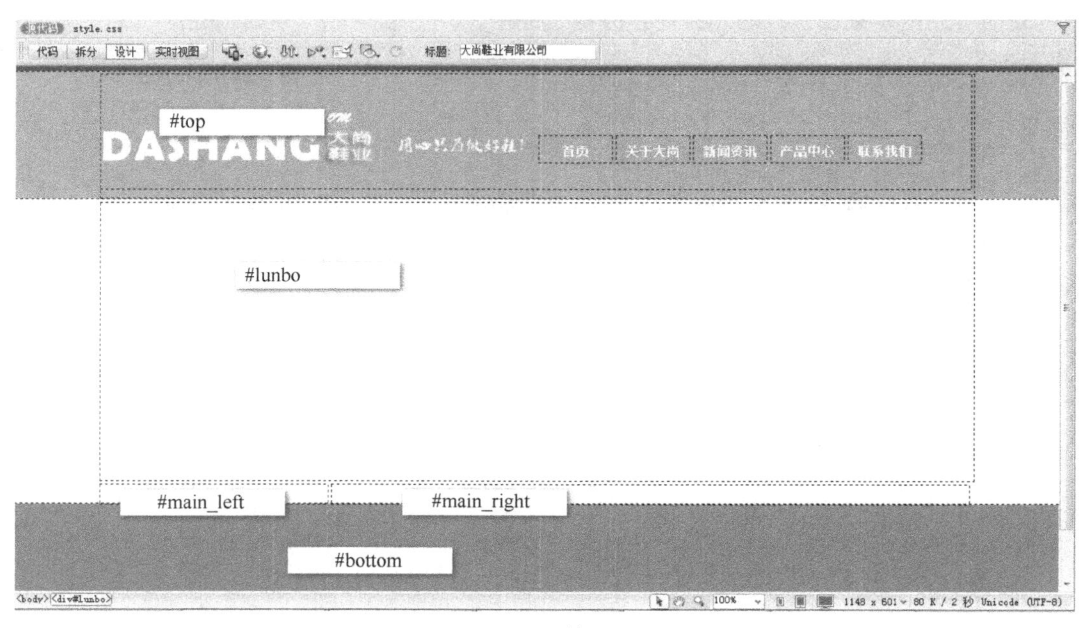

图5-2-7 效果图

5.2.2 创建可编辑区域

默认的模板网页所有的内容均被锁定，需要在模板文件中设置可编辑区域，可编辑区域是模板中可自由编辑的区域，可以将模板中的任何区域设置为可编辑区域。模板文件在保存时，应用模板文件的网页内容将同时更新，但是可编辑区域更新时不更新该区域的内容。在一个模板文件中，可以创建多个可编辑区域，如在模板文件“moban.dwt”中创建两个可编辑区域，操作步骤如下。

STEP 1 在【设计】界面中使用鼠标选中“#lunbo”的区域，再单击【插入】工具面板中的【常用】→【模板工具】→【可编辑区域】(见图 5-2-8)，在弹出的【新建可编辑区域】对话框中输入名称“tupian”(见图 5-2-9)，可编辑区域的名称不能采用特殊字符，将“#lunbo”区域设置为可编辑区域。

图5-2-8 【可编辑区域】　　图5-2-9 【新建可编辑区域】

STEP 2 采用相同的方式设置“#moban”为可编辑区域，名称为“neirong”（见图 5-2-10）并保存模板文件。

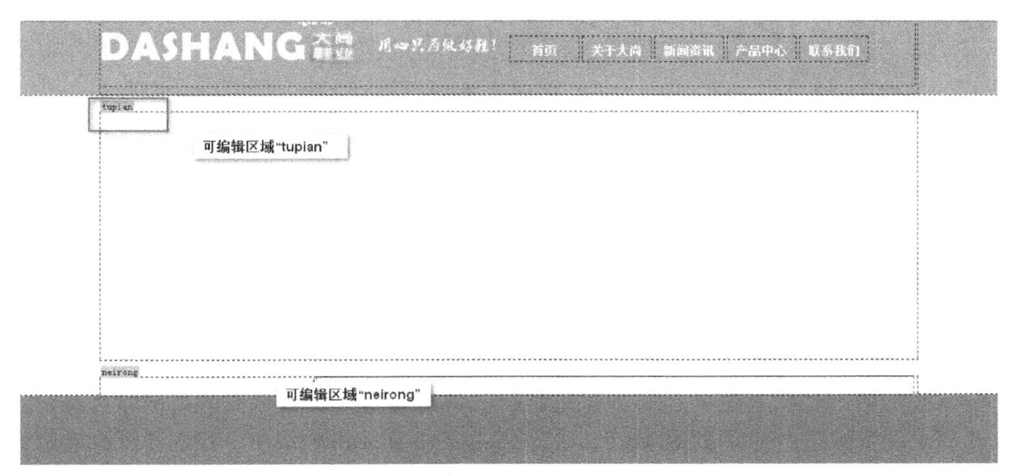

图5-2-10 效果图

注意：一个模板文件中可以创建多个可编辑区域。可编辑区域的作用是，当使用模板文件来新建网页时，这些区域在新建的网页中可以编辑；而没有设置可编辑区域的其他位置，则是锁定状态。

可编辑区域是应用在模板文件中的，若在普通网页中插入可编辑区域，Dreamweaver 会提示将文档转换为模板（见图 5-2-11）。可编辑区域内也不可再插入可编辑区域，否则 Dreamweaver 会弹出如图 5-2-12 所示的提示。

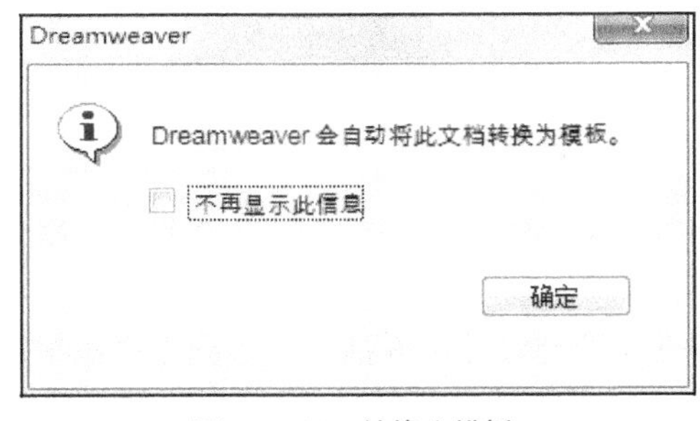

图5-2-11 转换为模板

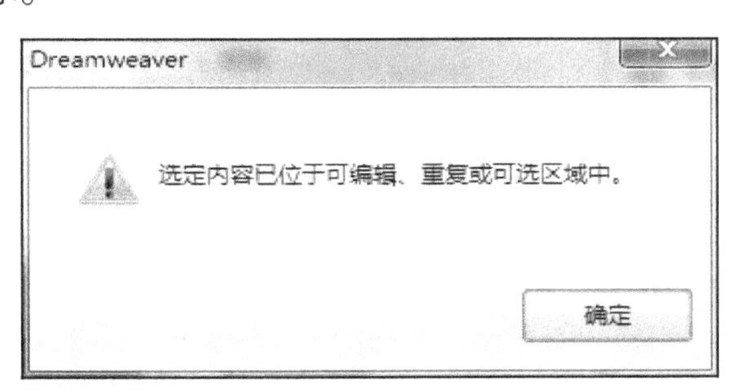

图5-2-12 Dreamweaver提示

5.2.3 修改或删除可编辑区域

设置了可编辑区域后，可以修改可编辑区域的名称或删除可编辑区域，具体操作方式如下。

- 修改可编辑区域的名称：单击可编辑区域左上角处蓝色背景块里的名称，显示可编辑区域的属性面板，在属性面板的【名称】中直接修改名称，如将"neironng"修改为"detail"，如图 5-2-13 所示。修改模板后保存模板文件，保存时显示【更新模板文件】对话框，如图 5-2-14 所示，单击【更新】按钮，应用该模板的网页文档将同时更新，但是可编辑区域不在更新范围内。

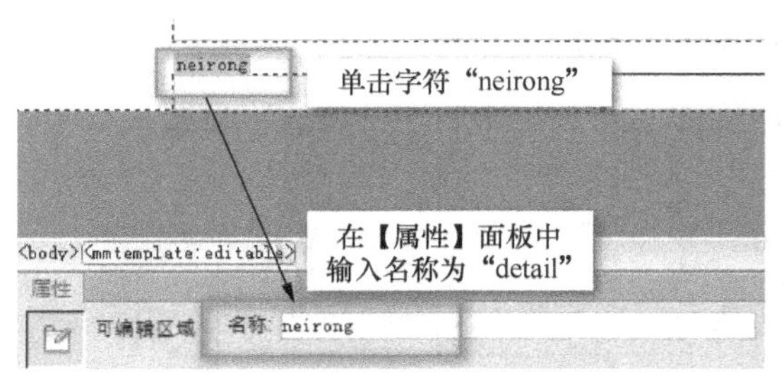

图5-2-13 修改可编辑区域的名称

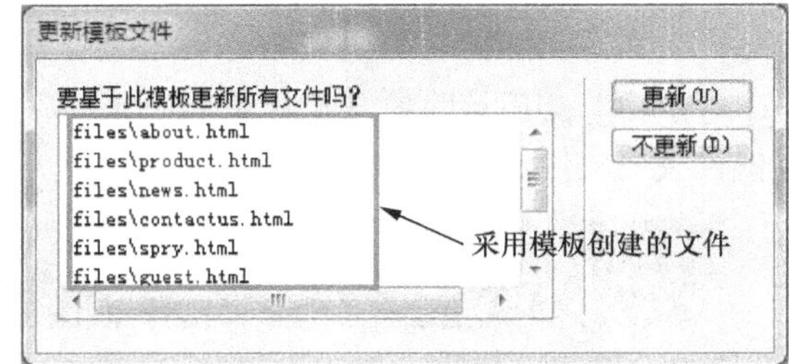

图5-2-14 更新模板文件

- 删除可编辑区域：删除可编辑区域的方法主要有两个。

方法一：单击需删除的可编辑区域的任意位置，单击鼠标右键，在菜单中选择【模板】→【删除模板标记】。

方法二：单击需要删除的可编辑区域的任意位置，单击菜单栏的【修改】→【模板】→【删除模板标记】，删除可编辑区域。

- 删除模板的 HTML 标签：也可以采用删除 HTML 标签的方式来修改或删除可编辑区域。单击【代码】视图按钮，查看模板的代码，如图 5-2-15 所示的代码中，找到要修改或删除的可编辑区域。每个可编辑区域都是在<!- -TemplateBeginEditable name="tupian"-- ><!- -TemplateEndEditable -- >中，"name"为可编辑区域的名称，直接修改"name"的值就可以修改可编辑区域的名称，删除这两个标签，则删除对应的可编辑区域的设置。

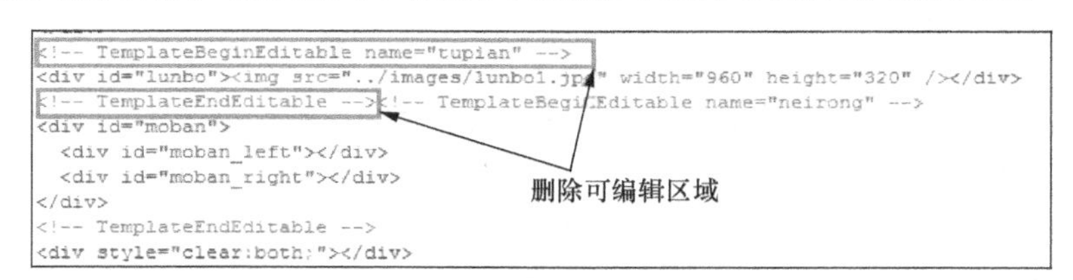
```
<!-- TemplateBeginEditable name="tupian" -->
<div id="lunbo"><img src="../images/lunbo1.jpg" width="960" height="320" /></div>
<!-- TemplateEndEditable --><!-- TemplateBeginEditable name="neirong" -->
<div id="moban">
  <div id="moban_left"></div>
  <div id="moban_right"></div>
</div>
<!-- TemplateEndEditable -->
<div style="clear:both;"></div>
```


图5-2-15 模板的HTML标签

5.2.4 应用模板文件新建网页

采用新建的"moban .dwt"模板文件来创建大尚鞋业网站中"关于我们"这个网页，操作步骤如下。

STEP 1 单击菜单栏的【文件】→【新建文档】，在【新建文档】对话框中选择【模板中的页】，在【站点】中选择【dashang】，【站点"dashang"的模板】中选择【moban】，单击【创建】(见图 5-2-16) 新建一个网页，并保存在"files"文件夹中，命名为"aboutus.html"。

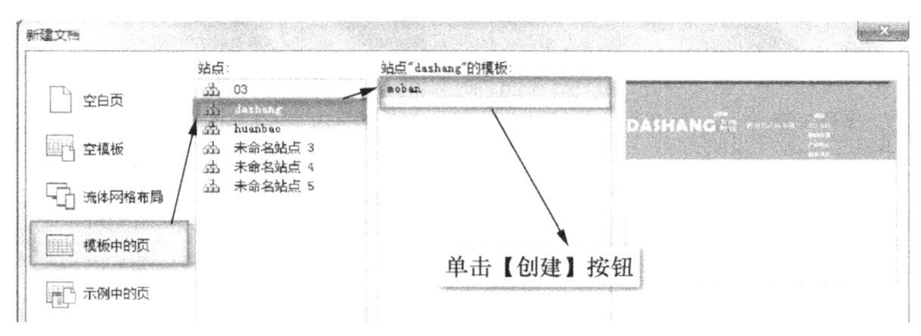

图5-2-16 通过模板创建网页

STEP 2 在“aboutus.html”页面中的“#lunbo”内插入图像文件“lunbo2.jpg”。

STEP 3 在“#moban_left”中如图 5-2-17 所示输入文本信息，将第一个文本“公司简介”设为标题 3，其他文字加入空链接。

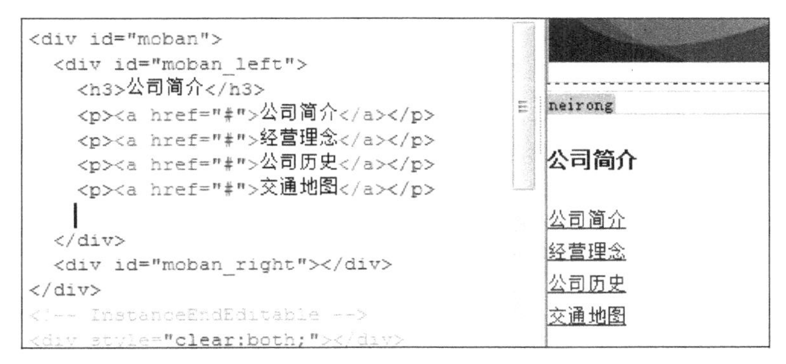

图5-2-17 #moban_left

STEP 4 设置“#moban_left”中<h3>和<a>标签的 CSS 样式，具体的 CSS 代码如下所示，效果如图 5-2-18 所示。

```
#moban h3 {
width:230px; height:25px; color:#fff;margin:0; padding:5px 0 0 5px;
background: url(../images/bgg.jpg) no-repeat left bottom;
/*定义背景图像不重复，位置在左边下方*/ }
#moban_left a {                    /*默认的超链接效果的设置*/
width:200px;height:20px;display:block; /*定义宽度值和高度值，显示为块*/
text-decoration:none;                 /*去掉超链接文字的下划线*/
color:#000;font-weight:bolder;
padding:10px;margin:5px 0;
border:1px dashed #666; /*设置大小为 1 像素虚线的边框*/  }
#moban_left a:hover {      /*鼠标滑过超链接对象时效果的设置*/
color:#F00;
background:url(../images/arrow_031.gif) no-repeat left center;   }
```

STEP 5 将素材“3.txt”中的文字复制到“#moban_right”中，并插入图像文件“gs.jpg”，图像应用 CSS 样式中的类“.pic”，将文本信息“当前位置：公司简介”设置为标题 4，图像和文字的内容按照图 5-2-19 所示效果进行排版。

公司简介
公司简介
经营理念
公司历史
交通地图
公司简介
公司简介
经营理念
公司历史
交通地图

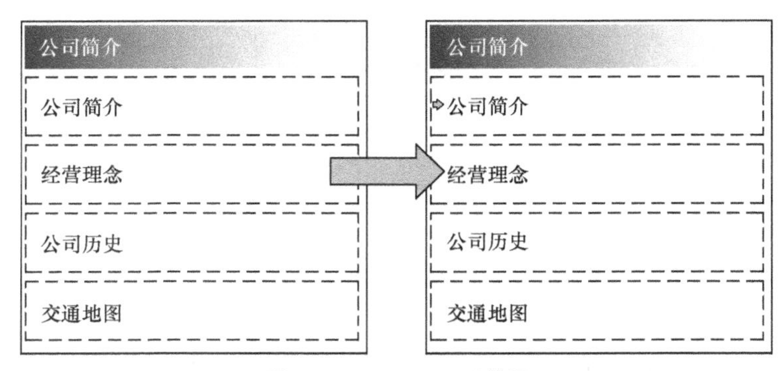

图5-2-18　#main_left效果

当前位置：公司简介
大尚鞋业有限公创建于2005年，在过去的10年中，大尚鞋业追求不同的生活体验及生活经历：都市环境不断在变，时装潮流不断在变，生活内容不断在变，女人在一生中的角色不断在变。
大尚在变化中展现内在与外在的完美气质。抓住中国改革开放和行业高速发展带来的历史机遇，坚持以客户为中心，以奋斗者为本，基于客户需求持续创新，赢得了客户的尊重和信赖，从一家立足于中国，初始资本只有21000人民币的民营企业，稳健成长为年销售规模近2400亿人民币的世界500强公司。
凡购置大尚鞋业合格品牌皮鞋，本公司承诺如下质量保证：
1、三个月内出现开胶、掉跟、裂跟、跟面脱落、断线、掉浆、泛硝，包修。
2、未穿过的新鞋、两只顺向、大小不一、款式两样，包换。
3、一个月内出现断底、断面、断鞋脚，包退，一个月以上，三个月以内出现该类问题按原价收取每天0.5%的折旧费后，亦可退货。
以下情况，不实行质量保证：
1、等外品，处理品。
2、无本质量保证卡和发票。
3、消费者自我损坏，自行拆动修理。

图5-2-19　#moban_right

设置“#moban_right”中的<h4>的 CSS 样式效果，CSS 的样式代码如下所示：

```
    #moban h4 {width:100%; height:25px; color:#FFF; font-size:14px;   margin:0;
padding:5px 0 0 5px; background:url(../images/bgg1.jpg) no-repeat;}
```

效果如图 5-2-20 所示。

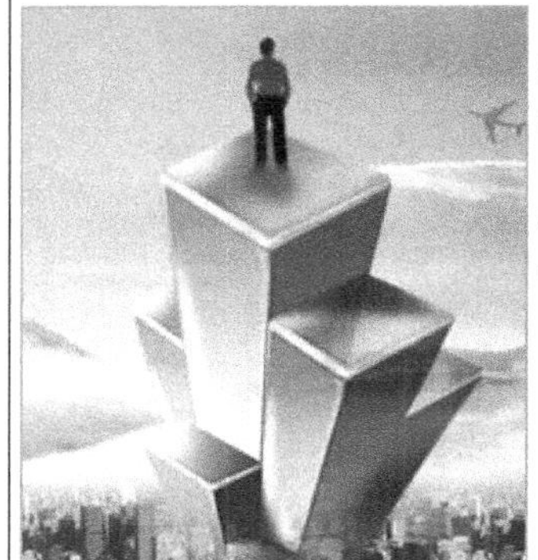

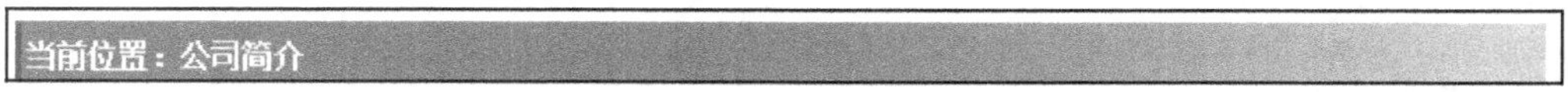

当前位置：公司简介

图5-2-20　<h4>的样式效果

STEP 6 保存文件并通过浏览器预览效果（见图 5-2-21）。

图5-2-21 公司简介预览图

5.3 案例实施过程：使用模板创建网页

1. 实训目标

- 熟悉使用模板的创建文件；
- 熟悉修改模板的方式；
- 熟悉保存更新模板的方式。

2. 效果图

本实例要达到的效果如图 5-3-1、图 5-3-2 所示。

图5-3-1 新闻中心页效果图

图5-3-2 产品中心页效果图

3. 操作步骤

STEP 1 单击菜单栏的【文件】→【新建文档】，在【新建文档】对话框中选择【模板中的页】，在【站点】中选择【dashang】，【站点“dashang”的模板】中选择【moban】，单击【创建】新建一个网页，命名为“news.html”，并保存在“files”文件夹中。

STEP 2 在“#tupian”中插入图像文件“lunbo4.jpg”，如图 5-3-3 所示。

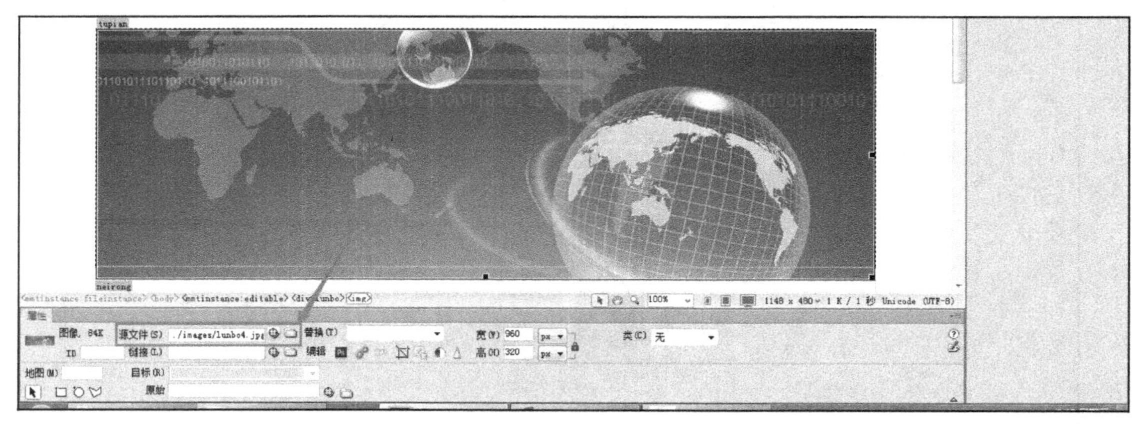

图5-3-3 插入图像

STEP 3 在“#moban_left”中输入 3 个段落的文字，分别为“新闻资讯”“公司新闻”和“行业资讯”。将“新闻资讯”设置为<h3>，其他文字加入空链接。在“#moban_right”中插入素材“4.txt”中的文字，并设置“当前位置：公司新闻”为<h4>；选中剩余的段落，设置为项目列表格式；将每行文字加入空链接，并设置项目列表的样式和超链接的 CSS 样式效果。“#moban_right”的 HTML 代码如下所示：

```
<div id="moban_right">
<h4>当前位置：公司新闻</h4>
<ul>
<li><a href="#">举行 2014 年“大尚好鞋”技能大赛</a></li>
<li><a href="#"> 2014 年继续领跑鞋业市场</a></li>
<li><a href="#">展会成功结束，人气很旺，谢谢各位新老朋友的支持！</a></li>
<li><a href="#">大尚举办 2013 年年会</a></li>
<li><a href="#">举行 2013 年“大尚好鞋”技能大赛</a></li>
…
</ul>
<p align="center">当前页：<a href="#">1</a></p>
</div>
```

CSS 样式代码如下：

```
#moban_right ul li {
width:90%;padding:0 20px 0 0; /*定义填充值上右下左的值分别为 0，20 像素，0，0*/
border-bottom:1px dashed #333333; }
#moban_right a{text-decoration:none; color:#333; line-height:28px; }
#moban_right a:hover {color:#069; font-weight:bolder;}
```

完成效果如图 5-3-4 所示。

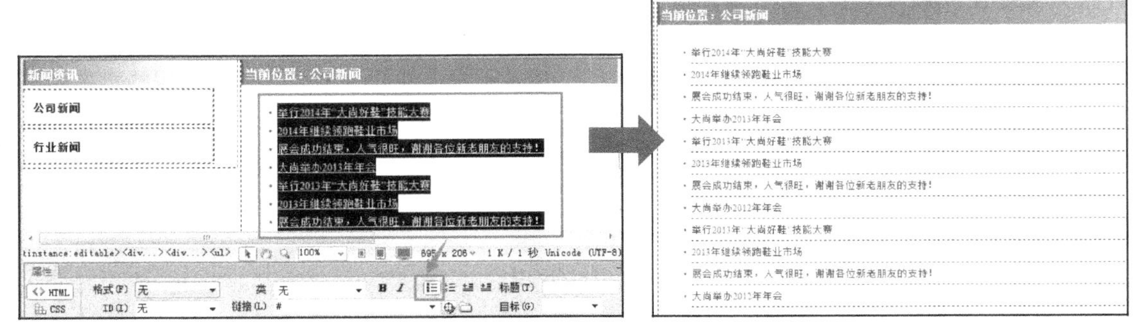

图5-3-4　设置段落的效果

STEP 4 单击按钮或按键盘上的“F12”键，预览网页“news.html”，效果如图 5-3-1 所示。

STEP 5 单击菜单栏的【文件】→【新建文档】，在【新建文档】对话框中选择【模板中的页】，在【站点】中选择【dashang】、【站点“dashang”的模板】中选择【moban】，单击【创建】新建一个网页，命名为“product.html”并保存在“files”文件夹中。

STEP 6 在“#tupian”中的插入图像文件“lunbo6.jpg”。

STEP 7 在“#moban_left”中输入 4 个段落的文字，分别为“产品中心”“高跟鞋”“坡跟鞋”和“运动鞋”。将文本“产品中心”设置为<h3>，其他段落的文字加入空链接（见图 5-3-5），右边的“#moban_right”中插入文字“当前位置：高跟鞋”，并设置为<h4>，插入一个 4 行 3 列的表格到“#moban_right”中，在单元格内按图 5-3-6 所示插入站点中的“images”文件夹→“sucai”文件夹中→“gao”文件夹中的图像，修改图像的宽度值和高度值均为 200 像素，并设置单元格的内容为水平居中，文字加入空链接。

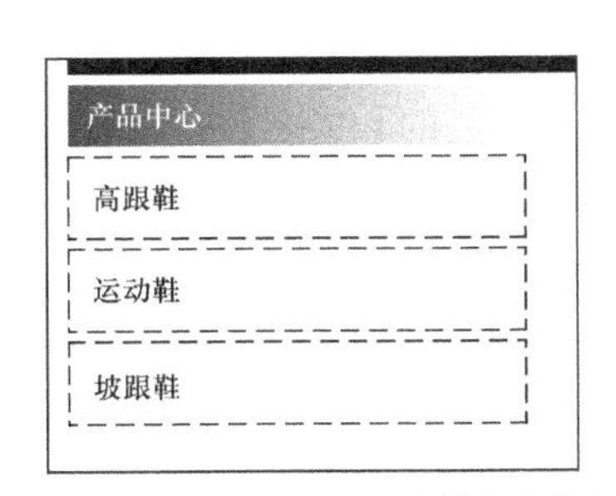

图5-3-5　#moban_left中的文字信息

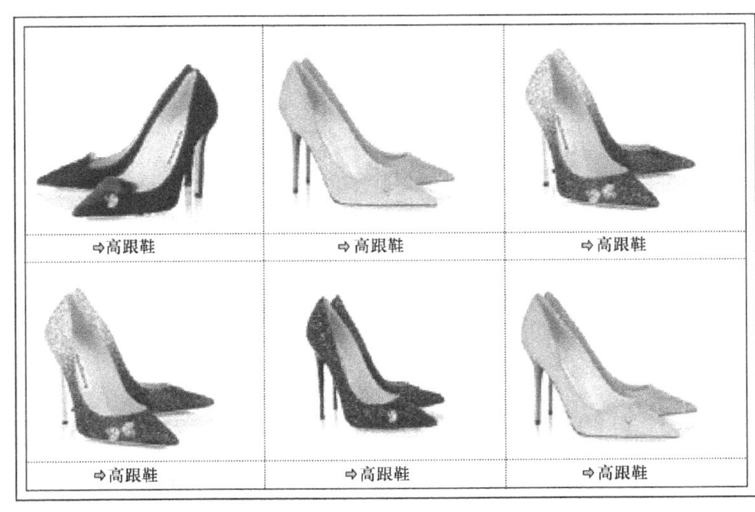

图5-3-6　#moban_right中表格

STEP 8 单击按钮或键盘上的“F12”键预览网页“product.html”，效果如图 5-3-2 所示。

STEP 9 使用模板新建网页“contact.html”（联系我们），并保存在“files”文件夹中。在

“#moban_left”中输入3个段落的文字“联系我们”“联系方式”和“客户留言”，将“联系我们”设置为标题3，“联系方式”和“客户留言”分别加入一个空的超链接。

STEP 10 在“#moban_right”中输入文本信息“当前位置：联系方式”，并设置为标题4；继续输入文本信息，并按图5-3-7的效果排列，插入图像文件“dt.jpg”，修改图像的宽度和高度值，分别为“700像素”和“409像素”，完成效果如图5-3-7所示。

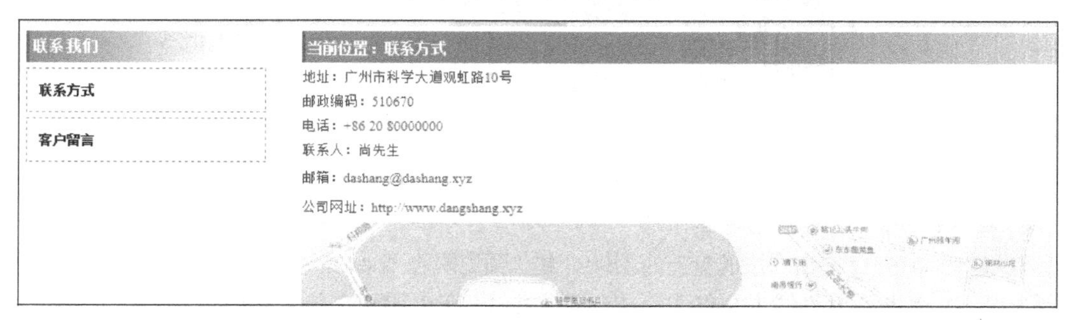

图5-3-7 contactus.html效果

STEP 11 在Dreamweaver中打开模板文件“moban.dwt”，在“moban.dwt”中设置导航菜单的超链接，选中导航中的文本“首页”，在文本的【属性】面板的【链接】项中设置链接的文件为“../index.html”，选中文本“关于大尚”，设置超链接的对象为“../files/about.html”，采用同样的方法设置“新闻资讯”“产品中心”和“联系我们”的超链接文件，如图5-3-8所示。

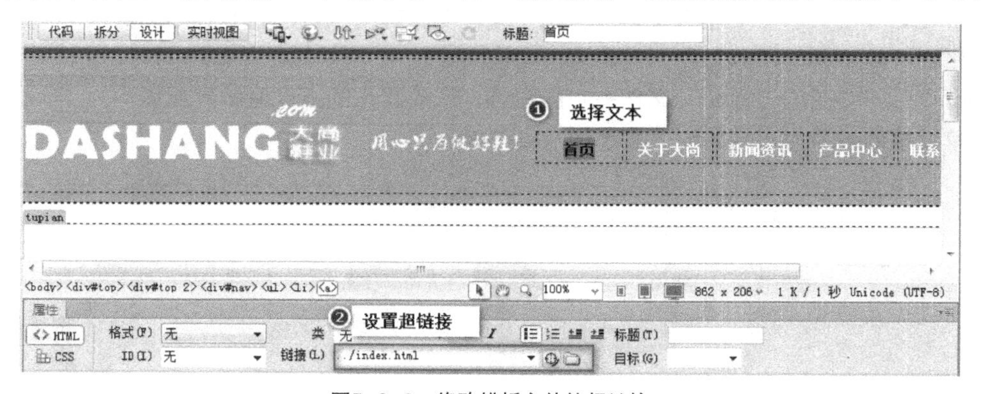

图5-3-8 修改模板文件的超链接

STEP 12 完成导航文本的超链接设置后，保存更新模板。单击菜单栏的【文件】→【保存】或按键盘上的“Crtl”+“S”组合键，弹出【更新模板文件】对话框，单击【更新】按钮，更新完后单击【关闭】按钮（见图5-3-9）。

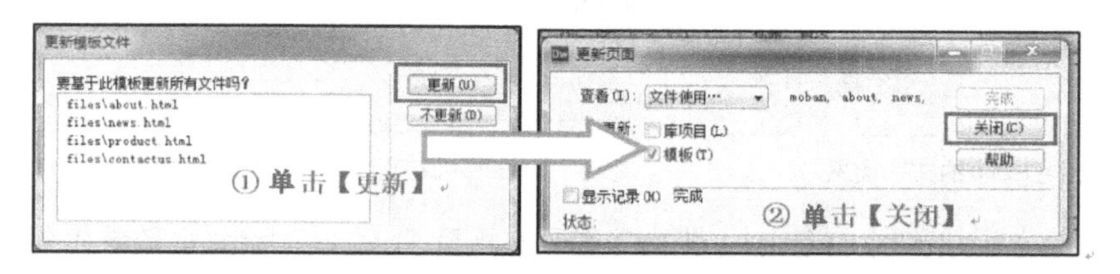

图5-3-9 更新模板文件

更新了模板文件后，应用了模板文件的网页文件，如“about.html”等会自动更新模板的锁定内容，若有文件正在Dreamweaver中打开，必须保存后才能更新网页效果，可以通过【文件】→【保存全部】的方式把所有Drewmweaver打开的文件一次性保存（见图5-3-10）。

STEP 13 通过浏览器检查文件的超链接情况，由于首页“index.html”没有应用模板，所以需要另行修改“index.html”的导航栏的超链接。完成后通过浏览器预览整个网站的效果。

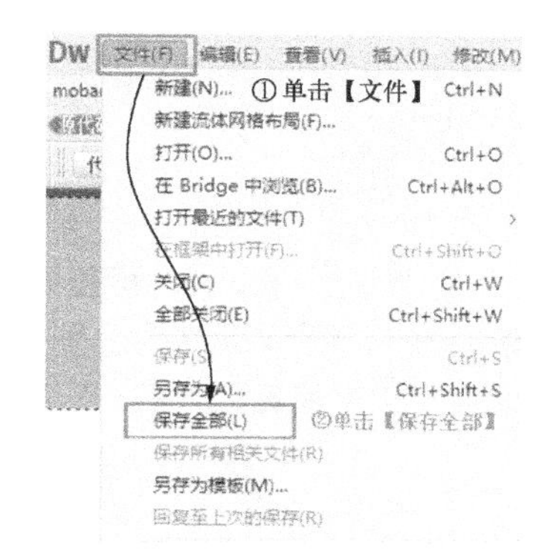

图5-3-10 【保存全部】

5.4 扩展知识

5.4.1 模板的可选区域和重复区域

可选区域是可以根据用户的需要显示或隐藏的区域。重复区域是可以根据需要在基于模板的页面中复制任意次数的模板部分。重复区域通常用于表格，也可以是其他的网页元素。重复区域不是可编辑区域，若要使重复区域中的内容可编辑，必须在重复区域内插入可编辑区域。

例题：在模板中创建可选区域和重复区域。

STEP 1 创建站点“baoshi”，新建一个模板文件，单击菜单栏【新建】选项，打开【新建文档】面板，在面板中选择【空模板】→【HTML】→【无】→【创建】（见图5-4-1），保存模板文件，名称为“eg.dwt”。

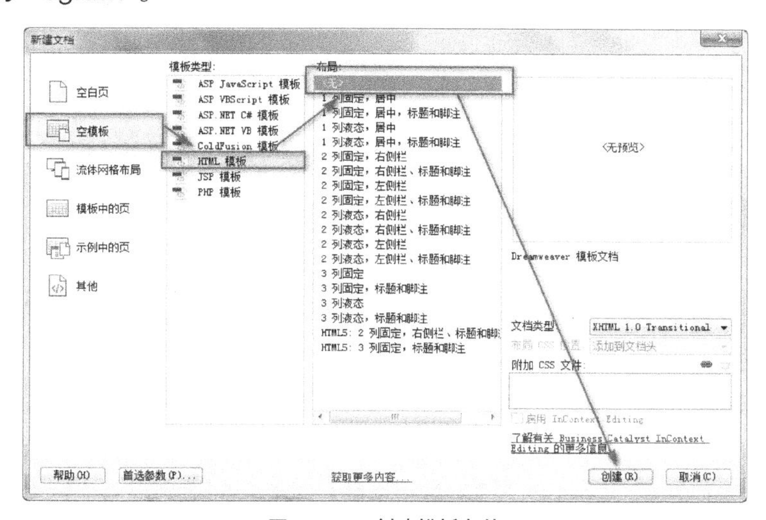

图5-4-1 创建模板文件

STEP 2 在设计视图中插入一个<div>标签，用行内样式定义<div>标签的宽度为800像素，高度为400像素，文字大小为14像素，文字的颜色为“#069”，文字加粗，具体CSS代码如下所示：

```
<div style="width:800px; height:40px; font-size:14px; color:#069; font-weight:bold" ">
产品展示
</div>
```

STEP 3 在<div>标签的结束标签之后，插入一个 2 行 4 列、宽度为 800 像素的表格，在表格的第一行的单元格中分别插入图像“1.jpg”“2.jpg”“3.jpg”和“4.jpg”，第二行的单元格分别输入文字信息“宝石一”“宝石二”“宝石三”和“宝石四”，效果如图 5-4-2 所示。

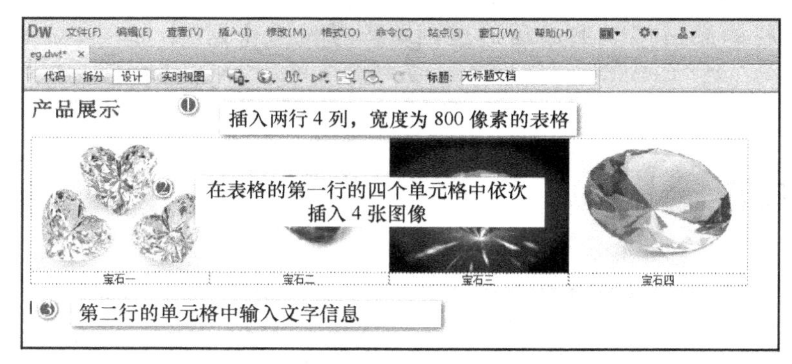

图5-4-2 创建表格

STEP 4 用鼠标选择<div>标签，单击【插入】工具栏中的【常用】→【模板】→【可选区域 可选区域】，弹出【新建可选区域】(见图 5-4-3)，在名称中输入名称“kexuan”，【默认显示】的复选框默认为选中状态，单击【确定】按钮。

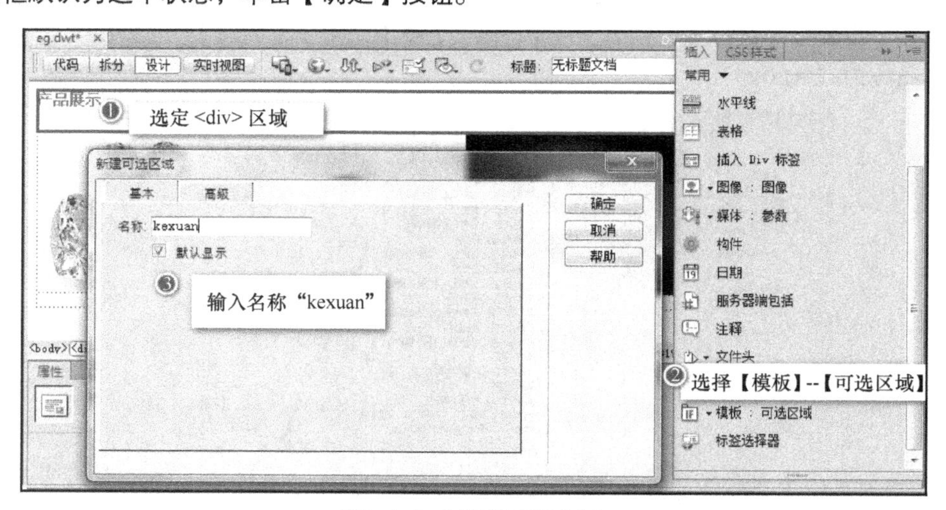

图5-4-3 【新建可选区域】

用鼠标选定整个表格，单击【插入】工具栏中的【常用】→【模板】→【重复区域 重复区域】，弹出【新建重复区域】面板，命名后单击【确定】按钮（见图 5-4-4）。

此时，模板“eg.dwt”的效果如图 5-4-5 所示。

STEP 5 保存模板文件“eg.dwt”，并使用模板“eg.dwt”创建一个新的网页，保存为“1.html”。单击菜单栏的【修改】→【模板属性】，若将“显示 kexuan”的复选框取消，单击【确定】后，

“1.html “中的<div>区域将被隐藏，可通过修改【模板属性】重现显示该区域（见图 5-4-6）。

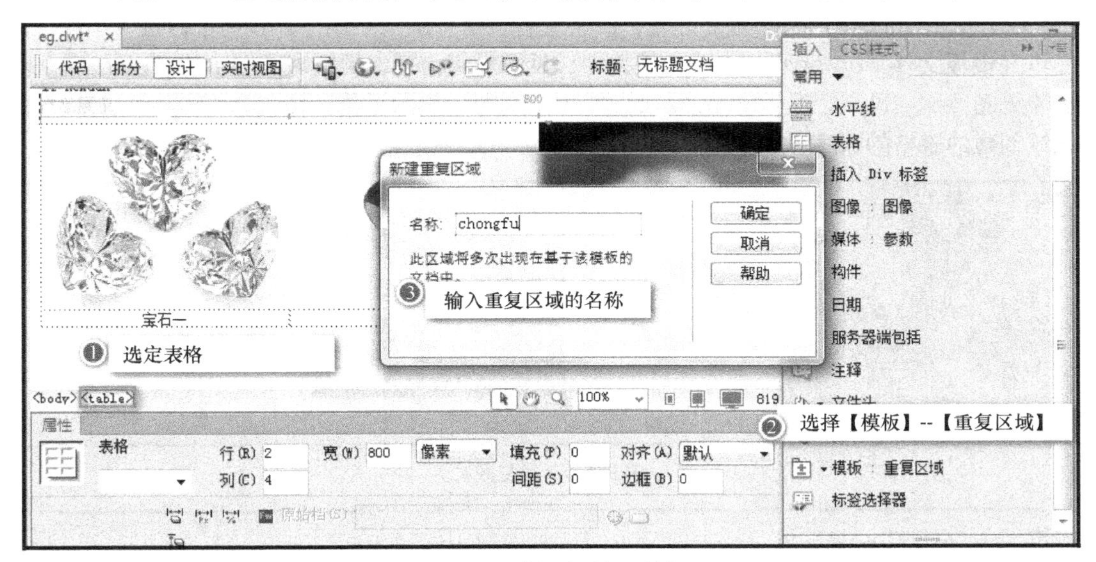

图5-4-4 【新建重复区域】

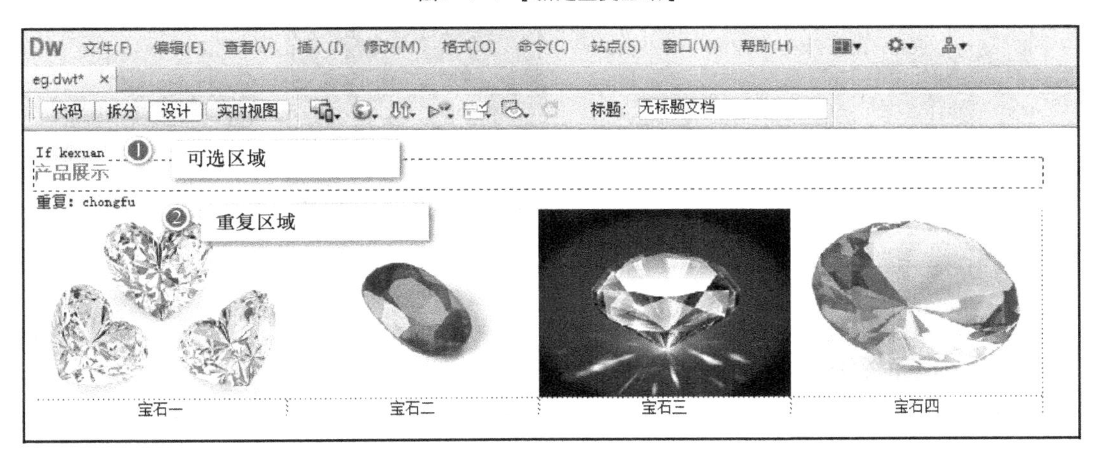

图5-4-5　效果图

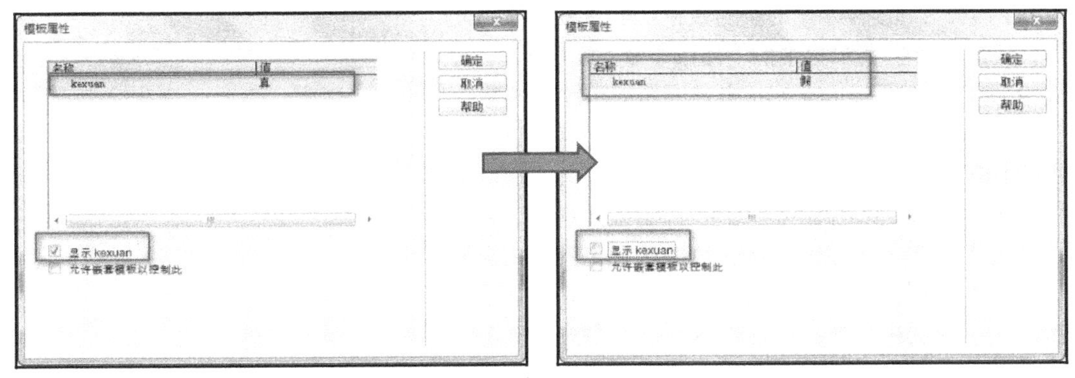

图5-4-6 【模板属性】

STEP 6 单击“1.html”网页中重复区域中的 按钮增加或减少重复区域（见图 5-4-7），单击 增加一个重复区域，由于没有设置可编辑区域，则其他按钮暂时不能使用。

打开模板文件“eg.dwt”，修改模板文件，设置表格为可编辑区域，名称为“bianji”，保存模板（见图 5-4-8），更新“1.html”。此时，使用 可以删除重复区域，单击 可以修改由重复区域创建的表格的顺序。

图5-4-7 重复区域

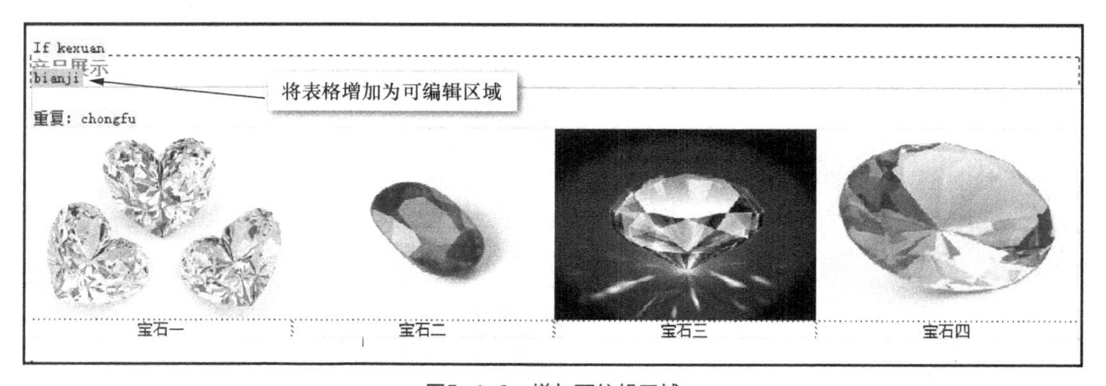

图5-4-8 增加可编辑区域

5.4.2 脱离模板和应用模板

应用了模板的网页若要独立编辑，不再使用模板的布局，可以将网页脱离模板。脱离模板的网页将不再有可编辑区域等模板特有的区域，模板修改后更新网页时，也不会有更新的效果。实现脱离模板的操作，只需要单击菜单栏中的【修改】→【模板】→【从模板中分离】（见图 5-4-9），当前网页即可脱离模板。

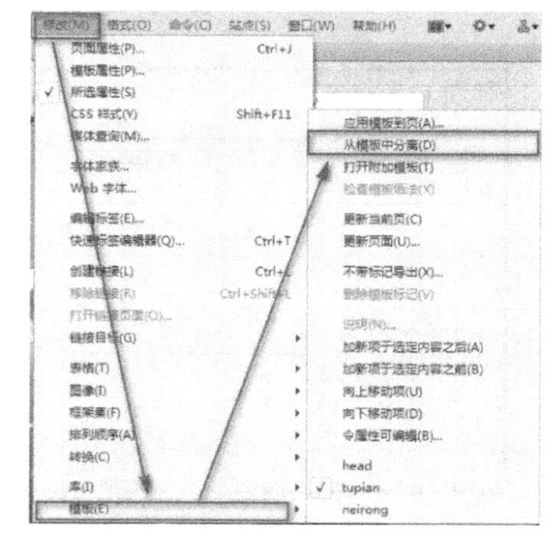

图5-4-9 从模板中分离

如果网页想应用站点中的某个模板，可以单击菜单栏中的【修改】→【模板】→【应用模板到页】，弹出【选择模板】对话框（见图 5-4-10），选定应用的模板的名称，单击【选定】将弹出【不一致的区域名称】对话框（见图 5-4-11），单击【未解析】的区域，在【内容移动新区域】选项中，选择对应的区域，再单击【确定】完成。

注意：一般不采用【应用模板到页】的方式应用模

板，可直接使用模板文件创建网页的方式更有利于编辑与修改。

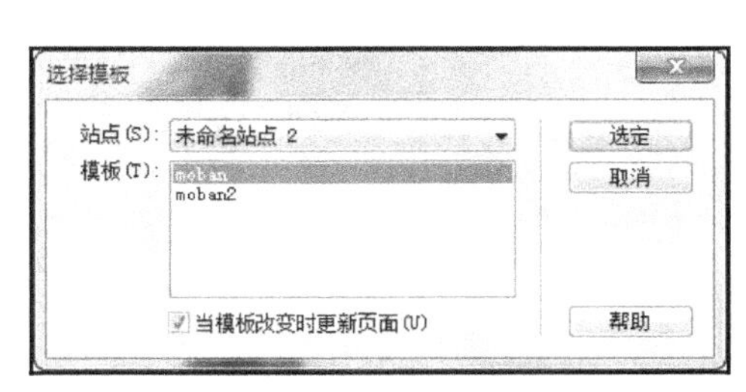

图5-4-10 选择模板

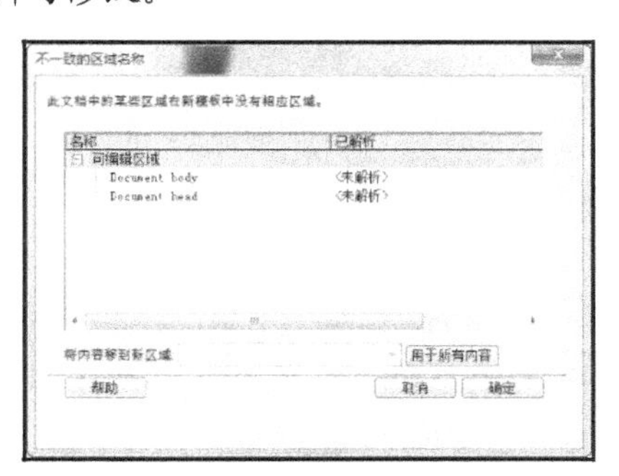

图5-4-11 不一致的区域名称

5.4.3 库文件

库文件是 Dreamweaver 中的一种自定义网页元素。使用库文件可以将站点中大量重复的元素打包存放，用户在使用时可以直接调用库文件，Dreamweaver 允许用户创建、编辑库文件，并在网页中使用库文件。当修改了库文件，保存库文件时会提示是否更新网页，使用了库文件的网页可以选择更新或不更新，不需要用户逐页修改，可以提高网页编辑的效率。库文件可以是任意的标签、脚本、图像等网页元素，如将本章案例“dashang”网站首页（index.html）末端“#bottom”内容保存为库文件，具体的操作步骤如下。

STEP 1 在 Dreamweaver 中打开站点“dashang”网站首页（index.html），单击菜单栏的【窗口】→【资源】，在打开的资源面板中单击左侧的导航栏中的【库】按钮，右侧的面板显示为【库】面板，面板的上方是库文件的内容，下方为库文件的名称，若当前没有库文件，则显示为空白。选中网页中的“#bottom”区域内的所有内容，在库文件面板的下方单击鼠标右键，在弹出的菜单中选择 新建库项(W) （见图 5-4-12），弹出提示对话框，单击【确定】按钮，输入库文件的名称为“bottom”，“#bottom”的内容显示泛白效果，当前站点中多了库文件文件夹“Library”，库文件的文件名为“bottom.lbi”。

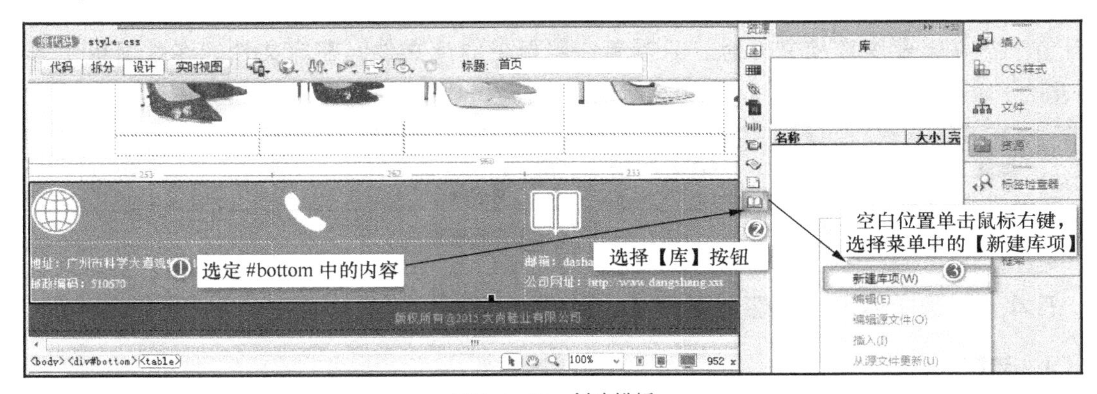

图5-4-12 创建模板

切换到【代码】视图，源码中的“#bottom”部分多了库文件的信息，具体代码如图 5-4-13 所示。

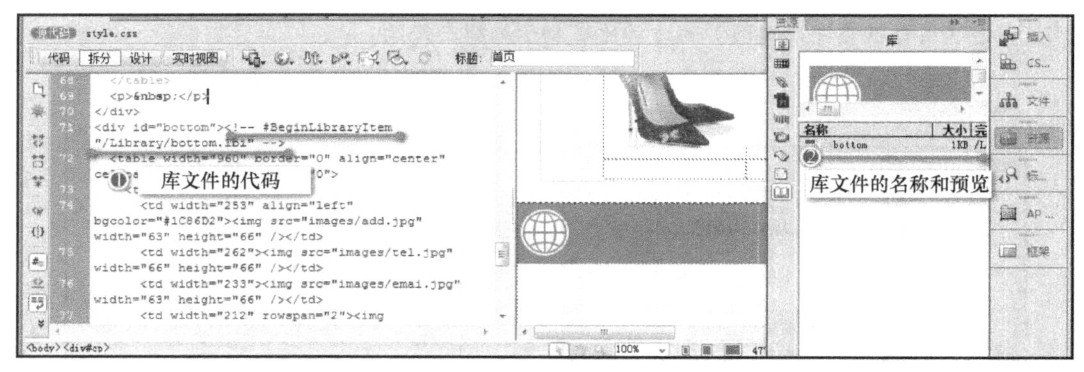

图5-4-13　库文件

STEP 2 使用鼠标双击库文件面板中的文件名，可直接打开库文件，修改库文件后选择保存，弹出【更新库项目】对话框，选择【更新】可以更新站点中使用了库文件的网页。

STEP 3 使用库文件的方式是，在库文件面板中，单击需要使用的库文件，用鼠标左键拖曳到放置库文件的位置即可，如打开模板文件“moban.dwt”，将库文件“bottom”拖曳到“#bottom”区域中放置，效果如图 5-4-14 所示，保存模板文件。

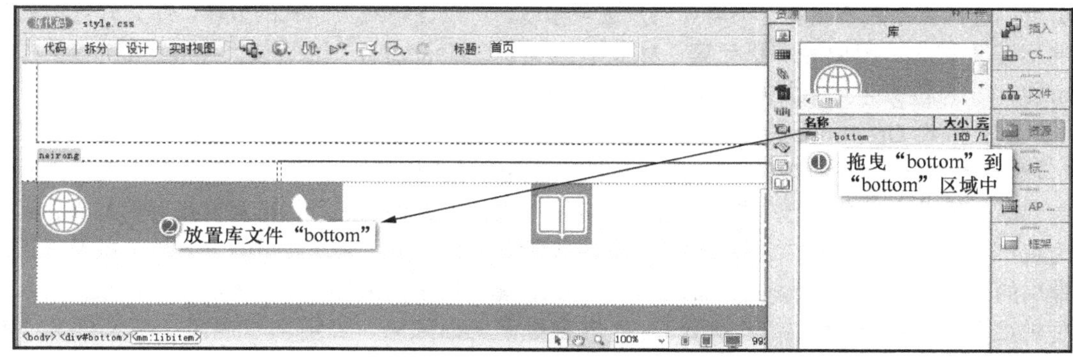

图5-4-14　使用库文件

STEP 4 当要脱离库文件时，只需单击网页中的库文件，在库文件的属性面板中单击 从源文件中分离 （见图 5-4-15），就可以脱离库文件。

图5-4-15　【库】属性面板

5.4.4　课堂练习：环保主题网站

1. 目标

- 熟悉使用 DIV+CSS 的布局模式；
- 熟悉创建模板的方式；
- 熟悉使用模板创建网页；
- 熟悉修改模板的操作。

2. 效果图

本练习要达到的效果如图 5-4-16 至图 5-4-19 所示。

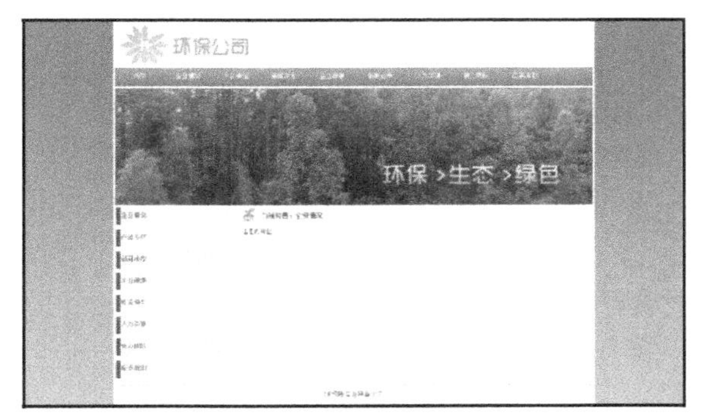

图5-4-16　模板

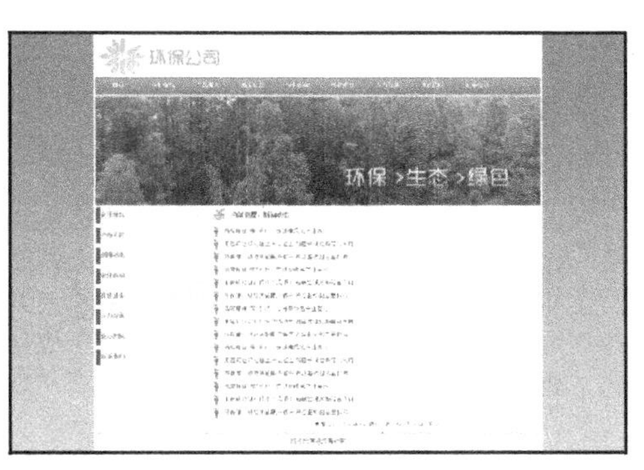

图5-4-17　公司新闻

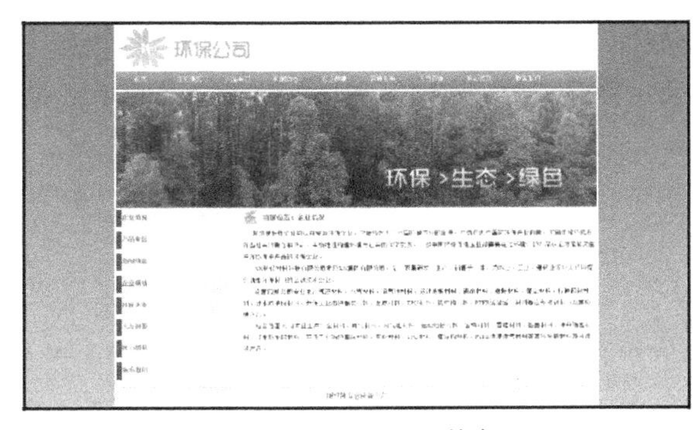

图5-4-18　公司简介

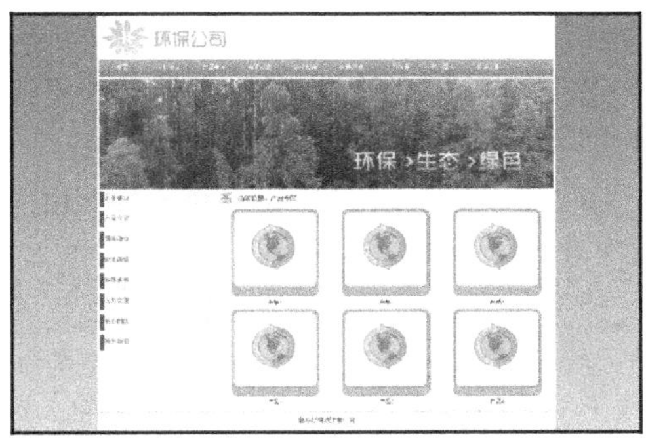

图5-4-19　产品专区

3. 网页布局图

网页布局如图 5-4-20 所示。

<table>
<tr><td colspan="2">头部 LOGO 部分#top</td></tr>
<tr><td colspan="2">导航部分 #nav</td></tr>
<tr><td colspan="2">大图部分 #pic</td></tr>
<tr><td>左侧导航
#left</td><td>主要内容区 #right</td></tr>
<tr><td colspan="2">底部部分 #bottom</td></tr>
</table>

图5-4-20　布局图

4. 具体的实施步骤

STEP 1 在 Dreamweaver 中创建站点“huanbao”，在站点文件夹中创建放置图像的文件夹“pic”，新建一个文件夹“style”用来存放 CSS 样式文件，将素材中图像复制到站点的图像文件夹“pic”中。

STEP 2 在站点中新建一个 HTML 文件，保存文件为“moban.html”；新建一个 CSS 文件，命名为“style.css”，保存在站点中；将“style.css”通过<link>的方式链接到“moban.htm”文件中。

STEP 3 在 Dreamweaver 中编辑“moban.html”，切换到代码视图；在<body></body>标签部分中创建“#all”“#top”“#nav”“#pic”“#main”“#left”“#right”“#bottom”共 8 个<div>标签，具体的 HTML 代码如下：

```
<body>
<div id="all"><!--整个网页的内容范围 -->
<div id="top"></div><!--头部的 logo 的盒子 -->
<div id="nav"></div><!--导航条的盒子-->
<div id="pic"></div><!--宣传图片的盒子-->
<div id="main"><!--主要信息区域的盒子-->
<div id="left"></div><!-- 左边导航的盒子-->
<div id="right"></div><!--右边的盒子-->
</div>
<div id="bottom"></div><!--底部的盒子，用来放置版权等信息 -->
</div>
</body>
```

STEP 4 切换到“style.css”文件中，定义步骤 3 中所创建的 DIV 元素的 CSS 样式，具体的 CSS 样式代码如下：

```
* {   /* 定义网页中所有的标签的边距值和填充值均为 0 */
   padding:0; margin:0;}
body {   /* 定义网页中的背景图像*/
    font-size:13px; background:url(../img/bg.jpg) repeat-x; }
#all {   /* 定义#all 的样式，宽度为 1000 像素，在网页中居中*/
   width:1000px; margin:0 auto; background-color:#FFF; height:auto !important;
   }
 #top {  /* 定义#top 的样式，定义宽度值和高度值、背景图像的效果等 */
    width:990px;height:100px ; margin:0 auto;
    background:url(../img/22.png )  no-repeat center left;
}
#nav {/* 定义#nav 的样式，定义宽度值和高度值、背景图像的效、设置边框等 */
    width:990px; height:37px; margin:0 auto;
    background:url(../img/2.jpg) bottom;
    border:1px solid #666;
}
#pic {  /* 定义#top 的样式，定义宽度值和高度值、背景图像的效果等 */
    width:990px; height:250px;
    background:url(../img/logo.jpg) bottom;
    margin:5px auto 0 auto ;
#main #left {
/* 定义#main 中的#left 的样式，定义宽度值，高度值为自动，浮动左对齐*/
   width:240px; height:auto !important ;
   float:left;
}
#main #right {
  width:730px;  /* 定义#right 的宽度值为 730 像素，高度值为自动*/
  height:auto !important;
  float:right;   /* 定义浮动为右对齐*/
    }
```

```
#main {/* 定义#main 的样式，定义宽度值，高度值为自动，设置上下边距为 5 像素*/
width:990px; height:auto !important;
 margin:5px  auto;
    }
#bottom {
 width:990px;  height:29px ;   /*定义宽度值、高度值*/
 margin:5px auto 0 auto;    /* 定义上边距为 5 像素，下边距为 0，左右边距为自动*/
 background:#FFC;           /* 定义背景颜色*/
 border-top:3px solid #FC9;   /* 定义上边框大小为 3 像素，实线*/
 padding-top:10px; /* 定义上填充大小为 10 像素*/
 text-align:center; /* 定义文本对齐方式为居中*/
 font-size:14px; /* 定义文字大小为 14 像素*/
 color:#333;   /* 定义文字的颜色*/
 }
```

定义 CSS 样式后，网页的效果如图 5-4-21 所示。

图5-4-21 moban.html的效果

STEP 5 切换到源代码中，在“#nav”中输入导航菜单的文本信息，并设置为无序列表。加入超链接，由于暂时没有设置超链接的对象，所以超链接为空链接，具体的 HTML 代码如下：

```
<div id="nav">
<ul>
<li><a href="#">首页</a></li><li><a href="#">企业情况</a></li>
<li><a href="#">产品专区</a></li><li><a href="#">新闻动态</a></li>
<li><a href="#">企业战绩</a></li><li><a href="#">科技进步</a></li>
<li><a href="#">人力资源</a></li><li><a href="#">核心团队</a></li>
     <li><a href="#">联系我们</a></li>
</ul>
</div>
```

网页的效果如图 5-4-22 所示。

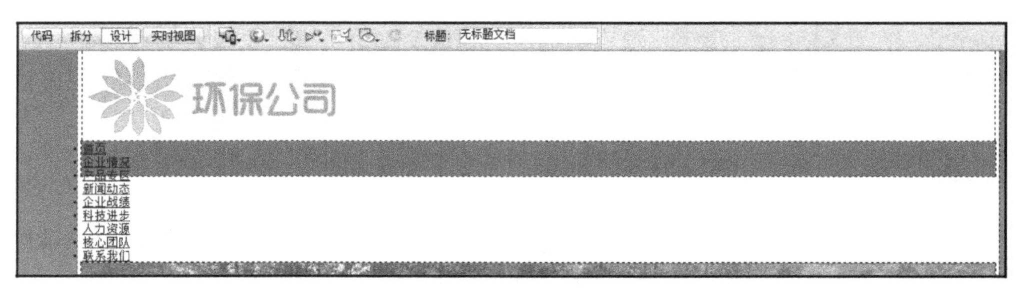

图5-4-22 导航

STEP 6 切换到“style.css”文档中，定义导航条的 CSS 样式，具体的 CSS 代码如下：

```
#nav ul {
list-style-type:none; /*定义列表的符号为无*/
}
#nav ul li {
float:left;/ *定义列表项的浮动为左浮动，水平菜单的做法*/
}
#nav ul li a { /* 定义列表项的超链接对象的样式*/
width:100px; height:27px;display:block;  /* 定义宽度值和高度值，需加入 display
的设置才效果*/
padding-top:10px;  /* 定义上填充值为 10 像素*/
text-align:center;  /* 定义文字的对齐方式为居中*/
text-decoration:none;  /*去掉超链接文字的下划线*/
color:#FFF; /*文字的颜色*/
}
#nav ul li a:hover {
color:#F30; font-weight:bold;/ *定义文字的颜色和文字加粗效果*/
}
```

导航加入 CSS 样式后的效果如图 5-4-23 所示。

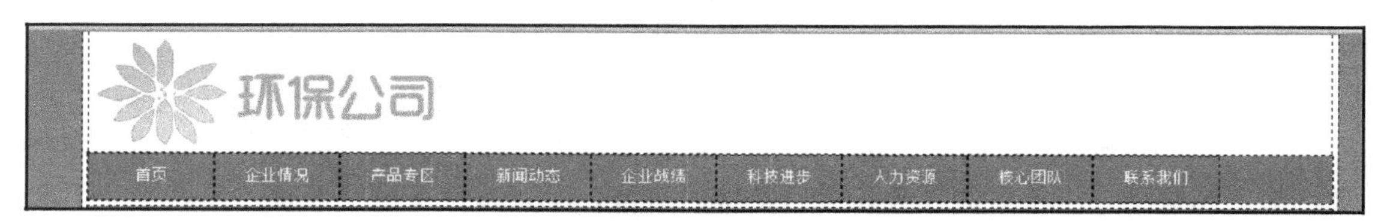

图5-4-23 加入CSS样式后的导航效果

STEP 7 切换到源代码中，在<div id="bottom"></div>前方插入<div style="clear:both"></div>，用来清除浮动的效果，效果如图 5-4-24 所示。

STEP 8 在“#left”中，输入左边的菜单的文字内容，并设置为项目列表，加入空的超链接；在“#right”中输入文字信息“当前位置：企业情况”，并设置为标题 1，创建一个<div>，“class”名为“neirong”，在该“neirong”中输入文字信息“这是内容区”。具体的 HTML 带代码如下所示：

```
<div id="left"><ul>
<li><a href="#">企业情况</a></li>
<li><a href="#">产品专区</a></li>
```

```
<li><a href="#">新闻动态</a></li>
<li><a href="#">企业战绩</a></li>
<li><a href="#">科技进步</a></li>
<li><a href="#">人力资源</a></li>
<li><a href="#">核心团队</a></li>
<li><a href="#">联系我们</a></li>
</ul></div>
<div id="right">
<h1>当前位置：企业情况</h1>
<div class="neirong">这是内容区</div>
</div>
```

图5-4-24 效果图

效果如图 5-4-25 所示。

图5-4-25 效果图

STEP 9 切换到“style.css”文档中，设置“#left”和“#right”中的文本、项目列表、超链接、标题 1 等网页元素的 CSS 样式，具体的 CSS 样式代码如下所示：

```
#left ul {list-style-type:none;/ *将项目列表的项目符号设置为无*/}
#left ul li a {
width:230px; height:27px;    /*定义列表项中的超链接对象的宽度值和高度值*/
```

```
    background-color:#FF9; /*定义背景颜色*/
    border-left:10px solid #C00; /*设置左边框的效果*/
    display:block; padding-top:10px; /*设置显示为块，上填充值为 10 像素*/
    text-decoration:none; /*去掉超链接文字的下划线效果*/
    margin:0 0 10px 0; /*将项目列表的项目符号设置为无*/
    color:#666;font-weight:bold; /*定义超链接文字的颜色和字体加粗效果*/
    }
    #left ul li a:hover {/*定义鼠标滑过时的效果*/
    border-left:10px solid #360; /*设置左边框的效果*/
    color:#063; background:#97ba35;/ *定义超链接文字的颜色和背景颜色*/
    }
    #right h1 {                 /*定义#right 中的标题 1 的样式*/
    width:688px; height:30px;  /*定义标题 1 的宽度值和高度值*/
    font-size:14px;color:#060 /*定义文字大小为 14 像素，颜色为#060*/
    padding-top:10px; padding-left:42px;/ *定义上填充值为 10 像素，左填充值为 42 像素*/
    background:url(../img/2.gif)  no-repeat top left; /*定义背景图像，图像不重复，
位置为上方，左边*/
     }
    #right .neirong {/*定义#right 中.neirong 的样式*/
    width:730px; height:auto !important; /*定义.neirong 的宽度值和高度值，高度为自动
效果*/
    line-height:25px;/ *定义行高 25 像素*/
    }
```

完成样式的定义后，“#main”部分的“#left”和“#right”的效果如图 5-4-26 所示。

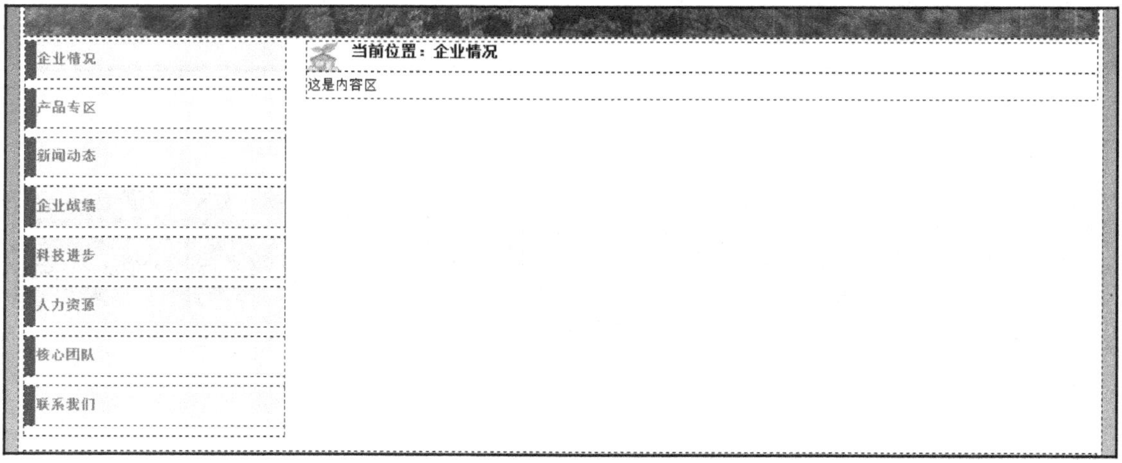

图5-4-26　效果图

STEP 10 选中“#right”区域，单击插入菜单中的【常用】→【插入】→【模板】→【可编辑区域】，弹出 Dreamweaver 的警示框（见图 5-4-27）。单击【确定】，弹出【新建可选区域】对话框，单击【确定】，“#right”的效果如图 5-4-28 所示。

STEP 11 选择菜单栏的【文件】→【另存为模板】，弹出【另存模板】对话框，在【另存为】中输入“moban”，单击【保存】，完成模板文件的创建。

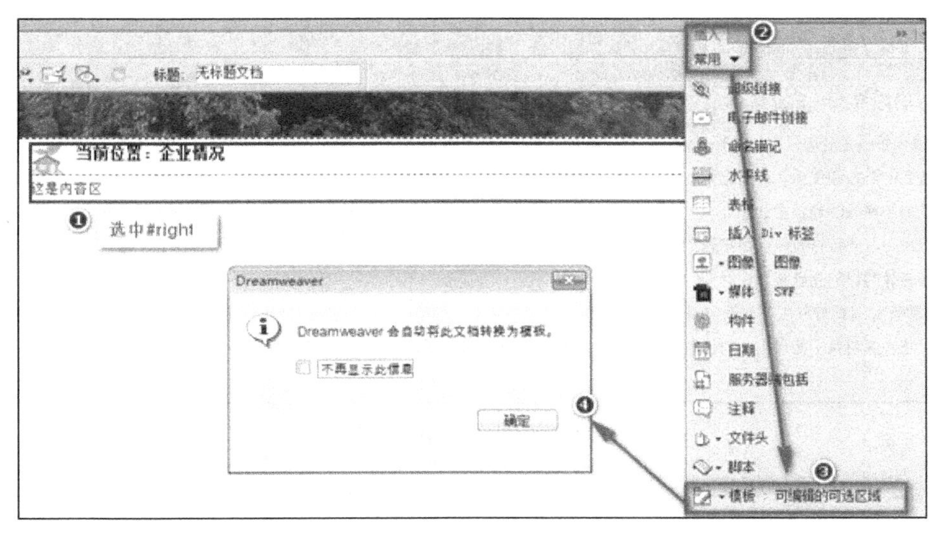

图5-4-27 插入模板

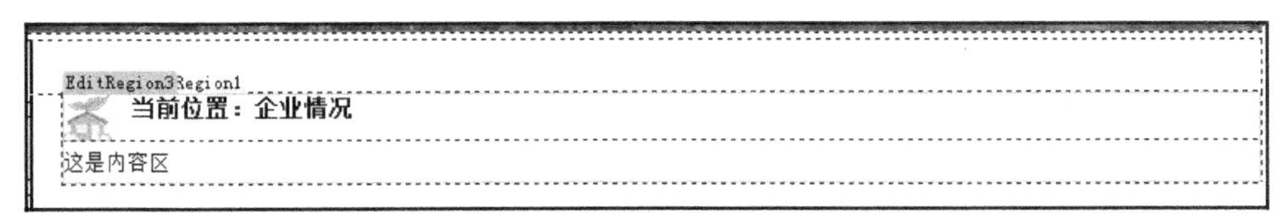

图5-4-28 插入模板

STEP 12 选择菜单栏的【文件】→【新建】→【模板中的页】→站点模板中的【moban】，单击【创建】(见图 5-4-29)，保存网页，名称为“index.html”。

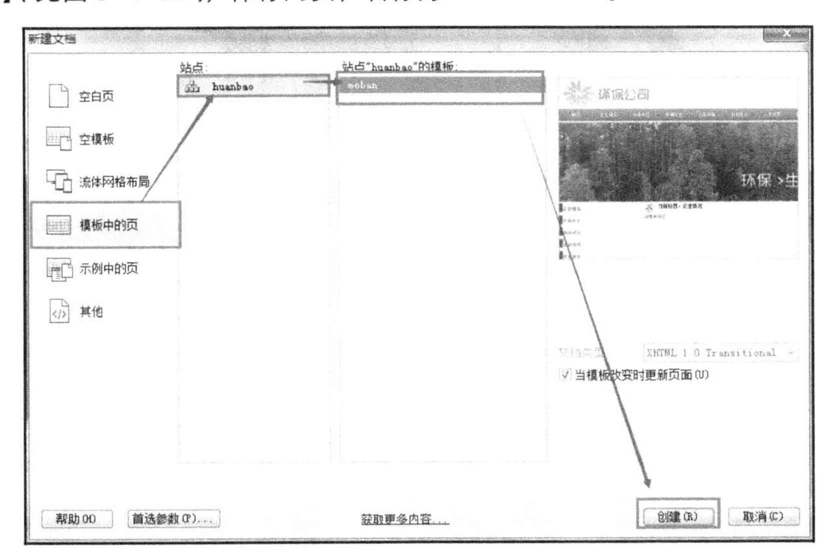

图5-4-29 从模板创建网页

在“neirong”中输入“企业情况”的文字信息(图 5-4-30)，保存网页，完成首页的制作，预览效果如图 5-4-18 所示。

EditRegion3
当前位置：企业情况
环境保护性企业可以简称为环保企业，它始终致力于中国环保事业的发展，肩负着执行国家环保产业政策，实施建设环境友好型社会的责任和使命，积极推进构建环境与社会的和谐发展，一般中国的环保性企业都需要经过环境保护产品认证才能称为生产环境保护产品的环保企业。
XX环保材料科技有限公司隶属XX集团有限公司，是一家集研发、生产、销售于一体，为农业、工业、建筑业等15大领域提供新型环保材料的高新技术企业。
经营范围 公司专业生产气密材料、充气材料、沼气池材料、运动地板材料、窗帘材料、雪鞋材料、篷盖材料、特种箱包材料、涉水防护服材料、劳保工业防护服装材料、医疗材料、TPU材料、膜结构材料、PTFE透湿透气材料等高科技新材料及其终端产品。

图5-4-30 输入文字信息

STEP 13 使用模板文件新建网页，名称为“product.html”。在“neirong”中将“企业情况”的文字信息修改为“产品专区”，在“neirong”中插入一个 4 行 3 列的表格，【表格宽度】为 100%，【边框粗细】和【单元格边距】的值为 0，【单元格间距】的值为 2（见图 5-4-31），在第一行和第三行的单元格中分别插入图像，在第二行和第四行的单元格中分别输入产品的名称（见图 5-4-32），保存网页，即完成产品专区页的制作。预览的效果如图 5-4-19 所示。

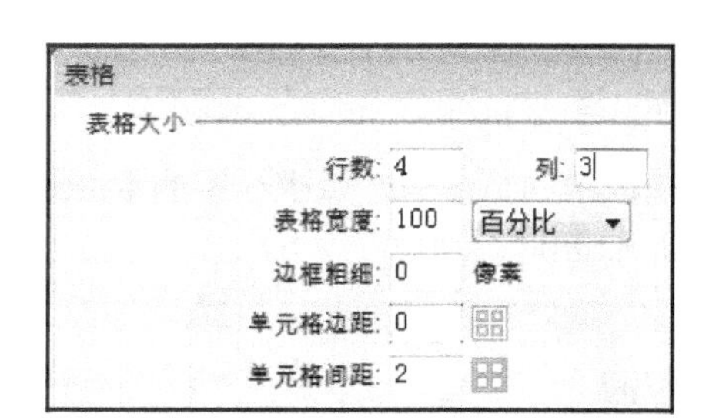
表格
表格大小
行数: 4
列: 3
表格宽度: 100
百分比
边框粗细: 0
像素
单元格边距: 0
单元格间距: 2

图5-4-31 创建表格

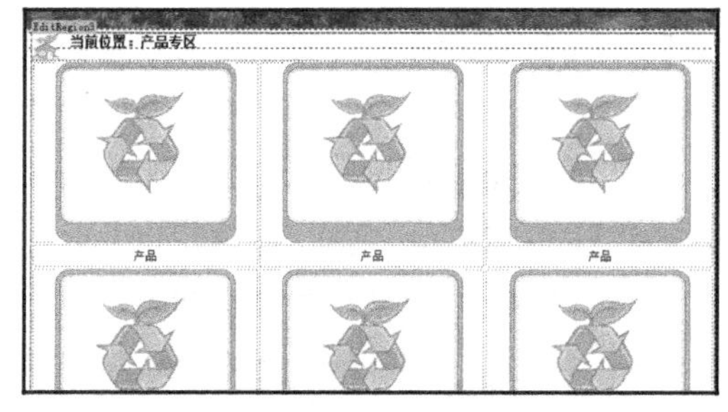
当前位置：产品专区
产品
产品
产品

图5-4-32 插入图像

STEP 14 使用模板新建网页“news.html”，在“neirong”中将“企业情况”的文字信息修改为“新闻动态”，在“neirong”中输入多条新闻信息，并设置为项目列表和加入超链接效果，HTML 代码如下所示：

```
<div id="right">
<h1>当前位置：企业情况</h1>
<div class="neirong">
<ul>
<li><a href="#">低碳环保“筷”乐行走进泰绿色产业基地  </a></li>
<li><a href="#">用建筑垃圾处理生产混凝土新疆尝试垃圾综合利用</a></li>
<li><a href="#">环保部：规范实施限产停产严惩超标超总量排污</a></li>
     /*省略部分列表项*/
</ul>
</div>
</div>
```

在 Dreamweaver 中的效果如图 5-4-33 所示。

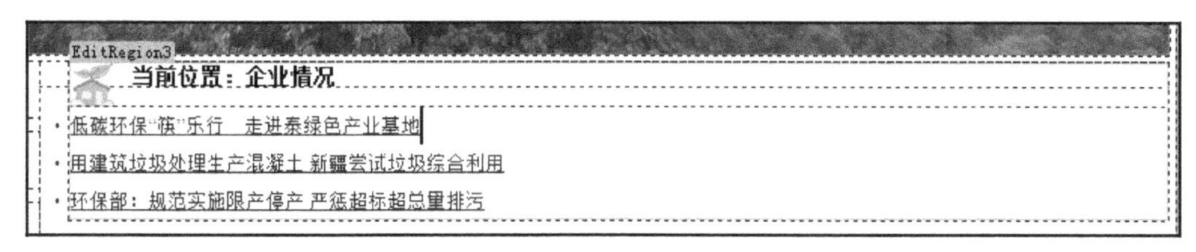

图5-4-33　效果图

STEP 15 切换到设计面板，在项目列表的后面插入一个段落，输入本信息“当前页：1/2 页共 3 页首页 | 上一页 | 下一页 | 末页”，并对“首页”“上一页”“下一页”“末页”设置超链接。

STEP 16 切换到“sytle.css”中，定义“neirong”中的项目列表和超链接文字的 CSS 样式并保存网页文件，“neirong”项目列表、超链接的样式设置与“#nav”和“#left”相似。具体的 CSS 代码如下所示：

```
    #right .neirong ul {list-style-type:none;}
    #right .neirong ul li {background:url(../img/li_bg.jpg) no-repeat left;
padding-left:25px; line-height:30px; }
    #right .neirong ul li a {text-decoration:none; color:#333;}
    #right .neirong ul li a:hover {color:#F00;}
    #right .neirong a{ text-decoration:none;}
```

加入 CSS 样式后网页的效果如图 5-4-34 所示。

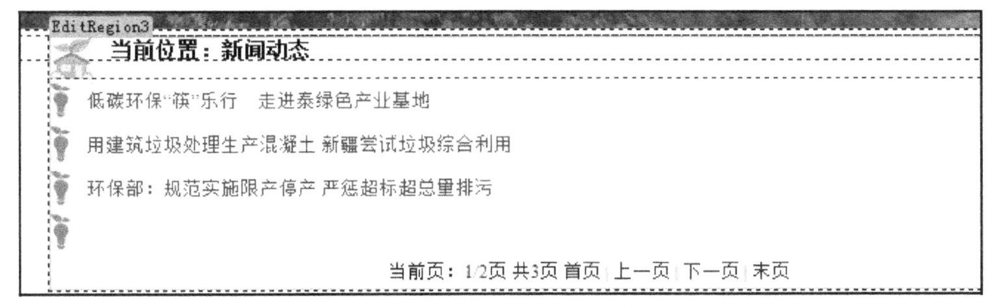

图5-4-34　加入CSS样式后的效果图

STEP 17 在 Dreamweaver 中打开模板文件“moban.dwt”页，修改模板文件中的链接信息和添加底部的版权信息。将“#nav”中的超链接以及“#left”中的超链接文字，对应文件“index.html”“product.html”和“news.html”修改。在“#bottom”中添加文字信息“权所有版权所有®违者必究”（见图 5-4-35），保存模板文件，在弹出【更新模板文件】对话框中单击【更新】按钮完成网页的更新。

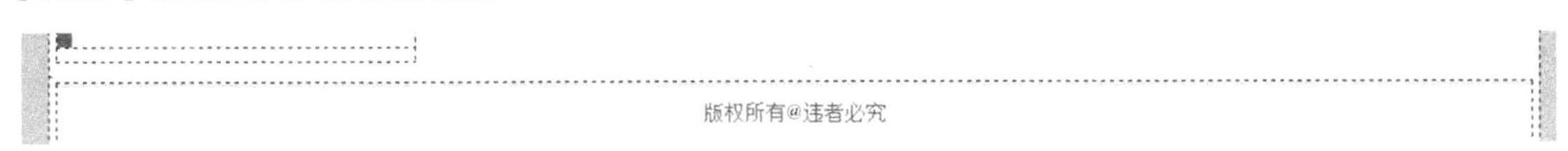

图5-4-35　#bottom

STEP 18 单击“F12”按钮，或单击按钮，在浏览器中预览，测试网页的超链接是否正确网页的效果如图 5-4-17 至图 5-4-19 所示。

5.5 本章小结

本章介绍了 Dreamweaver 中模板的作用、模板的创建、使用模板创建网页文件、修改模板、库文件的作用、库文件的创建和使用等内容，采用基于模板创建的方式完成了课堂案例中企业网站的二级页面的创建，并使用模板技术快速地完成了环保企业网站。通过对模板的学习和练习，学生要达到熟练的实现模板和库文件的创建、修改和应用的学习目标，提高网页制作的效率。

Dreamweaver CS6

Chapter

第6章
表单

■ **本章导读**

在访问一些网站的时候，尤其是访问一些论坛，经常要求用户先注册，成为用户后，才能在网站上发言。常见的注册页面，就是由表单元素组成。表单在网页中主要负责数据采集功能，如果要将表单内的信息提交到数据库中，则需要动态网页技术结合才能实现。静态网页中，我们可以完成表单的设计与制作。

■ **知识目标**

- 了解表单的功能；
- 熟悉各种表单标签的用法；
- 了解 Spry 表单元素的使用。

■ **技能目标**

- 掌握表单的使用方法；
- 掌握单行文本域、多行文本域、密码文本域和隐藏域的创建方法；
- 掌握单选按钮、复选按钮和单选按钮组、复选按钮组的创建方法；
- 掌握列表菜单和跳转菜单的创建方法；
- 掌握文件域、图像域和按钮的创建方法；
- 掌握 Spry 表单元素的使用和验证表单的方式。

6.1 课堂案例：制作用户留言网页和在线调查问卷页

表单是实现用户与网站交互的主要方式之一，本章通过学习表单和表单元素，完成企业网站中用户留言（见图 6-1-1）页面的制作，并完成课堂练习在线调查问卷页（见图 6-1-2）的制作。

图6-1-1　用户留言页效果图

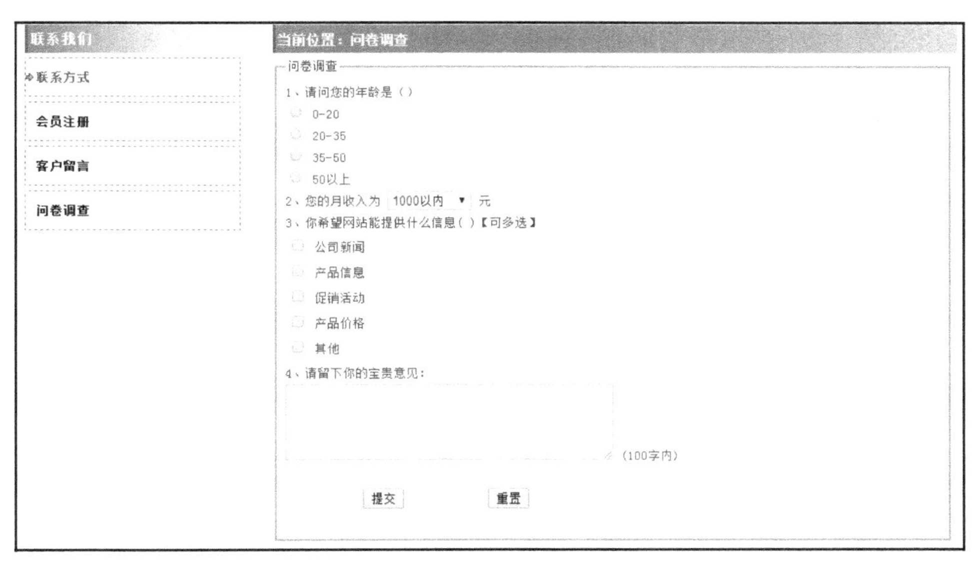

图6-1-2　在线调查问卷页

6.2 准备知识：表单

6.2.1　表单标签

表单在网页中主要负责数据采集功能。一个表单有 3 个基本组成部分。

- 表单标签：这里面包含了处理表单数据所用网页地址（“action”）以及数据提交到服务器的方法（“method”）。
- 表单域：包含了文本框、密码框、隐藏域、多行文本框、复选框、单选框、下拉选择框和文件上传框等。
- 表单按钮：包括提交按钮、复位按钮和普通按钮，用于将数据传送到服务器上的脚本或者取消输入表单已输入的信息，还可以用表单按钮来控制其他脚本。

1. 插入表单标签

可以通过插入表单标签的方式创建表单。表单的 HTML 标签为<form></form>，<form>和</form>里面包含的数据将被提交到服务器或者电子邮件里，主要的属性包含“action”“method”“enctype”“name”和“id”，表单的语法结构如下：

```
<form  action=" "  method="post"  enctype="multipart/form-data" name="form1" id="form1">
  表单内容
</form>
```

常用的表单属性如下。

- action：指定处理提交表单的对象，它可以是一个网页地址或一个电子邮件地址，是表单中一个重要的属性。
- method：指提交表单的 HTTP 方法，值为“post”或“get”，针对不同的提交方式动态网页接受数据的方式会有所不同，Dreamweaver 中默认的提交方式是“post”。

- enctype：指表单提交给服务器时（当 method 值为“post”）的媒体格式，主要格式“multipart/form-data”和“application/x-www-form-urlencoded”，“enctype”是可选项。
- name：表单的名称。
- id：表单的 ID 的值。

2. 在 Dreamweaver 中插入表单标签

使用表单和表单元素完成“会员注册”网页，效果如图 6-2-1 所示。

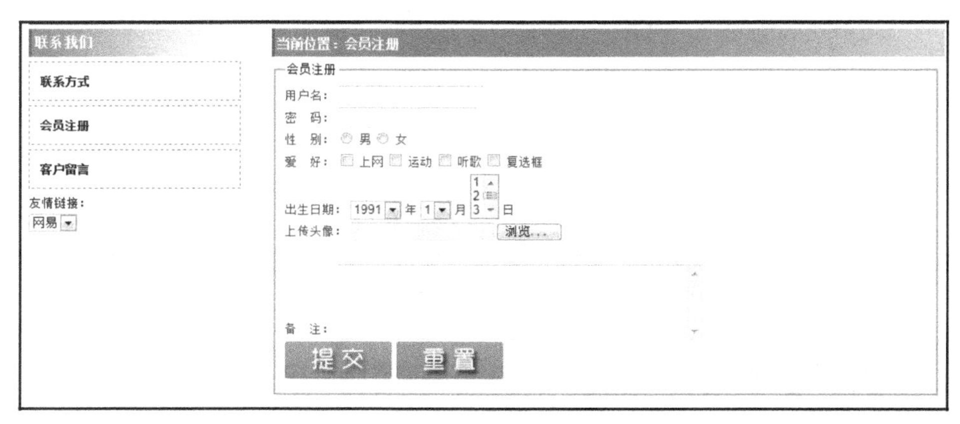

图6-2-1　会员注册页

使用表单和表单元素完成“会员注册”网页的具体操作步骤如下。

STEP 1 使用“dashang”站点，使用模板“moban.dwt”新建一个网页，保存为“regedit.html”，创建可编辑区域“neirong”的内容，并保存。

STEP 2 使用 Dreamweaver 提供的表单工具栏创建表单，单击【插入】工具栏→【表单】 表单 插入表单（见图 6-2-2）。

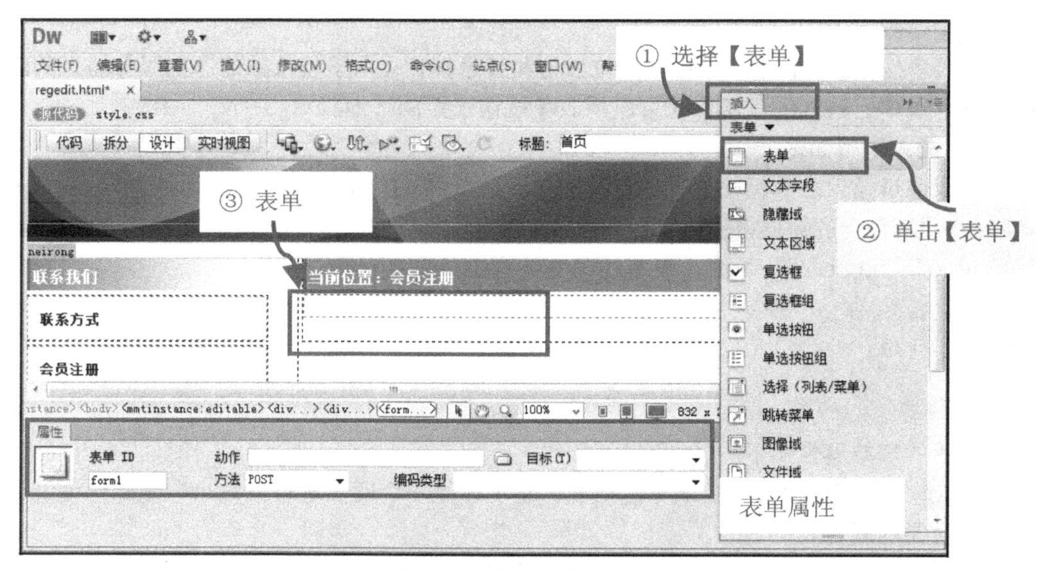

图6-2-2　插入表单

在插入表单后，Dreamweaver 的设计视图中显示一个红色矩形区域，这个区域就是表单区域。在网页预览时，红色线框是不显示的，单击这个区域的边框或内部，显示表单的属性面板。

表单的属性主要如下。

- 表单 ID：表单的名称，默认名称从"form1"开始。
- 动作（action）：指表单发送的方式，表单的数据提交到一个指定的处理接受页面或程序。
- 方法（method）：有"默认""POST"和"GET"3 种方式。默认为"POST"方式，"POST"的提交方式是将表单数据通过消息正文发送，"GET"的方式是将表单数据通过 URL 发送。
- 编码类型（enctype）：指设置发送表单到服务器的媒体类型，只在方法为"POST"时有效。
- 目标（target）：设置目标对象的打开方式。

插入表单标签后，需要在表单标签内插入各种表单元素，完成表单页面的制作。

6.2.2 表单元素—文本框

1. 文本字段

文本字段就是平时见到的输入框，是最基本的表单对象，既可以是单行文本，也可以是多行文本，还可以是输入密码文本。

在【插入】面板中选择【表单】→【文本字段】（见图 6-2-3）。

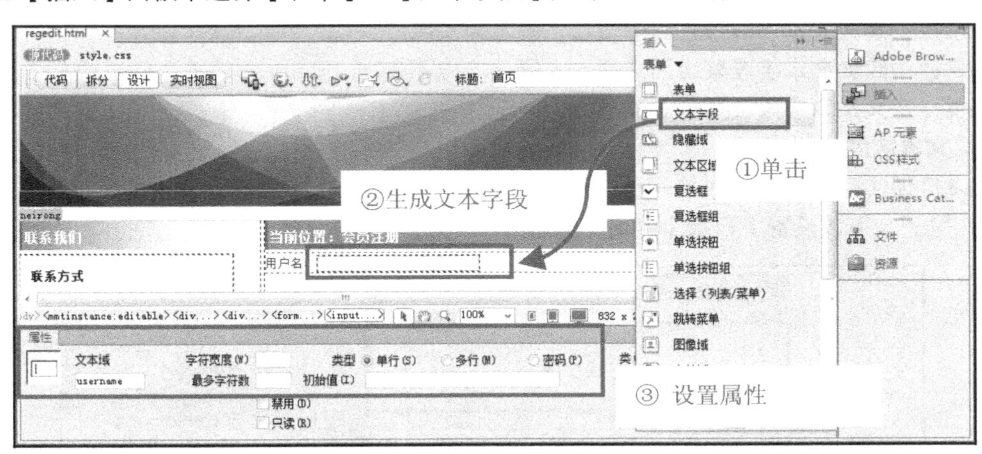

图6-2-3 插入【文本字段】

在插入文本字段前，显示【插入标签辅助功能属性】（见图 6-2-4）对话框，【插入标签辅助功能属性】的内容不是必须设置的，可以直接按【取消】按钮取消设置，还可以通过修改菜单栏的【编辑】→【首选参数】→【分类】→【辅助功能】中的【表单对象】（见图 6-2-5），取消或启动【插入标签辅助功能属性】的设置。插入标签辅助功能的面板主要有 6 项分别如下。

- ID：文本字段的 ID 名称的设置。
- 标签：文本字段的提示文本。
- 样式：提示文本显示的方式。
- 位置：提示文本的位置。
- 访问键：访问该文本字段的快捷键。
- Tab 键索引：在当前网页中的"Tab"键访问顺序。

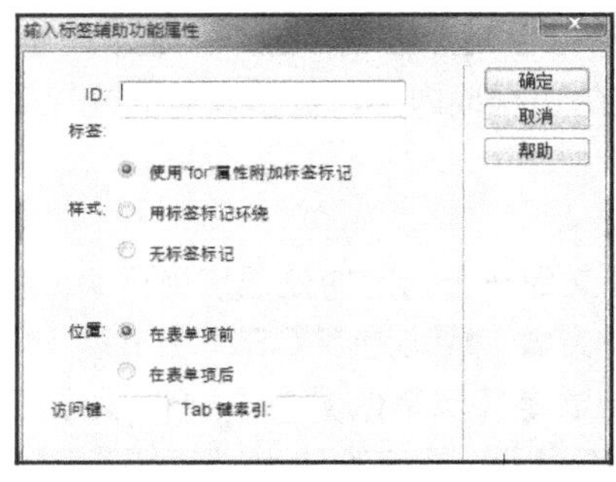

图6-2-4 【插入标签辅助属性】面板

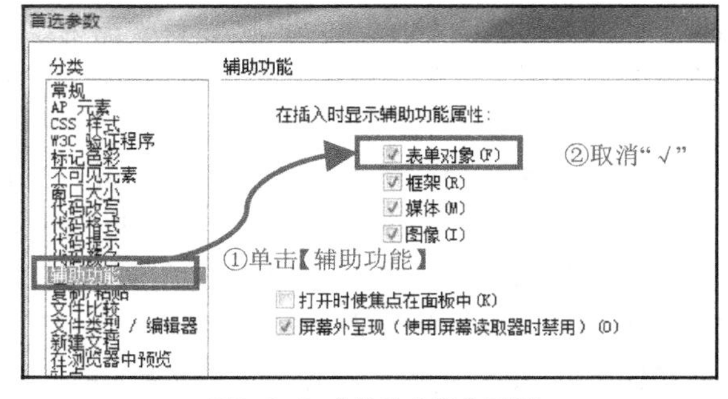

图6-2-5 【首选参数】面板

文本字段的属性面板中主要有 8 项属性。

- 文本域：文本字段的【ID】和【name】的属性，是对文本字段的命名。
- 字符宽度：文本显示宽度的大小，以字符大小为单位。
- 最多字符数：文本字段中最多允许输入的字符数。
- 类型：默认为"单行"，文本字段只有一行，不允许换行；可设置为"多行"，文本字段为可换行；可设置为"密码"，文本字段内的字符以密码的方式显示。
- 初始值：定义文本字段中的初始字符，即可设置默认值。
- 禁用：定义文本字段禁止用户输入，显示为灰色。
- 只读：定义文本字段禁止用户输入，显示方式不变。
- 类：定义文本字段使用的 CSS 样式。

2. 文本区域

文本区域实际是多行文本的一种表现形式，属性面板与文本字段的差别主要是字符宽度的值默认为"45"，可以设置【行数】的值（见图 6-2-6）。

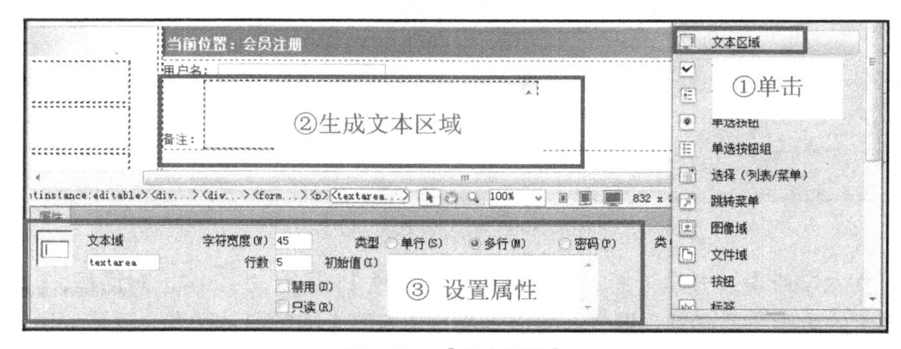

图6-2-6 【文本区域】

文本区域和文本字段可以通过属性面板的【类型】中的"单行"或"多行"来设置，一般文本区域是用来输入一行的文本信息，如用户名、密码等，文本区域用来输入多行信息，如留言、备注等。

6.2.3 表单元素—选择框

选择框是表单的重要元素之一，主要是单选按钮和复选框两种类型。

1. 单选按钮和单选按钮组

单选按钮是只能选择一个选项，不允许多项选择的按钮，是常用的表单选择之一。一个网页中允许插入多个单选按钮，将多个单选按钮组成一个组合，才能有只选一个的效果。如设置性别的选项，单击【插入】工具栏的【表单】选项中的【单选按钮】，显示【输入标签辅助功能属性】面板，设置 ID 值为“xb”，标签值为“男”，如图 6-2-7 所示，在设计视图中可见生成的单选按钮的效果。

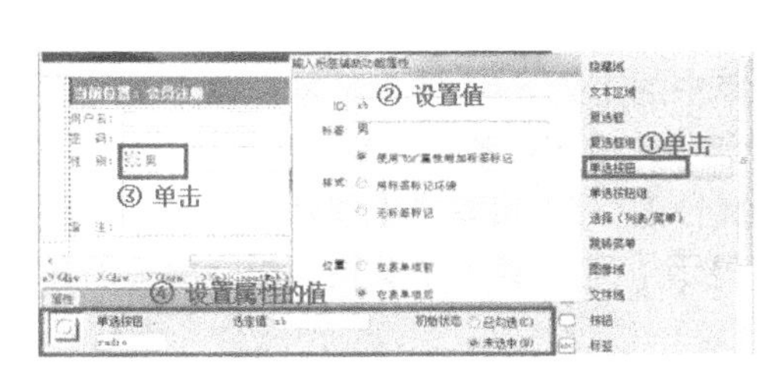

图6-2-7 插入单选按钮

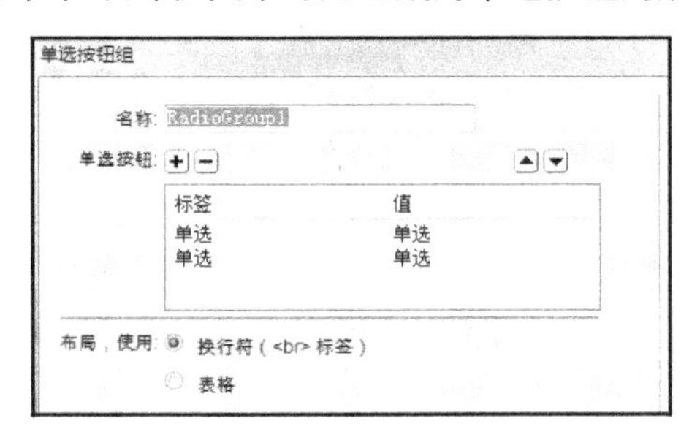

图6-2-8 插入单选按钮组

单击【设计】界面的单选按钮选项时，属性面板显示为【单选按钮】，主要属性设置有 3 项。

- 单选按钮：定义单选按钮的“name”的值和“id”的值，如果“id”值已经设置，则只设置属性“name”的值，默认的名称为“radio”；如果网页中有第二项单选按钮，名称默认为“radio2”，名称按序号自动命名，用户一般需修改名称。
- 选定值：定义当前按钮被选中后传递（提交给服务器或页面）的值。
- 初始状态：定义初始状态该选项是否被选中，默认值为“未选中”。

注意：*在插入第二个单选按钮时，必须注意单选按钮的“name”的属性值。“name”的属性值用来设置多个单选按钮是否属于同一组。名称相同为同一组，每次只能有一个选项为选中状态，即实现单选的效果；如果单选按钮的名称都不相同，则不能实现单选效果。*

为了快速地完成单选的选项，可以采用单选按钮组快速完成。单击【插入】工具栏的【表单】选项中的【单选按钮组】 单选按钮组 ，显示【单选按钮组】对话框（见图 6-2-8），设置名称、标签和值；通过按钮 + - 增加或删除选项；▲ ▼ 修改选项的前后位置，选择显示的方式为换行符或表格，单击【确定】完成单选按钮组的创建。

2. 复选框和复选按钮组

复选框是允许用户选择多个选项的表单对象，也是常用的表单元素之一，单击【插入】工具栏的【表单】选项中的【复选框】 复选框 插入一个复选框。复选框的属性面板与单选按钮的属性面板相似，默认的名称为“checkbox”。为了快速完成多个复选框的效果，往往采用【复选框组】 复选框组 的方式创建复选框。单击【复选框组】（见图 6-2-9），并设置名称、复选框的标签和值，单击【确定】按钮，在【设计】视图中调整选项的位置，如图 6-2-10 所示。

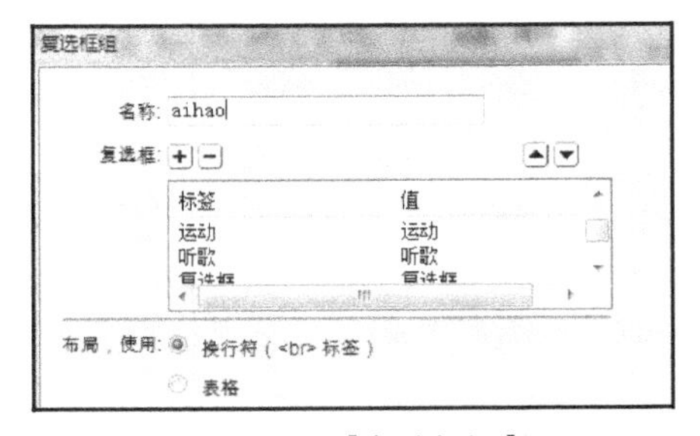

图6-2-9 【复选框组】

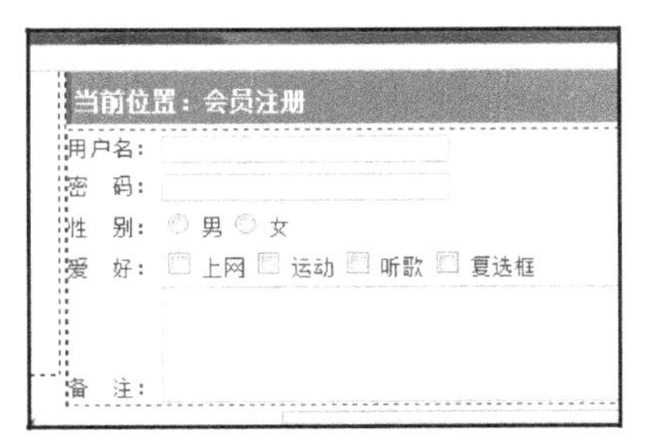

图6-2-10 调整后的效果

6.2.4 表单元素—菜单列表

除了文本框和选择框外，菜单列表也是常用的表单元素，主要列表菜单包含【选择（列表/菜单）】 选择（列表/菜单） 和【跳转菜单】 跳转菜单 两项。

1. 选择（列表/菜单）

如果要创建年月日的下拉菜单选项，可使用表单中的【列表/菜单】工具，在【设计】界面先输入文字“出生年月：年月日”，鼠标单击字符“年”的前方位置，再单击【插入】→【表单】→【选择（列表/菜单）】，显示【插入标签辅助功能属性】，可直接单击【取消】辅助功能属性的设置。单击【设计】视图中的【列表/菜单】选项，显示【列表/菜单】属性面板。属性设置主要有 4 项。

- 选择：定义【选择（列表/菜单）】的“name”和“id”的值。
- 类型：定义采用菜单还是列表类型，默认是菜单类型，“高度”和“选定范围”均为灰色不可设置，如果是“列表”类型，“高度”和“选定范围”就可以设置。
- 初始化时选定：定义初始化的选项。
- 列表值：定义列表或菜单中的选项，包含项目标签和值。

按图 6-2-11 所示在列表值对话框中输入项目标签和值，单击【确定】按钮，同样设置“月日”两项内容。若类型改为列表，高度值默认为“1”，修改高度值“3”，列表的效果如图 6-2-12 所示，单击【选定范围】“允许多选”，可以实现多选。

图6-2-11 【菜单】

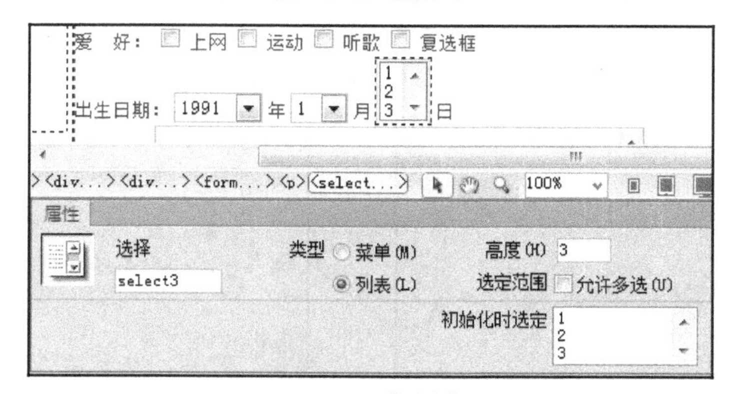

图6-2-12 【列表】

2. 跳转菜单

跳转菜单也是一种菜单的表现形式，可以实现在选择菜单项后另外打开一个浏览器窗口跳转到菜单项相应的链接对象。常常用跳转菜单制作友情链接，具体操作方式为：单击【插入】→【表单】→【跳转菜单】，显示【插入跳转菜单】（见图 6-2-13）对话框。【跳转菜单】主要的属性设置如下。

- 菜单项：跳转菜单中的选项，通过[+][−]增加减少选项，[▲][▼]调整菜单项的顺序。
- 文本：菜单项在网页中显示的文本。
- 选择时，转到 URL：选择菜单项时跳转的超链接地址。
- 打开 URL 于：选择菜单项后打开超链接的位置。
- 菜单 ID：跳转菜单的“name”和“id”的值。
- 菜单之后插入前往按钮：启用该选项，将在跳转菜单的后面添加一个按钮，默认按钮上的文本为“前往”，当用户选择跳转菜单后，单击“前往”按钮打开超链接。
- 更改 URL 后选择第一个项目：启用该选项，当用户选择了跳转菜单的项目并打开超连接后，跳转菜单将自动返回第一个项目（见图 6-2-14）。

在“文本”中输入“网易”，在“选择时，转到 URL”中输入 http://www.163.com，单击左上角的[+]图标增加跳转菜单项。同样的方法设置“搜狐”。如果启用了“菜单之后插入前往按钮”，则在跳转菜单的后面添加一个按钮，如图 6-2-14 所示。“前往”按钮的属性主要有：“值”是设置按钮上的文字，“动作”有 3 种选项，默认作为跳转按钮使用时值为“无”。

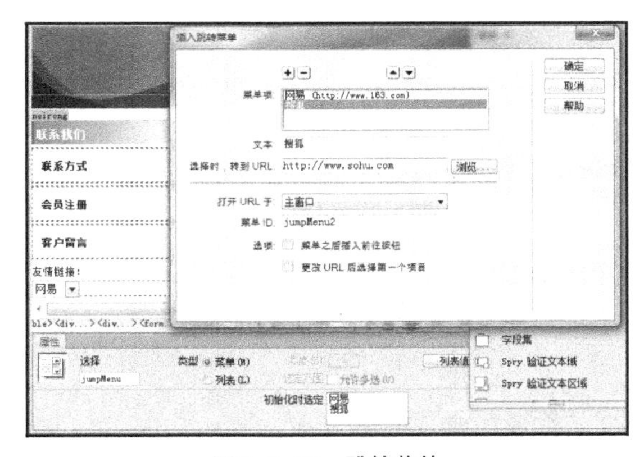

图6-2-13 跳转菜单

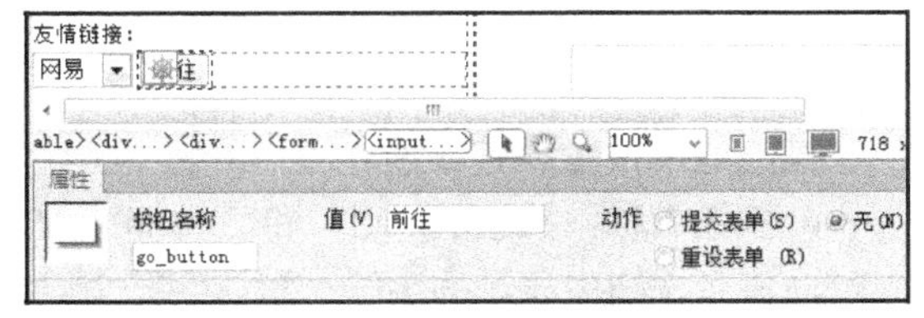

图6-2-14 “前往”按钮

6.2.5 表单元素—按钮

1. 图像域

图像域是具有按钮功能的图像，图像域默认为提交按钮。在 Dreamweaver 中插入图像域的方式是单击【插入】→【表单】→【图像域】 图像域，显示【选择图像源文件】对话框，选择图像后单击【确定】；图像域默认为提交表单的按钮，若要设置成“重置”或其他的按钮效果，需另外添加脚本。如将图像域设置为重置按钮效果的具体方法：在表单中插入一个图像域，选择“images”文件夹中的“cz.jpg”图像文件，单击图像域，切换到【代码】视图，添加重置效果的脚本在图像域的源码中，具体的代码如下：

```
<input type="image" name="imageField2" id="imageField2" src="../images/cz.jpg"
onclick="reset();return false;" />
```

2. 文件域

文件域的作用是用来实现文件上传，是常用的表单元素之一，使用时只有文件域是不够的，需要结合动态网页的文件上传功能一起使用，才能将文件上传到指定位置。在 Dreamweaver 中插入文件域的方式是单击【插入】→【表单】→【文件域】(见图 6-2-15)。

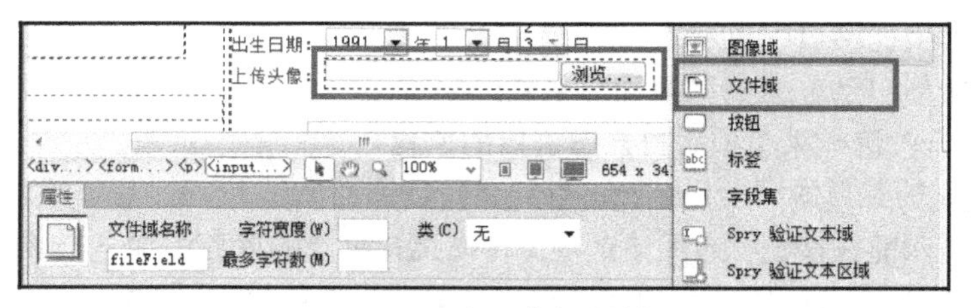

图6-2-15 插入【文件域】

文件域在使用时，单击文件域中的【浏览...】按钮，打开【选择要加载的文件】，选择文件后单击【确定】按钮完成。

3. 按钮

按钮是表单中重要的元素，实现表单的提交和重置等操作。在 Dreamweaver 中单击【插入】→【表单】→【按钮】来插入一个按钮，如图 6-2-16 所示。

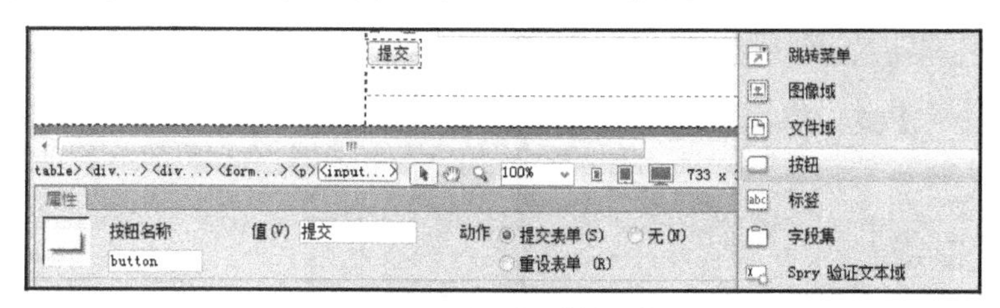

图6-2-16 插入【按钮】

按钮的属性主要有 3 项。

- 按钮名称：按钮的“id”和“name”的值。
- 值：按钮中显示的字符；默认字符为“提交”“重置”或“按钮”。
- 动作：有 3 个选项，分别是：“提交表单”“重设表单”和“无”。“提交表单”是指按钮设置为提交型，单击按钮就将表单中的数据提交到表单的接收对象，是按钮的默认值。使用提交型时需设置好表单的属性“action”的值，才能有提交的效果。“重设表单”就是将表单中所有的值清空或恢复初始值。“无”这个选项是用来定义按钮触发的事件，可以响应其他脚本。

6.2.6 其他表单元素

1. 隐藏域

隐藏域是用来收集或发送信息的不可见元素，对于网页的访问者来说，隐藏域是看不见的。当表单被提交时，隐藏域的值将发送到服务器上。

隐藏域的 HTML 标签为 <input type="hidden" name="..." value="..." />

隐藏域的属性含义：

- type="hidden" 定义表单元素为隐藏域；
- “name”属性定义隐藏域的名称，要保证数据的准确采集，名称的定义在该页面中不能重复；
- “value”属性定义隐藏域的值。

例如：<input type="hidden" name="yincang" value="yingcangvalue">

2. 标签

在 Dreamweaver 中，加入表单或表单对象或其他表单元素时，在代码中会自动插入一个<label></label>标签，<label>没有任何样式效果，但是有触发对应表单控件功能；当没有指定功能时，可以删除<label></label>标签。

3. 字段集

字段集是对表单进行分组，一个表单可以有多个字段集<fieldset></filedset>。<fieldset>标签会在包含的文本和<input>等表单元素外面形成一个方框，内部可使用<legend></legend>标签设置字段集的标题。如将表单元素全部选中，单击【表单】→【字段集】(见图 6-2-17)。

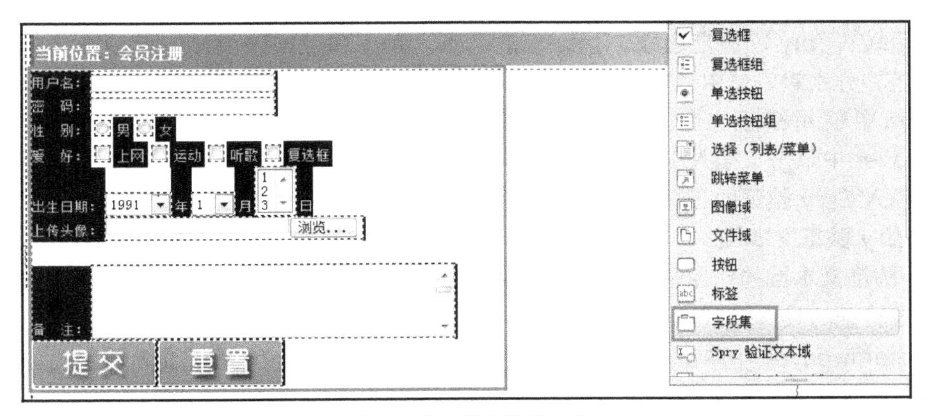

图6-2-17 选中表单元素

在显示的【字段集】对话框中的【标签】中输入“会员注册”，单击【确定】完成。被选中的表单元素的外部加入一个字段集的框，顶部的左边显示标签文字(见图 6-2-18)。

图6-2-18 插入字段集

单击【代码】视图，找到字段集的标签<fieldset></fieldset>，其中<legend></legend>标签包含的文字就是标签文字，效果如图 6-2-19 所示。

```
<fieldset>
        <legend>会员注册</legend>
         表单内容
</fieldset>
```

在 CSS 文件“style.css”中创建一个 CSS 样式，改变字段集框的边框粗细、边框线形、边框颜色，代码如下所示：

```
fieldset {border:2px solid #999;}
```

效果如图 6-2-20 所示。

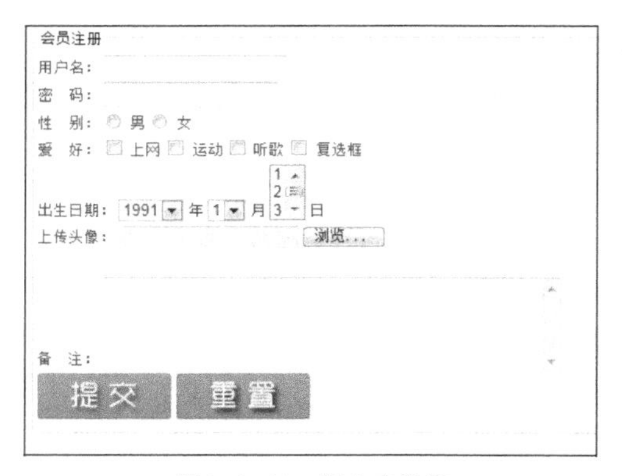

图6-2-19 插入字段集

图6-2-20 加入CSS样式效果

6.2.7 表单中的 Spry 元素

Dreamweaver CS6 中的表单工具中提供了 Spry 的表单验证功能。Spry 的表单验证包括 Spry 验证文本区域、Spry 验证复选框、Spry 验证选择、Spry 验证密码、Spry 验证确认、Spry 验证单选按钮组，分别对表单中的主要组成元素进行验证。

在站点中使用模板文件“moban.dwt”新建一个网页文件，命名为“spry.html”，在 Dreamweaver 中单击【插入】工具栏→【表单】→【表单】 表单 ，插入一个表单标签，在表单内插入 Spry 验证的工具。

1. Spry 验证文本域

Spry 验证文本域的作用是对指定的文本区域中输入的文本内容进行验证，通过属性面板或源码，设置验证的具体要求。

在 Dreamweaver 中单击【插入】工具栏→【表单】→【Spry 验证文本域】 Spry 验证文本域 ，添加验证文本域（见图 6-2-21）。

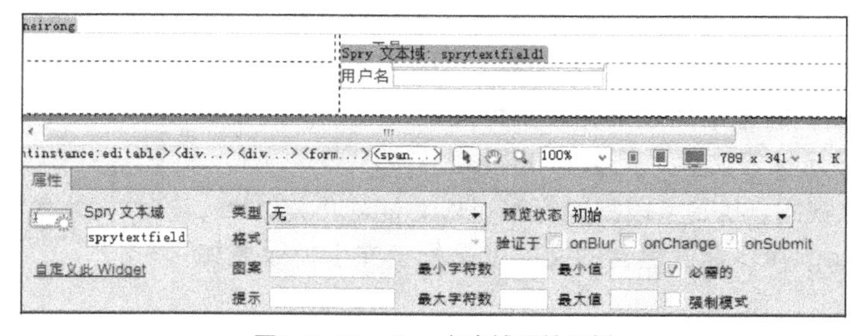

图6-2-21 Spry文本域属性面板

插入 Spry 文本域后，在设计界面中出现一个蓝色区域，自动命名为“sprytextfield1”。单击蓝色区域，显示【Spry 文本域】的属性面板；如果单击文本区域对象，则属性面板显示的是【文本区域】的属性面板。【Spry 文本域】的属性主要有以下几项。

- Spry 文本域：定义 Spry 文本域的“name”和“id”属性的值，即修改文本域的名称。
- 类型：定义 Spry 验证文本域所属的内置文本格式类型，默认值为“无”，还可以选择“整数”、“电子邮件”等 14 种文本类型。
- 格式：根据类型中的选项设置选择格式，但并不是每项的类型都有格式可以选择，如格式选择“整数”，就没有格式可选。

- 图案：根据用户输入的内容显示图像。
- 提示：Spry 验证文本域默认状态下的文本内容。
- 预览状态：默认有 3 个选项“初始”“必填”和“有效”。“初始”是定义网页被加载或用户重置表单时 Spry 验证的状态；“必填”是指 Spry 文本域没有输入值时显示的提示状态；“有效”是定义用户输入的表单内容有效时显示的提示状态。
- 验证于：有 3 个选项，分别为“onBlur”，指启用该复选框后在文本域获取焦点时触发 Spry 验证的功能；“onChange”是指在文本域内容被改变时触发 Spry 验证的功能；“onSubmit”指在整个表单提交时触发 Spry 验证功能。
- 最小字符数：设置文本域中允许输入的最少字符数。
- 最大字符数：设置文本域中允许输入的最大字符数。
- 最小值：设置文本域中允许输入的最小值。
- 最大值：设置文本域中允许输入的最大值。
- 必须的：定义文本域是否为必须输入的项目。
- 强制模式：禁止用户在文本域中输入无效字符，如定义类型为整数，则用户输入字母等其他无效字符将不能输入在文本框中，只能输入数字。

如设置用户名的 Spry 验证文本域中属性的值，【类型】默认为“无”，【提示】框中输入“请输入用户名”，【最小字符数】输入值“6”，【最大字符数】输入值“12”，选择【必须的】选项，单击保存网页，显示【复制相关文件】对话框，单击【确定】，在站点中会自动创建 SpryAssets 文件夹（见图 6-2-22）。在站点中，只要创建了 Spry 工具中的任意一项，都会自动创建响应的 CSS 文件和 JS 文件并保存在 SpryAssets 文件夹中，单击网页预览按钮，效果如图 6-2-23 所示。

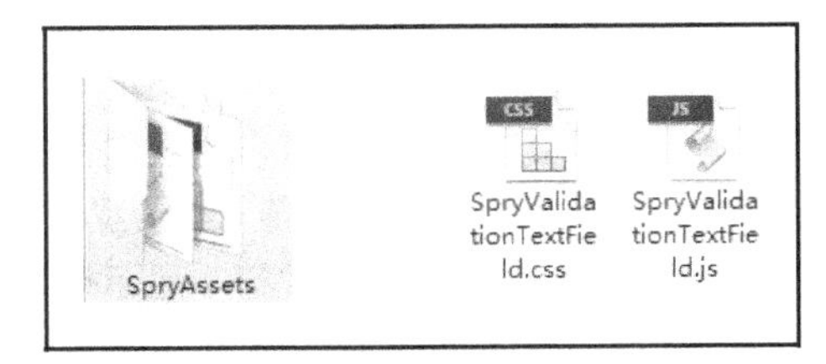

图6-2-22 SpryAssets文件夹

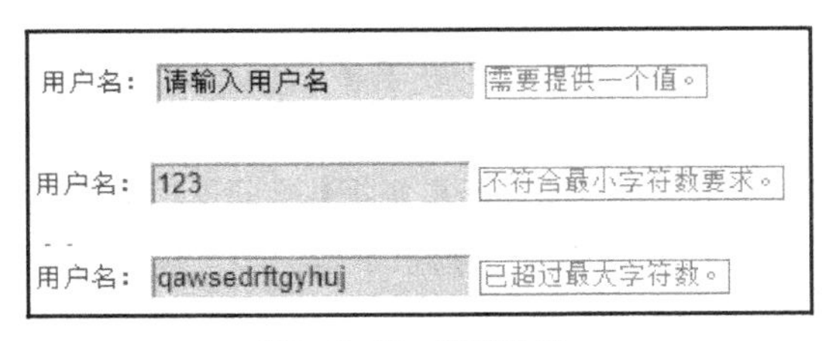

图6-2-23 预览效果

Spry 工具的提示字符可以在【代码】视图中找到对应的位置进行修改，如图 6-2-24 所示。

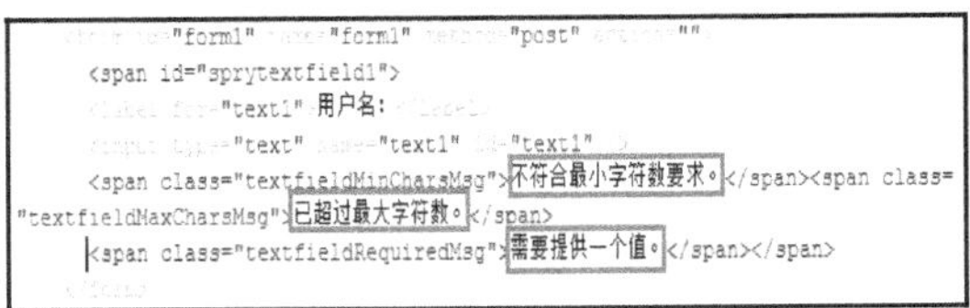

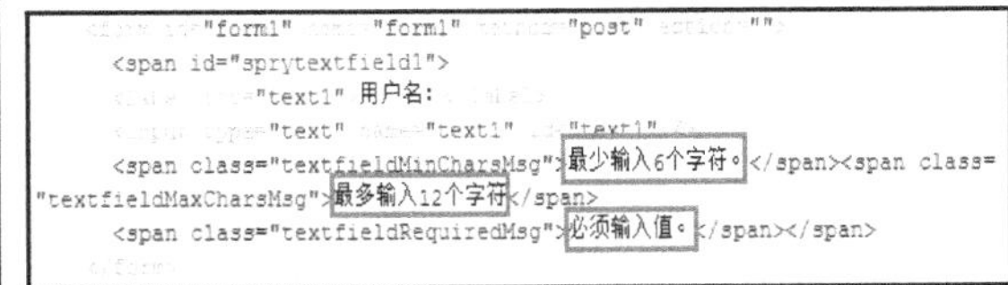

图6-2-24 修改提示字符内容

若网页中已经插入普通的文本区域，则可先单击文本区域，再单击【插入】工具栏→【表单】→【Spry 验证文本域】，将普通的文本区域修改为 Spry 验证文本域。此操作适用于表单中其他表单元素转换为对应的 Spry 验证工具（见图 6-2-25）。

图6-2-25　普通文本区域转换为Spry验证文本域

注意：Spry 验证中的其他工具均可以通过代码视图修改提示的文字信息。

2. Spry 验证文本区域

Spry 验证文本区域主要是验证文本区域的内容是否符合设置的要求。在 Dreamweaver 中单击【插入】工具栏→【表单】→【Spry 验证文本区域】 Spry 验证文本区域 （见图 6-2-26），创建 Spry 验证文本区域。

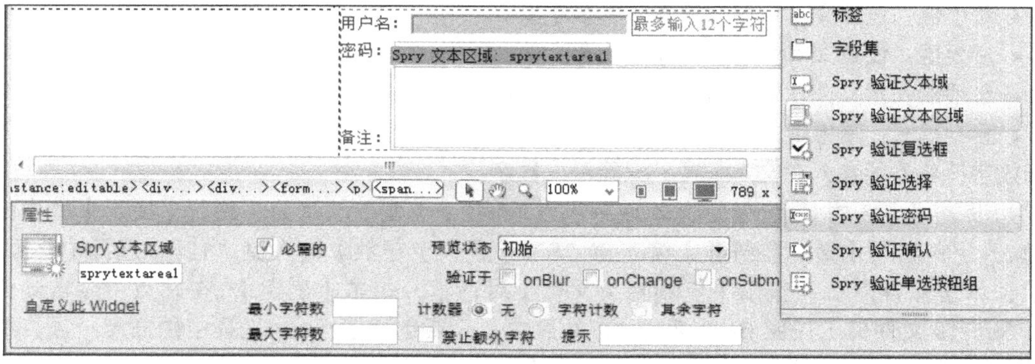

图6-2-26　插入【Spry验证文本区域】

单击 Spry 验证文本区域的蓝色边框，显示【Spry 验证文本区域】的属性面板。与 Spry 验证文本域比较，主要差别在于多了【计数器】选项。【计数器】选项中默认值为“无”，如选择“字符计数”，在文本区域的后面显示输入字符的数量，与【验证于】选项结合使用，计数的值并不是与输入值同时改变，而是根据【验证于】的 3 种状态的触发条件才相应改变数值。当设置了【最大字符数】，计数器的“其余字符”和【禁止额外字符】选项才能使用。“其余字符”显示剩余可以输入的字符数量，【禁止额外字符】的作用是防止用户在文本区域中输入的文本超过最大字符数中设置的值，当用户输入的字符数达到最大值后，就无法再输入字符（见图 6-2-27）。

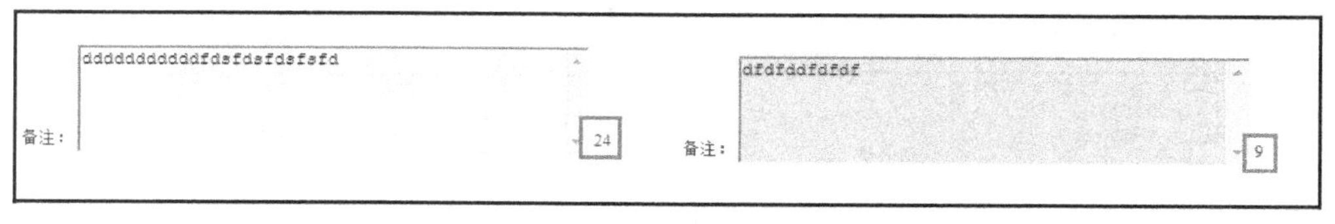

图6-2-27　“字符计数”和“其余字符”效果

3. Spry 验证密码

Spry 验证密码的作用是验证用户输入的字符是否符合密码设置的要求。在 Dreamweaver 中单击【插入】工具栏→【表单】→【Spry 验证密码】 Spry 验证密码，创建 Spry 验证密码文本区域（见图 6-2-28）。

注意：若将普通的文本区域修改为【Spry 验证密码】的效果，则必须先将文本区域的类型设置为“密码”，选中文本区域，再单击【插入】工具栏→【表单】→【Spry 验证密码】。

单击 Spry 验证密码的蓝色区域，显示 spry 密码的属性面板，其中主要的属性如下。

- 最小字符数：设置用户输入的密码的最少字符数。
- 最大字符数：设置用户输入的密码的最大字符数。
- 最小字母数：设置用户输入的密码中最少出现小写字母字符的数量。
- 最大字母数：设置用户输入的密码中最多出现小写字母字符的数量。
- 最小数字数：设置用户输入的密码中最少出现数字的数量。
- 最大数字数：设置用户输入的密码中最多出现数字的数量。
- 最小大写字母数：设置用户输入的密码中最少出现大写字母的数量。
- 最大大写字母数：设置用户输入的密码中最多出现大写字母的数量。
- 最小特殊字符数：设置用户输入的密码中最少出现特殊字符的数量，如*、？等。
- 最大特殊字符数：设置用户输入的密码中最多出现特殊字符的数量。

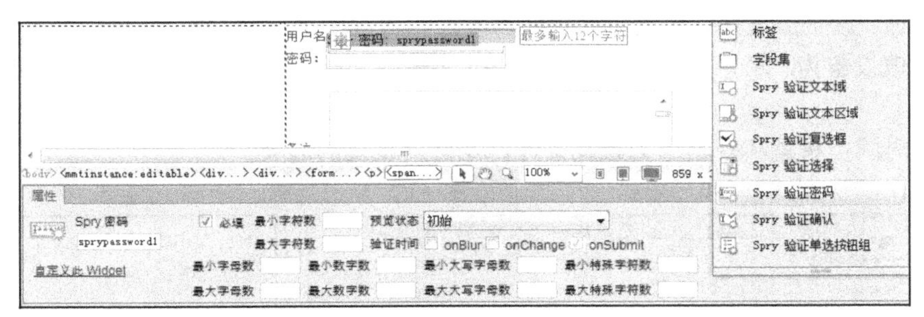

图6-2-28 Spry验证密码

4. Spry 验证确认

Spry 验证确认的作用是验证表单中的某一表单元素的内容与另外一个表单元素的内容是否相同，常用于密码的验证。在 Dreamweaver 中单击【插入】工具栏→【表单】→【Spry 验证密码】Spry 验证确认，创建 Spry 验证确认的文本域（见图 6-2-29），单击蓝色区域，显示【Spry 确认】属性面板，在【验证参照对象】中选择需要验证确认的对象名称，Spry 验证确认的文本区域或文本域要与【验证参照对象】类型相同。如文本区域为单行，则验证参照对象的文本字段也必须是单行。Spry 验证确认只能使用在表单中的文本区域或文本域对象中，其他的表单对象无法应用。

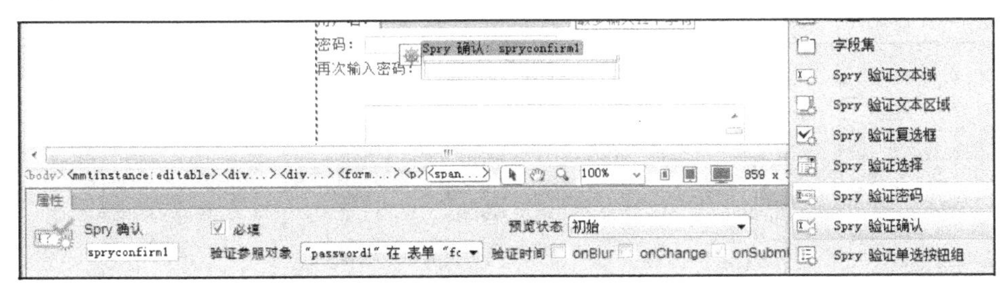

图6-2-29 Spry验证确认

5. Spry 验证单选按钮组

Spry 验证单选按钮组的作用是用户对单选按钮组进行选择时的验证功能。在 Dreamweaver

中单击【插入】工具栏→【表单】→【Spry 验证单选按钮组】，显示【Spry 验证单选按钮组】对话框，请注意填写标签和值，如图 6-2-30 所示。

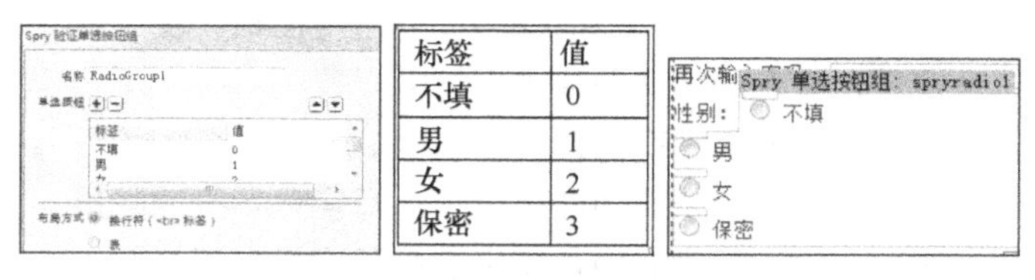

图6-2-30 Spry验证单选按钮组

单击 Spry 验证单选按钮组的蓝色区域，显示 Spry 验证单选按钮组的属性面板，如图 6-2-31（a）所示。主要的属性有以下 4 项。

- 必填：默认已选择。
- 空值：这个值是指在设置单选按钮时标签中对应的值，如“不填”选项设置的值为“0”，可以将空值设置为“0”。当选择“不填”这个选项时，提示“请进行选择”。
- 无效值：这个值是指在设置单选按钮时标签中对应的值，如“保密”选项设置的值为“3”，可以将无效值设置为“3”，当用户选择“保密”时，提示“请选择一个有效值”，如图 6-3-31（b）所示。
- 验证时间：设置实现验证的触发条件，是必须设置的选项。

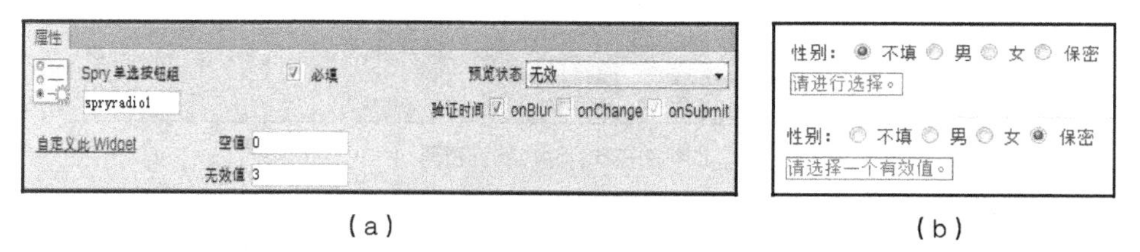

（a） （b）

图6-2-31 Spry单选按钮组属性

6. Spry 验证复选框

Spry 验证复选框的功能是在用户选择复选框的时候显示选择状态。在 Dreamweaver 中单击【插入】工具栏→【表单】→【Spry 验证复选框】 Spry 验证复选框，创建 spry 验证复选框的区域（见图 6-2-32）。在 spry 验证复选框的区域中添加多个复选框选项，组成复选框组，单击蓝色区域，显示【spry 复选框】属性面板。

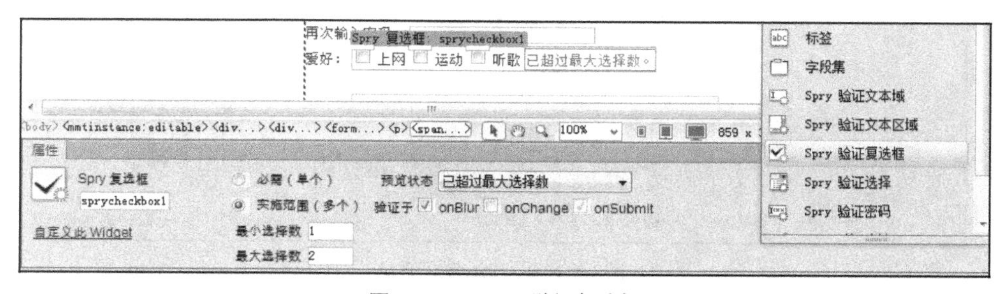

图6-2-32 Spry验证复选框

Spry 验证复选框的属性面板的主要属性有以下 3 项。

• 必需（单个）：该选项被选中，则【预览状态】为“必填”或“初始”，针对单个复选框的情况。

• 实施范围（多个）：该选项被选中，【最小选择数】和【最大选择数】可以设置，在多个复选框中，可以确定每次最少选择的选项个数和最多的选项个数，【预览状态】的选项根据是否有设置【最小选择数】和【最大选择数】而增加对应的状态。

• 验证于：验证效果触发的条件，必须设置，否则不能显示验证效果。

Spry 验证复选框的效果如图 6-2-33 所示。

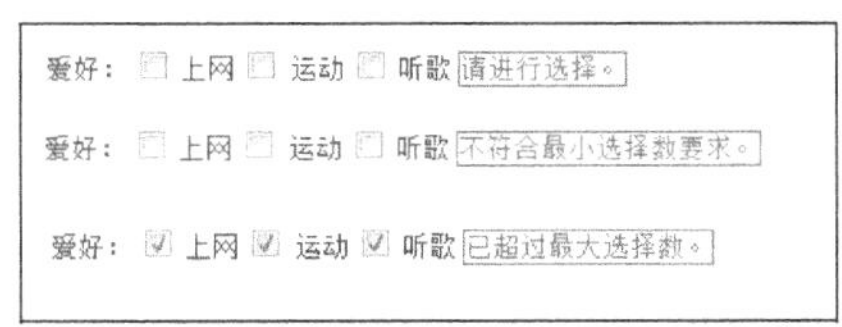

图6-2-33　Spry验证复选框的效果图

7. Spry 验证选择

Spry 验证选择是验证列表/菜单和跳转菜单的值，并根据值显示指定的文本或图像内容。在 Dreamweaver 中单击【插入】工具栏→【表单】→【Spry 验证选择】 Spry 验证选择（见图 6-2-34），如插入一个年份的 Spry 验证选择，单击普通的列表/菜单，显示【选择（列表/菜单）】的属性面板，设置列表值，其中设置一项列表的“项目标签”为“-请选择-”，值为“0”，其他设置具体的年份，保持【类型】的默认值为“菜单”，单击 Spry 验证选择的蓝色区域，显示【Spry 验证选择】属性面板。【Spry 验证选择】面板的主要属性有两项。

• 不允许：默认【空值】为选中状态，即不允许“空值”，在设置列表值的时候要注意是否有空值；【无效值】设置为具体的值，如设置为“0”，即列表值中的“-请选择-”这一项为无效值，一旦用户选择了这一选项，显示提示信息“请选择一个有效的项目”。

• 验证于：验证效果的触发条件，必须设置的选项。

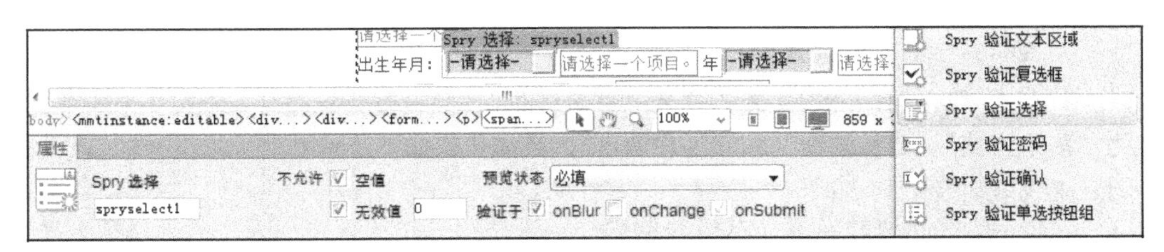

图6-2-34　Spry验证选择

6.3 案例实施过程：制作用户留言网页

1. 实训目标

• 表单和表单元素的基本使用；

• 使用 CSS 样式表对表单进行美化。

2. 效果图

实训要达到的效果如图 6-3-1 所示。

3. 具体的操作步骤

STEP 1 在站点“dashang”中使用模板文件“moban.dwt”创建一个新的网页并命名为“guest.html”（见图 6-3-2），保存网页在“files”文件夹中（见图 6-3-3）。

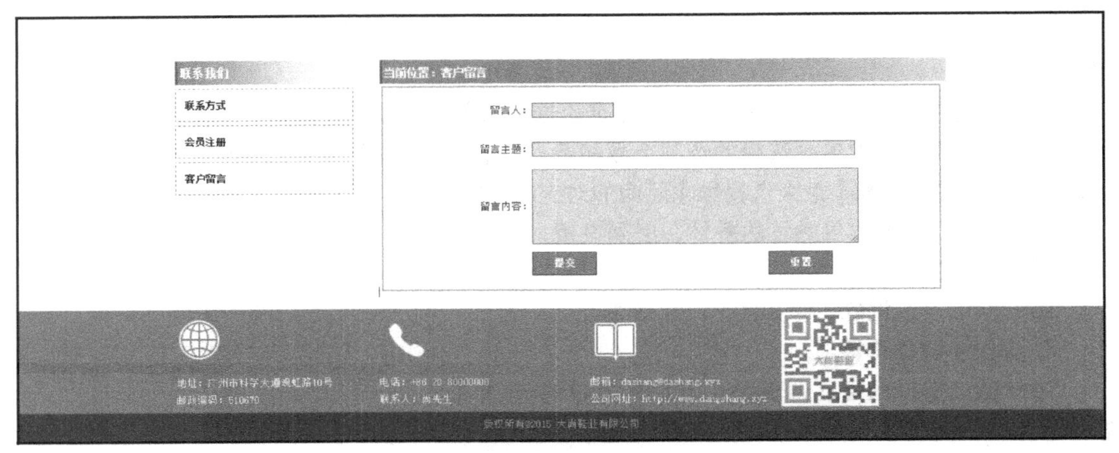

图6-3-1　效果图

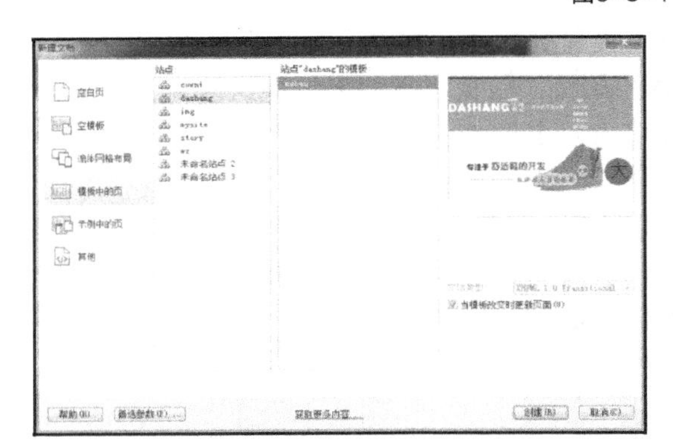

图6-3-2　通过模板新建网页

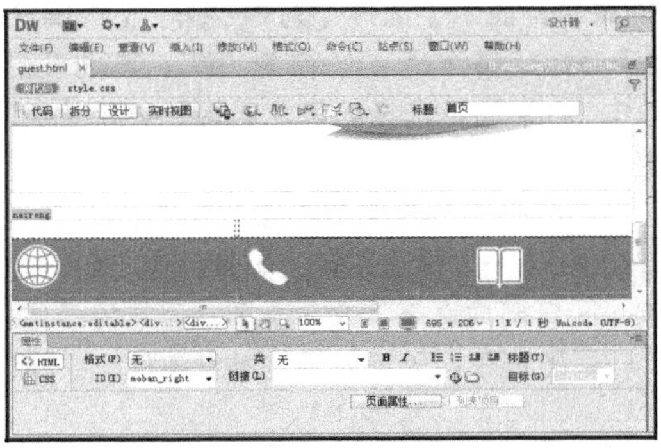

图6-3-3　保存网页

STEP 2 在“#main_left”中输入文本“联系我们”，并设置为标题 3，输入 3 个段落文字，分别为“联系方式”“会员注册”和“客户留言”，具体代码如下所示：

```
<h3>联系我们</h3>
    <p><a href="#">联系方式</a></p>
    <p><a href="#">会员注册</a></p>
    <p><a href="#">客户留言</a></p>
```

STEP 3 在“#main_right”中输入文本“当前位置：客户留言”，并设置为标题 4，效果如图 6-3-4 所示。

图6-3-4　插入文本

STEP 4 在“#main_right”中单击【插入】工具栏→【表单】→ 表单 ，插入一个表单（见

图 6-3-5）。

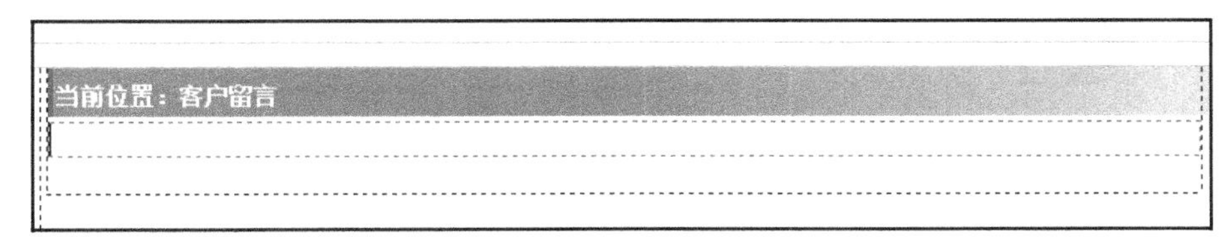

图6-3-5 插入表单

STEP 5 在表单中插入一个 4 行 2 列的表格，表格宽度为 80%，边框粗细为 0 像素，单元格边距为 0 像素，单元格间距为 0 像素，单击创建好的表格，设置表格属性面板的【对齐】为【居中】，选择第一个单元格，设置单元格的宽度为 20%，在第一列单元格中，分别输入“留言人”“留言主题”和“留言内容”，如图 6-3-6 所示。

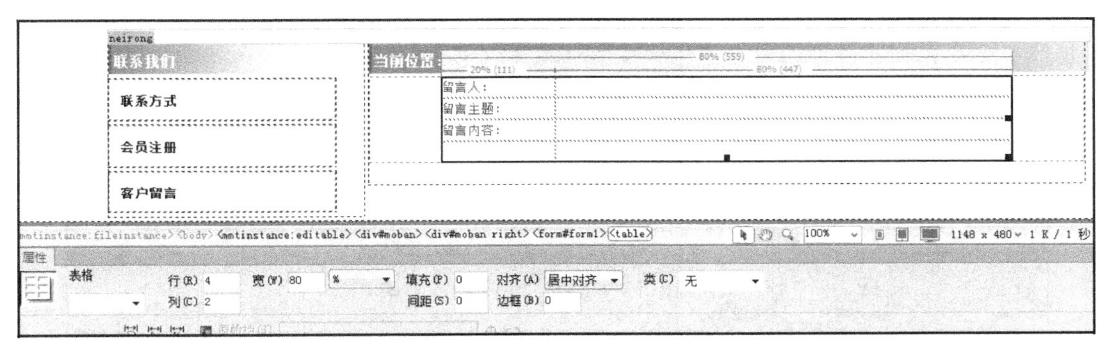

图6-3-6 插入表格

STEP 6 选中表格中第 1 列的前面 3 个单元格，设置单元格的高度为 30 像素，设置单元格的【水平】对齐方式为【右对齐】，如图 6-3-7 所示。

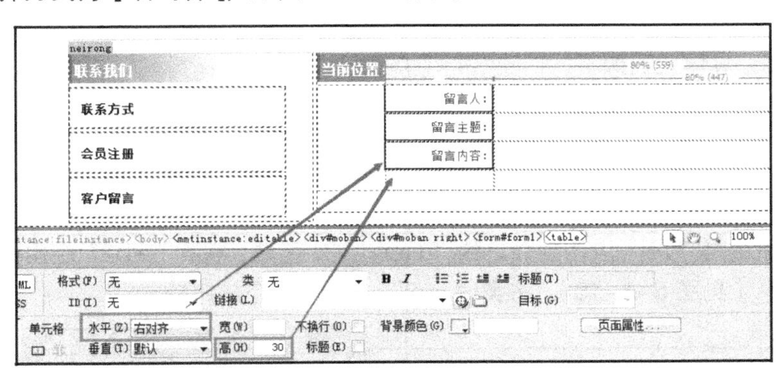

图6-3-7 设置单元格的格式

STEP 7 在表格的第 1 行第 2 列中，插入一个文本区域，ID 值为“user”，【字符宽度】和【最多字符数】均设置为 20，如图 6-3-8 所示。

STEP 8 在第 2 行第 2 个单元格中，插入文本区域，Id 值为“title”，设置【字符宽度】和【最多字符数】均设置为 50；在第 3 行第 2 个单元格中插入文本区域，ID 值为“content”，设置【字符宽度】为 50，【行数】为 6，如图 6-3-9 所示。

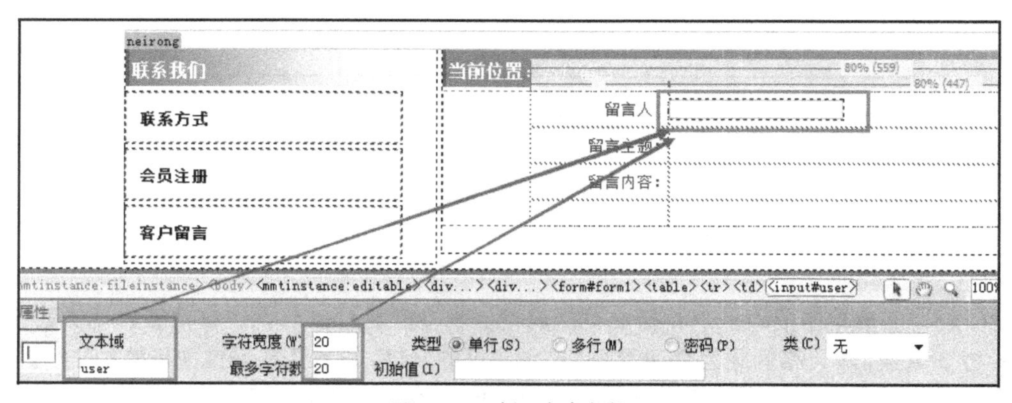

图6-3-8 插入文本字段

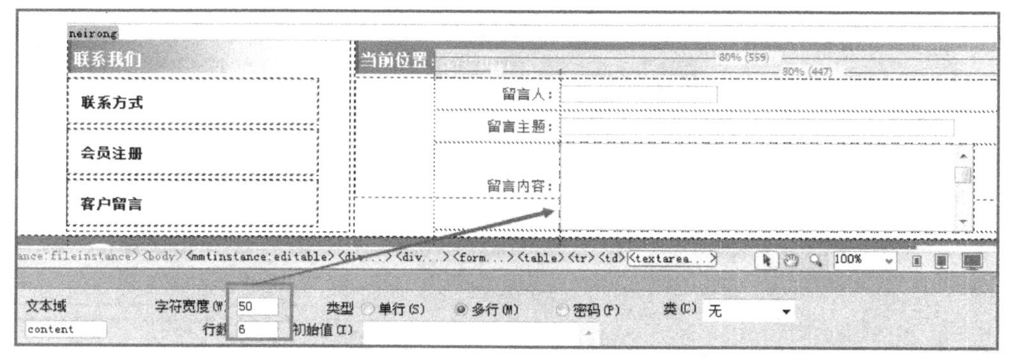

图6-3-9 插入文本区域

STEP 9 在表格的最后一行中，设置行高为 50 像素，在第二个单元格中插入两个按钮，一个是提交按钮，另一个是重置按钮。

STEP 10 为了美化表单的效果，给表单加入 CSS 样式，单击 style.css 文件，打开样式文件，分别创建 3 个类，具体代码如下：

```
.wb {border:1px solid #666; background-color:#CCC; color:#666; width:100px; }
.wb2 {border:1px solid #666; background-color:#CCC; color:#036; width:400px; }
.wb3 {width:80px; height:30px; background-color:#666; border:1px solid #333; color:#FFF; font-weight:bold; cursor:pointer;}
```

将 CSS 样式的类 “wb” 应用到表单的 “user” 文本区域，将类 “wb2” 应用到表单的 “title” 和 “content” 中（见图 6-3-10），将类 “wb3” 应用到两个按钮中。

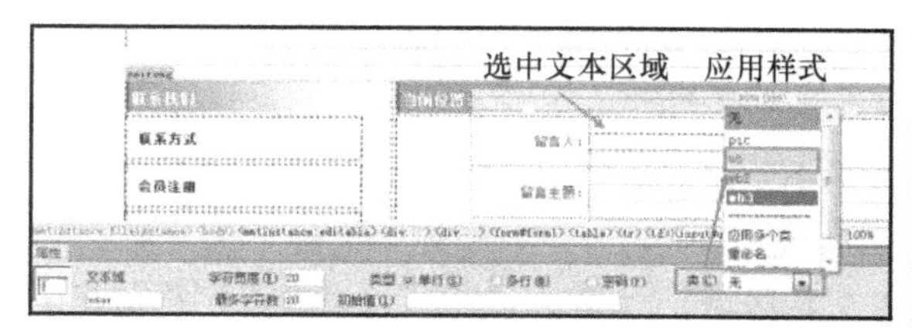

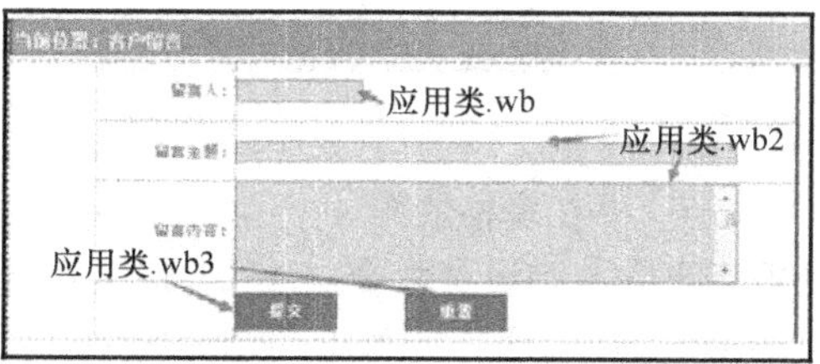

图6-3-10 应用样式

STEP 11 保存网页，并按键盘上的 “F12” 按键，在 IE 浏览器中预览网页效果（见图 6-3-1）。

6.4 案例实施过程：制作在线调查问卷页

1. 实训目标

- 熟悉表单的使用；
- 熟悉表单元素的使用。

2. 效果图

本节课堂练习要达到的效果如图 6-4-1 所示。

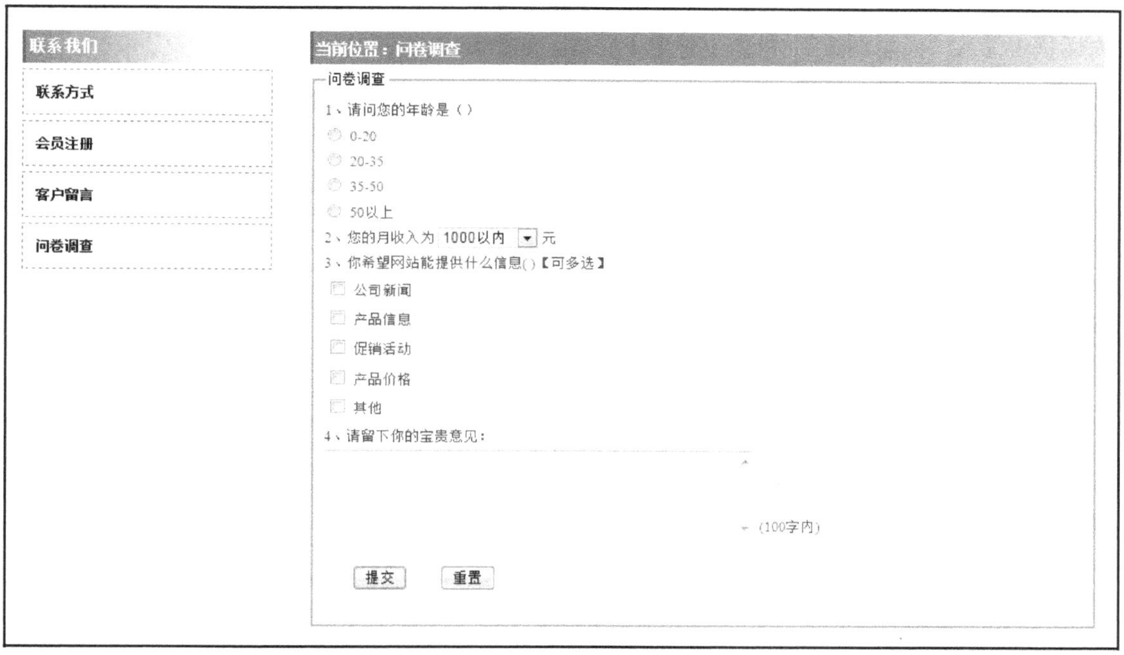

联系我们
联系方式
会员注册
客户留言
问卷调查

当前位置：问卷调查
问卷调查
1、请问您的年龄是（）
0-20
20-35
35-50
50以上
2、您的月收入为 1000以内 元
3、你希望网站能提供什么信息()【可多选】
公司新闻
产品信息
促销活动
产品价格
其他
4、请留下你的宝贵意见：
(100字内)
提交 重置

图6-4-1 效果图

3. 具体的操作步骤

STEP 1 在站点“dashang”中使用模板创建一个新的网页“diaocha.html”，保存网页在“files”文件夹中。

STEP 2 在“#main_left”中输入文本“联系我们”，并设置为标题 3，输入 3 个段落文字，分别为“联系方式”“会员注册”“客户留言”和“调查问卷”，具体代码如下所示。

```
<h3>联系我们</h3>
    <p><a href="#">联系方式</a></p>
    <p><a href="#">会员注册</a></p>
    <p><a href="#">客户留言</a></p>
    <p><a href="#">调查问卷</a></p>
```

STEP 3 在“#main_right”中输入文本“当前位置：客户留言”，并设置为标题 4，效果如图 6-4-2 所示。

STEP 4 在#main_right 中插入表单元素。

图6-4-2　输入文本

STEP 5 在表单中单击工具栏的【插入】→【表单】→【字段集】 字段集，在【字段集】对话框中输入“问卷调查”，单击【确定】完成，如图 6-4-3 所示。

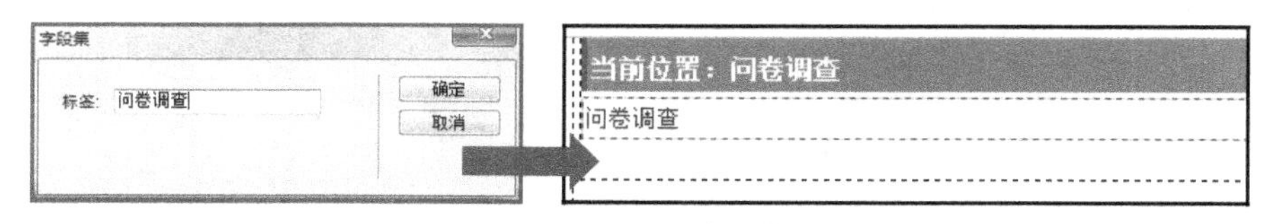

图6-4-3　插入字段集

STEP 6 将光标放置在字段集中，单击【Spry 验证单选按钮组】 Spry 验证单选按钮组，在单选按钮组对话框中输入参数（见图 6-4-4）。

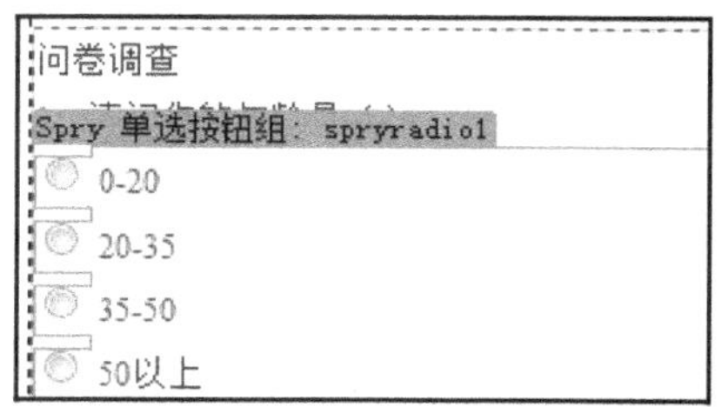

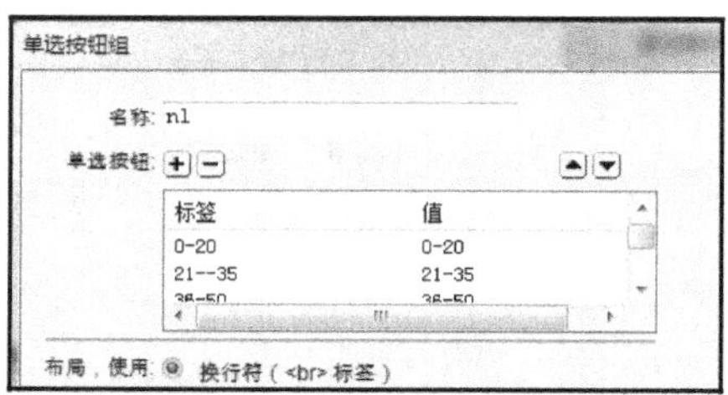

图6-4-4　插入单选按钮组

由于使用了 Spry，所以当前网页中自动链接和插入 js 文件、CSS 文件，如图 6-4-5 所示，当插入其他的 Spry 对象时，同时自动地链接和插入相应的 js 和 CSS 文件。

图6-4-5　插入Spry文件

STEP 7 单击【表单】→Spry 验证选择 Spry 验证选择，插入类型为“菜单”，按图 6-4-6 所示输入列表值。

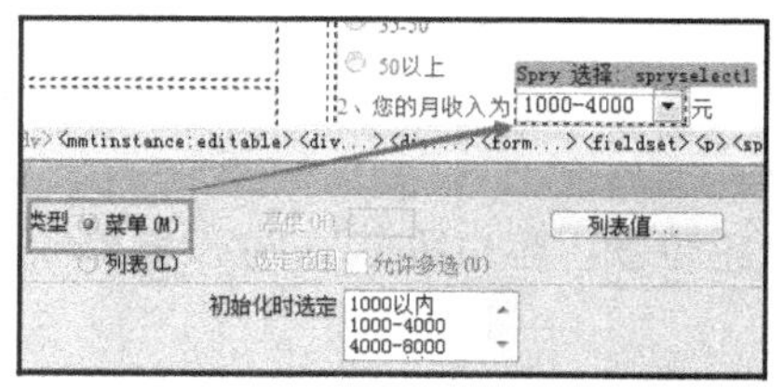

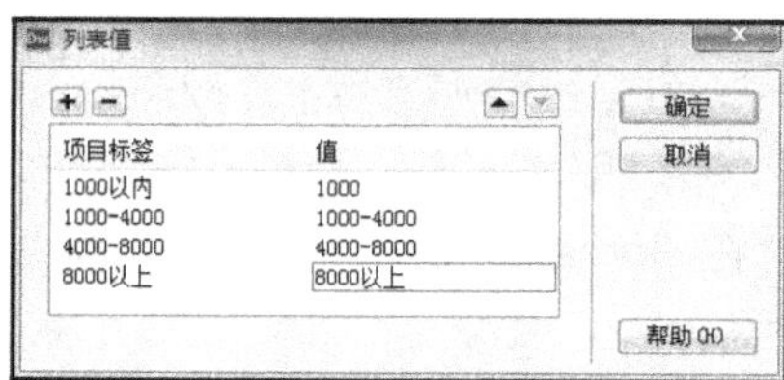

图6-4-6　插入菜单

STEP 8 单击【表单】→复选框组，插入复选信息，如图 6-4-7 所示。

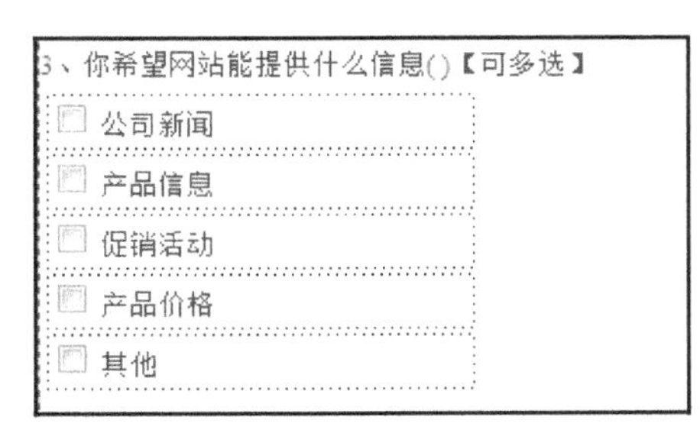

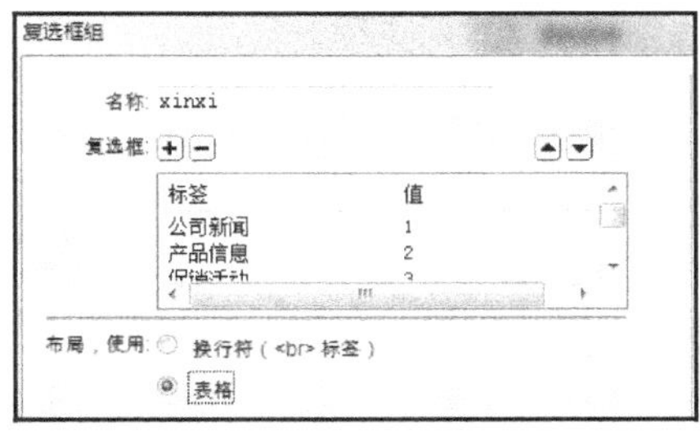

图6-4-7　插入复选框

STEP 9 单击【表单】→Spry 验证文本区域 Spry 验证文本区域，并在 Spry 文本区域属性面板中，设置【最大字符数】的值为“100”（见图 6-4-8）。

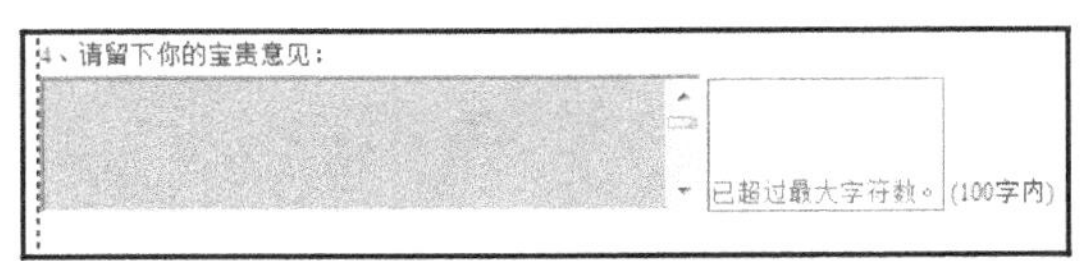

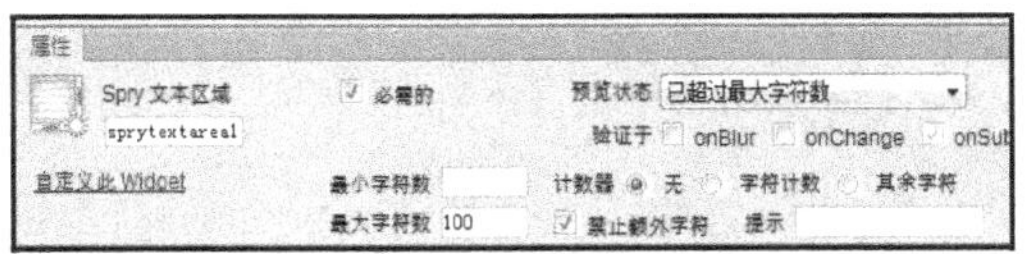

图6-4-8　插入Spry验证文本区域

STEP 10 单击【表单】→【按钮】，插入一个提交按钮和一个重置按钮。单击按钮或“F12”键，在浏览器中查看网页的效果。

6.5 本章小结

表单是实现网页交互的重要工具，尤其是动态网页。静态网页要求熟悉使用表单元素，常用的表单元素主要有表单标签、文本字段、文本区域、单选按钮、复选按钮、图像域、隐藏域、按钮等。要熟练地使用 CSS 定义表单元素的样式，并使用 JavaScript 或 Spay 工具对表单元素进行验证。

Dreamweaver CS6

Chapter

第 7 章
框架和浮动框架

■ 本章导读

我们经常看到一些网站，当我们单击菜单时，在网页的下方显示新的网页内容；或者当我们单击网页的某项菜单时，在网页的局部位置显示新的网页内容。这种结构我们可以用框架或浮动框架来实现。

■ 知识目标

- 掌握在网页中创建框架的方法；
- 掌握为框架命名并导入框架源文件的方法；
- 掌握框架集文件的保存方法；
- 掌握编辑框架内容的方法；
- 掌握在框架中超链接的方法。

■ 技能目标

- 掌握框架结构的网页的制作；
- 掌握浮动框架网页的制作。

7.1 课堂案例：企业邮箱网页的制作

常见的邮箱和网站的后台管理网页一般是由框架结构组成，本章通过学习框架的网页组织形式，制作企业邮箱的页面，效果如图 7-1-1 所示。

图7-1-1　企业邮箱网页

7.2 准备知识：框架和框架集

7.2.1　框架和框架集介绍

框架是网页中常用的布局方式，可以在一个浏览器窗口中划分为若干区域，并且每个区域显示不同的网页文件，是一种特殊的网页组织形式。网站的后台、邮箱、论坛等网页，常采用框架结构组成。使用框架可以非常方便地实现网站的导航效果，让网站的结构更加清晰，而且各个框架之间不存在干扰问题。

一个框架页是由框架和框架集构成。框架是浏览器窗口中的一个区域，它可以显示与浏览器窗口的其余部分中所显示内容无关的网页文件。框架集也是一个网页文件，它将一个浏览器窗口通过行和列的方式分割成多个框架。框架的多少根据具体有多少网页来决定，每个框架中要显示的就是不同的网页文件。框架的 HTML 标签为<frame></frame>，框架集的 HTML 标签为<frameset></frameset>。

7.2.2 创建框架

1. 创建框架

Dreamweaver 提供框架工具面板，可以快捷地创建框架页。具体的操作步骤如下。

STEP 1 创建一个新的名称为“frame”的站点（见图 7-2-1），在站点中新建一个 HTML 网页文件。

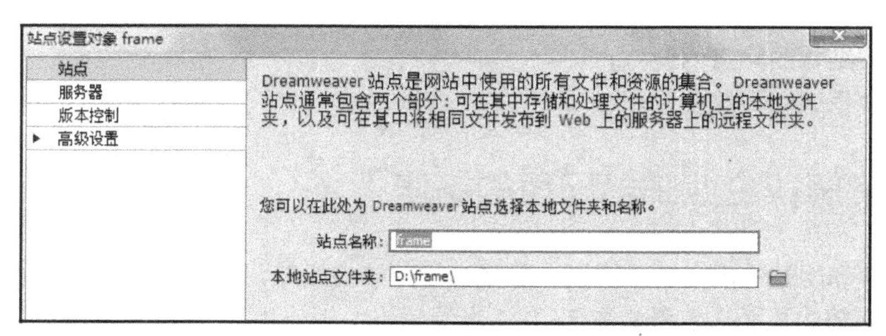

图7-2-1　新建站点

STEP 2 单击菜单栏的【插入】→【HTML】→【框架】，然后选择菜单中的具体框架结构（见图 7-2-2），如选择【上方及左侧嵌套】。

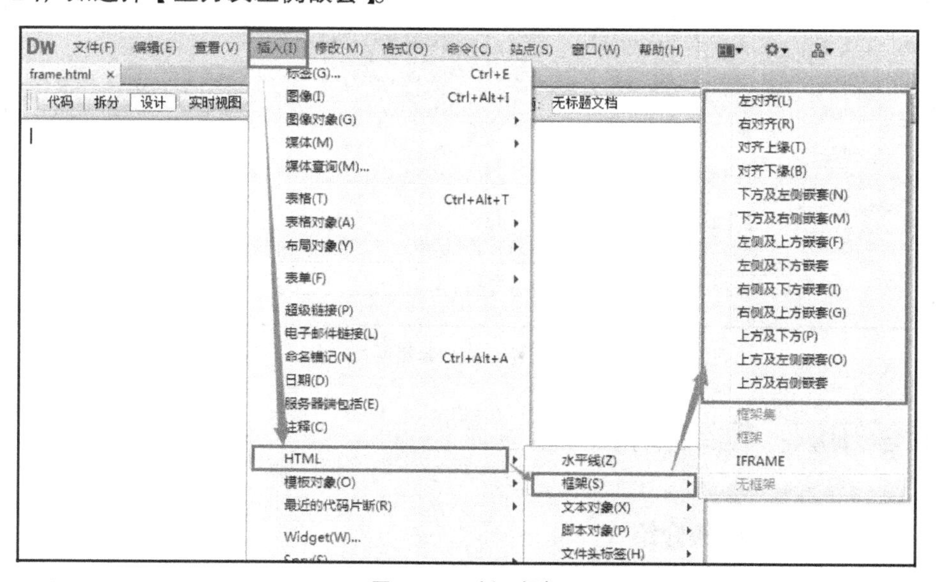

图7-2-2　插入框架

STEP 3 选择【上方及左侧嵌套】后，显示【框架标签辅助功能属性面板】(见图 7-2-3)。可通过【标题】设置框架的标题，若不设置【标题】项，则使用默认标题。单击菜单栏上的【窗口】→【框架】，打开【框架】面板，如图 7-2-4 所示。【框架】面板中显示当前网页的框架结构和每部分框架的名称，单击【框架】面板中框架部分，可选中指定的框架。

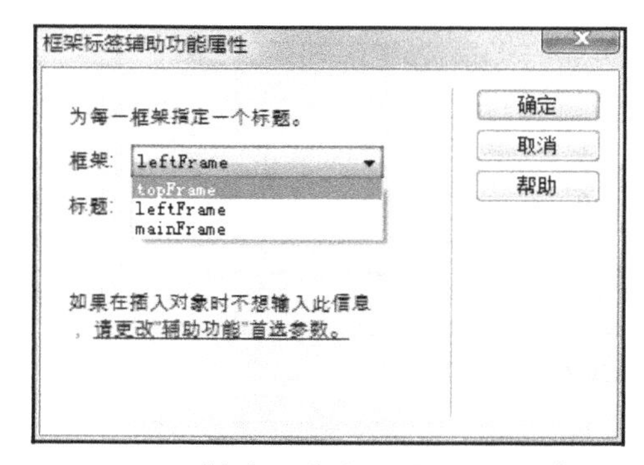

图7-2-3 【框架标签辅助功能属性面板】

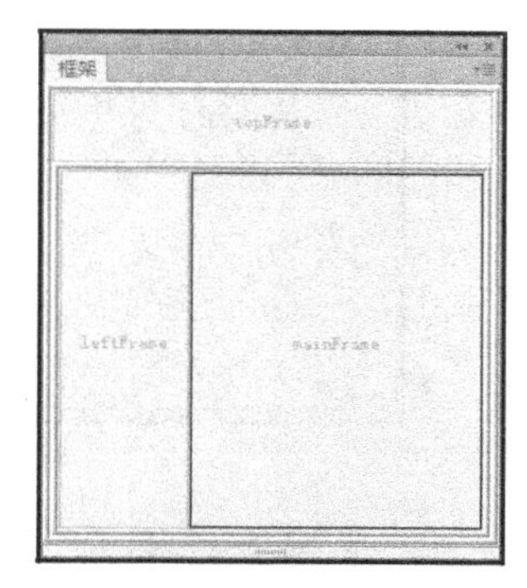

图7-2-4 【框架】面板

框架的 HTML 代码如下所示：

```
    <frameset rows="80,*" cols="*" frameborder="no" border="0" framespacing="0">
    <frame src="file:///D|/frame/UntitledFrame-2" name="topFrame" scrolling=
"no" noresize="noresize" id="topFrame" title="topFrame" />
    <frameset cols="80,*" frameborder="no" border="0" framespacing="0">
    <frame src="file:///D|/frame/UntitledFrame-3" name="leftFrame" scrolling=
"no" noresize="noresize" id="leftFrame" title="leftFrame" />
    <frame src="file:///D|/frame/Untitled-1" name="mainFrame" id="mainFrame"
title="mainFrame" />
    </frameset>
    </frameset></frameset>
```

一对的<frameset></frameset>标签表示一个框架集，一对<frame></frame>标签表示一个框架。<frameset>中属性 rows= “80, *” 表示框架集为上下结构，上方框架显示的范围为 80 像素，“*” 表示自动，<frameset>中属性 cols= “80, *” 表示框架集为左右结构，左边的显示范围为 80 像素，右边为自动。框架集用来设置结构，框架是具体的文件，<frame>中的属性 “src” 是指当前框架中显示的文件，必须有具体的网页文件，否则将显示出错。

注意：此时还没有保存框架和框架集，所以路径都是绝对路径，如 “file:///D|/frame/UntitledFrame-7”，当框架和框架集保存后，将显示为相对路径。

2. 修改框架显示大小和框架属性

修改框架显示的大小主要有 3 种方法。

方法一：修改框架在浏览器中显示大小，将鼠标指向框架的边框，鼠标的符号显示为双箭头时往两边拖曳框架边框，可以改变框架的显示大小，如图 7-2-5 所示。

方法二：单击【代码】视图，在代码中修改 rows= “80, *” 或 cols= “80, *” 的值，如修改为 rows= “169, *” 或 cols= “257, *”，可以修改框架显示的大小。

方法三：单击【框架】面板中的框架集的边框，显示框架集的属性面板，如图 7-2-6 所示。

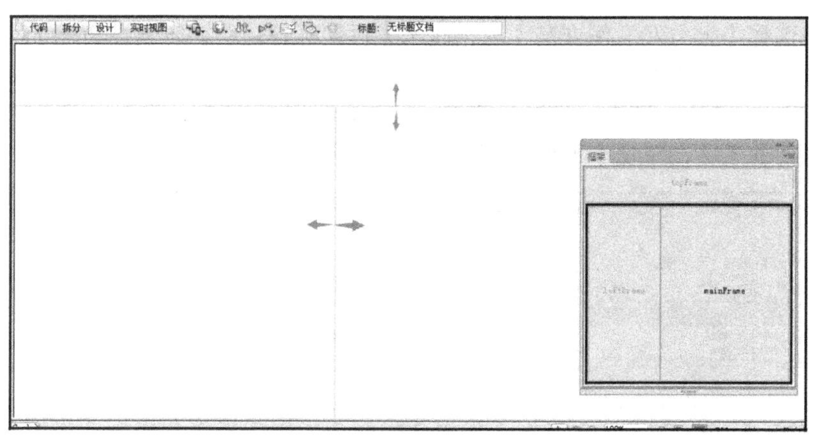

图7-2-5　修改框架显示大小

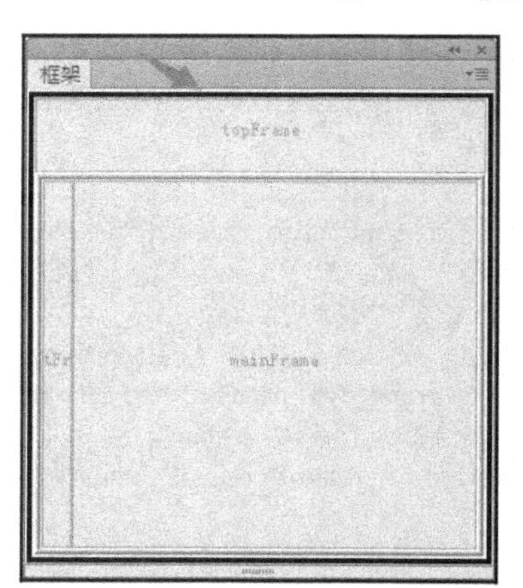

图7-2-6　选择框架集

框架集的属性面板主要为【边框】、【边框宽度】和【边框颜色】，还可以设置显示的区域大小。如果是上下结构，则属性面板中有【行】的值设置，如图 7-2-7（a）所示，如果为左右框架集，则有【列】值的设置，如图 7-2-7（b）所示。通过修改【行】和【列】的值修改框架的显示大小。

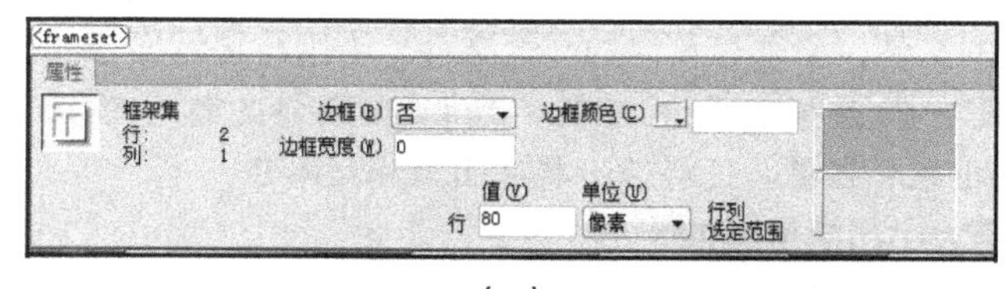

（a）

（b）

图7-2-7　框架集属性面板

【边框】是设置是否有边框，默认被选为“否”，还可设置为“是”和“默认”。设置了边框为“是”后，边框颜色的设置才有意义，否则即使设置了边框的颜色，在浏览器中也看不见边框。

单击【框架】面板中的任一框架，属性面板为该框架的属性（见图 7-2-8），框架的属性主要包含【框架名称】、【源文件】、【滚动】、【边框】、【边框颜色】、【不能调整大小】、【边界宽度】和【边界高度】。

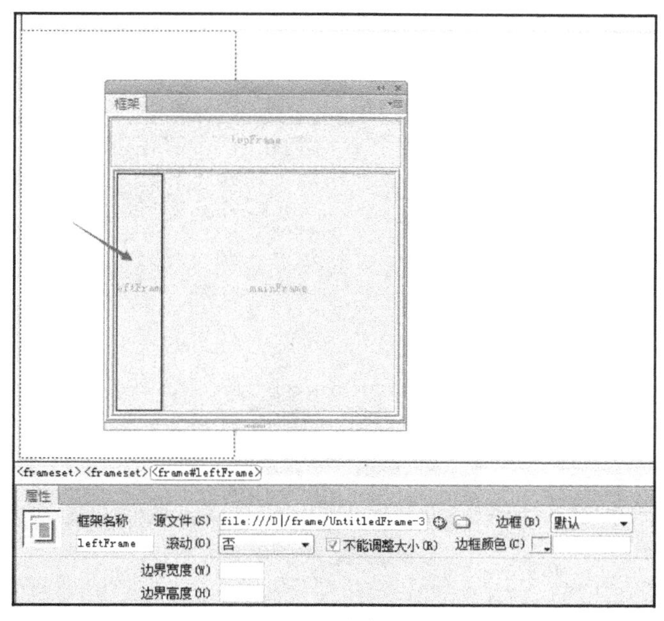

图7-2-8 框架属性

【框架名称】：是一个由字母、下划线或数字组成的名称，允许使用下划线“_”，但不能使用横杠（-）、点（.）和空格，并且框架名要以字母开头，后面的字符可以包含字母、数字或下划线。

【源文件】：用来指定在当前框架中打开的网页文件，可以单击文件夹图标，浏览并选择一个文件。

【滚动】：设置当没有足够的空间来显示当前框架的内容时是否显示滚动条，共有 4 种选择：“是”表示显示滚动条，“否”表示不显示滚动条，“自动”表示当没有足够的空间来显示当前框架的内容时自动显示滚动条，“默认”表示采用浏览器的默认值（大多数浏览器默认为“自动”）。

【边框】：设置当前框架是否显示边框，值分别为“是”“否”和“默认”3 种。大多数浏览器默认为“是”。

注意：只有所有比邻的框架此项属性均设为“否”时（或父框架集设为“否”，本项设为“默认”），才能取消当前框架的边框。

【边框颜色】：设置与当前框架比邻的所有边框的颜色，此项选择覆盖框架集的边框颜色设置。

【不能调整大小】：选择此复选框，可防止用户浏览时拖动框架边框来调整当前框架的大小。

【边界宽度】：以像素为单位设置左和右边距（框架边框与内容之间的距离）。

【边界高度】：以像素为单位设置上和下边距（框架边框与内容之间的距离）。

注意：框架是不可以合并的；在创建链接时要用到框架名称，必须清楚地知道每个框架对应的框架名称。

7.2.3 保存框架

每一个框架都有一个默认的框架名称，可以用默认的框架名称，也可以在保存时自定义名称。选择菜单栏的【文件】→【保存全部】，显示另存为对话框，注意当前默认的文件名。如果默认的文件名中有“frameset”表示当前保存的文件是个框架集文件，并且出现一条约 4 像素粗细的虚线将框架集的范围包含起来（见图 7-2-9），文件名命名为“kuangjia.html”，单击【保存】按钮。

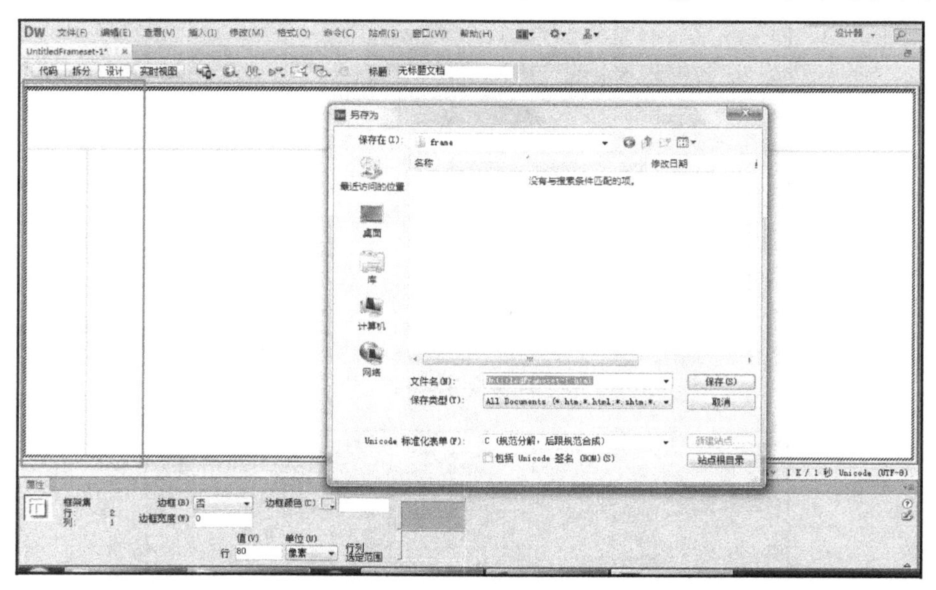

图7-2-9 保存框架集

此时继续出现【另存为】（见图 7-2-10）对话框，虚线框包含的位置就是当前保存的框架部分，保存为“main.html”。

图7-2-10 保存框架

此时只保存了两个文件，并没有把所有的框架保存完。一个框架类型的网页，网页的总数是框架的总数加 1。当前网页中框架的个数为 3 个，所以要保存的网页总数为 4，目前只保存了 2 个网页，故还有 2 个框架页没有保存。单击上方的框架，选择菜单栏中【文件】→【保存框架】，显示【另存为】对话框，默认的文件名为“UntitledFrame-X.html”(X 为数字)，即当前页面是一个框架页，保存为“top.html”。然后采用相同的方式，保存左边的框架为“left.html”。

注意：判断框架页是否被保存了的方法为单击框架部分任意位置，查看 Dreamweaver 头部的文件的名称，若只有名称(如“UntitleFrame-2”)没有文件类型，则该文件未被保存(见图 7-2-11)；若已有文件类型例如“main.html”(见图 7-2-12)，则文件已经保存过了。

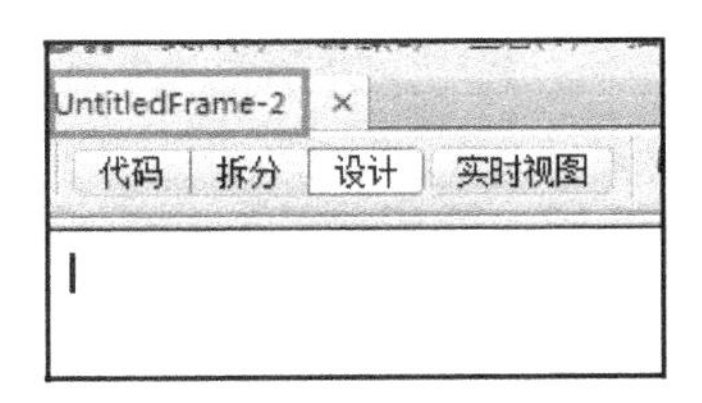

图7-2-11 文件未被保存

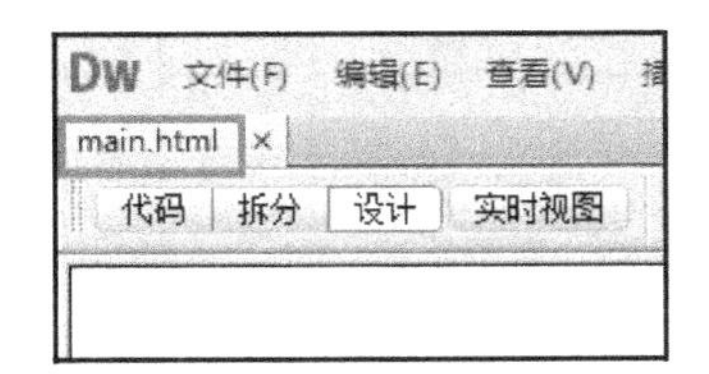

图7-2-12 文件已被保存

框架网页的保存是使用框架的关键，只有将总框架集和各个框架保存在本地站点目录下，才能保证浏览页面时显示正常。

7.2.4 删除框架和增加框架

删除框架的方式是用鼠标把框架边框拖曳到父框架的边框上，可删除框架。如图 7-2-13 所示，向左拖曳中间的边框到最左方，则在当前框架结构中删除“left.html”。注意：只是在框架结构中删除了并不是将“left.html”文件删除，文件仍保存在站点中。若想删除的是“main.html”，则向右拖曳边框（见图 7-2-13）。

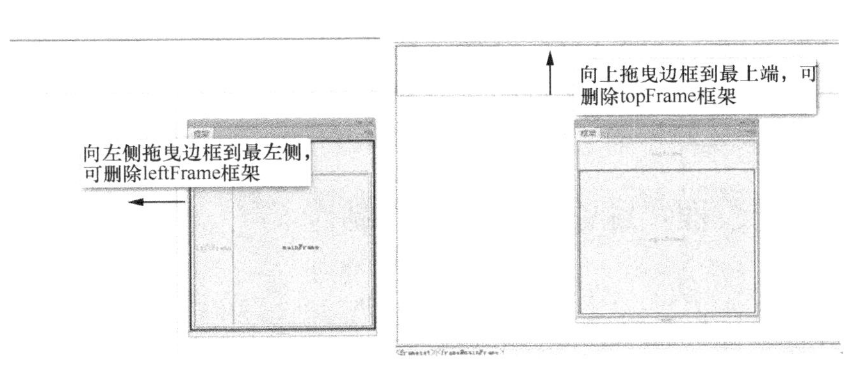

图7-2-13 删除框架

如果是上下结构的框架，则向上或向下拖曳边框，删除上方或下方的框架。

增加框架的方式为：将光标落在需要增加框架的框架页，单击菜单栏中【插入】→【HTML】→【框架】后选择菜单中的具体框架结构，即可增加框架到当前位置中。如增加一个上下结构的框架，单击需增加框架的位置，再单击菜单栏中【插入】→【HTML】→【框架】→【对齐下缘】，当前框架集修改成上中下结构，保存所有框架网页和框架集页，如图 7-2-14 所示。

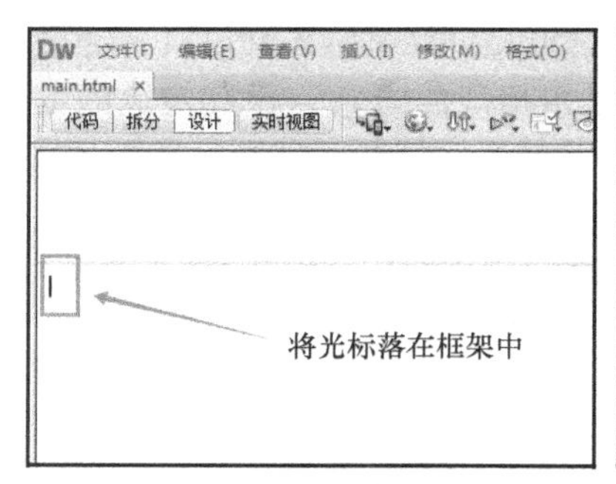

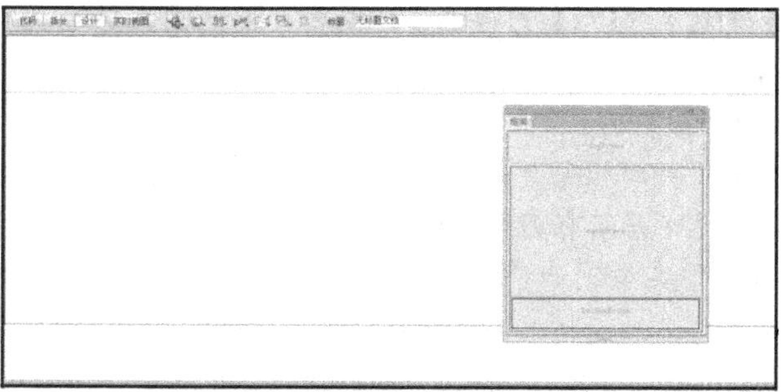

图7-2-14 增加框架

7.2.5 在框架中使用超链接

在框架式网页中制作超链接时，一定要设置链接的目标属性，即超链接标签<a>的“target”属性，为链接的目标文档指定显示窗口的位置。

在链接的属性面板中，【目标】下拉菜单中的选项默认的主要有以下几项。

【_blank】：在新窗口中打开目标对象。

【_parent】：在父框架集或包含该链接的框架窗口中打开目标对象。

【_self】：在默认窗口中打开目标对象，即无需指定。

【_top】：在整个浏览器窗口中打开目标对象。

新建并保存框架后，在【目标】的下拉选项中会自动增加对应的框架名，如保存框架名为“mainFrame”“leftFrame”“topFrame”的框架后，在目标下拉菜单中还会出现“mainFrame”“leftFrame”“topFrame”选项（见图 7-2-15）。

图7-2-15 【目标】选项

【mainFrame】：超链接对象在“mainFrame”的框架中打开。

【leftFrame】：超链接对象在“leftFrame”的框架中打开。

【topFrame】：超链接对象在“topFrame”的框架中打开。

7.3 案例实施过程：企业邮箱网页的制作

1. 实训目标

- 掌握常用的框架布局方式；
- 熟悉修改框架的属性；
- 掌握 DIV+CSS 的布局模式；
- 掌握表格的使用方式。

2. 效果图

企业邮箱网页制作要达到的效果如图 7-3-1 至图 7-3-3 所示。

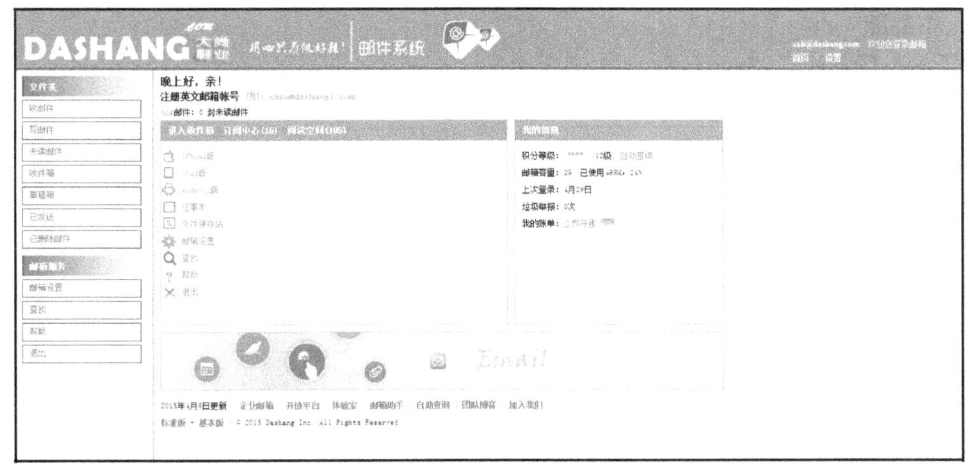

图7-3-1　首页效果图

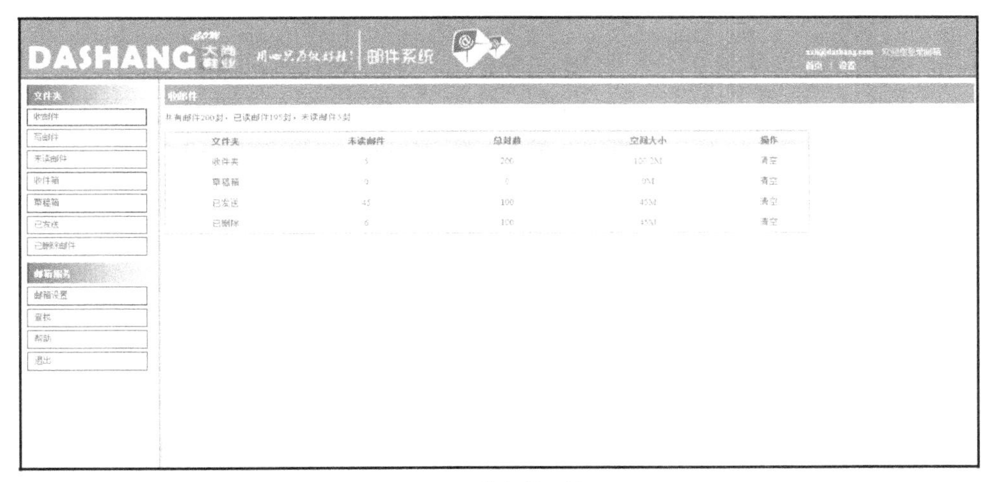

图7-3-2　收邮件页效果图

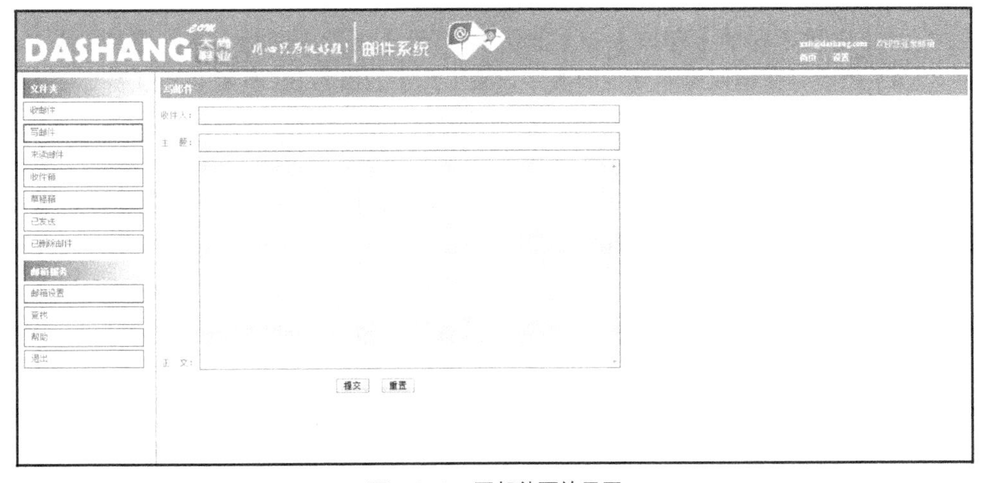

图7-3-3　写邮件页效果图

3. 布局图

网页的布局如图 7-3-4 至图 7-3-7 所示。

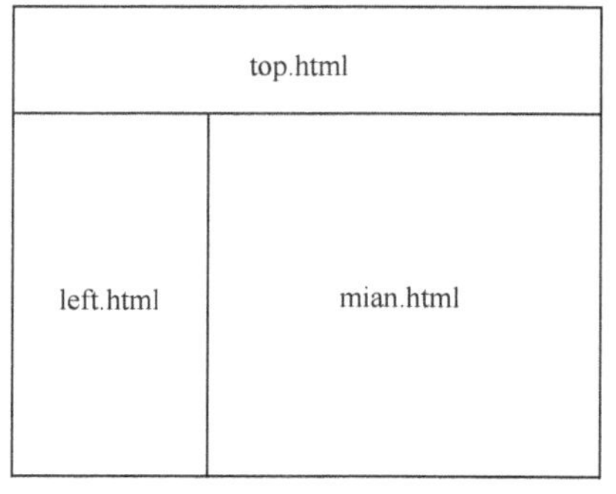

图7-3-4 index.html的布局图

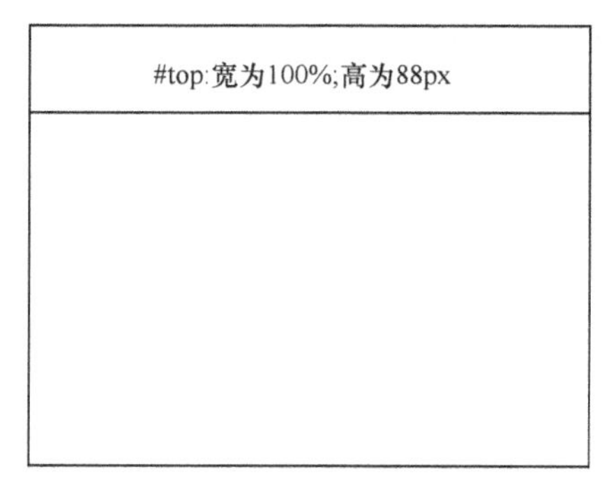

图7-3-5 top.html布局图

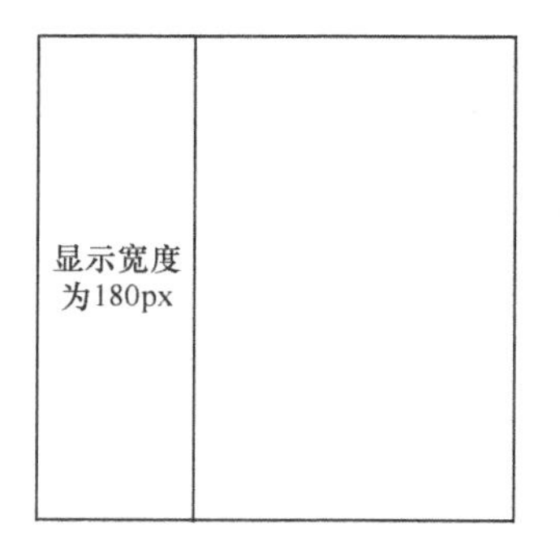

图7-3-6 left.html布局图

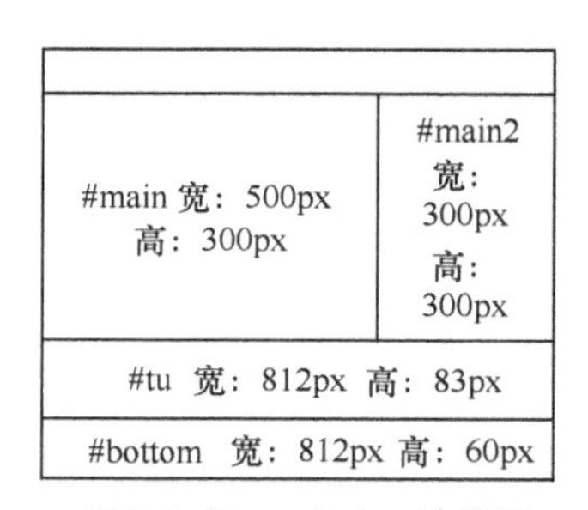

图7-3-7 main.html布局图

4. 具体操作步骤

STEP 1 新建站点，并按布局图 7-3-4 所示创建【上方及左侧嵌套】的框架，分别保存为文件“index.html”（框架集页）、“top.html”（头部的框架页）、“left.html”（左方的框架页）和“mian.html”（右方的框架页），并在浏览器中预览效果是否正常。

STEP 2 单击菜单栏的【窗口】→【框架】，打开【框架】面板，单击框架的父边框，如图 7-3-8（a）所示，在框架集的属性面板中设置【行】的值为 88 像素（见图 7-3-9），在【框架】面板中单击左右框架的父框架的边框，如图 7-3-8（b）所示，设置框架集属性面板中【列】的值为 200 像素（见图 7-3-10）。

STEP 3 在 Dreamweaver 中打开“top.html”文件，按图 7-3-5 所示的布局设置 CSS 样式中的 body 标签的样式，具体代码如下所示：

```
body{background:url(images/bg_1.jpg); margin:0 0 0 10px; min-width:1000px;}
```

设置网页的背景图像为“bg_1.jpg”图像，设置边距值 margin 的 4 个方向：上、右、下、左的值分别为 0、0、0、10px，“min-width”是设置页面的最小显示宽度，值为 1 000 像素。页面背景图像效果默认为重复[见图 7-3-11（a）]，由于“top.html”在框架页“index.html”中显示的高度只有 88 像素，所以重复的背景在“index.html”网页中是被框架遮挡住[见图 7-3-11（b）]。

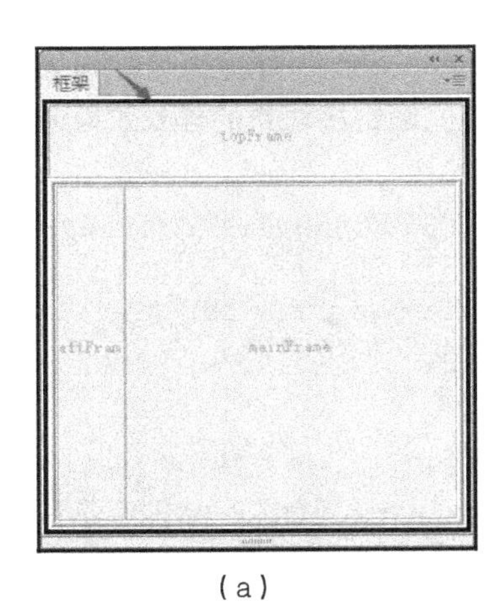

(a)

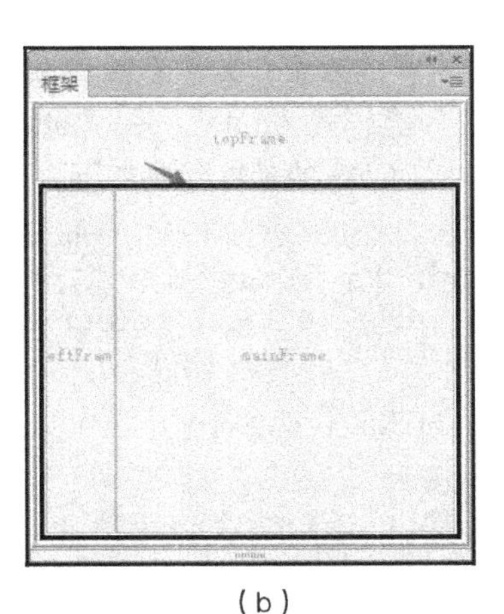

(b)

图7-3-8　单击框架的边框

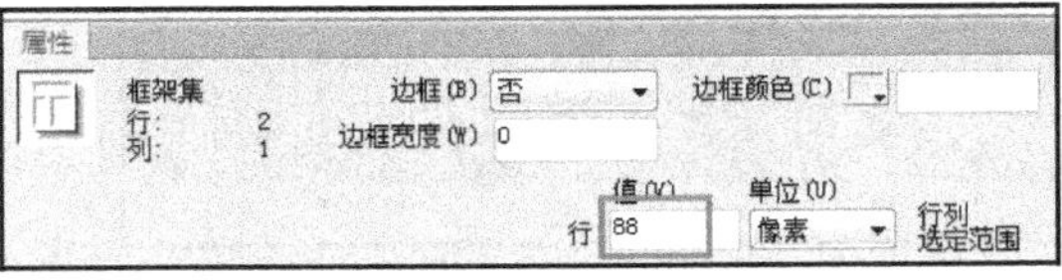

图7-3-9　设置“topFrame”显示的大小

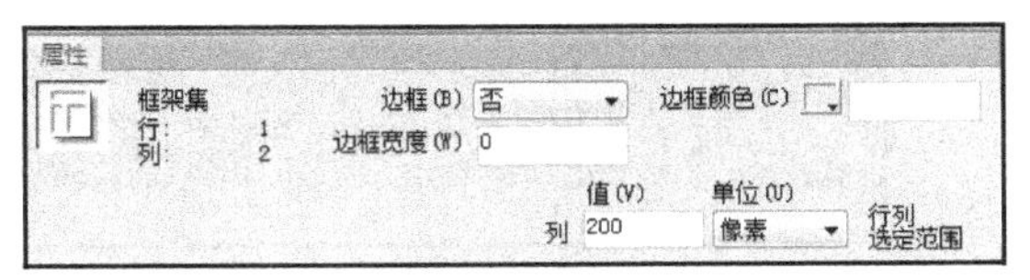

图7-3-10　设置“lefltFrame”显示的大小

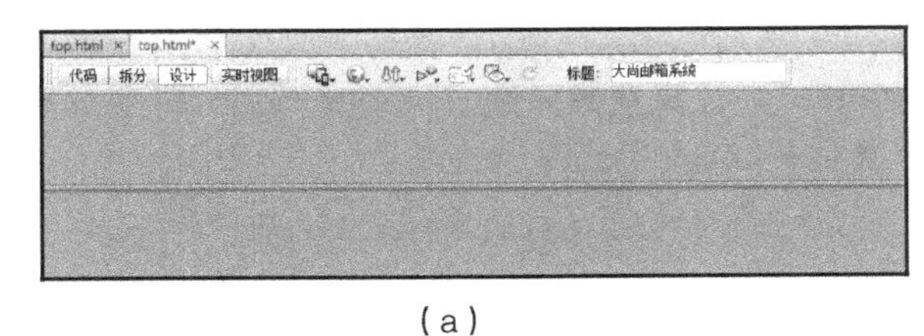

(a)

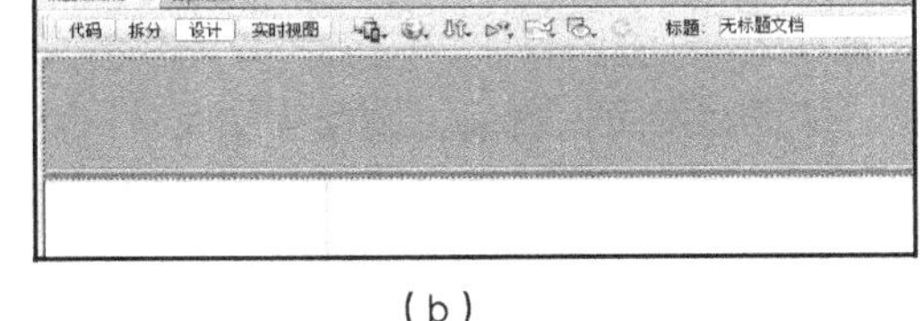

(b)

图7-3-11　设置body样式的效果图

STEP 4 在“top.html”页中创建一个 div 对象，id 值为“top”，并设置“#top”的 CSS 样式，具体代码如图 7-3-12 所示。

```
<!DOCTYPE html PUBLIC "-//W3C//DTD XHTML 1.0 Transitional//EN" "http://www.w3.org/TR/xhtml1/DTD/xhtml1-transitional.dtd">
<html xmlns="http://www.w3.org/1999/xhtml">
<head>
<meta http-equiv="Content-Type" content="text/html; charset=utf-8" />
<title>无标题文档</title>
<style  type="text/css">
body {background:url(images/bg_1.jpg); margin:0 0 0 10px; min-width:1000px;}
#top{width:100%; height:88px; background:url(images/ad3.jpg) no-repeat left top; }
</style>
</head>
<body>
<div id="top"></div>
</body>
</html>
```

图7-3-12　#top的样式

定义“#top”的宽度值为 100%，高度为 88 像素，背景图像为“ad3.jpg”，背景图像不重复，位置在左边上面。

STEP 5 在“#top”中输入文字信息“xxli@dashang.com 欢迎您登录邮箱 首页|设置”，使

用
标签分成两行的效果，文字信息“xxli@dashang.com”“首页”和“设置”分别加入空的超链接，创建 CSS 类样式“.title”，在“.title”中定义超链接对象的样式效果，将样式应用到超链接的文字信息中，CSS 的具体代码如下：

```
.title {float:right; margin:40px 50px 5px 703px; color:#FFF;
line-height: 20px;font-size:12px;}
.title a { margin:0 10px; color:#FFF; font-weight:bold; text-decoration:none}
.title a:hover {color:#F00;}
```

“#top”内的 HTML 代码如下：

```
<div id="top">
  <p class="title"><a href="#">xxli@dashang.com</a> 欢迎您登录邮箱<br />
  <a href="main.html" target="mainFrame">首页</a>|<a href="#">设置</a></p>
</div>
```

保存框架页，网页的效果如图 7-3-13 所示。

图7-3-13 #top效果

STEP 6 在 Dreamweaver 中打开“left.html”，在<head></head>标签中加入 CSS 样式，设置 body 标签的样式，网页的背景颜色为“#faf8f5”，设置背景图像“silebar_bg.jpg”纵向重复，位置为网页的右边，设置字体为“宋体”，具体代码如下所示：

```
body{background-color:#FAF8F5;background:url(images/sidebar_bg.jpg) repeat-y
right;font-family:"宋体"}
```

在代码视图中输入如图 7-3-14 所示的段落文字，并按图所示对文字加入空链接。

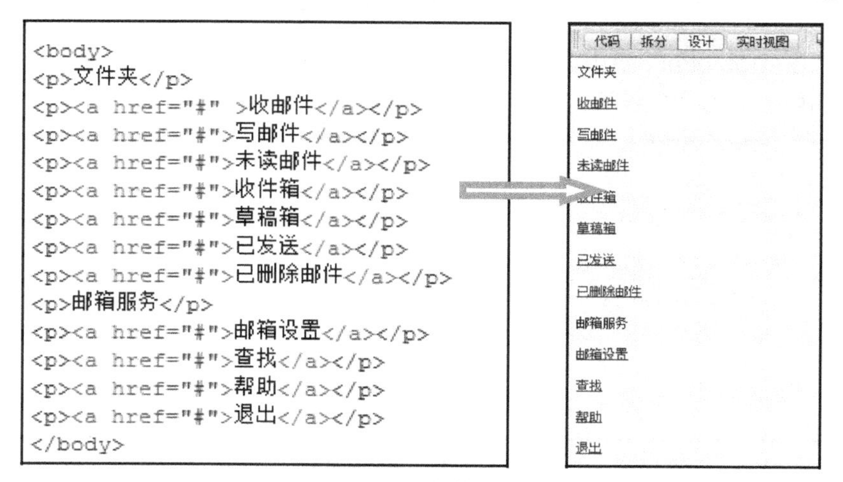

图7-3-14 段落文字

将文字信息“文件夹”和“邮箱服务”设置为标题 1，将其他文字信息用项目列表排列，HTML 代码和效果如图 7-3-15 所示。

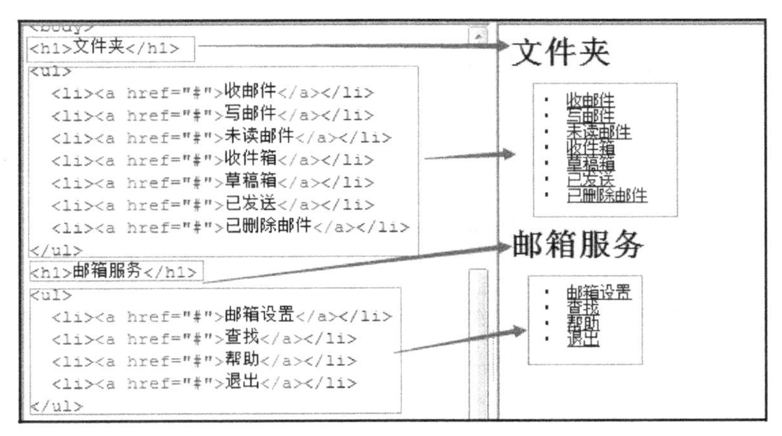

图7–3–15　代码和效果

STEP 7 设置“left.html”网页文件的 CSS 样式，定义<h1>、<ul>、<li>和<a>标签的样式，具体 CSS 样式代码和效果如图 7–3–16 所示，保存框架页。

```
h1 { background-image:url(images/bgg.jpg);
width: 176px; height:20px; font- size:13px;
color:#FFF; margin:0; padding:10px 0 0 10px;}
ul {padding:0; margin:0 0 10px 0;
list-style- type:none;  }
li a {width:160px; height:20px; font-size:12px;
color:#666; padding:5px 0 0 10px; border:1px solid
#333; margin-top:5px; display:block;
text-decoration: none}
li a:hover {background-color:#999; color:#FFF;}
```

图7–3–16　left.html的效果

STEP 8 在 Dreamweaver 中打开“main.html”，在设计视图中输入 3 个段落的文字信息，内容分别为“晚上好，亲！”“注册英文邮箱帐号（如 chen@dashangl.com）”“邮件：0 封未读邮件”，效果如图 7–3–17 所示。

```
<body>
<p>晚上好，亲！</p>
<p>注册英文邮箱帐号 (如: chen@dashangl.com)</p>
<p>邮件: 0 封未读邮件</p>
</body>
</html>
```

晚上好，亲！

注册英文邮箱帐号 (如：chen@dashangl.com)

邮件：0 封未读邮件

图7–3–17　输入段落文本

在<head></head>中插入 CSS 样式，定义<p>标签和 4 种文字的类样式，并将样式应用到文本信息中，效果如图 7–3–18 所示。具体代码如下所示：

```
p{padding:0; margin:0;}
.wenzi {font-size:16px; color:#000; font-weight:bold; margin:5px 0;}
/*文字大小为 16 像素，文字颜色为#000，文字加粗，边距值为上下 5px，左右为 0*/
```

```
    .wenzi2 {font-size:14px; color:#000; font-weight:bold; margin:10px 0;}
    .wenzi3 {font-size:14px; color:#999; font-weight:bold; margin:5px 0;}
    .wenzi4 {background: url(images/e.jpg) no-repeat left center;font-size:12px;
    color:#000; padding:7px 0 5px 20px; }
```

```
<body>
<p class="wenzi">晚上好，亲！</p>
<p><span class="wenzi2">注册英文邮箱帐号</span><span
class="wenzi3"> (如: chen@dashangl.com)</span></p>
<p class="wenzi4">邮件: 0 封未读邮件</p>
```

晚上好，亲！
注册英文邮箱帐号 (如：chen@dashangl.com)
邮件：0 封未读邮件

图7-3-18 应用样式

STEP 9 在文本信息后插入盒子“#main”和“#main2”，并按图 7-3-19 所示输入文本信息和插入图像，设置空的超链接。

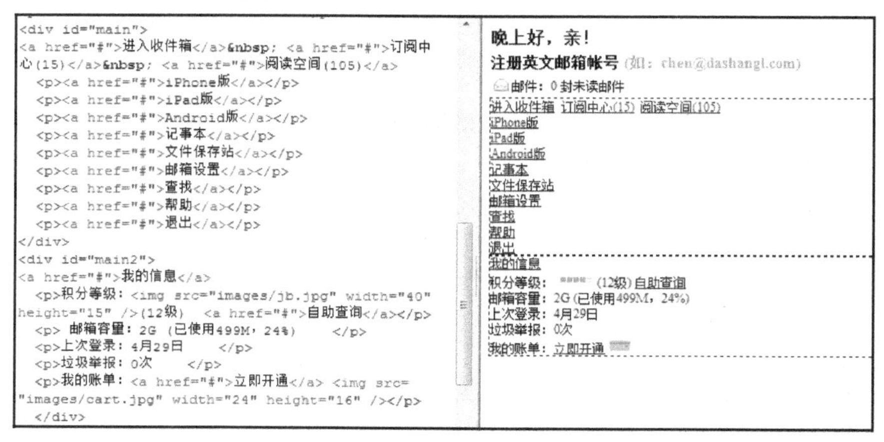

图7-3-19 插入“#main”和“#main2”

将“进入收件箱订阅中心（15）阅读空间（105）”和“我的信息”两行设置为标题 2，将其他段落设置为项目列表。

设置“#main”和“#main2”的 CSS 样式效果，具体代码如下：

```
    #main { width:500px; height:300px; border:1px solid #999; float:left;
background: url(images/bg2.gif) no-repeat left top; }
    /*定义#main 的样式，宽度为 500 像素，高度为 300 像素，1 个像素实线颜色为#999 的边框效果，
浮动左对齐，背景图像为 bg2.gif，不重复，位置为从左到右，从上到下*/
    #main2 {width:300px; height:300px; border:1px solid #999; margin-left:10px;
float:left}
```

定义标题 2 和标题 2 中的超链接对象的 CSS 样式，具体代码如下：

```
    h2 {line-height:30px; padding:0 0 0 10px; margin:0; font-size:13px;
background-color:#999; color:#FFF; }
    /* 定义标题 2 的样式，行高为 30 像素，填充值上右下左的值为 0、0、0、10 像素，边距值均为 0，
文字为 13 像素，背景颜色为#999，文字颜色为#FFF */
    h2 a{color:#FFF; text-decoration:none}
    /* 定义在标题 2 中的超链接对象的效果，文字颜色为#FFF，没有下划线 */
    h2 a:hover { border-bottom: 2px solid #FFF;}
    /* 定义在标题 2 中的超链接对象在鼠标经过时的效果，除继承<a>的效果外，增加 2 像素实线边框
效果 */
```

定义“#main”和“#main2”中的项目列表及超链接的 CSS 样式效果，具体代码如下所示：

```
#main ul,#main2 ul {padding:0; margin:10px;; list-style-type:none;}
/* 定义 ul 的填充值均为 0，边距值均为 10 像素，项目符号为无 */
#main ul li,#main2 ul li { line-height:25px; font-size:12px;}
/* 定义 li 的行高为 25 像素和文字大小为 12 像素 */
#main ul li a {text-decoration:none; color:#648ab8; padding-left:20px }
/*#main 中的列表中的超链接文字无下划线，文字颜色为#648ab8，左边距为 10 像素*/
#main ul li a:hover { color:#333} /*#main 中超链接的 hover 状体文字颜色为#ccc*/
#main2 ul li a{text-decoration:none; color:#648ab8;}
/* #main2 中的列表中的超链接的效果为无下划线，颜色为#648ab8*/
#main2 ul li a:hover {color:#F00;} /*#main2 中超链接的 hover 状体文字颜色为#F00 */
```

完成样式设置后，网页效果如图 7-3-20 所示。

图7-3-20 #main和#main2效果图

在#main2 后插入两个<div>标签，id 值分别为“tu”和“bottom”，并设置“#tu”和“#bottom”的 CSS 样式，具体代码和效果如下所示：

```
#bottom {width:800px; height:60px; float:left; font-size:12px; line-height:
25px;}
/* 宽度为 800 像素，高度为 60 像素，浮动左对齐，文字大小为 12 像素，行高为 25 像素*/
#bottom a {text-decoration:none; color:#666; font-weight:bold}
/* #bottom 中的超链接样式为文字无下划线，文字颜色为#666，文字加粗*/
#bottom a:hover {color:#039;} /* #bottom 中超链接的 hover 效果文字颜色为#039*/
#tu {width:812px; height:83px; background:url(images/bgg3.jpg); float:left;
margin:10px 0; border:1px solid #999}/* 宽度为 812 像素，高度为 83 像素，背景图像为
bgg3.jpg，浮动左对齐，边距值为上下的值为 10 像素，左右的值为 0，颜色为#999 的 1 像素粗细的实
线边框*/
```

在“#bottom”中输入文字信息“2015 年 4 月 8 日更新 | 企业邮箱 | 开放平台 | 体验室 | 邮箱助手 | 自助查询 | 团队博客 | 加入我们标准版 - 基本版 | ©2015 Dashang Inc. All Rights Reserved”，按图 7-3-21 所示排列并设置文字的超链接，保存框架页。

STEP 10 新建一个 HTML 网页文件，命名为“shou.html”，用来显示收邮件的网页。

STEP 11 在“shou.html”中输入两个段落的文字信息“收邮件”和“共有邮件 200 封，已读邮件 195 封，未读邮件 5 封”，“收邮件”设置为标题 3，在文字段落之后插入一个 5 行 5 列的表格，表格宽度为 80%，表格的 ID 为“ta”，左对齐，并按图 7-3-22 所示输入文字信息。

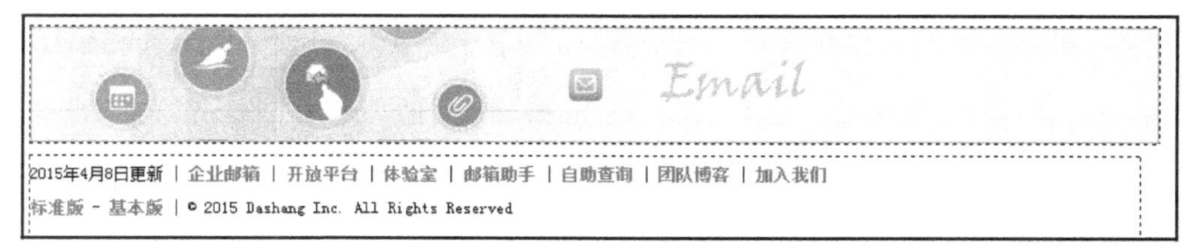

图7-3-21　#tu和#bottom的效果

收邮件

共有邮件200封，已读邮件195封，未读邮件5封

文件夹	未读邮件	总封数	空间大小	操作
收件夹	5	200	100.2M	清空
草稿箱	0	0	0M	清空
已发送	45	100	45M	清空
已删除	6	100	45M	清空

图7-3-22　插入表格

在网页的头部标签处定义 CSS 样式，具体样式设置如下：

```
body {font-size:13px; color:#666; margin-left:5px;}
h3 {width:100%; height:20px; font-size:14px; background-color:#999; font-weight:bold; padding:10px 0 0 5px; margin:0; color:#FFF;}
#ta {background:url(images/emailbg.jpg) repeat-x top; border:1px solid #999}
.wen { font-weight:bold;}
```

设置表格第一行的文字应用 CSS 样式中的“.wen”效果，注意设置表格的 id 为“ta”，“#ta”的样式是设置背景为图像“emalbg.jp”，背景图像水平重复，“#ta”的边框为 1 个像素的实线边框，边框颜色为“#999”，保存网页，并在浏览器中预览网页效果（见图 7-3-23）。

收邮件

共有邮件200封，已读邮件195封，未读邮件5封

文件夹	未读邮件	总封数	空间大小	操作
收件夹	5	200	100.2M	清空
草稿箱	0	0	0M	清空
已发送	45	100	45M	清空
已删除	6	100	45M	清空

图7-3-23　shou.html预览效果

STEP 12 新建一个 HTML 网页文件，命名为“write.html”，实现写邮件功能的网页。

STEP 13 在网页“write.html”中输入一行文本信息“写邮件”，并设置为标题 3。在文字后插入一个表单，创建“收件人”和“主题”两个文本字段，创建“正文”为文本区域，插入“提交”和“重置”按钮，按图 7-3-24 所示排列。

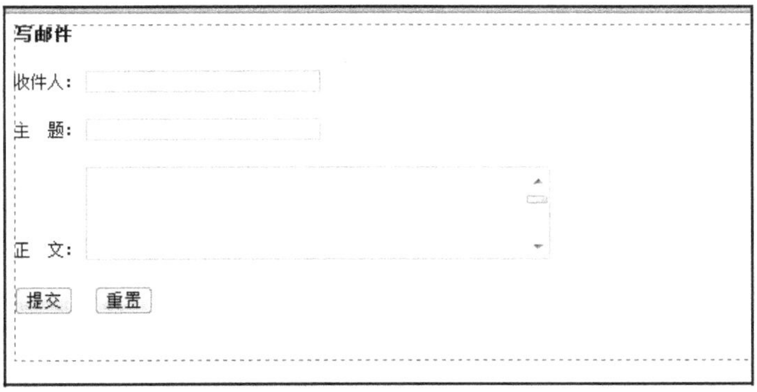

写邮件
收件人：
主 题：
正 文：
提交 重置

图7-3-24 write.html中表单元素

在网页头部插入 CSS 样式，具体代码如下：

```
    body {font-size:13px; color:#666; margin-left:5px;}
    h3 {width:100%; height:20px; font-size:14px; background-color:#999; font-weight:bold; padding:10px 0 0 5px; margin:0; color:#FFF;}
    .xie {width:600px; height:22px; border:1px solid #666; background-color:#e6f4ff;}
    .xie2 {width:600px; height:300px; border:1px solid #666; background-color:#e6f4ff;}
    .tj { margin-left:250px;}
```

将“.xie”应用到“收件人”和“主题”的文本字段中，将“.xie2”应用到“正文”的文本区域中，将“.tj”应用到按钮“提交”中，保存网页，效果如图 7-3-25 所示。

图7-3-25 应用样式效果图

STEP 14 打开网页“index.html”，设置“top.html”中文字“首页”的超链接文件为“main.html”，属性面板中【目标】选择【mainFrame】，如图 7-3-26 所示。设置“left.html”中的文字“收邮件”的超链接对象是网页“shou.html”，属性面板中【目标】选择【mainFrame】，文字“写邮件”的超链接对象是网页“write.html”，同样在属性面板中的【目标】选择【mainFrame】。

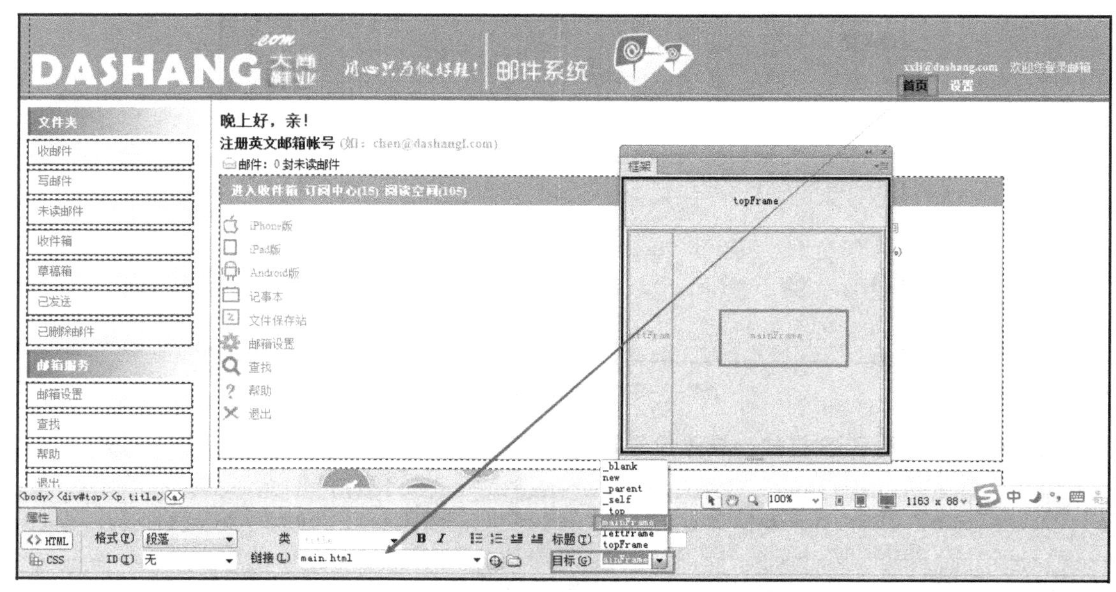

图7-3-26 设置超链接

STEP 15 保存所有网页，单击 或按键盘上的“F12”按键，在浏览器中预览网页，检查网页的超链接是否在框架中的 mainFrame 区域中显示。

注意：完成此案例共需要 5 个网页，请同学们将其他网页自行设计完成。

7.4 扩展知识：浮动框架

7.4.1 浮动框架

浮动框架是一种特殊的框架页面，即在浏览器窗口中嵌套子窗口，在子窗口中显示某个网页的内容，即采用浮动框架<iframe></iframe>标签实现。<iframe>标签的属性值主要有下面几项。

width（宽）：浮动框架显示的宽度值，单位一般采用像素（px）。

height（高）：浮动框架显示的高度值，单位一般采用像素（px）。

src（源文件）：打开网页时浮动框架中显示的内容，可以是网页或单个图像文件等。

frameborder（边框）：浮动框架的边框效果，值为“0”或“1”，默认值为“1”，设置为“0”即不显示边框。

scrolling（滚动条）：是否显示滚动条，值为“auto”“yes”“no”，默认值是“auto”，即浮动框架中的内容超过宽度值和高度值的大小时显示滚动条；“yes”是显示滚动条；“no”就是无论什么情况都不显示滚动条。

name（名称）：对浮动框架命名，当超链接的对象需要在浮动框架中打开就必须将“target”的值设置为浮动框架的名称。

常用的浮动框架的 HTML 代码如下：

```
<iframe  src=“源文件”width=“宽度值”height=“高度值”frameborder=“0”
scrolling=“auto”name=“浮动框架的名称”> </iframe>
```

7.4.2 浮动框架案例：企业网站产品页制作

1. 实训目标

- 掌握创建浮动框架的方式；
- 熟悉浮动框架的属性及属性值的设置；
- 掌握浮动框架中显示的方式。

2. 效果图

制作的企业网站产品页效果如图 7-4-1 所示。

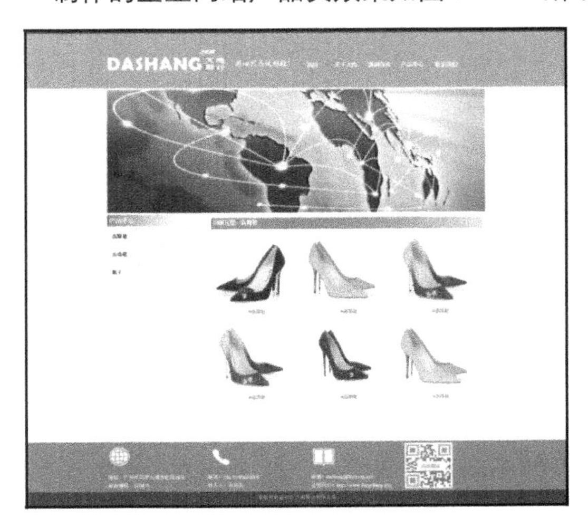

图7-4-1 效果图

3. 布局图

布局如图 7-4-2 所示。

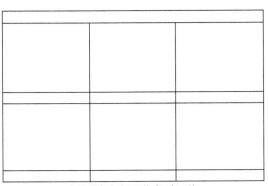

表格的宽度为700像素,4行3列

图7-4-2 布局图

4. 具体操作步骤

本案例继续使用“dashang”站点的素材和文件。

STEP 1 在站点中新建一个网页文件，命名为“yundongxie.html”，并保存在“files”文件夹中。

STEP 2 输入文字“当前位置：运动鞋”，并设置为标题 4，在网页的头部插入 CSS 样式。设置标题 4 的 CSS 样式如下：

```
<style type="text/css">
h4 {width:100%; height:28px; color:#FFF; font-size:14px; margin:0; padding:
5px 0 0 5px; background:url(../images/bgg1.jpg) no-repeat;}
img {border:0}
a {text-decoration:none; color:#333; line-height:28px; font-size:12px;  }
a:hover {color:#069; font-weight:bolder;}
</style>
```

STEP 3 插入一个 4 行 3 列，宽度为 700 像素，边框、边距、间距均为 0 的表格，并在单元格中插入如图 7-4-3 所示的图像和文字，图像的宽度和高度值均为 200 像素，文字加入空的超链接（#）。

图7-4-3　插入表格和图像

STEP 4 保存文件，并通过浏览器预览网页文件。

STEP 5 采用同样的方式制作网页高跟鞋（“gaogenxie.html”）和靴子（“xuezi.html”）的页面并保存在“files”文件夹中，效果如图 7-4-4 所示。

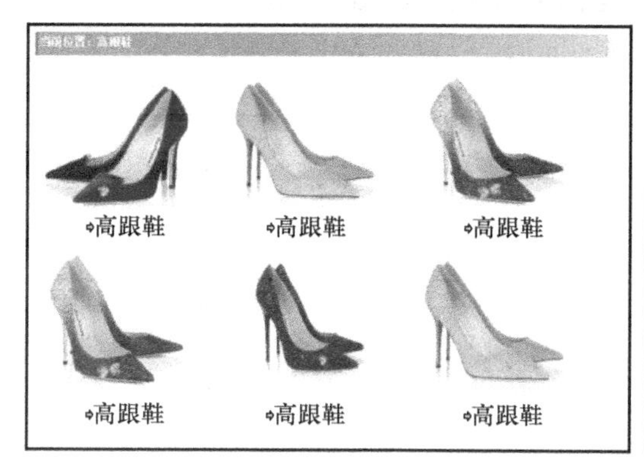

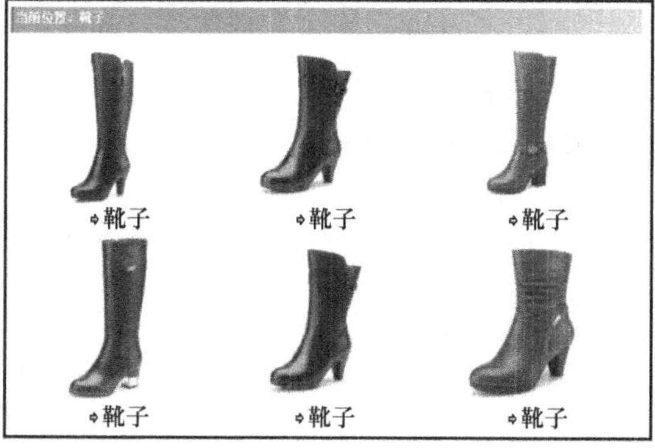

图7-4-4　效果图

STEP 6 在 Dreamweaver 中打开“product.html”（该页面在第 6 章中制作完成），将“#main_right”中的原有的文字和表格内容全部删除，如图 7-4-5 所示。

STEP 7 在“#main_right”中插入一个浮动框架。单击菜单栏的【插入】→【HTML】→【框架】→【IFRAME】，光标所在位置插入<iframe></iframe>标签（见图 7-4-6）。

设置浮动框架标签的属性值，宽度设置为 700 像素，高度设置为 600 像素，名称（name）为“xie”，边框为 0，不显示滚动条，源文件为“gaogenxie.html”，具体代码如下：

```
<iframe  src="gaogenxie.html"  width="700"  height="600"  scrolling="no"
frameborder="0"  name="xie"></iframe>
```

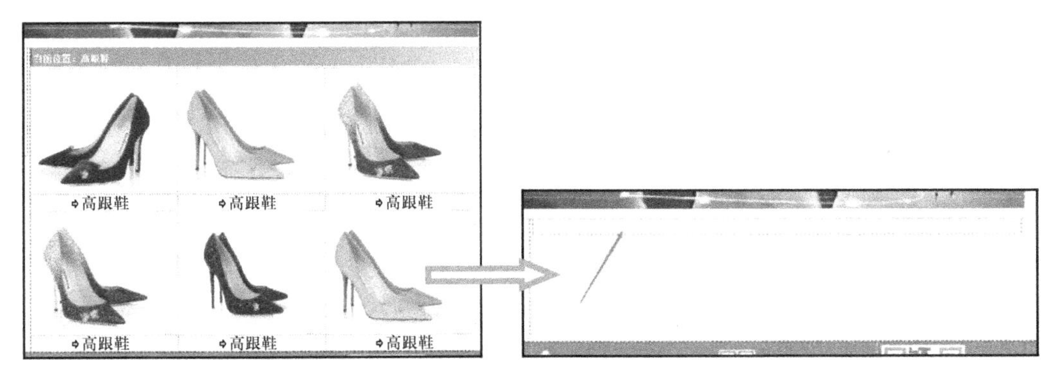

图7-4-5　删除元素

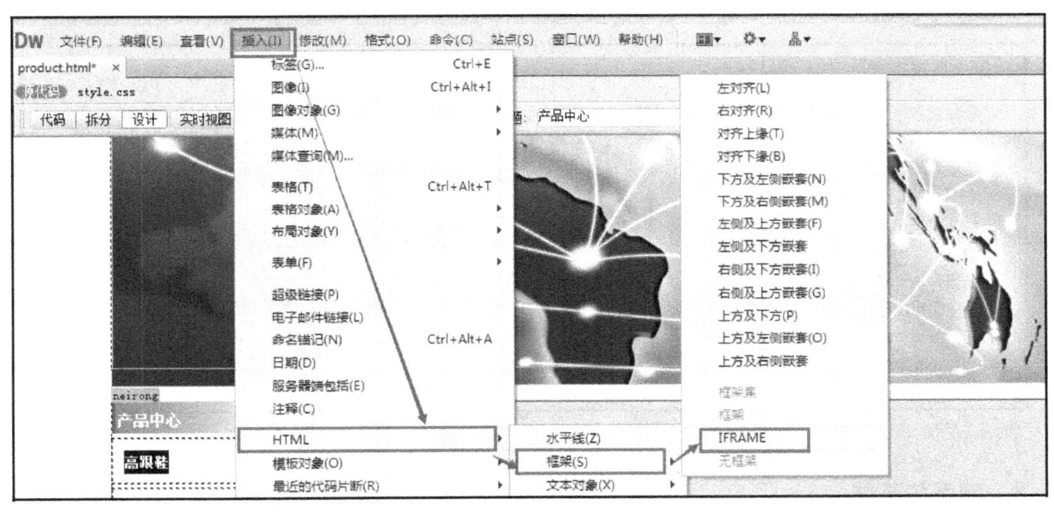

图7-4-6　插入浮动框架

STEP 8 修改“#main_left”中的超链接，选择文字“高跟鞋”，在链接中单击□按钮，选择文件“gaogenxie.html”，并设置【目标】为“xie”，如图 7-4-7 所示。

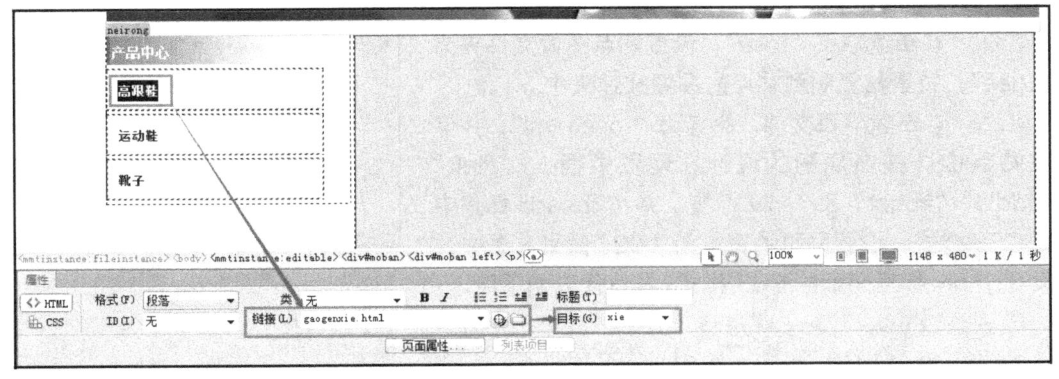

图7-4-7　创建超链接

选择文字“运动鞋”，在链接中单击□按钮，选择文件“yundognxie .html”，并设置【目标】

为“xie”，选择文字“鞋子”，在链接中单击按钮，选择文件“xuezi.html”，并设置【目标】为“xie”。

STEP 9 保存文件并单击按钮，测试网页的超链接。

7.4.3 课堂练习一：玫瑰分类介绍网页

1. 实训目标

- 熟练使用 DIV+CSS 布局模式布局；
- 熟练使用浮动框架；
- 熟练将超链接的内容显示在浮动框架中。

2. 效果图

制作的玫瑰分类介绍的网页效果如图 7-4-8 所示。

图7-4-8 效果图

3. 网页布局图

网页的内容宽度为 1 024 像素，高度为 819 像素，采用 DIV+CSS 的布局方式，定义从左到右排列 3 个盒子，具体的布局如图 7-4-9 所示。

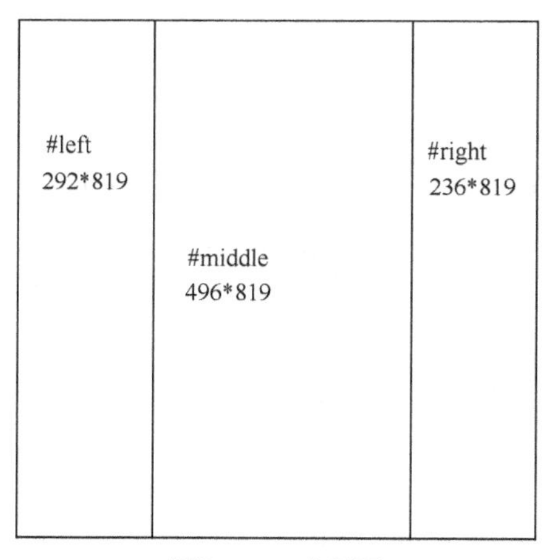

图7-4-9 布局图

4. 具体的操作步骤

STEP 1 新建站点“rose”，设置站点图像文件夹为“images”，将素材复制到站点的图像文件夹中。

STEP 2 新建网页文件，命名为“rose.html”，并保存在站点中。按布局图的设计在网页中插入“#left”“#middle”“#right” 3 个 div 标签，并在<head>标签中定义 CSS 样式，设置网页的宽度为 1 024 像素、居中，定义 3 个 div 标签元素的 CSS 样式，具体代码如下所示：

```
    <style type="text/css">
    body {margin:0 auto; width:1024px;}
    #left {width:292px; height:819px; float:left;}
    #middle {width:496px; height:819px; background-image:url(images/bg2_02.gif);
float:left; }
```

```
    #right {width:236px; height:819px; float:left; background-image:url(images/
bg2_03.gif);}
    </style>
```

效果如图 7-4-10 所示。

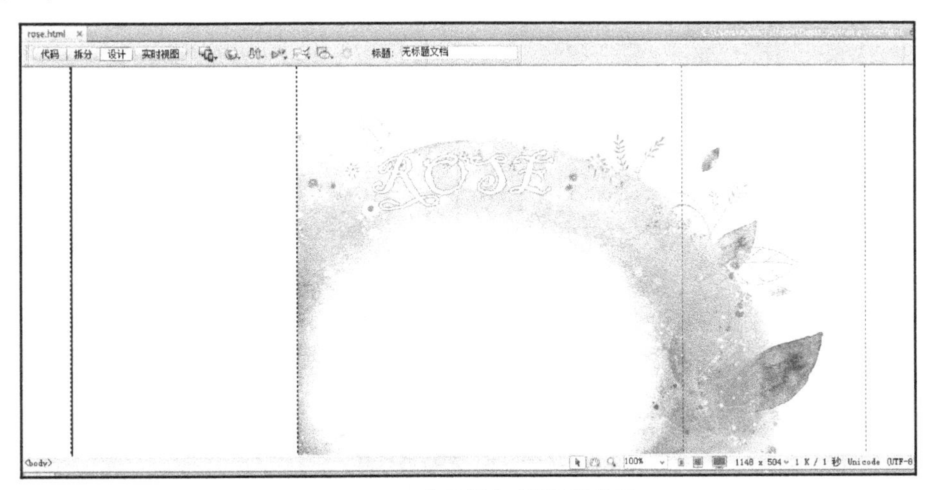

图7-4-10 应用样式后网页的效果

STEP 3 在“#left”中插入图像。将光标落在“#left”中，单击【插入】工具栏的【常用】中的【图像】 图像 : 图像 按钮，显示【选择图像源文件】对话框，选择“images”文件夹中的“bg2_01.gif”文件，单击【确定】按钮完成操作。

STEP 4 在“#middle”中插入浮动框架。将光标落在“#middle”中，单击菜单栏中的【插入】→【HTML】→【框架】→IFRAME，在代码视图中的<iframe></iframe>中设置浮动框架的属性，具体代码如下所示：

```
<iframe src="images/bg6_02.gif" width="496" height="819" scrolling="no"
frameborder="0" name="rose"></iframe>
```

效果如图 7-4-11 所示。

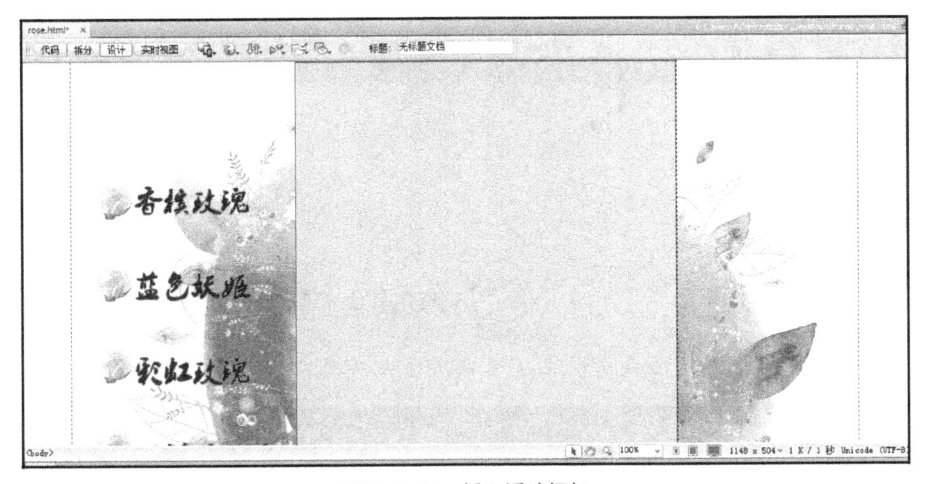

图7-4-11 插入浮动框架

STEP 5 设置超链接。对“#left”中的图像设置超链接的热区，单击图像，选择热区属性面板中的选择工具 中的矩形工具，框选“香槟玫瑰”这部分的图像，在热区的属性面板中，在【链接】设置超链接的文件，在【目标】中输入浮动框架的名称“rose”。采用相同的方式，分别设置“蓝色妖姬”“彩虹玫瑰”和“法兰西玫瑰”的热区链接，效果如图 7-4-12 所示。

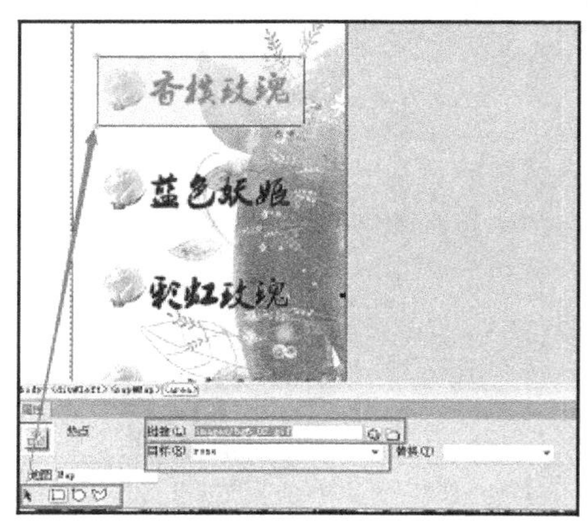

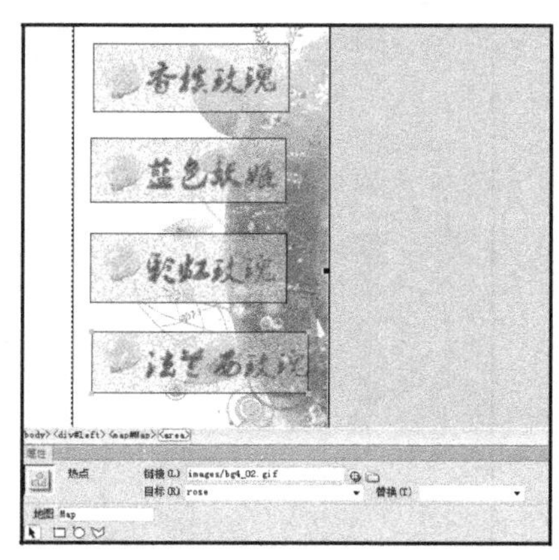

图7-4-12　热区的设置

STEP 6 保存网页，单击 预览网页效果。

7.4.4　课堂练习二：网站后台管理页

1. 实训目标

- 熟悉使用框架的方式组成网页；
- 熟悉框架页的保存方式；
- 熟悉框架页的超链接方式；

2. 效果图

本实训制作的网页效果如图 7-4-13、图 7-4-14 所示。

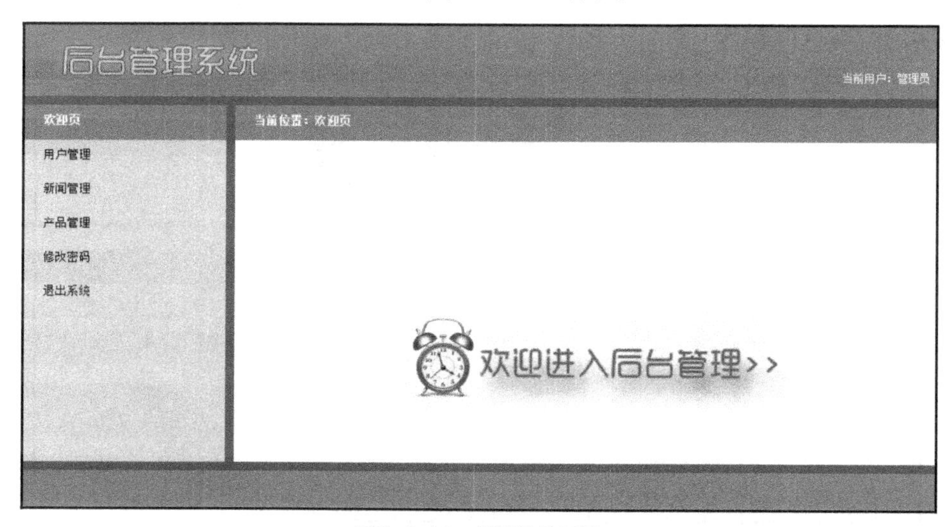

图7-4-13　首页的效果图

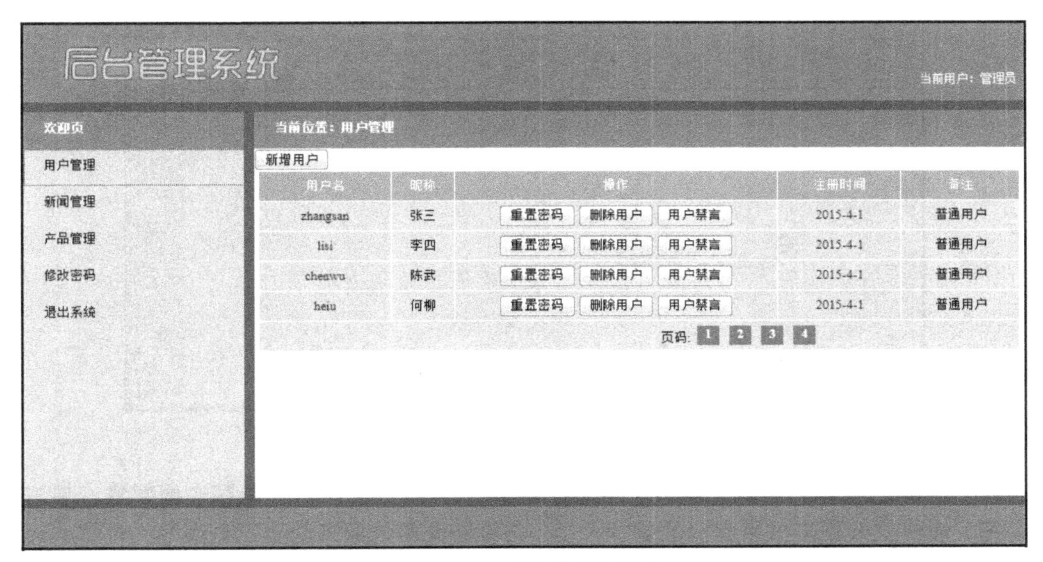

图7-4-14　用户管理效果图

3. 具体的操作步骤

STEP 1 新建站点。建立站点图像文件夹“pic”，将图片素材复制到图像文件夹中。

STEP 2 在 Dreamweaver 中新建一个空白网页，单击菜单栏中的【插入】→【HTML】→【框架】→【上方及下方】，创建框架集网页（见图 7-4-15），再单击框架集中的中间框架，选择菜单栏中的【插入】→【HTML】→【框架】→【左对齐】，完成框架结构的创建（见图 7-4-16），将框架页和框架集页全部保存，名称分别为“index.html”（整个框架集页面）、“top.html”（上部的框架页）、“left.html”（左边的框架页）、“main.html”（右边的框架页）、“bottom.html”（底部的框架页），共 5 个网页文件。

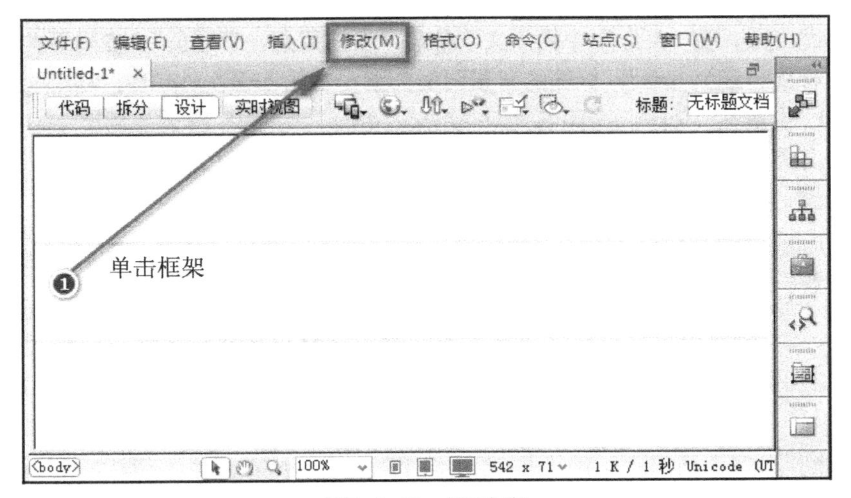

图7-4-15　创建框架

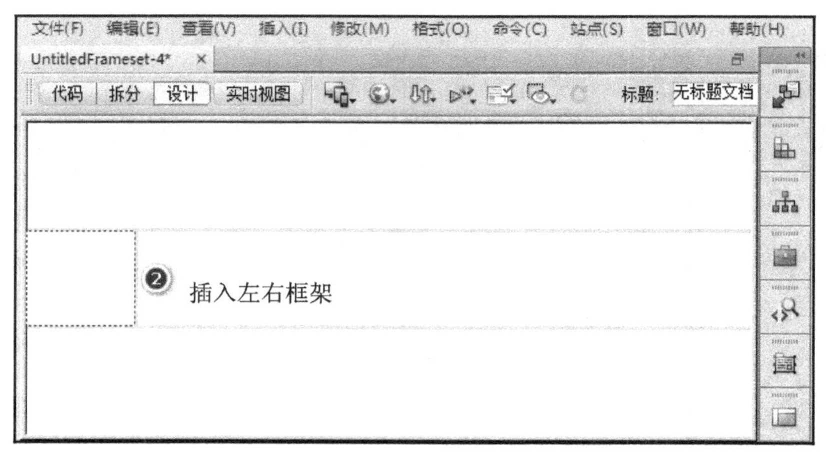

图7-4-16 添加框架

STEP 3 单击菜单栏中的【窗口】→【框架】，打开框架面板，选中整个框架集，单击【代码】视图，修改框架集中框架窗口的显示大小，将框架集中的原来的上下框架的大小“rows”的值，修改为rows=“90, *,30”，左右的值修改为cols=”220, *”，具体HTML代码如下所示：

```
<frameset rows="90, *,30" frameborder="no" border="0" framespacing="0">
 <frame src="top.html" name="topFrame" scrolling="no" noresize="noresize" id="topFrame" title="topFrame" />
<frameset cols="220, *" frameborder="no" border="0" framespacing="0">
<frame src="left.html" name="leftFrame" scrolling="no" noresize="noresize" id="leftFrame" title="leftFrame" />
<frame src="main.html" name="mainFrame" id="mainFrame" title="mainFrame" />
</frameset>
<frame src="bottom.html" name="bottomFrame" scrolling="no" noresize="noresize" id="bottomFrame" title="bottomFrame" />
</frameset>
```

STEP 4 在Dreamweaver中打开“top.html”，在<body></body>标签中创建一个<div>标签，id命名为“top”，在“#top”中输入文字信息“当前用户：管理员”，在网页的<head>标签中设置CSS样式，定义body标签的背景图像为素材中的图像文件“bg_top.jpg”，水平重复(“repeat-x”)，位置在“top”，边距值为0；定义“#top”的CSS样式为宽度100%，宽度的最小值为1 002像素，背景图像为“title.jpg”，背景图像不重复，位置在“left”，并定义文字的大小、颜色和位置，效果如图7-4-17所示，具体的CSS代码如下所示：

```
<style type="text/css">
body {margin:0; background:url(pic/bg_top.jpg) repeat-x top; }
#top {width:100%; min-width:1002px; height:50px; background:url(pic/title.jpg) no-repeat top left;  color:#FFF; font-size:12px; text-align:right; padding-top:50px;}
</style>
</head>
<body>
<div id="top"> 当前用户：管理员    </div>
</body>
```

图7-4-17 top.html效果

STEP 5 在 Dreamweaver 中打开“left.html”，在 body 中创建一个<div>，id 命名为“nav”，并输入左边的菜单内容，用项目列表排列文字信息，文字加入空的超链接，在<head></head>中定义 CSS 样式，具体的 HTML 代码和 CSS 样式代码如下所示：

HTML 代码

```
<body>
<div id="nav">
<ul>
<li><a href="#" class="x1">欢迎页 </a></li>
<li><a href="#">用户管理</a></li>
<li><a href="#">新闻管理</a></li>
<li><a href="#">产品管理</a></li>
<li><a href="#">修改密码</a></li>
<li><a href="#">退出系统</a></li>
</ul>
</div>
</body>
```

CSS 样式代码

```
<style type="text/css">
body {background-color:#CCC; margin:0; font-size:13px; }
#nav ul {padding:0; margin:0;  list-style-type:none;}
#nav  ul  li  a{width:100%;  height:28px;  padding-top:10px;  color:#000;
display:block; text-decoration:none;padding-left:20px; }
#nav ul li a.x1 { background-color:#00a8a8; padding-left:20px; color:#FFF;
font-weight:bold;}
#nav ul li a:hover { background:#625548; color:#FFF; font-weight:bold}
</style>
```

除了上面的 CSS 样式的设置，再为“欢迎页”这 3 个文字设置一种样式效果：定义背景颜色为“#00a8a8”，文字颜色为“#fff”，文字加粗，网页的预览效果如图 7-4-18 所示。

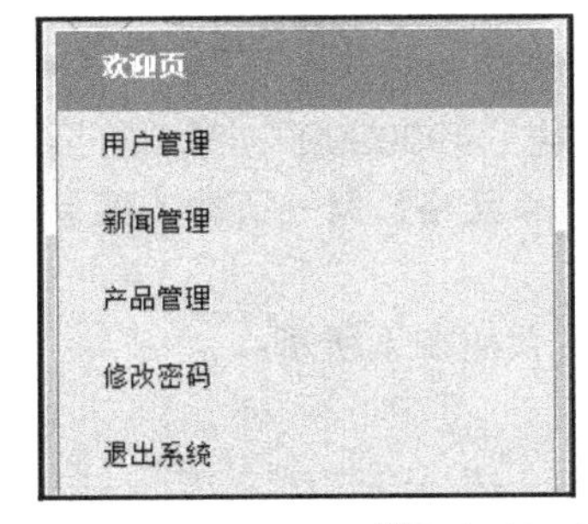

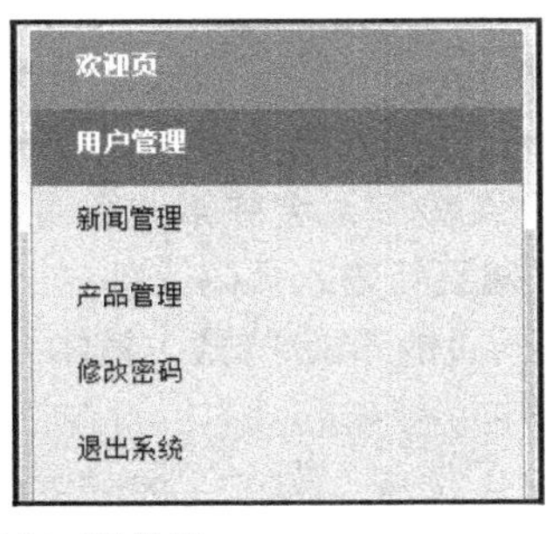

图7-4-18 left.html的效果

STEP 6 在 Dreamweaver 中打开“main.html”，该页是“欢迎页”，在 body 标签中输入文字“当前位置：欢迎页”，并设置为标题 1，创建一个<div>；id 名称为“zy”，在网页头部中定义 CSS 样式，具体的 HTML 和 CSS 代码如下所示：

```
<head>
<meta http-equiv="Content-Type" content="text/html; charset=utf-8" />
<title>欢迎页</title>
<style type="text/css">
/* 定义网页的背景图像为“bg_left.jpg”，垂直重复，位置在左边，并设置网页的边界上右下左
的 4 个值分别为 0、0、0、10px */
body {margin:0 0  0 10px; background:url(pic/bg_left.jpg) repeat-y left; }
h1 {width:100%; height:28px; padding:10px 0 0 20px; background:#00a8a8;
font-size:13px; font-weight:bold;; color:#FFF; margin:0}
.wenzi {font-size:48px; padding-left:20px; font-weight:bold;}
#zy {width:100%; height:300px; background:url(pic/aa.jpg) no-repeat  center
bottom}
</style>
</head>
<body>
<h1>当前位置：欢迎页</h1>
<div id="zy"></div>
</body>
```

网页的效果如图 7-4-19 所示。

STEP 7 在 Dreamweaver 中新建网页文件“user.html”，该页是用户管理网页，在网页顶端输入文字“当前位置：用户管理”，文字设置为“标题 1”，创建一个 5 行 4 列的表格（见图 7-4-20），边框值为 0，间距为 1，边距值为 0，表格宽度为 99%。

图7-4-19　main.html效果

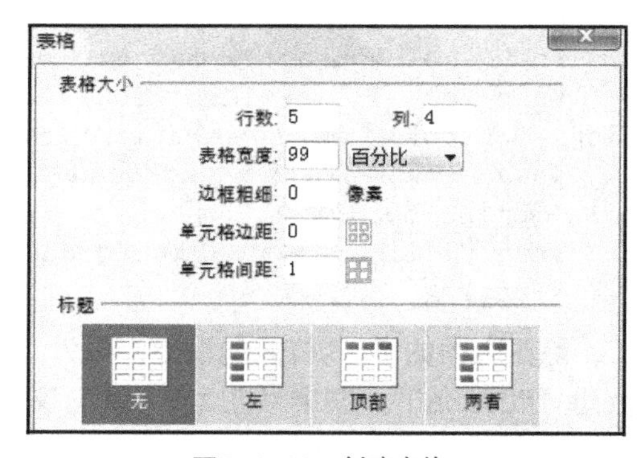

图7-4-20　创建表格

设置表格中第一行的单元格的背景颜色的值为“#999999”，第二行至第五行的单元格的背景颜色的值为“#CCCCCC”，合并第五行的所有单元格，第一行输入菜单的文字，第二行至第四行输入用户信息，第五行输入页码信息。

在 head 中定义网页的 CSS 样式，具体 CSS 代码如下所示：

```
<style type="text/css">
body {margin:0 0 0 10px; background:url(pic/bg_left.jpg) repeat-y left;
font-size:13px;}
```

```
    h1 {width:100%; height:28px; padding:10px 0 0 20px; background:#00a8a8;
font-size:13px; font-weight:bold;; color:#FFF; margin:0}
    .wenzi {font-size:48px; padding-left:20px; font-weight:bold;}
    a.x3 {width:20px; height:18px; display:block; background-color:#096; border:
1px solid #666; text-decoration:none; margin-right:10px; float:left; color:#FFF;
font-weight:bold; text-align:center}
    a:hover.x3 {background-color:#F30; color:#333;}
    </style>
```

类“x3”是定义页码中的文字的样式，页码部分内容的 HTML 代码如下：

```
    <div style="float:left; padding-top:5px; padding-left:400px;">
    页码:  </div><a href="#" class="x3">1</a><a href="#" class="x3">2</a>
    <a href="#" class="x3">3</a><a href="#" class="x3">4</a></div>
```

表格中每行用户信息中，使用表单中的按钮元素创建 3 个按钮，分别为“重置密码”“删除用户”“用户禁言”，不需要添加表单标签，设置属性中的【动作】为“无”。在表格位置之前添加一个“新增用户”的按钮，效果如图 7-4-21 所示。

当前位置：用户管理

新增用户

用户名	昵称	操作	注册时间	备注
zhangsan	张三	重置密码 删除用户 用户禁言	2015-4-1	普通用户
lisi	李四	重置密码 删除用户 用户禁言	2015-4-1	普通用户
chenwu	陈武	重置密码 删除用户 用户禁言	2015-4-1	普通用户
heiu	何柳	重置密码 删除用户 用户禁言	2015-4-1	普通用户

页码: 1 2 3 4

图7-4-21　网页user.html内容

STEP 8 在站点中创建一个新的网页文件，命名为“news.html”，该页是新闻管理页；创建一个 6 行 6 列的表格，在表格输入如图 7-4-22 的文字信息，该页的制作步骤参照“user.html”页。

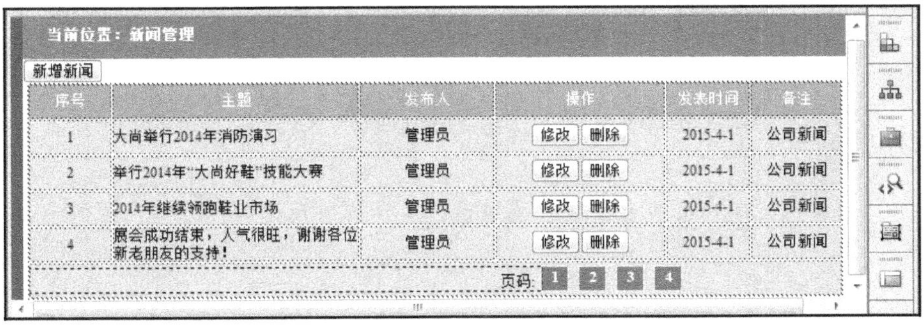

当前位置：新闻管理

新增新闻

序号	主题	发布人	操作	发表时间	备注
1	大尚举行2014年消防演习	管理员	修改 删除	2015-4-1	公司新闻
2	举行2014年"大尚好鞋"技能大赛	管理员	修改 删除	2015-4-1	公司新闻
3	2014年继续领跑鞋业市场	管理员	修改 删除	2015-4-1	公司新闻
4	展会成功结束，人气很旺，谢谢各位新老朋友的支持！	管理员	修改 删除	2015-4-1	公司新闻

页码: 1 2 3 4

图7-4-22　网页news.html内容

STEP 9 在“index.html”中设置超链接，修改“欢迎页”的超链接设置，链接文件为“main.html”，【目标】为“mainFrame”，修改“用户管理”的链接文件为“user.html”，【目标】为“mainFrame”，同理设置“新闻管理”的链接文件为“news.html”，【目标】为“mainFrame”，保存所有文件。

STEP 10 单击预览网页效果，单击左边的链接文字，检查链接是否正确。

7.5 本章小结

框架是网页布局的一种方式，特点是可以将一个浏览器窗口划分为几个区域，方便显示不同的网页，常常被使用在教程网站、视频网站和网站的后台管理等，但是缺点在于由多个网页构成，故打开由框架构成的网页时实际是打开多个网页，下载的速度比打开单个网页的速度慢。

浮动框架能在一个网页中嵌入网页或其他的网页对象，是一种常用的网页结构，尤其在动态网站中，局部信息用浮动框架显示，可以方便网页的编辑。

Dreamweaver CS6

Chapter

第 8 章
网页特效

■ 本章导读

为了丰富网页的展示效果，很多网页都会加入脚本语言实现一些特效，如弹出对话框、显示隐藏等效果。网页中常用的脚本语言主要是 JavaScript 和 VBScript，而 JavaScript 是目前被广泛使用的脚本语言。它能在 Dreamweaver 中提供多种的行为，实现网页特效。jQuery 是 JavaScript 的一个库，而且是轻量级的 js 库，不仅兼容 CSS3，还兼容各种浏览器，使用户能更方便地处理 HTML、events，实现动画效果，目前流行的焦点图、TAB、瀑布流等效果，基本采用的是 jQuery 的脚本。

■ 知识目标

- 了解 JavaScript 的基本语法；
- 了解 JavaScript 在 HTML 中的应用；
- 了解 jQuery 的基本语法；
- 了解 jQuery 在 HTML 中的应用。

■ 技能目标

- 学会在网页中引入 JavaScript；
- 学会在网页中引入 jQuery；
- 掌握应用 JavaScript 脚本制作网页特效的常用方法;
- 掌握应用 jQueryt 脚本制作网页特效的常用方法。

8.1 课堂案例：在企业网站首页中添加网页特效

将 JavaScript 的脚本嵌入到 HTML 代码中，对网页元素进行控制，使网页与用户之间实现动态的交互，这是目前流行的网页效果。本章通过对 JavaScript 脚本语言的学习，使学生掌握在企业网站首页中加入网页特效（见图 8-1-1）的方法，从而使网页变得更加生动。

图8-1-1　效果图

8.2 准备知识：JavaScript 网页特效

JavaScript 是目前常用的脚本语言，已经被广泛用于 Web 应用开发，常用来为网页添加各式各样的网页效果，为用户提供更流畅美观的网页。通常 JavaScript 脚本是通过在 HTML 中嵌入脚本来实现如验证表单、检测浏览器、创建 cookies、图像轮换等效果的。

在网页中插入 JavaScript 的脚本语言的方式是使用<script></script>标签，把脚本内容放在<script></script>内，放置在网页的 head 部分或 body 部分内部，其语法如下：

```
<scrtip language="JavaScript"type="text/javascript">
<! --此处编写 JavaScript 代码-- >
</script>
```

注意：常见的<script></script>也是指代码为 JavaScript 的脚本。使用 script 标签时，一般使用"language"属性说明使用什么语言，使用"type"属性标识脚本的类型。JavaScript 文件是指文件后缀为".js"的文件，可以通过<script></script>标签链接外部的 js 文件到网页中，并调用 js 文件的函数。

JavaScript 是由 Java 集成而来，因此也是一种面向对象的程序设计语言，它所包含的对象有两种组成部分，即变量和函数，也称为属性和方法。

8.2.1 JavaScript 的常量和变量

常量的值是不能改变的，JavaScript 的常量类型主要包含整型、实型、布尔值、字符型、空值和特殊字符。

变量的值是可以在程序运行期间改变的，JavaScript 的变量主要作为数据的存取容器使用，在使用时可以不进行声明而直接定义使用。变量的声明主要就是明确变量的名称、变量的类型以及变量的作用域，变量的名称由用户自行定义，但是需要遵循以下准则：

- 变量名只由字母、数字和下划线（_）组成，以字母开头，除此之外不能有空格和其他符号；
- 变量名不能使用 JavaScript 的关键字，所谓的关键字就是 JavaScript 中已经定义好的有一定用途的字符，如 function、all 等；
- 注意变量不要重名，且定义变量名时一般其名称含义与其作用或位置对应，易于用户理解。

在 JavaScript 中声明变量时一般采用关键字 var 对变量进行定义，如声明一个名称为"pic1"的变量为 var pic1。

对变量的赋值方式是使用符号"="，如对变量"*a*""*b*""*c*"赋值的方式为：

```
var  a=10;
var  b=广州;
var  c=true;
```

上面分别声明了 3 个变量，且对变量进行赋值，变量的数据类型是由所赋值的数据的类型来确定的，如变量 *a* 的值为"10"，该变量的数据类型为数值；变量 *b* 的值为字符串，该变量的数据类型为字符串；同理，变量 *c* 的数据类型为布尔型。

8.2.2 JavaScript 的函数

JavaScript 函数语法是使用关键字 function，函数内容写在大括号中，如下所示：

```
function functionname()
{
这里是要执行的代码
}
```

“functionname”是指函数的名称，当调用该函数时，会执行函数内的代码，函数名称由用户自定义，函数命名准则与变量名称的命名准则相同。

函数可以在某事件发生时被直接调用（如当用户单击按钮时），并且可由 JavaScript 在网页中的任何位置进行调用。

JavaScript 在使用时经常要与 HTML 文档进行交互，常常结合使用浏览器的内部对象，浏览器的内部对象主要包含文档对象（document）、窗口对象（windows）、位置对象（location）、历史对象（history）等。

8.2.3 JavaScript 的事件

JavaScript 是基于对象的语言，采用事件驱动是基于对象的基本特征，通过鼠标或键盘的动作称为事件，由鼠标或键盘引发的动作，称为事件驱动。常用的动作如表 8-2-1 所示。

表 8-2-1　JavaScript 的动作

动作	作用	动作	作用
onblur	表单元素失去光标指针	Onmouseover	鼠标在对象上经过或停留
onclick	鼠标单击（单击）	Onmousemove	鼠标在对象上滑过
onfocus	表单元素获得光标指针	Onmouseup	释放鼠标左键
onload	网页被载入时	onmouseout	鼠标离开对象
onunload	网页被关闭时	onmousedown	单击鼠标左键
ondbclick	鼠标双击对象	onchange	表单元素中的内容被修改时
onreset	表单元素被重置	onkeydown	按某个按键
onsubmit	表单元素被提交	onkeyup	释放某个按键

8.2.4 在网页中嵌入 JavaScript 代码的方法

将 JavaScript 代码嵌入 html 的方式主要有以下几种。

1. 将代码添加在<head></head>中

将 JavaScript 添加在头部标签中，当网页打开时同时加载脚本，容易维护，在 body 中直接调用头部的脚本执行或直接应用程序。

案例 1：在网页中显示当前时间日期

在网页中显示当前时间日期的具体实现步骤如下。

STEP 1 使用 Dreamweaver 新建一个网页文档并保存；使用【代码】视图，在代码<head></head>中增加一段 JavaScript 的脚本，具体代码如下；Date()对象可以用来读取本地计算机的日期和时间等信息，Date()对象提供了多种属性和方法（见表 8-2-2）。

表 8-2-2　Date()对象的属性和方法

方法	作用	方法	作用
getDate()	返回日期信息	getHours()	返回小时信息
getDay()	返回星期信息	getMinutes()	返回分钟信息
getMonth()	返回月份信息	getSeconds()	返回秒信息
getFullYear()	返回四位年份信息	getMilliseconds()	返回毫秒信息
getYear()	返回两位年份信息	getTimezoneOffSet()	返回本地计算机时间与格林尼治时间的分钟差

```
<script language="javascript" type="text/javascript">
function getTime(){
var date=new Date();
    document.getElementById("time").innerHTML=date.getMonth()+"月"+
date.getDate()+"日"+date.getHours()+":"+date.getMinutes()+":"+date.getSeconds();}
function printTime(){
setInterval(getTime,100);   }
</script>
```

STEP 2 应用“document”对象，通过 getElementById（“id 名”）方法调用指定的 id 对象。在网页的<body></body>中添加一个 id 为“timeT”的对象，如创建一个<div>，id 值为“timeT”，并设置宽度值为 200 像素和高度值为 50 像素，这个<div>是用来显示时间的位置，在<body>标签中加入 onload=“printTime()”，具体 HTML 代码如下所示，运行效果如图 8-2-1 所示。

图8-2-1　显示时间日期

```
<body onload="printTime()">
<div id="timeT" style="width:200px; height:50px;"></div>
</body>
```

2. 直接在<body>标签部分添加 JavaScript 的脚本

有些脚本直接在<body>标签的特定位置响应效果，可以将 JavaScript 的脚本直接插入在标签中。

案例 2：在网页中添加“设为首页”“加入收藏”“关闭网页”的效果

STEP 1 在 Dreamweaver 中新建一个网页文件并保存；在网页中输入文本信息“设为首页|加入收藏|关闭网页”，选中文本“设为首页”，加入空的超链接，切换到代码视图。HTML 代码为<a href=”#”>设为首页</a>，在超链接的代码中，添加设为首页（http://www.123.com）的脚本，具体代码如下所示：

```
<a href="#" onclick="this.setHomePage('http://www.123.com');return(false);"
style="behavior:url(#default#homepage)">设为首页</a>
```

在浏览器中预览网页，单击“设为首页”的功能，效果如图 8-2-2 所示。

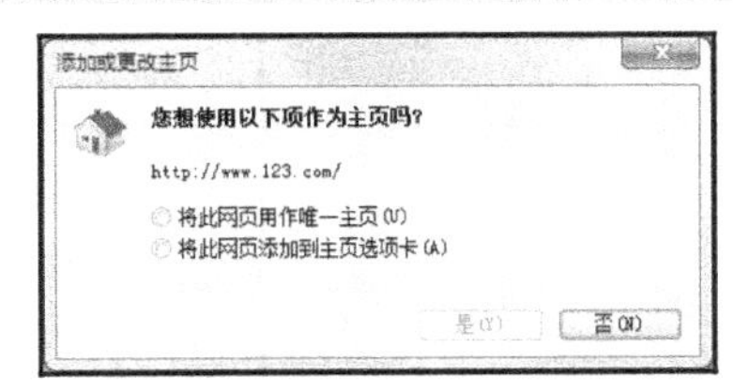

图8-2-2　设为首页

STEP 2 选中文本“加入收藏”，加入空链接，在代码视图中的链接标签中加入以下代码：

```
<a href="#" onclick="javascript:window.external.
addFavorite('http://www.123.com','123')">加入收藏</a>
```

在浏览器中预览网页，单击“加入收藏”的功能，效果如图 8-2-3 所示。

STEP 3 选中文本“关闭窗口”，加入空链接，在代码视图中的链接标签中加入以下代码，在浏览器中预览网页，单击“关闭窗口”的功能，效果如图 8-2-4 所示。

```
<a href="#" onclick="javascript:window.close();">关闭窗口</a>
```

图8-2-3　加入收藏

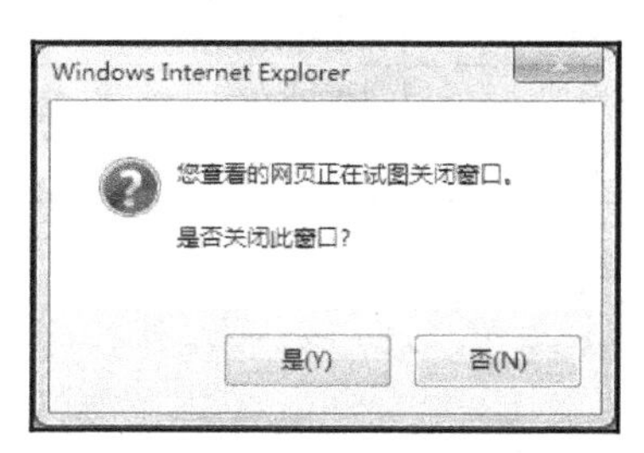

图8-2-4 【关闭窗口】

注意：上面的脚本效果是将脚本定义在<a>标签中，可以将文字换成图像等其他的 HTML 元素。

案例 3：在网页中弹出警告框和弹出确认框

弹出警告框和确认框是网页中常用的脚本。警告框是指弹出信息并只有一个确定按钮的对话框，按【确定】按钮后关闭对话框，页面不跳转；确认框是弹出信息并带有“确定”和“取消”两个按钮，按“确定”按钮关闭对话框，页面跳转到指定页面，按“取消”按钮关闭对话框，页面不跳转。在 JavaScript 中可用 alert()方法弹出警告框，用 confirm()方法实现确定框，具体操作步骤如下。

STEP 1 在网页中输入文字“弹出警告框”，并对文字加入空的超链接，再单击【代码】视图，在超链接的标签中加入 onclick="alert('出错！')"，括号中文字信息是设置弹出的警告框的文字，代码如下所示：

```
<a href="#" onclick="alert('出错！')">弹出警告框</a>
```

STEP 2 在浏览器中预览网页，单击文字“弹出警告框”，弹出如图 8-2-5 所示的对话框。

STEP 3 在网页中输入文字“打开百度”，并对文字加入空的超链接，单击代码视图，在链接的标签中加入 onclick="return confirm('打开百度?')"，括号中文字信息是设置弹出的确认框的文字，代码如下所示：

```
<a href="http://www.baidu.com" onclick="return confirm('打开百度?')">打开百度</a>
```

STEP 4 在浏览器中预览网页，单击文字“打开百度”，弹出如图 8-2-6 所示的对话框，单击【确定】按钮则关闭弹出的信息框并打开百度的首页；单击【取消】按钮，则只关闭弹出的信息框。

图8-2-5　弹出警告框

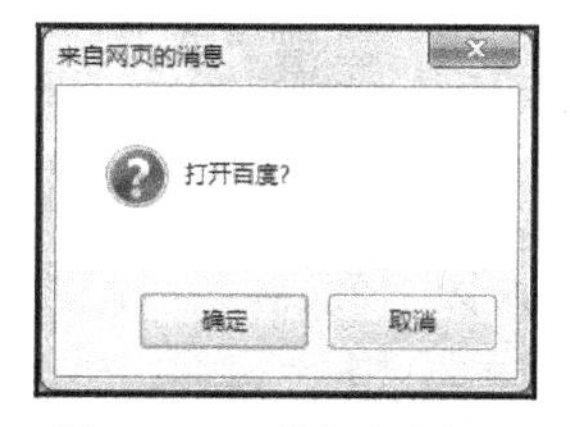

图8-2-6　弹出确定框

3. 链接 JavaScript 脚本文件的方式

引用外部的脚本文件是网页中插入 JavaScript 常用的方式之一，如在本地站点的 js 文件夹中含有文件“zz.js”，可以采用如下方式引入到网页中：

```
<script  type="text/javascript" src="js/zz.js"></script>
```

属性“src”的值是 JavaScript 文件存放的地址，本地文件的地址表示方式如 src="js/zz.js"。若是远程文件，只需使用绝对地址，如 src="http:/www.websiteweb.cn/js/zz.js"，完整的语句为：

```
<script type="text/javascript" src="http:/www.websiteweb.cn/js/zz.js"></script>
```

8.2.5 使用 jQuery 库

jQuery 是一个 JavaScript 库，提供的文档说明很完整，目前还提供多种成熟的 JS 插件可供选择使用。jQuery 能够使用户的 HTML 页面保持代码和 HTML 内容分离，也就是说，不用再在 html 里面插入一堆 js 脚本来调用命令，只需要定义 id 即可。jQuery 是免费、开源的，jQuery 的语法设计可以使开发者更加便捷，例如操作文档对象、选择 DOM 元素、制作动画效果、事件处理、使用 Ajax 以及其他功能。除此以外，jQuery 提供 API 让开发者编写插件。其模块化的使用方式使开发者可以很轻松地开发出功能强大的网页特效。

目前常使用到的 jQuery 文件主要是“jquery.min.js”和“jquery.js”，两者的区别是：“jquery.min.js”是“jquery.js”的代码进行精简处理后的文档，如变量的名称基本都写成一个字母，而且格式缩进都被删除了，所以文件容量比较小，一般在网页中调用这个文件；“jquery.js”里的代码是没有进行处理的源代码，适合于人们阅读与研究。两个文件起的作用一样，jQuery 有不同的版本，如 1.6、1.7.2 等，所以下载 jQuery 时有带版本号的，如 jquery-1.4.2.min.js 等，版本号越高版本就越新。

可以通过<script>标签把 jQuery 添加到网页中：

```
<script  type="text/javascript"  src="jquery.min.js"></script>
```

jQuery 的基本语法：$(selector).action()。

使用美元符号（$）定义 jQuery 选择符（selector）“查询”和“查找”HTML 元素，action() 执行对元素的操作。

如：

$(this).hide() – 隐藏当前元素；

$("p").hide() – 隐藏所有段落，“p”指的是 HTML 标签中的段落标签<p>；

$(".test").hide() – 隐藏所有 class=“test"”的所有元素；

$("#test").hide() – 隐藏所有 id=“test”的元素。

在编写 jQuery 函数时，将函数位于一个 document ready 函数中，如下所示：

```
$(document).ready(function(){
--- 函数内容 ----
});
```

这是为了防止文档在完全加载（就绪）之前运行 jQuery 代码，如果在文档没有完全加载之前就运行函数，操作可能失败。

案例 4：在网页中使用 jQuery 制作动感焦点图

焦点图是目前网页中常用的网页特效，可以通过使用 jQuery 快速地制作焦点图。（素材在 08/lunbo 文件夹）

STEP 1 新建站点，将素材复制到站点中，素材包含 5 个图像文件和一个“jquery.min.js”文件；新建网页文件“lunbo.html”，新建一个 CSS 文件“lunbo.css”，将 CSS 文件链入“lunbo.html”中。

STEP 2 在网页的<body></body>标签中创建用来实现焦点图的<div>盒子“#lunbo”，在“#lunbo”中插入 5 个图像，并设置为无序列表，无序列表应用类“pic”，具体 HTML 代码如下所示：

```
<div id="lunbo"><ul class="pic">
<li><img src="1.jpg" width="1000" height="350" /></li>
<li><img src="2.jpg" width="1000" height="350" /></li>
<li><img src="3.jpg" width="1000" height="350" /></li>
<li><img src="4.jpg" width="1000" height="350" /></li>
<li><img src="5.jpg" width="1000" height="350" /></li>
</ul></div>
```

STEP 3 在 CSS 文件中设置网页的 CSS 样式，具体代码如下所示：

```
/* 定义网页的 body,ul,li,p 标签的边距值和填充值为 0*/
body,ul,li,p{margin:0; padding:0;}
ul,li {list-style-type:none;}
/*定义#lunbo 的宽度、高度、边距、位置和溢出的值*/
#lunbo { margin:10px auto; height:350px; width:1000px; overflow:hidden;
position:relative; padding:0; z-index:2; border:1px solid #000}
#lunbo .pic { position:absolute;padding:0; z-index:4;}
#lunbo .pic li{width:1000px;float:left;padding:0;}
/*定义#lunbo 的图片的数字按钮*/
#lunbo .btn {overflow:hidden; height:30px;position:absolute; bottom:3px;
right:0; margin-left:-100px; z-index:10}
#lunbo .btn li { float:left; margin:0 10px; padding:5px; cursor:pointer;
background: #fff;border:1px #900 solid;border-radius:12px; height:12px;
width:12px; overflow:hidden; text-align:center; line-height:12px;opacity:0.6;
float:left;}
#lunbo .btn li.on {background: #990000; color:#FFFFFF;}
```

STEP 4 在网页的<head>标签中链入“jquery.min.js”文件（该文件可在 jQuery 的官网下载），在 Dreamweaver 中新建一个 JavaScript 文件“lunbo.js”，并在“lunbo.html”的头部链入“lunbo.js”文件，如图 8-2-7 所示。

```
<head>
<meta http-equiv="Content-Type" content="text/html; charset=utf-8" />
<title>无标题文档</title>
<link href="lunbo.css" rel="stylesheet" type="text/css" />
<script type="text/javascript" src="jquery.min.js"></script>
<script type="text/javascript" src="lunbo.js"></script>
</head>
```

图8-2-7 链入JavaScript外部文件

在“lunbo.js”文件中设置实现焦点图的 JavaScript 代码，具体内容如下所示：

```
$(document).ready(function(){
var num=$(".pic li").length;//定义变量num获取焦点图的个数
var fwidth=$(".pic li").width();//定义变量fwidth获取每个焦点图的宽度
var sec=4000;//定义切换图像间隔的时间，定时器的值
//设置变量btn获取图像上的数字，自动根据焦点图个数，添加切换按钮，如果只有一张图片则不显示切换按钮
var btn = '<ul class="btn"><li class="on">1</li>';
var btnend = '</ul>';
for(i=2;i<=num;i++){btn += '<li>'+i+'</li>';};
btn += btnend;
for(i=2;i<=num;i++){btn += '<li>'+i+'</li>';};
btn += btnend;
if(num == 1){btn = null};
$("#lunbo").append(btn);
$(".pic").css("width",fwidth*num);//设定大图集合的宽度，也就是所有焦点图宽度的和。
$(".btn li").bind("mouseover",function(){
$(this).addClass("on").siblings().removeClass("on");
var i=$(".btn li").index(this);var marginL=fwidth*i;
$(".pic").animate({"left":-marginL},500);}
);//鼠标指向按钮，焦点图切换到对应位置，按钮样式改变。mouseover是鼠标经过时，这里也可以改成click，通过单击切换焦点图。
picTimer = setInterval(timeset,sec); //指定sec毫秒后执行一次timeset函数。
function timeset(){
var j = $(".btn li").index($(".on"));//取得当前焦点图的位置，即class为on的序号。var timew = fwidth* (j+1);
if(j == num-1){$(".btn li").eq(0).addClass("on").siblings().removeClass("on");
$(".pic").animate({"left":0},500);} else{$(".btn li").eq(j+1).addClass ("on").siblings().removeClass("on");$(".pic").animate({"left":-timew},500);};
};
$("#lunbo").mouseover(function(){clearInterval(picTimer);});
$("#lunbo").bind("mouseout",function(){picTimer = setInterval(timeset,sec);}
);//当鼠标指向焦点图或者是切换按钮时，定时器清除，即不在执行自动切换，鼠标离开则恢复自动切换。
});
```

STEP 5 在浏览器中预览网页，效果如图 8-2-8 所示。

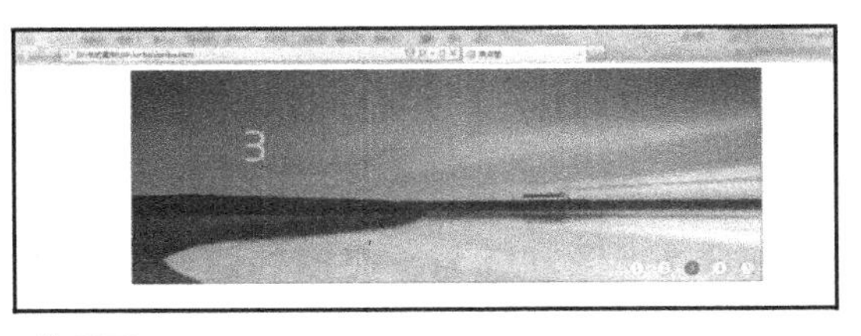

图8-2-8 效果图

8.2.6 网页中的行为

行为是用来动态响应用户操作、改变当前页面效果或者是执行特定任务的一种方法，使用户

与网页之间产生交互。

行为是由事件和触发事件的动作构成，如打开网页的同时打开另一个网页，该行为的事件是打开了另一个网页，触发事件的动作是打开网页，动作是一段预先编写的 JavaScript 代码，Dreamweaver 提供内置的行为。

1. Dreamweaver 中行为面板介绍

在 Dreamweaver 中单击菜单栏中的【窗口】→【行为】，打开【行为】面板。【行为】面板是放在【标签检查器】中的，如图 8-2-9 所示。【行为】面板由以下几个部分组成。

+▾：添加行为按钮，单击这个按钮，弹出动作菜单，就可以添加行为。

—：删除行为按钮。

▲ ▼：调整行为的显示顺序。

2. 应用行为

在应用行为之前需要选择应用的对象，如指定的图像、文本等 HTML 标签或其他网页元素，再设置行为动作。例如，应用行为的对象是<body>标签，在 Dreamweaver 中单击左下角的<body>标签（见图 8-2-10），再单击行为面板中的 +▾，在列表中选择相应行为，设置好具体的行为后，行为会显示在行为面板中，可以单击触发的动作的下拉列表选择触发的动作（见图 8-2-11）。

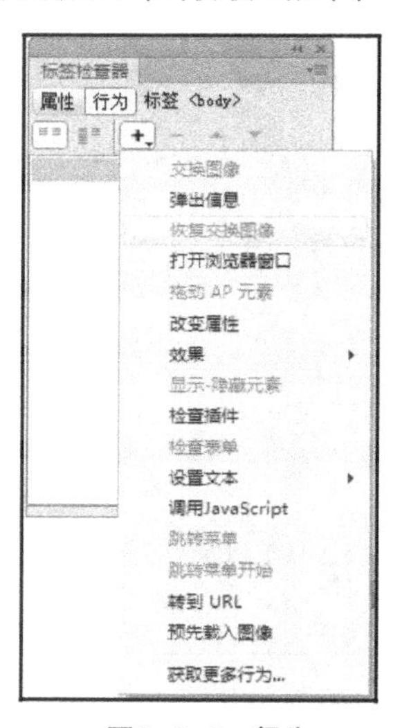

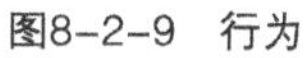
图8-2-9 行为

图8-2-10 body标签

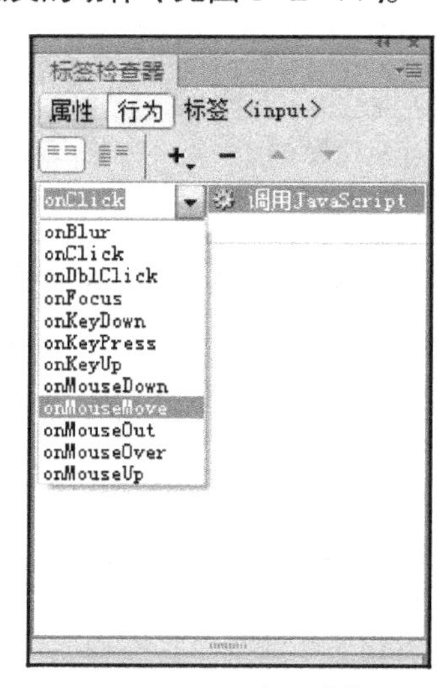

图8-2-11 行为动作

8.3 准备知识：Dreamweaver 中的行为脚本

8.3.1 课堂练习：交换的日历页

【交换图像】行为是指将网页中的某张图像通过触发动作更换为另一张图像的过程。【恢复交换图像】是指将应用了【交换图像】的图像恢复为源图像的过程，也称为轮换图像，使用时只需设置【交换图像】，【恢复交换图像】会自动生成，该效果不能用在背景图像中，必须是<img>标签，并且使用的图像大小要求一致，否则当实现交换图像时，图像的大小会被压缩或扩展，图像的大小默认的设置是与源图像的大小相同。设置交换的日历页的步骤如下。

STEP 1 新建站点，创建“img”文件夹，将素材中的图像文件复制到“img”文件夹中，新建网页文件，保存在站点，文件名称为“tu.html”。

STEP 2 在“tu.html”中定义 CSS 样式，定义“img”标签的宽度为 300 像素，高度为 200 像素，定义网页显示的宽度为 910 像素，居中，上边距为 200 像素，具体网页代码如下所示：

```
<!DOCTYPE html PUBLIC "-//W3C//DTD XHTML 1.0 Transitional//EN" "http://www.w3.org/TR/xhtml1/DTD/xhtml1-transitional.dtd">
<html xmlns="http://www.w3.org/1999/xhtml">
<head>
<meta http-equiv="Content-Type" content="text/html; charset=utf-8" />
<title>无标题文档</title>
<style type="text/css">
img {width:300px; height:200px;}
body {margin:0 auto; width:910px; background-color:#999; padding-top:200px;}
</style>
</head>
<body>
</body>
</html>
```

STEP 3 在【设计】视图中单击【插入】→【常用】→ 图像：图像，插入图像“1.jpg”。

STEP 4 单击菜单栏的【窗口】→【行为】，显示【标签检查器】工具。

STEP 5 在【设计】视图中单击图像“1.jpg”，选择【标签检查器】中的【行为】→【交换图像】，显示【交换图像】对话框，单击【设为原始档为】旁的【浏览】按钮，选择图像文件“2.jpg”，单击【确定】按钮，启用【预先载入图像】复选框，可以在加载页面时对新图像进行缓存，这样可以防止图像应该出现时由于下载慢而导致延迟；启用【鼠标滑开时恢复图像】复选框，可以在鼠标指针离开图像时恢复到以前的图像源，即打开浏览器时的初始化图像。单击图像“1.jpg”时，标签检查器中显示两个动作分别是：当鼠标经过图像“1.jpg”的上方时，触发 onMouseOver 动作，实现交换图像，图像更换为“2.jpg”，当鼠标离开图像范围时，触发 onMouseOut 动作，恢复源图像。在网页的空白位置上单击，标签检查器有【预先载入图像】的事件（见图 8-3-1），触发条件 onLoad 即打开网页时。单击代码视图，代码中头部标签位置，自动插入了<script type="text/javascript"></script>标签，自动生成交换图像的脚本，<body>标签中也插入触发的条件代码。

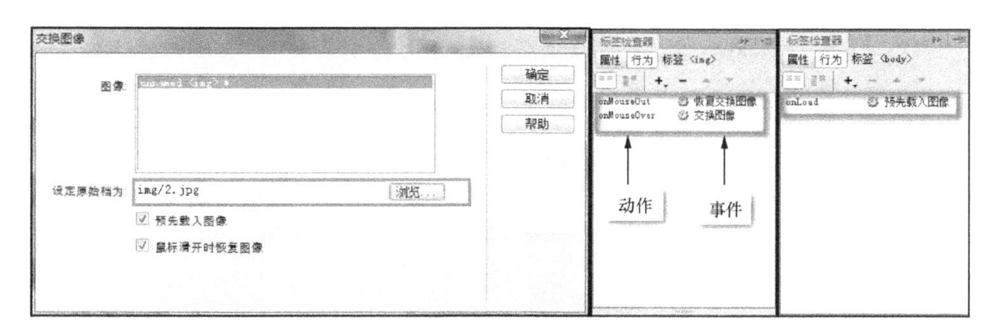

图8-3-1　设置【交换图像】行为

STEP 6 采用相同的方式设置另外两张图像的交换图像的效果，保存网页。

STEP 7 单击 或按“F12”键，在浏览器中浏览网页的效果（见图 8-3-2）。注意在本地中预览，出现浏览器拦截，选择【允许阻止的内容】，交换图像的内容才能正常显示。

图8-3-2 效果图

8.3.2 课堂练习：网页中弹出信息框

【弹出信息】行为是指触发某个动作后弹出一个含有预先设置了信息的对话框。该对话框只有文字信息和【确定】按钮，一般用来显示某些特性的文字信息。设置弹出信息的步骤如下。

STEP 1 新建网页文件“2.html”，保存在站点中，在页面中插入图像“2.jpg”。

STEP 2 鼠标单击“2.jpg”图像，选择【标签检查器】→【行为】→【弹出信息】，在显示的对话框中输入文字“欢迎来到玫瑰世界!”，单击【确定】完成设置（见图 8-3-3）。注意：设置的行为动作是“onClick”，即当鼠标单击图像时弹出对话框。

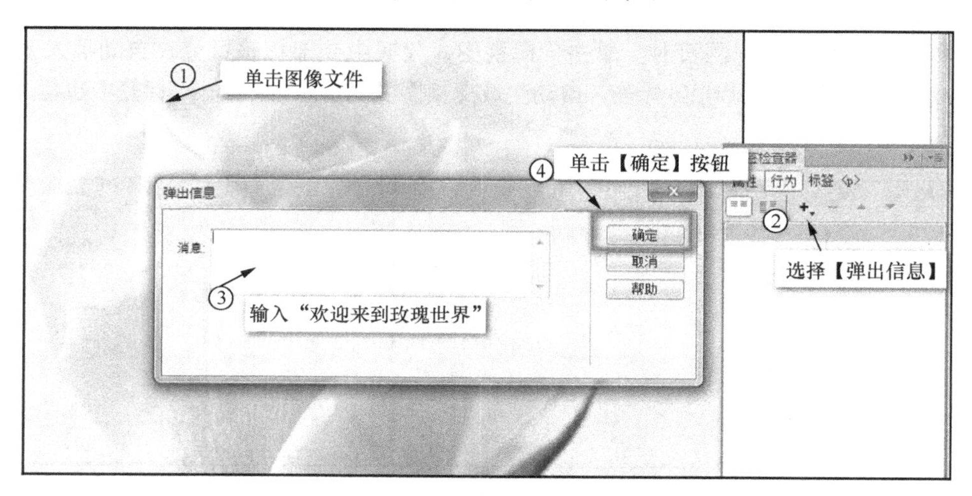

图8-3-3 设置【弹出信息】

STEP 3 单击 或按按键“F12”，在浏览器中浏览网页的效果，单击图像，显示弹出信息，如图 8-3-4 所示。

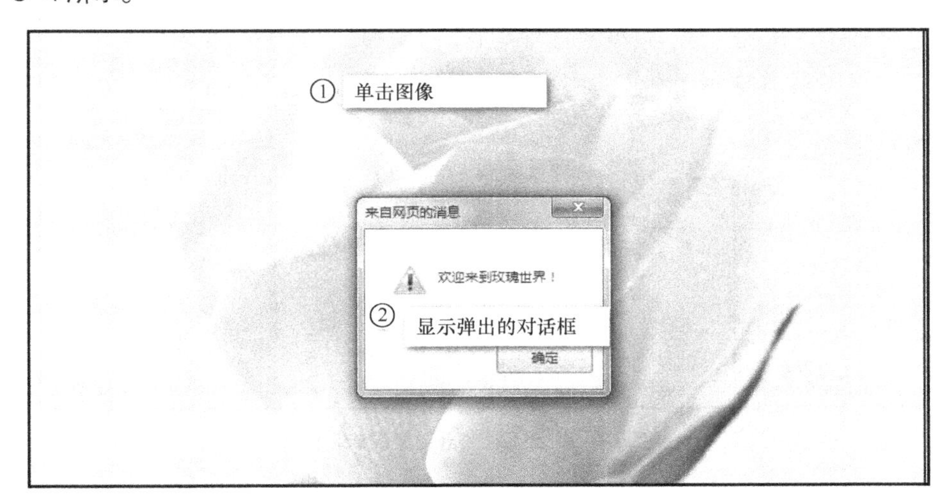

图8-3-4　弹出信息效果图

提示：可以修改动作，如将“onClick”改成“onMouseOver”，也可修改响应动作的对象，如设置当单击网页任意对象时弹出信息，只需单击网页的空白位置（或选中标签<body>），再设置【弹出信息】的行为效果即可。

8.3.3　课堂练习：弹出广告页

【打开浏览器窗口】就是在打开一个浏览器窗口的同时打开另一个浏览器窗口，并且可以设置新窗口的属性、特性和名称。我们上网时，常常遇到打开网页的同时，打开了一个或多个广告网页，这就是【打开浏览器窗口】的效果。

STEP 1 打开上例中的网页文件“2.html”，用鼠标左键单击 Dreamweaver 设计界面左下角的<body>标签（<body><p>），再选择【标签选择器】→【行为】→【打开浏览器窗口】，显示【打开浏览器窗口对话框】（见图 8-3-5），主要设置的选项如下。

要显示的 URL：设置弹出浏览器窗口的 URL 地址，可以是相对地址，也可以是绝对地址，网络上的地址必须以“http://”开始，如：http://www.baidu.com。

窗口宽度：设置弹出的浏览器窗口的大小，单位为像素。

属性：包含导航工具栏、地址工具栏、状态栏、菜单条、需要时使用滚动条、调整大小手柄，选中复选框，表示该选项内容在弹出的浏览器窗口中显示。

窗口名称：设置弹出的浏览器窗口的名称。

STEP 2 单击【浏览按钮】，在【选择文件】对话框中选择网页文件“3.html”，单击【确定】按钮返回【打开浏览器窗口】，设置【窗口宽度】为“400”、【窗口宽度】为“321”，在【窗口名称】中输入“欢迎页”，单击【确定】完成。【标签选择器】中的行为如图 8-3-6 所示，“onLoad”表示当网页装载时，在另一个浏览器窗口中打开指定的网页“3.html”。

STEP 3 单击 或按按键“F12”，在浏览器中浏览网页的效果，如图 8-3-7 所示。

提示：【打开浏览器窗口】的行为可以设置在不同的对象上，例如图像、文字或其他动作也可以选择其他类型。

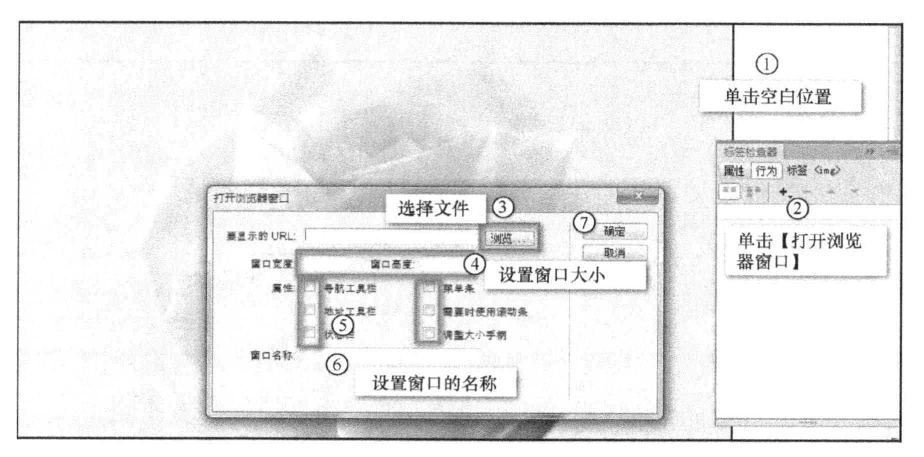

图8-3-5 设置【打开浏览器窗口】

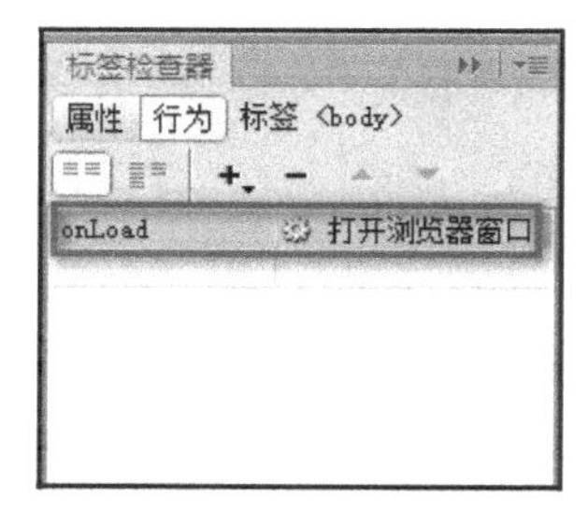

图8-3-6 【标签选择器】

图8-3-7 【打开浏览器窗口】效果图

8.3.4 课堂练习：使用拖动 AP 元素制作拼图游戏

【拖动 AP 元素】就是在网页中拖动 AP 元素，并可以设置拖动范围的行为。Dreamweaver 将带有绝对位置的所有<div>标签视为 AP 元素。创建 AP 元素的方式为：单击【插入】工具栏→【布局】→【绘制 AP Div】，如图 8-3-8 所示。AP Div 元素在网页中是可以任意拖动的，在网页的上层，不影响网页中原有的排版，一个网页中可以插入多 AP 个 Div 元素，在 AP Div 元素内，可以插入网页元素，如图像、文字等元素。

单击 AP Div 对象的边框，显示 AP Div 的属性面板（见图 8-3-9），主要的设置项如下。

【CSS-P】元素：AP Div 元素的名称，设置的是 ID 值。

【左】【上】：定义 AP Div 元素距离页面的左边界、上边界的距离。

【宽】：AP Div 元素的宽度。

【高】：AP Div 元素的高度。

【Z 轴】：AP Div 元素在 *Z* 轴上的位置（即与屏幕垂直的方向），一般理解为层次，数值越大，位置就越前，数值与创建 AP Div 元素的顺序有关。

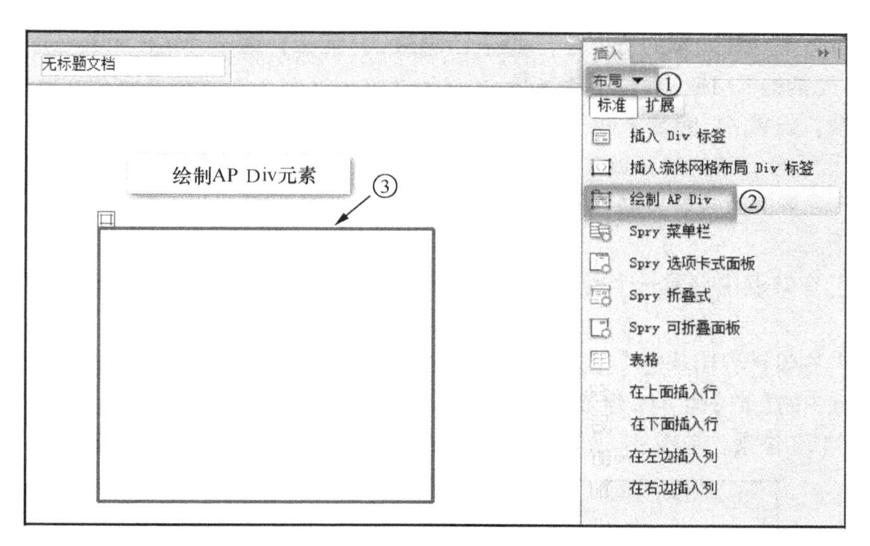

图8-3-8　绘制AP Div元素

【可见性】：设置 AP Div 元素是否可见，默认值 default 是可见的，还有 inherit（继承）、visible（可见）、hidden（不可见）。

【溢出：】当 AP Div 元素内的内容超出设置的宽和高的值时，超出的内容是否可见，visible（可见）是显示超出的内容；hidden（隐藏）是指不显示超出的内容；scroll（滚动条）是指显示滚动条，可拖动滚动条显示溢出的内容，而不管是否需要滚动条；auto（自动）是指当 AP Div 中的内容超出 AP Div 范围时才显示 AP Div 的滚动条。

【背景图像】：AP Div 元素的背景图像。

【背景颜色】：AP Div 元素的背景颜色。

【类】：设置应用 CSS 的类样式。

【剪辑】：设置左、右、上、下 4 个值的位置。

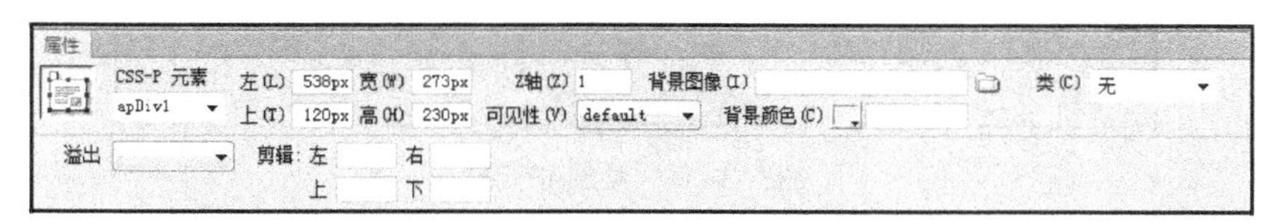

图8-3-9　AP Div元素的属性面板

Dreamweaver 中提供 AP 元素的面板，单击【窗口】→【AP 元素】，打开 AP 元素面板，如图 8-3-10 所示。

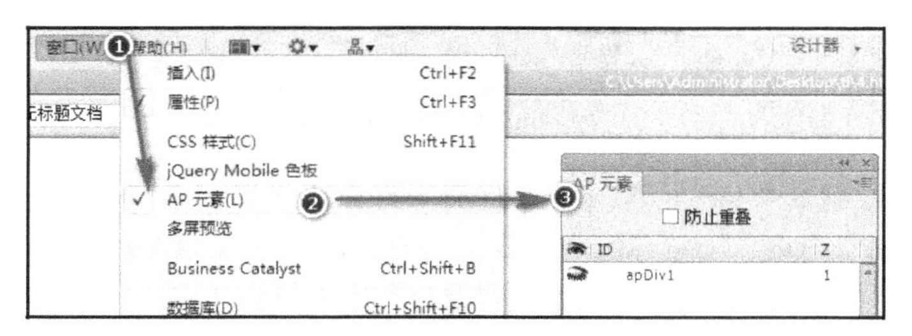

图8-3-10　AP元素面板

：用来设置 AP 元素的可见性，表示隐藏 AP 元素，表示 AP 元素是可见的。

ID：AP 元素的 ID 值，名称不能重复。

防止垂叠：设置 AP 元素之间不能重叠。

Z：AP 元素的 *Z* 轴的值，当多个 AP 元素叠加时，数值大的在数值小的上层。

拖动 AP 元素的行为是将动作实现在 AP 元素上，采用拖动 AP 元素完成拼图游戏的制作，具体步骤如下。

STEP 1 在站点中创建一个网页文件，命名为“4.html”，保存在站点中，将素材复制到站点中。

STEP 2 在设计界面单击【插入】工具栏→【布局】→【绘制 AP Div】绘制一个 AP 元素，设置属性面板中的【宽】为 410 像素，【高】为 728 像素，注意必须带单位像素，设置【上】为“0”，【左】的值为 120 像素，单击 AP 元素的内部，插入图像文件“hua.jpg”，如图 8-3-11 所示。

图8-3-11　绘制AP元素

STEP 3 继续绘制一个 AP 元素，【宽】的值为 408 像素，【高】的值为 726 像素，【左】的值为 538 像素，【上】的值为 0，如图 8-3-12 所示。

图8-3-12　绘制AP元素

STEP 4 连续绘制 6 个 AP 元素，【宽】的值均为 205 像素，【高】的值均为为 243 像素，名称分别为“p1”“p2”“p3”“p4”“p5”“p6”。单击 AP 元素面板中的“p1”，在属性面板中设置背景图像，选择素材中的“hua_01.jpg”图像为背景（见图 8-3-13），采用相同的方式，设置“p2”至“p6”的背景图像分别是“hua_02.jpg”“hua_03.jpg”“hua_04.jpg”“hua_05.jpg” "hua_06.jpg"。

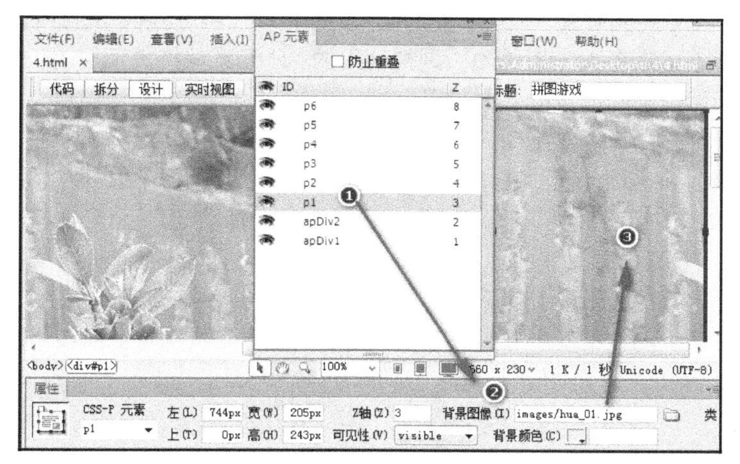

图8-3-13 设置AP元素的背景图像

STEP 5 设置名称为"p1"的 AP 元素的【左】的值为 744 像素，【上】的值为 0；设置名称为"p2"的 AP 元素的【左】的值为 540 像素，【上】的值为 0；设置名称为"p3"的 AP 元素的【左】的值为 540 像素，【上】的值为 485 像素；设置名称为"p4"的 AP 元素的【左】的值为 744 像素，【上】的值为 485 像素；设置名称为"p5"的 AP 元素的【左】的值为 744 像素，【上】的值为 243 像素；设置名称为"p6"的 AP 元素的【左】的值为 540 像素，【上】的值为 243 像素。

STEP 6 在【设计界面】单击左下角的<body>标签，再单击【标签选择器】→【行为】→ + →【拖动 AP 元素】，打开【拖动 AP 元素】设置面板（见图 8-3-14）。

【基本】的主要设置有【AP 元素】、【移动】、【放下目标】和【靠齐距离】，各项的功能如下。

【AP 元素】：在下拉列表中选择需设置的 AP 元素。

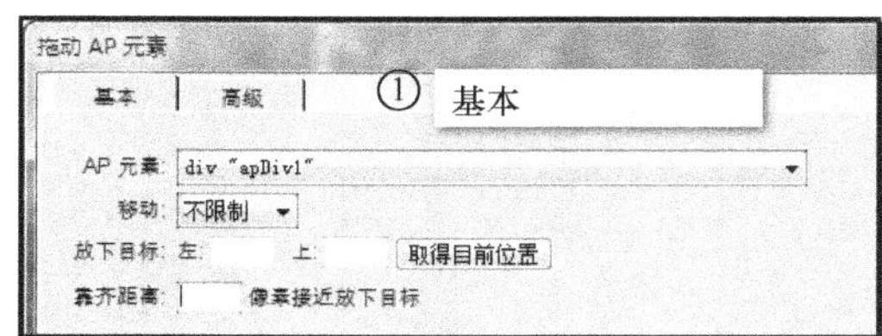

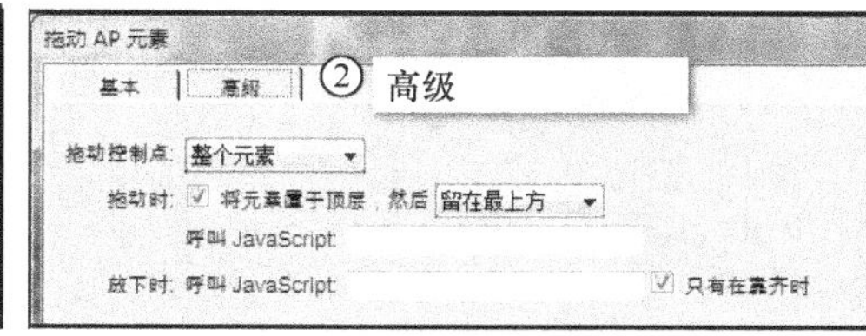

图8-3-14 【拖动AP元素】

【移动】：下拉列表中的选项有【不限制】和【限制】，默认值为"不限制"，【限制】要设置上、下、左、右 4 个方向的值。

【放下目标】：在文本框中输入数值，是相对于浏览器左上角的距离，是用来定位 AP 元素的目标坐标位置，单击【取得目前位置】按钮可取的当前 AP 元素的位置。

【靠齐距离】：输入一个数值，当 AP 元素被拖动到与目标点的距离小于该数值时，有自动靠齐目标点的作用。

【高级】的选项卡的主要功能如下。

【拖动控制点】：用来设置拖动点，默认是【整个元素，设置为【元素内的区域】时，需设置上、下、宽、高 4 个值。

【拖动时】：启用【将元素置于顶层】复选框，则在拖动，AP 元素在网页所有 AP 元素的顶层。

【然后】：选择【留在最上方】选项，则拖动后的 AP 元素保持其顶层的位置；选择【恢复 Z 轴】选项，则该元素恢复回原本的层叠位置。

【呼叫 JavaScript】：在用户拖动 AP 元素时执行一段 JavaScript 代码。

【放下时】：呼叫 JavaScript：在用户完成拖动 AP 元素时执行一段 JavaScript 代码。

【只有在靠齐时】：启用该复习框，则只有在用户完成拖动 AP 元素并将其靠齐后才会执行 JavaScript 代码。

STEP 7 在【拖动 AP 元素】的【基本】面板中按图 8-3-15 所示的值设置“P2”至“P6”的值，单击确定按钮。动作的触发条件是 onLoad，即打开网页就可拖动该 AP 元素。

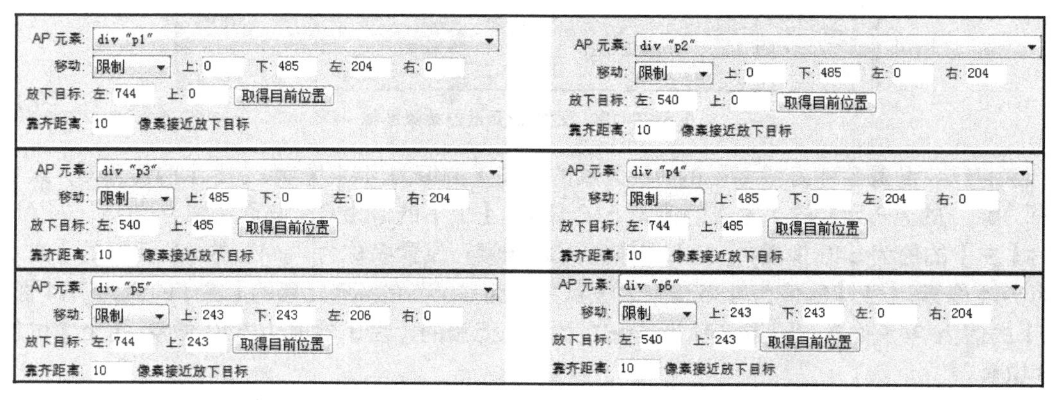

图8-3-15 设置【拖动AP元素】

STEP 8 完成设置后，行为面板上有 6 项拖动 AP 元素，如需修改参数，使用鼠标双击需要修改的行为，重新【打开拖动 AP 元素】面板，然后修改参数，按【确定】按钮完成（见图 8-3-16）。

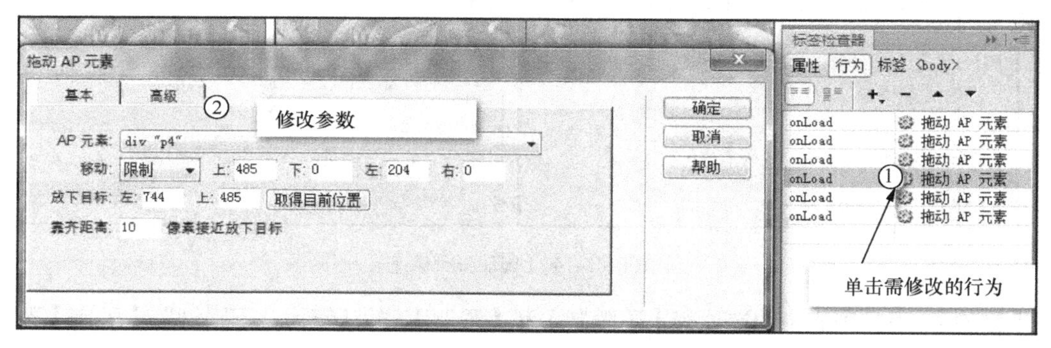

图8-3-16 修改行为的方式

STEP 9 在浏览器中预览，并测试拖动的 AP 元素的效果是否可以实现。

8.3.5 课堂练习：制作电子图册

【显示-隐藏元素】的行为是可将网页中的一个或多个 AP 元素显示和隐藏。

使用【显示-隐藏元素】的方式制作单击小图显示大图的电子图册，操作步骤如下。

STEP 1 在站点中新建一个网页，名称为“5.html”，将素材中的图像复制到站点中，保存网页。

STEP 2 在网页中插入一个 2 行 4 列的表格，表格宽度为 800 像素，设置边框粗细和单元格边距的值为 0，单元格间距的值为 2（见图 8-3-17）。

在表格的属性面板中，设置【对齐】方式为“居中对齐”（见图 8-3-18）。

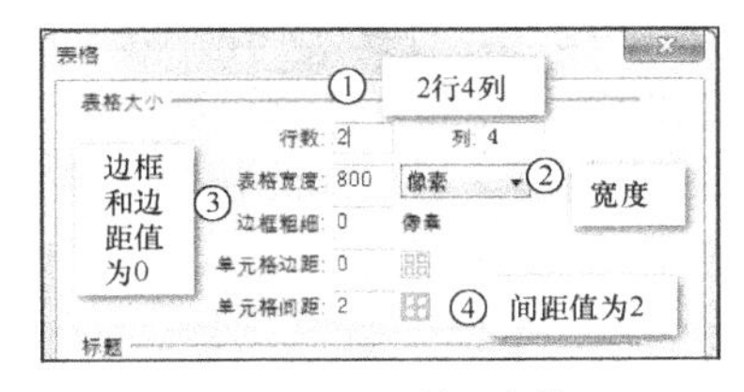

图8-3-17 插入表格

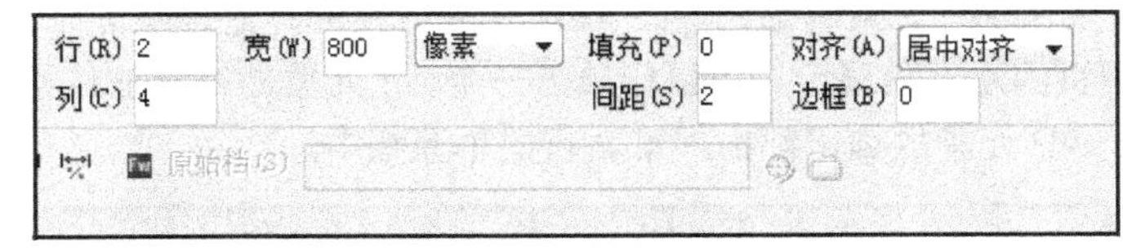

图8-3-18 设置表格属性

STEP 3 在网页的头部标签内插入 CSS 样式，设置<table>的背景颜色为“#666”，<td>单元格的背景颜色为“#fff”，CSS 代码如下所示：

```
<style type="text/css">
table {background-color:#666;}
td {background-color:#FFF}
img{border:0}
</style>
```

表格显示边框效果如图 8-3-19 所示。

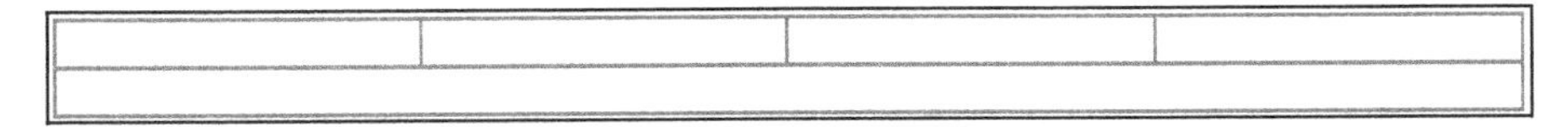

图8-3-19 表格的边框效果

STEP 4 在第 1 行的第 1 个单元中插入图像“1_small.jpg”，第 2 个单格中插入图像“2_small.jpg”，第 3 个单元格中插入图像“3_small.jpg”，最后一个单元格中插入图像“4_small.jpg”，效果如图 8-3-20 所示。

图8-3-20 插入图像

STEP 5 单击第 2 行的第 1 个单元格并拖曳到第 4 个单元格，将 4 个单元格合并；单击合并后的单元格，在单元格的属性面板中设置【水平】的值为“左对齐”，【垂直】的值为“顶端”，【高】的值为“450”（见图 8-3-21）。

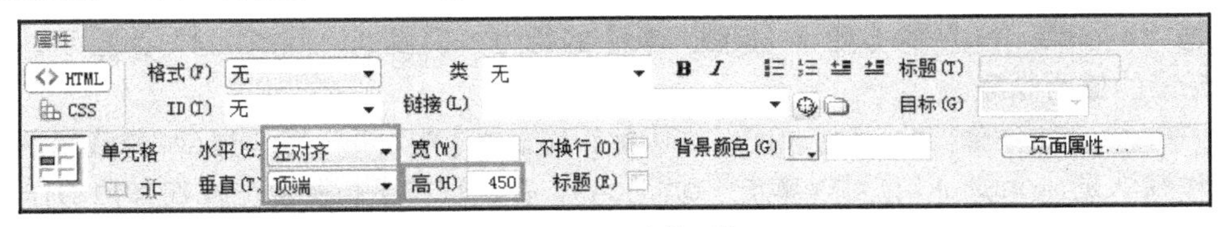

图8-3-21 表格属性

STEP 6 在网页中绘制 4 个 AP Div 元素，宽的值均为 804 像素，高的值均为 450 像素，在第 1 个 AP 元素中插入图像文件“1_big.jpg”，第 2 个 AP 元素中插入图像“2_big.jpg”，将图像“3_big.jpg”和“4_big.jpg”分别插入在第 3 个和第 4 个 AP 元素中，并将这 4 个 AP 元素的显示效果设置为隐藏。

STEP 7 单击菜单栏的【编辑】→【首选参数】，打开【首选参数】面板，在【分类】中选择【不可见元素】，选择【AP 元素的锚点】前的复选框（见图 8-3-22），可在 Dreamweaver 中看到 AP 元素的锚记 ，锚记在网页预览时都是不可见、不占位的，AP 元素的锚记默认是在网页的左上角显示。用鼠标单击一个 AP 元素的锚记按住不放，拖曳到第 2 行的单元格中，将 4 个 AP 元素的锚记都拖入第 2 行的单元格中。

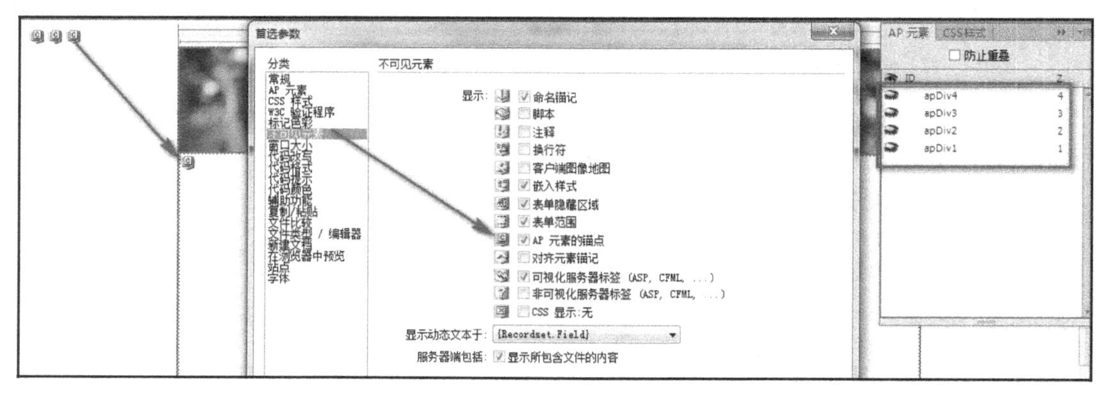

图8-3-22 设置AP元素的锚记

STEP 8 设置 AP 元素的属性，去掉【左】和【上】的值，使其为空值，4 个 AP 元素的设置相同，将 AP 元素的名称是 apDiv1 的【可见性】值修改为“visible”（见图 8-3-23），其他 3 个 AP 元素保持不可见。

图8-3-23 设置AP元素的属性面板

STEP 9 单击表格第 1 行的第 1 个单元格的图像“1_small.jpg”，再选择【标签选择器】中的【行为】，单击 +，在下拉列表中选择【显示-隐藏元素】，打开【显示-隐藏元素】面板，设置 div“apDiv2”为隐藏、div“apDiv3”为隐藏、div“apDiv4”为隐藏、div“apDiv1”为显示（见图 8-3-24）；采用相同的方式设置图像“2_small.jpg”的【显示-隐藏元素】的行为，设置 div“apDiv2”为显示，其他 3 个 AP 元素的值为隐藏；设置图像“3_small.jpg”的【显示-隐藏元素】的行为，设置 div“apDiv3”为显示，其他 3 个 AP 元素的值为隐藏；设置图像“4_small.jpg”的【显示-隐藏元素】的行为，设置 div“apDiv4”为显示，其他 3 个 AP 元素的值为隐藏。

STEP 10 单击图像“1_small.jpg”，在【标签检查器】中可见一项【显示-隐藏元素】的行为，动作默认是“onClick”；可以单击“onClick”，在出现的下拉列表中现在其他动作，改成“onMouseOver”，如图 8-3-25 所示。

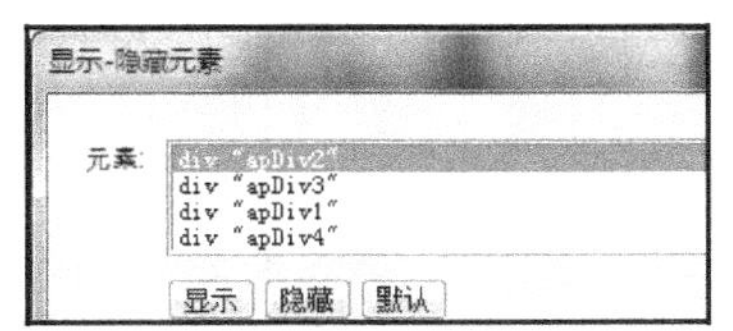

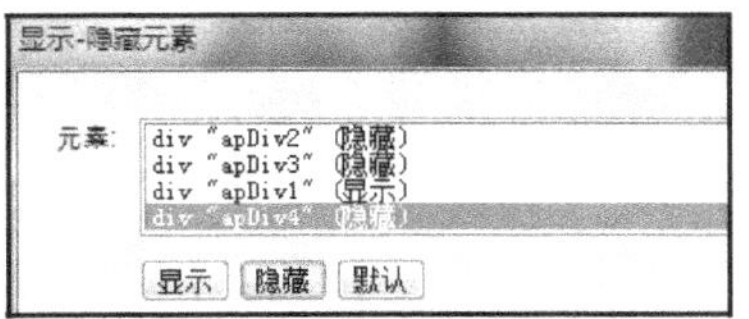

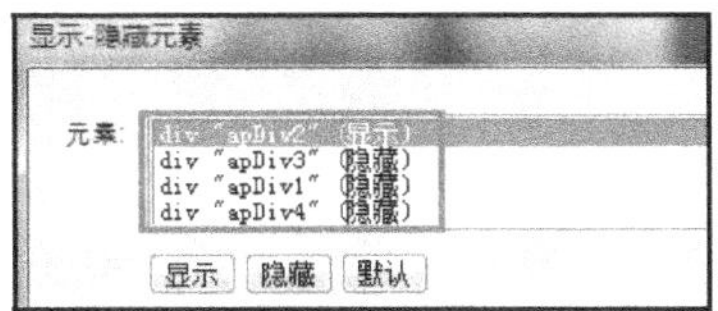

图8-3-24　设置【显示-隐藏元素】的行为

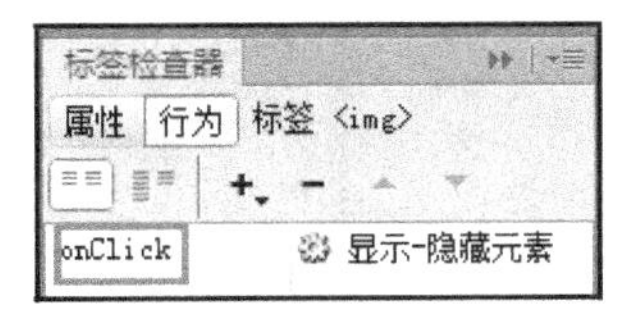

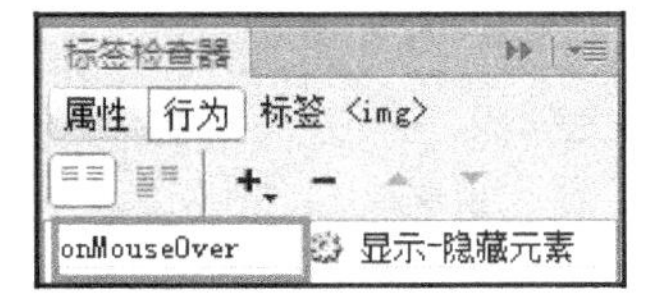

图8-3-25　设置【显示-隐藏元素】动作

STEP 11 单击 或按键盘上的“F12”键，在浏览器中浏览网页的效果，如图 8-3-26 所示。

图8-3-26　效果图

8.3.6　课堂练习：制作跳转网页

【转到 URL】的行为是在当前窗口或指定的框架中直接跳转到另外一个网页中。实现跳转网页的步骤如下。

STEP 1 在站点中新建网页，保存文件并命名为“6.html”，在网页中插入图像文件“2.jpg”，保存网页文件。

STEP 2 在站点中新建网页文件“6_2.html”，在网页中插入图像文件“1.jpg”，保存网页。

STEP 3 在 Dreamweaver 的【设计】界面中，鼠标左键单击网页文件“6.html”的左下角的<body>标签，再单击【标签检查器】→【行为】→+→【转到 URL】，打开【转到 URL】面板，如图 8-3-27 所示。

STEP 4 在【URL】中单击【浏览】按钮，并选择文件“6_2.html”，单击【确定】完成，在标签检查器中可看到如图 8-3-28 所示的设置。

STEP 5 单击 或按键盘上的“F12”键浏览“6.html”，在浏览器中浏览打开时直接跳转到“6_2.html”，效果如图 8-3-29 所示。

图8-3-27 设置【转到URL】

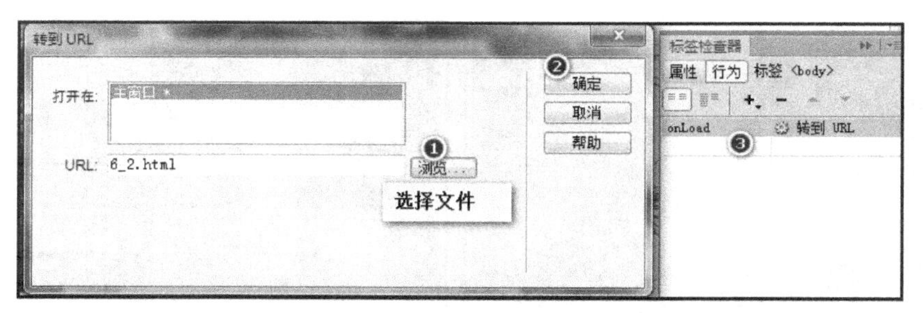

图8-3-28 设置【转到URL】

图8-3-29 效果图

8.3.7 课堂练习：制作关闭网页的按钮

将一段 JavaScript 代码应用在某个网页元素中，可实现这段代码的功能，如制作关闭网页的按钮的功能，使用 Dreamweaver 中的【调用 JavaScript】的行为工具的实现步骤如下。

STEP 1 新建网页，保存为“7.html”，在页面中插入文字“生日蛋糕”，并插入图像文件“1.jpg”。

STEP 2 单击插入工具栏中的【表单】→【按钮】，当显示“是否添加表单标签”对话框时，选择“否”。

STEP 3 设置按钮的属性面板，【值】为“关闭网页”，动作设置为【无】，如图 8-3-30 所示。

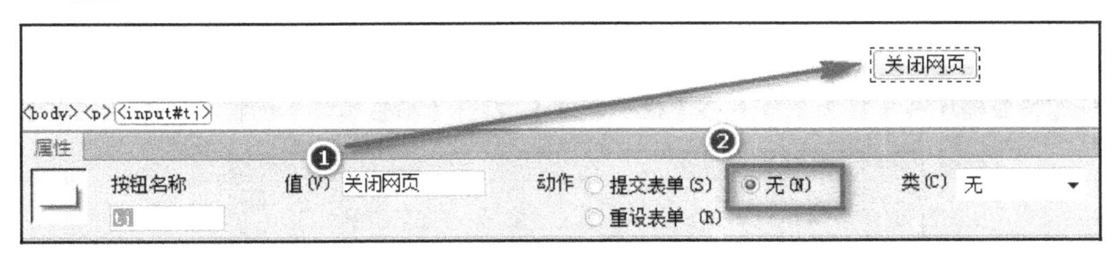

图8-3-30　设置按钮

STEP 4 鼠标单击关闭网页按钮，在选择【标签检查器】→【行为】→ + →【调用 JavaScript】，打开【调用 JavaScript】面板，在【JavaScript】中按图 8-3-31 所示输入“window.close ( )”，单击【确定】完成。标签检查器中增加了调用 JavaScript 的行为，动作是 onClick，可单击后在下拉列表中修改成其他的动作。

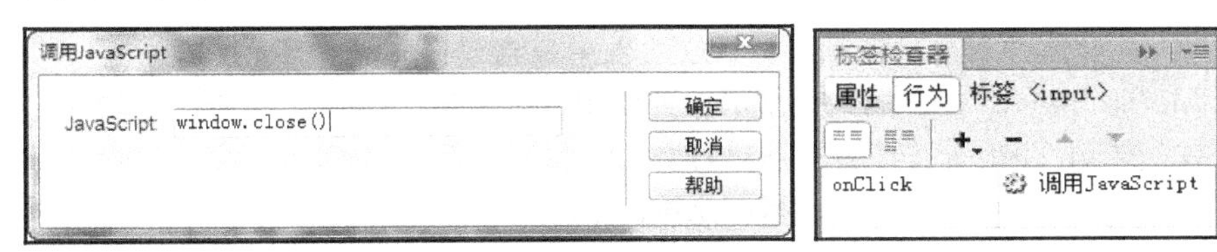

图8-3-31 【调用JavaScript】

STEP 5 单击 或按键盘上的“F12”浏览“7.html”，在浏览器中浏览时单击“关闭网页”按钮，弹出【关闭窗口】的对话框，单击【是】关闭网页，如图 8-3-32 所示。

图8-3-32　效果图

8.3.8 课堂练习：检查浏览器插件

【检查插件】的行为是根据判断用户是否安装了指定的插件，以决定是否将页面转到不同的页。

案例：检查用户是否安装 flash 插件。

使用【检查插件】功能实现检查用户是否安装 flash 插件，具体的操作步骤如下。

STEP 1 在 Dreamweaver 中打开素材中的 08/08/8.html，单击左下角的<body>标签，再单击【标签检查器】→【行为】→+→【检查插件】，打开【检查插件】面板（见图 8-3-33）。

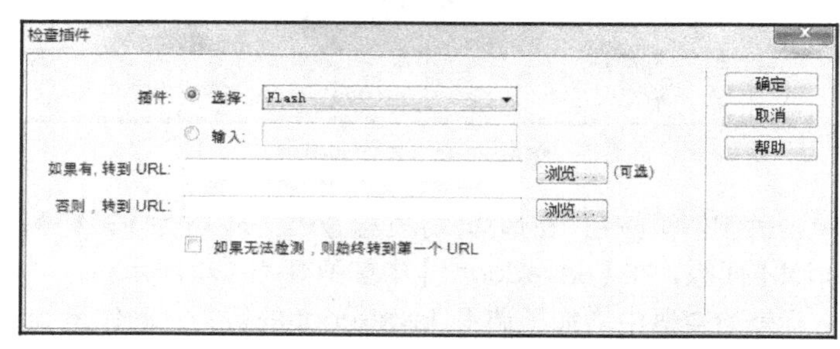

图8-3-33 【检查插件】

【插件】：设置插件对象，【选择】下拉列表中包含“Flash”“ShockWave”“QuickTime”“Windows Media Player”，若插入类型不在列表中，则单击【输入】，在输入框中输入类型。

【如果有，转到 URL】：若已安装好插件，则跳转到指定的网页中，是可选项，如果该文本框为空，表示安装此插件的用户将停留在此页面上。

【否则，转到 URL】：若没有安装插件，则跳转到指定的网页中。

【如果无法检查，则始终转到第一个 URL】：选择此项时，当浏览器无法检测到此插件时，则会转到前面设置的第一个 URL 中。一般来说，如果插件对于页面来说是必需的，则选择此选项；否则，保存默认值的没有选中状态。

STEP 2 在【插件】中使用【选择】的“Flash”选项，【如果有，转到 URL】中保持空白，在【否则，转到 URL】中单击【浏览】，选择站点中的文件“8_1.html”，单击【确定】完成，【标签检查器】中的行为是 onLoad 检查插件。

STEP 3 单击 或按键盘上的“F12”浏览“8.html”，Flash 插件是目前都会安装的插件，所以预览的效果如图 8-3-34 所示。

STEP 4 修改行为。将【插件】的【选择】修改为“QuickTime”，插件： 选择： QuickTime，保存网页，再单击 或按键盘上的“F12”浏览“8.html”；若没有安装 QuickTime 插件，则浏览的效果如图 8-3-35 所示。

图8-3-34 效果图

图8-3-35 效果图

8.3.9　课堂练习：制作能改变 DIV 文字颜色和边框效果的网页

【改变属性】的行为是用来动态的更改对象某个属性的值。

改变 DIV 对象内的文字颜色和边框效果的操作步骤如下。

STEP 1 在 Dreamweaver 中打开素材包中的 08/09/9.html。

STEP 2 选中“文字改成红色”这几个文本，单击【标签检查器】→【行为】→ + →【改变属性】，显示【改变属性】面板，如图 8-3-36 所示。

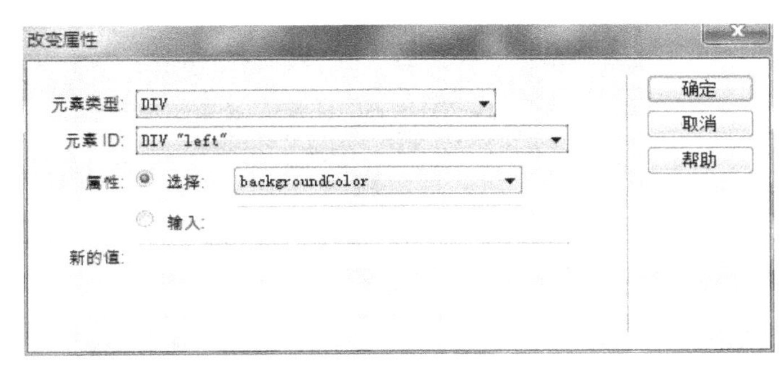

图8-3-36 【改变属性】

【改变属性】的主要设置项有以下 4 项，如图 8-3-37 所示。

【元素类型】：选择要改变属性的元素。

【元素 ID】：选择的元素如果有 ID，会在此处自动显示出来。如果没有 ID，添加 ID 后再重新填写“改变属性”对话框。

【属性】：可以选择一个要改变的属性名称，也可以输入一个要改变的属性名称。

【新的值】：为属性输入一个新值。

STEP 3 在【元素 ID】中选择 DIV "right"，在【属性】的【选择】中选择“color”，在【新的值】中输入“#f00”，行为设置为 onClick　改变属性。

STEP 4 选择文字“加黑色边框”，添加【改变属性】的行为，设置如图 8-3-38 所示。

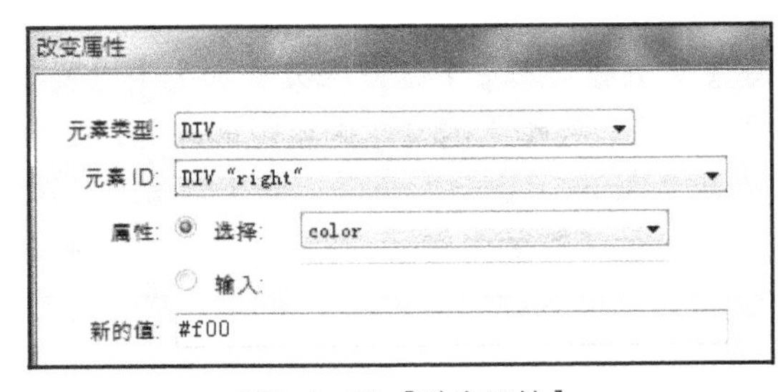

图8-3-37 【改变属性】

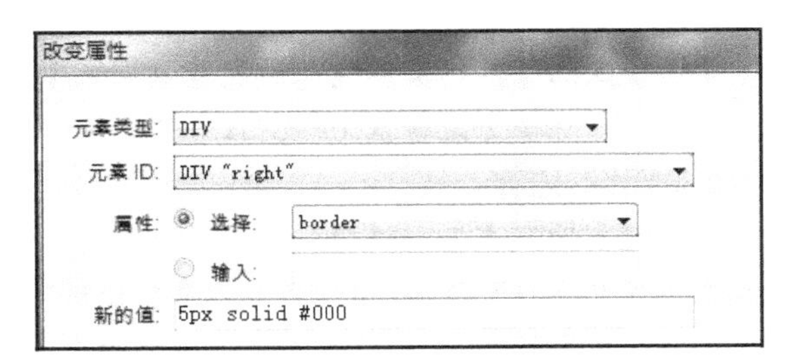

图8-3-38 【改变属性】

STEP 5 单击 或按键盘上的“F12”浏览“9.html”，单击文字，测试效果如图 8-3-39 所示。

注意：使用【改变属性】的行为，需要对 JavaScript 有一定的了解。

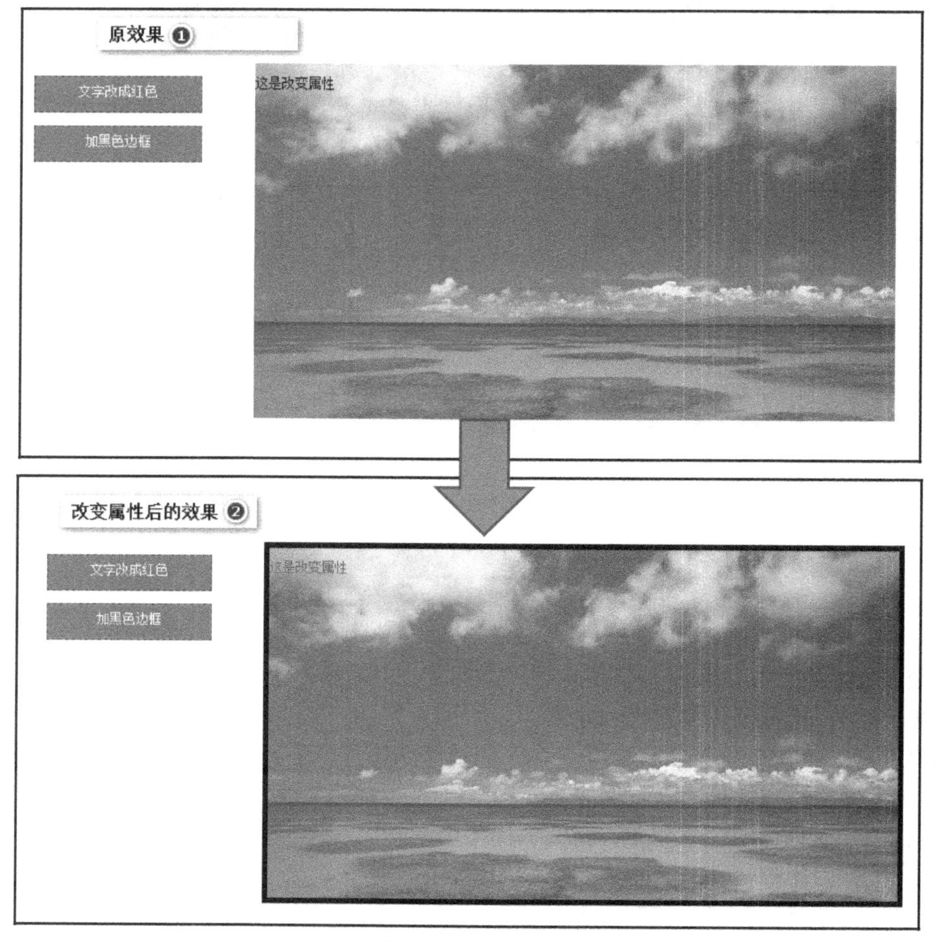

图8-3-39　效果图

8.3.10　课堂练习：制作一个有趣的发帖网页

【设置文本】的行为包含【设置容器文本】、【设置文本域文本】、【设置框架文本】、【设置状态栏文本】。除了【设置状态栏文本】外的其他 3 项，都可以在输入的文本内容中嵌入 HTML 和 JavaScript 的内容。

【设置容器文本】：将指定的内容替换掉指定的容器上的原有的内容。

【设置文本域文本】：将指定的内容替换掉指定文本域上原有的内容。

【设置框架文本】：将指定的内容替换掉框架上原有的内容。

【设置状态栏文本】：设置浏览器底部的状态栏上的文本信息。

采用设置文本的行为制作一个有趣的发贴网页，具体的操作步骤如下。

STEP 1 新建一个网页文件，单击菜单栏的【插入】→【HTML】→【框架】→【对齐下缘】，保存框架集页“index.html”，上部网页的名称为“top.html”，下部网页的名称为“bottom.html”，修改“index.html”的“title”的值为“发表帖子”（见图 8-3-40）。

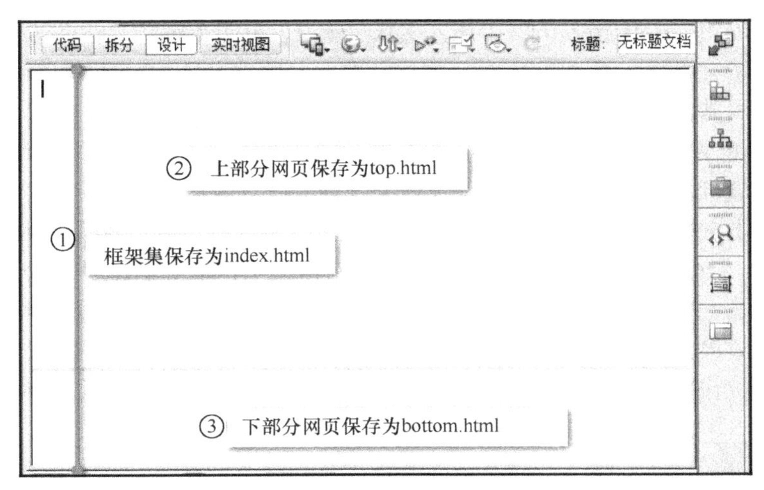

图8-3-40 框架

STEP 2 在网页“top.html”中创建左右两个 div 标签，id 分别为“left”和“right”，在 head 标签中设置 CSS 样式，body 的宽度为 100%，最小宽度值为 1 100 像素，边距值为 0，“#left”的宽度值为 600 像素，高度为 500 像素，浮动值为“left”，“#right”宽度值为 500 像素，高度为 400 像素，浮动值为“left”的 CSS 样式，具体代码如下：

```
<style type="text/css">
body {width:100%; min-width:1100px; font-size:13px; margin:0; }
#left {width:600px; height:500px; float:left; margin-left:20px; padding-left:
5px; }
#right {width:400px; height:500px; float:left;}
</style>
```

STEP 3 在“#left”中创建一个表单，并输入图 8-3-41 所示的文字，输入文字和创建表单的文本域（#zt）、文本字段（#ny）和提交按钮（#ft），将文字“发表帖子”设置为“标题 1”，文本字段（#ny）的初始值设为“请输入主题”，文本字段（#ny）的初始值设为“请输入内容”。

图8-3-41 表单

STEP 4 用 CSS 定义标题 1 的文字大小为 14 像素，文字颜色为黑色；定义边框颜色为“#666666”的 1 像素虚线框，文字居中；定义文件域“#zt”的宽度为 500 像素，高为 22 像素，文字颜色为“#999”，添加实线边框效果；定义文本字段“#ny”宽度为 500 像素，高为 300 像素，文字颜色为“#999”，添加实线边框效果，具体的 CSS 代码如下：

```
#left h1 {font-size:14px;  color:#000;  padding:10px 0 5px 0 ; margin:0;
line-height:20px; border:1px dashed #666666; text-align:center}
#zt {width:500px; height:22px; background-color:#3FF; color:#999; border:
1px solid #999;}
#ny {width:500px; height:300px; background-color:#0CF; color:#999; border:
1px solid #999;}
```

STEP 5 在“#right”中插入素材中“a1.jpg”图像。

STEP 6 在网页“bottom.html”中输入文本“信息发帖是美德！发帖时必须尊重网上道德，遵守《互联网电子公告服务管理规定》《互联网信息服务管理办法》《信息网络传播权保护条例》及中华人民共和国其他各项有关法律法规。”，并在头部标签处定义文字的 CSS 样式为文字大小 13 像素、文字颜色为“#666”，具体的 CSS 样式代码为 body {font-size:13px; color:#666; }。

STEP 7 用鼠标单击“top.html”页面中的文本域（#zt）区域，再选择【标签选择器】→【行为】→【设置文本】→【设置文本域文字】，弹出【设置文本域文字】面板（见图 8-3-42），文本域选择【input “zt”】；在【新建文本】中不输入任何文本，单击【确定】，此时行为的动作默认为 onBlur，单击 onBlur，在下拉列表中选择 onMouseOver；重复此步骤，再添加【设置文本域文字】的行为效果，在弹出【设置文件域文字】面板的【新建文本】中输入“请输入主题”，并修改 onBlur 为 onMouseOut。在“#zt”中共设置了两个行为（见图 8-3-43）。

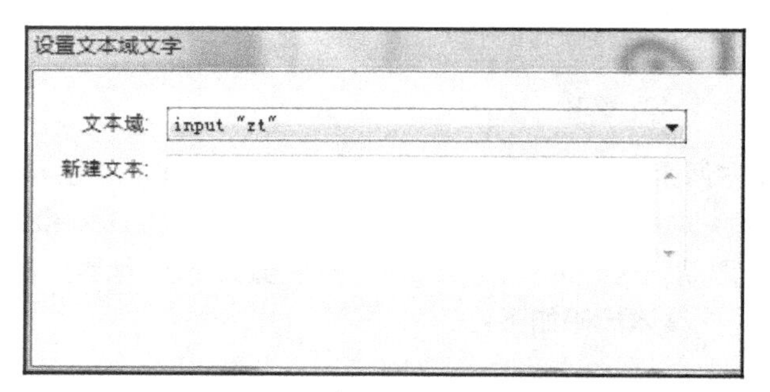

图8-3-42 【设置文本域文字】

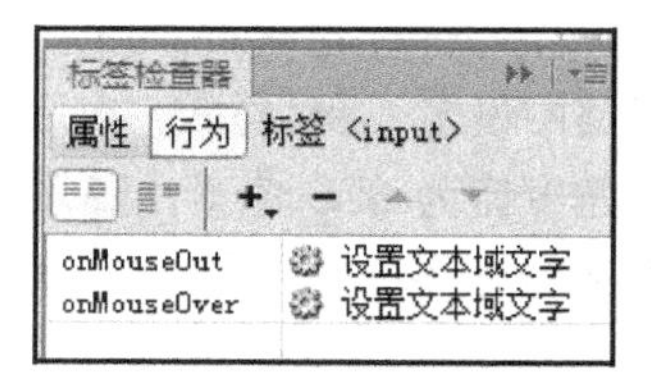

图8-3-43 行为

STEP 8 用鼠标单击“top.html”页面中的文本（#ny）区域，再选择【行为】→【设置文本】→【设置容器的文本】，弹出【设置容器的文本】面板（见图 8-3-44）；在【容器】中选择 div“right”，在【新建 HTML】中输入“<h1>发帖是美德！</h1><img src="pic/a2.jpg"/>”，单击【确定】，在行为面板中将触发事件的动作改为“onClick”。

STEP 9 用鼠标单击“top.html”页面中的“发表帖子”按钮，选择【行为】→【设置文本】→【设置框架文本】，弹出【设置框架文本】面板，在【框架】中选择框架“bottomFrame”，在【新建 HTML】中输入 HTML 的代码“<img src="pic/ft.jpg"/>”（见图 8-3-45），单击【确定】，在行为面板中将触发事件的动作改为“onClick”。

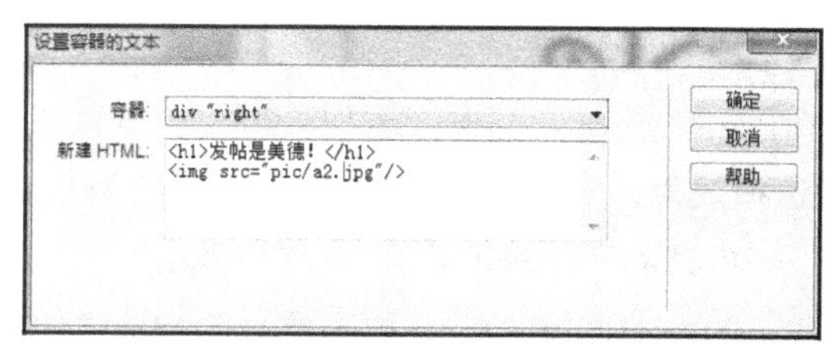

图8-3-44 【设置容器的文本】

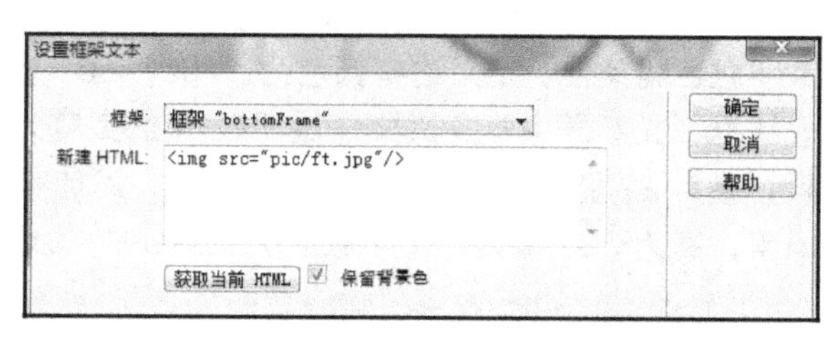

图8-3-45 【设置框架文本】

STEP 10 单击 或按键盘上的“F12”浏览“index.html”，鼠标移动“#zt”位置上方时，文本域的文字消失，当鼠标离开文本域区域时，文本域的文字显示；鼠标单击文本区域“#ny”时，“#right”中的图像被替换为图像“a2.jpg”和文字信息“发帖是美德!”；单击 发表帖子 按钮时，框架中的 bottomFrame 位置的文字被替换为图像“ft.jpg”，效果图如 8-3-46 所示。

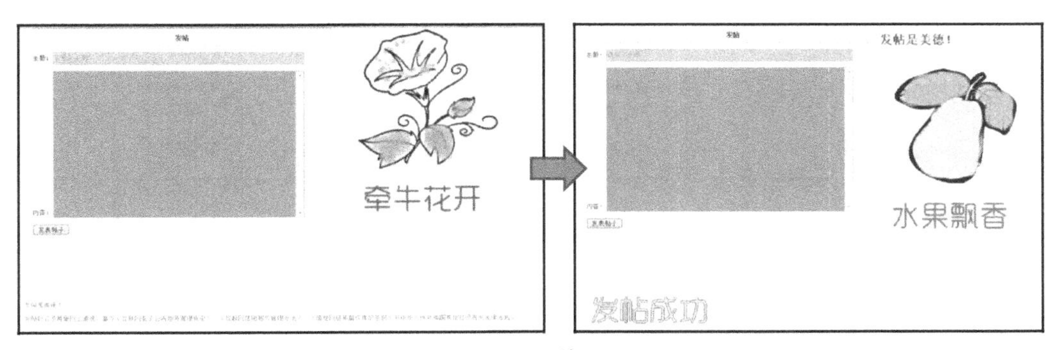

图8-3-46　效果图

8.4 准备知识：Dreamweaver 中的 Spry 框架

Spry 框架是一个 JavaScript 库，Web 设计人员使用它可以构建能够向站点访问者提供更丰富体验的 Web 页。有了 Spry，就可以使用 HTML、CSS 和极少量的 JavaScript 将 XML 数据合并到 HTML 文档中用来创建构件（如折叠构件和菜单栏），向各种页面元素中添加不同的效果。

8.4.1　Spry 菜单栏

Spry 菜单栏是一组可导航的菜单按钮，当用户将鼠标移动到其中一项菜单时，将显示子菜单，就是经常看到的下拉菜单的效果。

1. 创建 Spry 菜单栏

Dreamweaver 的 Spry 菜单栏工具提供两种类型的菜单栏，一种是垂直菜单栏，另一种是水平菜单栏。选择【插入】工具栏→【Spry】→【菜单栏】，在弹出的【Spry 菜单栏】面板中选择水平或垂直的菜单栏。Spry 框架中的每一个构件都有唯一对应的 CSS 和 JavaScript 文件相关联。CSS 中包含设置构件样式所需的样式效果，而 JavaScript 文件则提供构件的功能。当在 Dreamweave 中插入 Spry 框架时会自动生成 CSS 和 JavaScript 文件，所以保存时会弹出如图 8-4-1 所示【复制相关文件】对话框，单击【确定】保存。创建 Spry 菜单栏的步骤如下。

STEP 1 在站点中新建一个网页文件，保存为“spry_cd.html”。如果没有保存文件，在插入 spry 框架时会弹出提示面板（见图 8-4-2），提示需保存网页在插入 spry 框架。

STEP 2 选择【插入】工具栏→【Spry】→【Spry 菜单栏】，弹出【Spry 菜单栏】面板（见图 8-4-3），选择【水平】或【垂直】中的一项，单击【确定】完成（见图 8-4-4），并保存网页。

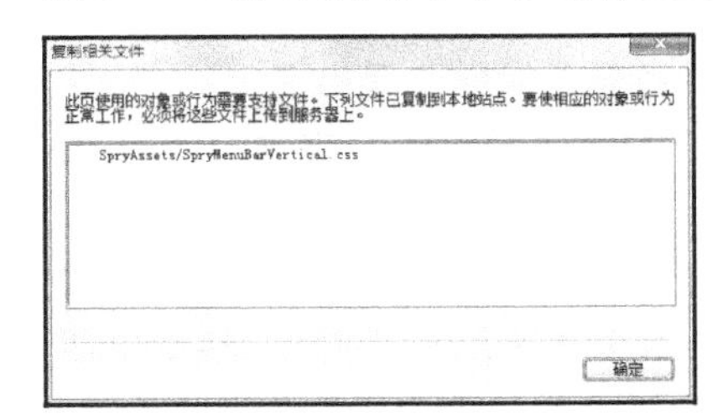

图8-4-1　复制文件

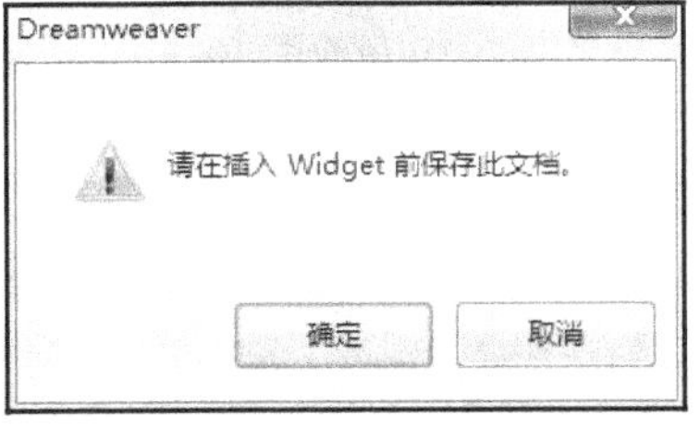

图8-4-2　保存文件提示

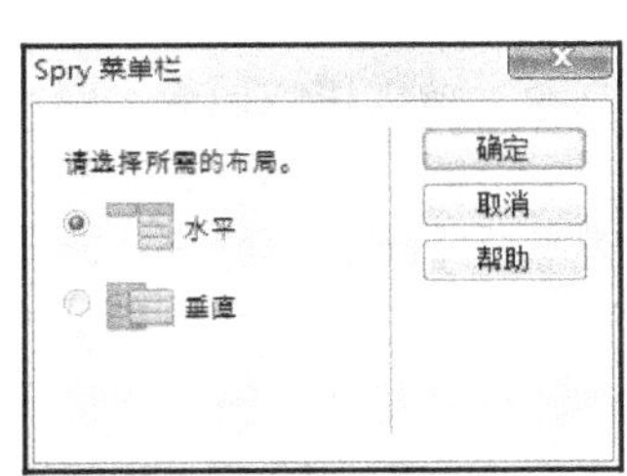

图8-4-3　插入Spry菜单栏

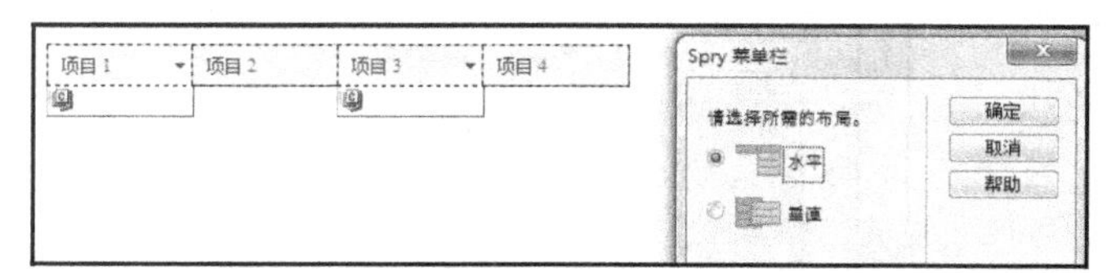

图8-4-4　Spry菜单栏

2. Spry 菜单栏的属性

创建的 Spry 菜单栏默认效果预览如图 8-4-5 所示。

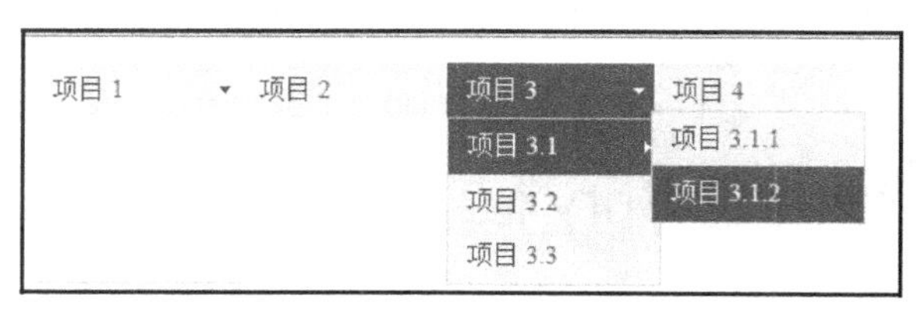

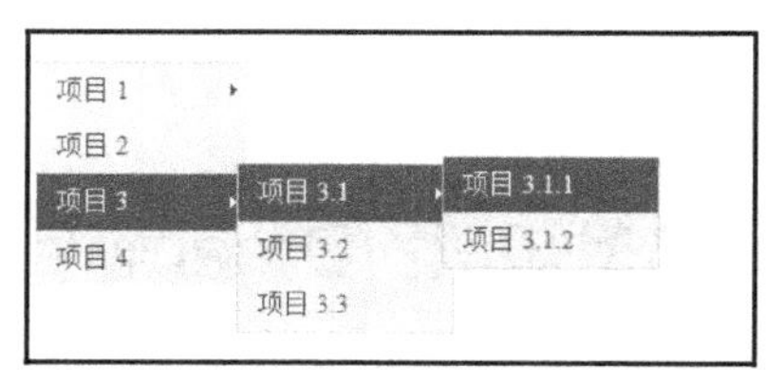

图8-4-5　Spry菜单栏

可通过 Spry 菜单栏的属性面板修改菜单栏选项，在 Dreamweaver 中单击 Spry 菜单栏的蓝色边框，属性面板显示【菜单条】(见图 8-4-6)，其中主要的参数如下。

【菜单栏】:输入框中显示的是 Spry 菜单栏默认名称，一个网页中可以插入多个 Spry 菜单栏，自动命名为 MenuBarX，X 代码数字，从 1 开始。

【 + − 】: 表示增加或减少菜单的项目。

【 ▲ ▼ 】: 表示上移或下移菜单项目的次序。

【文本】: 表示菜单项目的名称，在输入框中输入自定义的名称。

【链接】: 设置菜单项目对应的链接对象。

【标题】: 设置超链接对象的标题。

【目标】: 打开链接对象的方式。

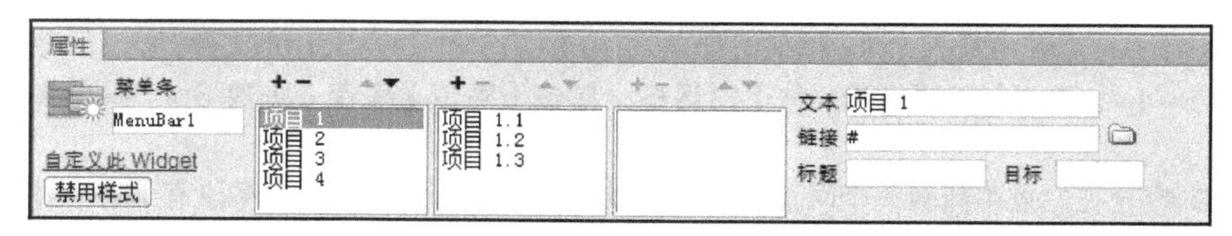

图8-4-6　Spry菜单栏属性面板

3. 修改菜单项目

在 Spry 菜单栏中，默认一级菜单有 4 个项目，项目 1 和项目 3 有二级菜单，项目 3 有三级菜单，通过属性面板，修改菜单的值，如完成图 8-4-7 所示的菜单，操作步骤如下。

STEP 1 新建网页并保存，单击【插入】工具栏→【Spry】→【Spry 菜单栏】，在弹出的【Spry 菜单栏】面板中选择【水平】。

STEP 2 单击【Spry 菜单栏】的蓝色边框，在属性面板中将一级菜单默认的 4 个项目的名称改成“首页”“公司简介”“产品中心”和“加盟我们”。单击【+】按钮，增加一项一级菜单项，在【文本】中输入“联系我们”。使用【−】将除了“产品中心”下的其他菜单项的二级菜单和三级菜单全部删除(见图 8-4-8)。

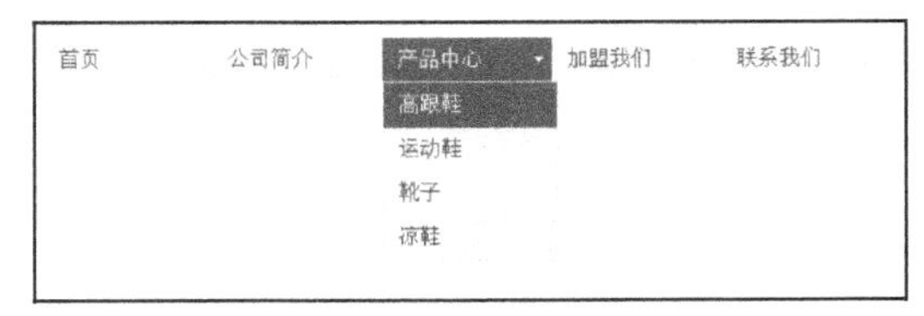

图8-4-7　效果图

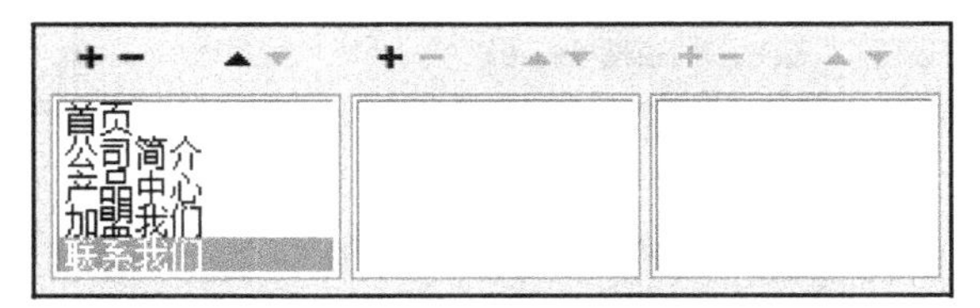

图8-4-8　Spry菜单栏

STEP 3 单击属性面板中的【产品中心】，在二级菜单对应的【文本】框中分别输入“高跟鞋”“运动鞋”“鞋子”和“凉鞋”，注意使用 + 按钮增加项目，− 按钮删除项目，使用 ▲▼ 调整项目的次序。

STEP 4 单击预览按钮，在浏览器中查看菜单效果。

8.4.2 Spry 选项卡式面板

Spry 选项卡式面板是一组面板，效果如常见的 Tab 面板，可以通过单击需访问的选项卡，来显示和隐藏卡式面板中的内容。单击【插入】工具栏→【Spry】→【Spry 选项卡式面板】(见图 8-4-9)，在网页中插入【Spry 选项卡式面板】，单击面板上的标签可以直接修改标签上的文字信息，如将“标签 1”改为“公司新闻”；当显示 时，单击图标，当前的内容可改为对应标签的内容（见图 8-4-10）。

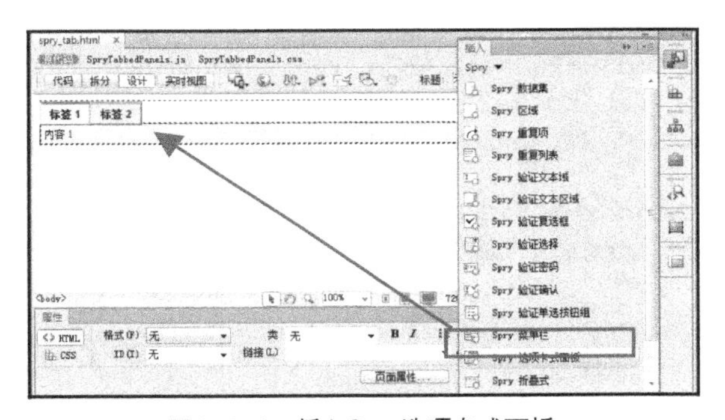

图8-4-9　插入Spry选项卡式面板

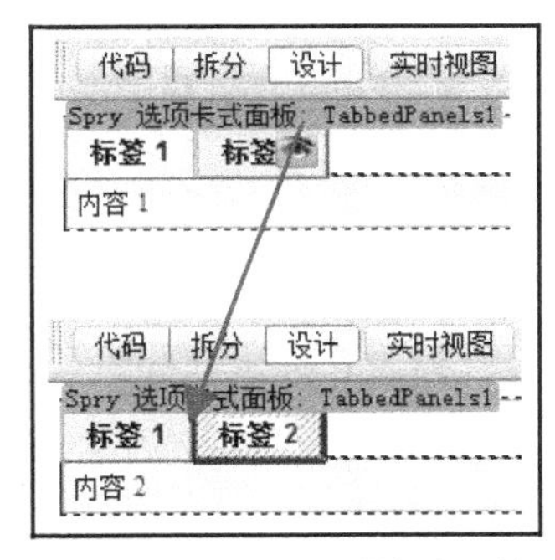

图8-4-10　Spry选项卡式面板

单击【Spry 选项卡式面板】的蓝色边框，属性面板改为“选项卡式面板”（见图 8-4-11），主要属性为【 + − 】用来增加和减少面板的数量，【默认面板】是设置打开网页时默认显示的面板，可在下拉菜单中选择相应的选项卡面板的名称更改默认面板。

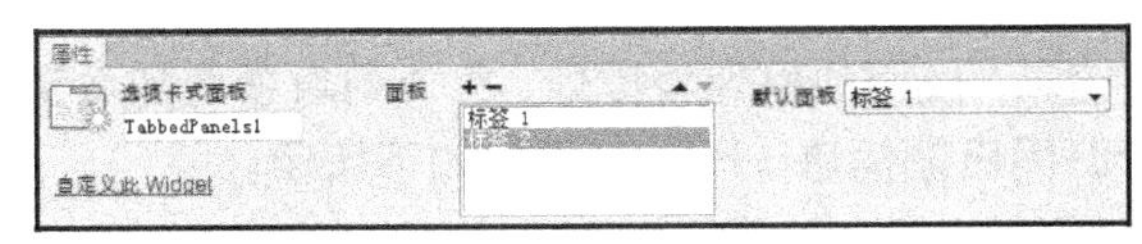

图8-4-11　Spry选项卡式面板属性面板

8.4.3 课堂练习：新闻卡式面板

使用 Spry 选项卡式面板工具制作如图 8-4-12 所示的卡式面板的效果，其操作步骤如下。

STEP 1 在站点中新建网页“tab.html”，保存网页（本例素材为 08/11/）。

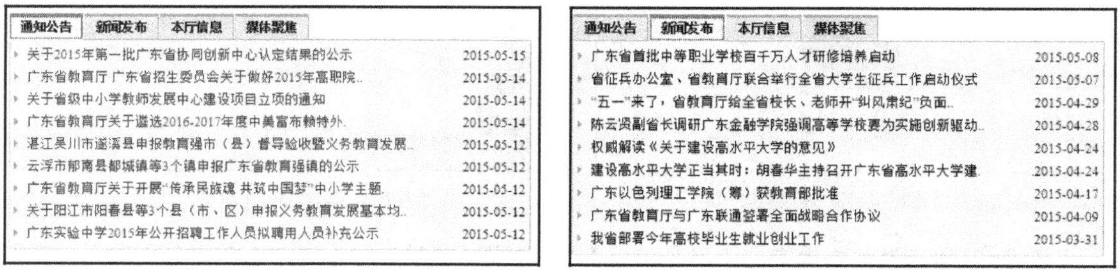

通知公告 新闻发布 本厅信息 媒体聚焦

- 关于2015年第一批广东省协同创新中心认定结果的公示 2015-05-15
- 广东省教育厅 广东省招生委员会关于做好2015年高职院.. 2015-05-14
- 关于省级中小学教师发展中心建设项目立项的通知 2015-05-14
- 广东省教育厅关于遴选2016-2017年度中美富布赖特外. 2015-05-14
- 湛江吴川市遂溪县申报教育强市（县）督导验收暨义务教育发展.. 2015-05-12
- 云浮市郁南县都城镇等3个镇申报广东省教育强镇的公示 2015-05-12
- 广东省教育厅关于开展"传承民族魂 共筑中国梦"中小学主题. 2015-05-12
- 关于阳江市阳春县等3个县（市、区）申报义务教育发展基本均.. 2015-05-12
- 广东实验中学2015年公开招聘工作人员拟聘用人员补充公示 2015-05-12

通知公告 新闻发布 本厅信息 媒体聚焦

- 广东省首批中等职业学校百千万人才研修培养启动 2015-05-08
- 省征兵办公室、省教育厅联合举行全省大学生征兵工作启动仪式 2015-05-07
- "五一"来了，省教育厅给全省校长、老师开"纠风肃纪"负面.. 2015-04-29
- 陈云贤副省长调研广东金融学院强调高等学校要为实施创新驱动.. 2015-04-28
- 权威解读《关于建设高水平大学的意见》 2015-04-24
- 建设高水平大学正当其时：胡春华主持召开广东省高水平大学建. 2015-04-24
- 广东以色列理工学院（筹）获教育部批准 2015-04-17
- 广东省教育厅与广东联通签署全面战略合作协议 2015-04-09
- 我省部署今年高校毕业生就业创业工作 2015-03-31

图8-4-12 效果图

STEP 2 在 Dreamweaver 中创建一个 div，ID 值为“tab”，在“#tab”中单击【插入】工具栏→【Spry】→【Spry 选项卡式面板】，保存网页，将自动创建“SpryTabbedPanels.js”和“SpryTabbedPanels.css”两个文件，保存网页时一起保存。

STEP 3 切换到代码视图，找到 HTML 代码<li class="TabbedPanelsTab" tabindex="0">标签 1</li>，将“标签 1”改为“通知公告”，同理将“标签 2”改为“新闻发布”；复制代码<li class="TabbedPanelsTab" tabindex="0">标签 1</li>并粘贴。卡式面板有 4 项，将<div class="TabbedPanelsContent">内容 2</div>复制和粘贴，增加两个内容区，具体 HTML 代码如下所示：

```
    <div id="TabbedPanels1" class="TabbedPanels">
    <ul class="TabbedPanelsTabGroup">
    <li class="TabbedPanelsTab" tabindex="0">通知公告</li>
        <li class="TabbedPanelsTab" tabindex="0">新闻发布</li>
    <!--复制两次<li class="TabbedPanelsTab" tabindex="0">新闻发布</li>并修改文字信息-->
    <li class="TabbedPanelsTab" tabindex="0">本厅信息</li>
    <li class="TabbedPanelsTab" tabindex="0">媒体聚焦</li>
    </ul>
    <div class="TabbedPanelsContentGroup">
    <div class="TabbedPanelsContent">内容 1</div>
        <div class="TabbedPanelsContent">内容 2</div>
    <!--复制两次<div class="TabbedPanelsContent">内容 2</div>，将“内容 2”改成“内容 3”和“内容 4”-->
    <div class="TabbedPanelsContent">内容 3</div><
    <div class="TabbedPanelsContent">内容 4</div>
    </div>
    </div>
```

STEP 4 在内容 1 的位置上输入具体的新闻信息，使用项目列表排列，每个列表项均加入超链接（可用空链接），使用<em></em>标签包含时间日期信息，HTML 代码如下所示：

```
     <ul>
    <li><a href="#">关于 2015 年第一批广东省协同创新中心认定结果的公示</a>
    <em>2015-05-15</em></li>
    <li><a href="#">广东省教育厅广东省招生委员会关于做好 2015 年高职院.</a><em>2015-05-14</em></li>
    <!—其余列表项不详细列出- ->
    </ul>
```

采用相同的方式设置内容 2、内容 3 和内容 4 中的文字信息。

STEP 5 在网页的<head>标签中定义 CSS 样式，Spry 选项卡式面板的默认样式是没有定义文字和面板的大小，所以需要添加相关的 CSS 样式。定义<body>标签的文字大小 font-size 为 13 像素，定义“#tab”的宽度值为 500 像素、高度值为 400 像素，“#tab”中的项目列表 ul 的边距和填充值为 0，项目的符号为 none；定义“#tab .TabbedPanelsContentGroup ul li”的行高为 22 像素，背景图像为图像“7.gif”，背景图像不重复，位置在垂直中间和水平左边，左填充值为 12 像素；定义“#tab .TabbedPanelsContentGroup”中的超链接标签 a 的 CSS 样式为去掉下划线、文字颜色为“#333”、鼠标经过的时超链接的文字的颜色为“#f00”；定义斜体标签 em 的样式，将文字的样式效果设置为正常、浮动右对齐，将 em 标签包含的文字设置在右方，具体的 CSS 代码如下：

```
<style type="text/css">
body {font-size:13px;}
#tab {width:500px; height:400px;}
#tab ul {padding:0; margin:0; list-style-type:none;}
#tab .TabbedPanelsContentGroup ul li {line-height:22px; background:url(pic/7.gif)
no-repeat center left; padding-left:12px;}
#tab .TabbedPanelsContentGroup a {text-decoration:none; color:#333;}
#tab .TabbedPanelsContentGroup a:hover {text-decoration:none; color:#F00;}
em {font-style:normal; float:right;}
</style>
```

STEP 6 切换到“SpryTabbedPanels.css”文件，修改 Spry 选项卡式面板的样式，设置卡式面板菜单按钮的文字和边框的大小，在样式文件中的“.TabbedPanelsTab”中添加 font-size：12px，修改上边框的粗细为 3 像素，即 border-top: solid 3px #999；将菜单按钮的上边框的默认颜色改为“#F30”的颜色效果，在“.TabbedPanelsTabSelected”中将 border-top 的值改为：3px solid #F30。

```
.TabbedPanelsTab {
    position: relative;top: 1px;   float: left;   padding: 4px 10px;
    margin: 0px 1px 0px 0px;
    font: bold 0.7em sans-serif;/* 原有的设置的文字样式，高度为 0.7em*/
    background-color: #DDD;    list-style: none;
    border-left: solid 1px #CCC;   border-bottom: solid 1px #999;
    border-top: solid 3px #999;/* 修改菜单栏上边框的边框效果*/
    border-right: solid 1px #999;  -moz-user-select: none;
    -khtml-user-select: none;  cursor: pointer;
    font-size:12px;/* 添加菜单栏文字大小*/
}
/* 省略部分样式代码 */
.TabbedPanelsTabSelected {
    background-color: #EEE;
    border-top:3px solid #F30;/*修改菜单栏上边框的边框效果*/
    border-bottom: 1px solid #EEE; }
```

STEP 7 单击预览按钮，在浏览器中查看菜单效果。

8.4.4 Spry 折叠式

Spry 折叠式是一组可折叠的面板，当单击不同的选项卡时，折叠式面板会相应的展开或者收缩。要创建 Spry 折叠式面板，单击【插入】工具栏→【Spry】→【Spry 折叠式】按钮，在光标所在位置插入【Spry 折叠式】，如图 8-4-13 所示。

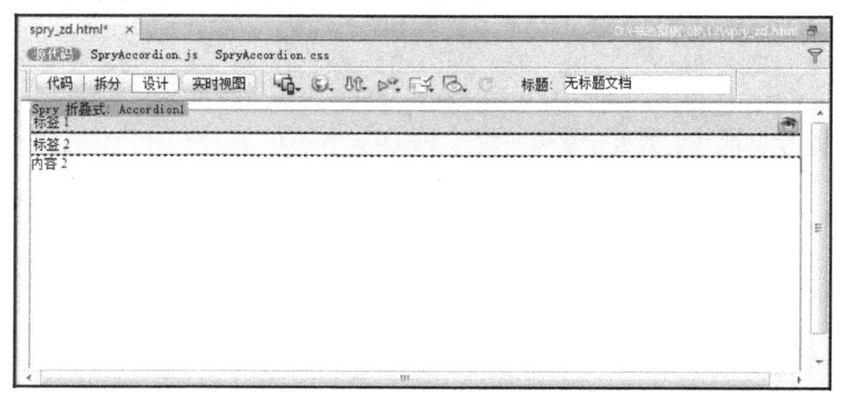

图8-4-13 Spry折叠式

单击【Spry 折叠式】，在属性面板中设置面板的名称，可通过 + − 按钮增加或删除面板，通过▲▼按钮上移或下移面板的次序。单击面板菜单的文本，直接输入文字信息进行修改。单击每项面板菜单上的末端上的 ，即可打开对应的面板的内容部分，并修改内容信息，折叠式的内容的默认高度为 200 像素，可在“SpryAccordion.css”文件中的“.AccordionPanelContent”中的 height 的值（见图 8-4-14），修改为适合的高度值。

spry_zd.html*
源代码 SpryAccordion.js SpryAccordion.css
代码 拆分 设计 实时视图

```
   in this selector is not necessary
75  * to make the widget function. You can use an
name you want to style an
76  * accordion panel content container.
77  */
78 .AccordionPanelContent {
79     overflow: auto;
80     margin: 0px;
81     padding: 0px;
82     height: 200px;
83 }
```

图8-4-14 Spry折叠式样式

8.4.5 课堂练习：折叠菜单的制作

使用 Spry 折叠式面板，制作如图 8-4-15 所示的折叠菜单，操作步骤如下。

STEP 1 在站点中新建网页文件并保存，命名为“spry_cd_anli.html”，在 body 中创建一个 div，id 值设为“nav_left”。

STEP 2 在“# nav_left”中单击【插入】工具栏→【Spry】→【Spry 折叠式】，单击 Spry

折叠式的蓝色边框，在属性面板中增加两项标签。

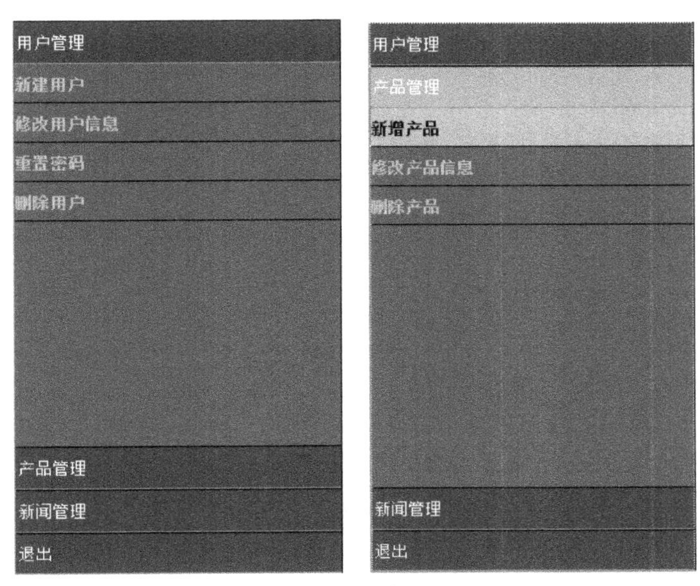

图8-4-15　效果图

STEP 3 将 Spry 折叠式面板中的“标签 1”“标签 2”“标签 3”“标签 4”改为菜单项“用户管理”“产品管理”“新闻管理”和“退出”，在“用户管理”的内容区中输入用户管理的菜单，如图 8-5-16 所示，并设置超链接。同样的操作步骤设置“产品管理”“新闻管理”和“退出”的内容区信息。

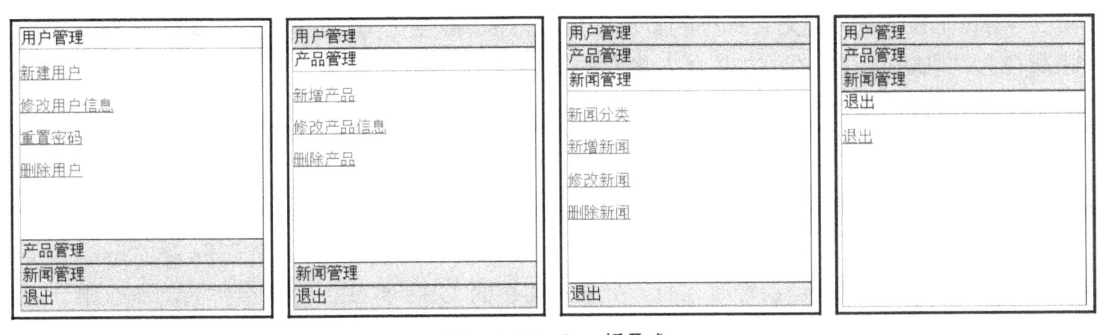

图8-4-16　Spry折叠式

STEP 4 在<head>中增加 CSS 样式，定义 body 的文字大小为 13 像素，定义“#nav_left”的宽度为 250 像素、高度值为 600 像素，设置段落标签 p 的边距和填充值为 0，CSS 代码如下所示：

```
body {font-size:13px;}
p {padding:0; margin:0;}
#nav_left {width:250px; height:600px;}
```

STEP 5 切换到“SpryAccodion.css”文件中，修改默认的 Spry 折叠式面板的样式，类“.AccordionPanelTab”定义了 Spry 折叠式面板的标签部分的 CSS 样式，修改背景颜色，设置高度值，修改填充值。具体的修改内容如下：

```
.AccordionPanelTab {
    background-color: #333;
    border-top: solid 1px black;
    border-bottom: solid 1px gray;
    margin: 0px;
    padding:10px 2px 2px 2px;  /* padding 上边距设值为 10px，其余的边距值为 2px*/
    cursor: pointer;
    -moz-user-select: none;
    -khtml-user-select: none;
    height:20px;           /*定义高度值为 20 像素*/
    color:#FFF;  /*添加文字颜色*/
    }
```

STEP 6 “SpryAccodion.css”文件中的类“.AccordionPanelContent”是定义内容区域的样式，可以通过修改或增加属性的方式修改 Spry 折叠式面板中内容区域的效果，如修改内容区域的高度值为 500 像素（默认值为 200 像素），设置背景颜色为“#069”，具体的 CSS 代码如下所示：

```
.AccordionPanelContent {
    overflow: auto;
    margin: 0px;
    padding:5px;
    height: 500px;   /*定义高度值为 500 像素*/
    background-color:#069   /*修改背景颜色为#069*/    }
```

STEP 7 在“spry_cd_anli.html”文件的 head 部分增加 Spry 折叠式面板中内容区域中超链接文字的 CSS 样式，定义 a 标签的宽度值为 100%、高度值为 20 像素、上填充值为 10 像素、背景颜色为“#069”，定义下边框为 1 像素的实线、文字颜色为“#0FF”，并定义鼠标滑过超链接文字上方时的样式，具体的 CSS 代码如下所示：

```
    .AccordionPanelContent a{width:100%; height:20px; font-weight:bold; display:
block; text-decoration:none; padding-top:10px; background-color:#069 ;border-
bottom:1px solid #000; color:#0FF}
    .AccordionPanelContent a:hover {background-color:#0FC; color:#000}
```

STEP 8 还可以根据需要修改 Spry 折叠式面板的 CSS 样式，达到良好的浏览效果，如将“.AccordionPanelOpen”和“.AccordionFocused”的背景颜色修改为相同的“#333”，CSS 的代码如下所示：

```
.AccordionPanelOpen .AccordionPanelTab {   background-color:#333;}
.AccordionFocused .AccordionPanelTab { background-color: #333; }
```

STEP 9 单击预览按钮，在浏览器中查看垂直菜单效果。

8.4.6 Spry 可折叠式

Spry 可折叠式面板是一个面板，单击选项卡名称可以显示或隐藏选项卡上默认的内容。创建 Spry 可折叠式面板的方式是单击【插入】工具栏→【Spry】→【Spry 可折叠式面板】，在网页中创建一个 Spry 可折叠式面板（见图 8-4-17）。可折叠面板的属性面板即可设置预览网页时的默认状态，【默认状态】默认为“打开”，可设置为“已关闭”，【显示】项默认为“打开”，用来设置可折叠式面板在 Dreamweaver 中的状态为【打开】或【已关闭】。单击面板菜单的末端的 按钮，显示内容区域，默认内容区域的高度为自动，预览的效果如图 8-4-18 所示。可通过修改 CSS 样式更改 Spry 可折叠式面板的显示效果。

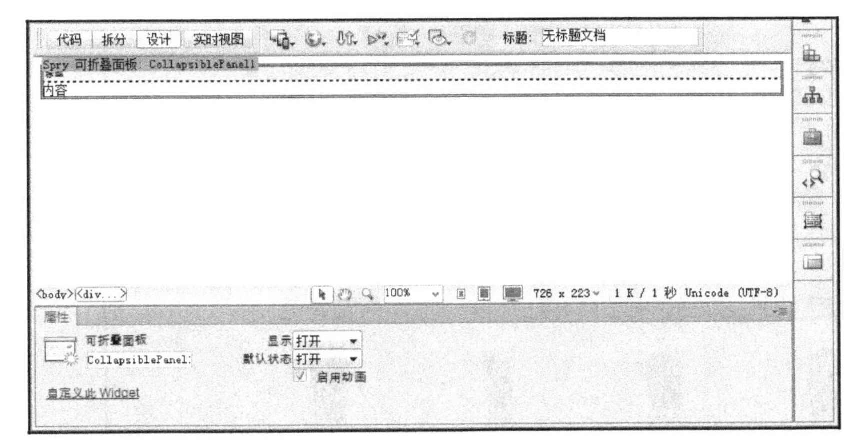

图8-4-17　Spry可折叠式

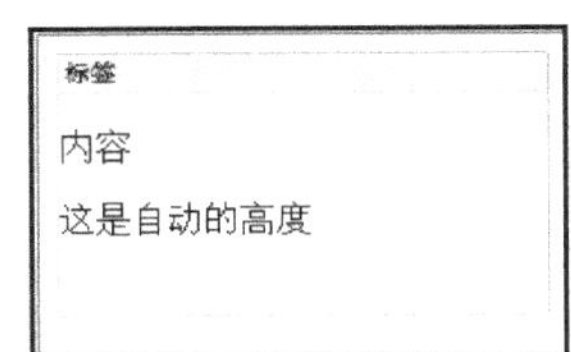

图8-4-18　效果图

8.4.7　Spry 工具提示

Spry 工具提示是当鼠标移动到网页特定元素的上方时，Spry 工具提示会显示预设的提示信息。创建 Spry 工具提示的方式为，先选中提示的网页元素，再单击【插入】工具栏→【Spry】→【Spry 工具提示】，在属性面板中可以设置［Spry 工具提示语］鼠标指针的相对位置、显示和隐藏工具提示的延迟时间，以及显示和隐藏工具提示时过渡效果。

8.5　案例实施过程：在企业网站首页中添加网页特效

使用 CSS 样式、JavaScript 脚本、行为等方式，修改本书的项目中大尚公司的首页，添加三种效果，菜单栏显示为下拉菜单效果，广告栏位置显示为焦点图效果，产品部分横向滚动效果，效果如图 8-5-1 所示。

8.5.1　导航下拉菜单的制作

下拉菜单是目前使用非常广泛的一种网页效果，可以使用 CSS 制作，也可以使用 JavaScript 脚本实现，使用 CSS 实现的操作步骤如下。

STEP 1 新建站点，将素材复制到站点中，在 Dreamweaver 中打开网页文件“index.html”。新建 CSS 样式文件“ys.css”和 JavaScript 文件“js.js”，在网页的头部链入 CSS 样式和 JS 文件，如图 8-5-2 所示。

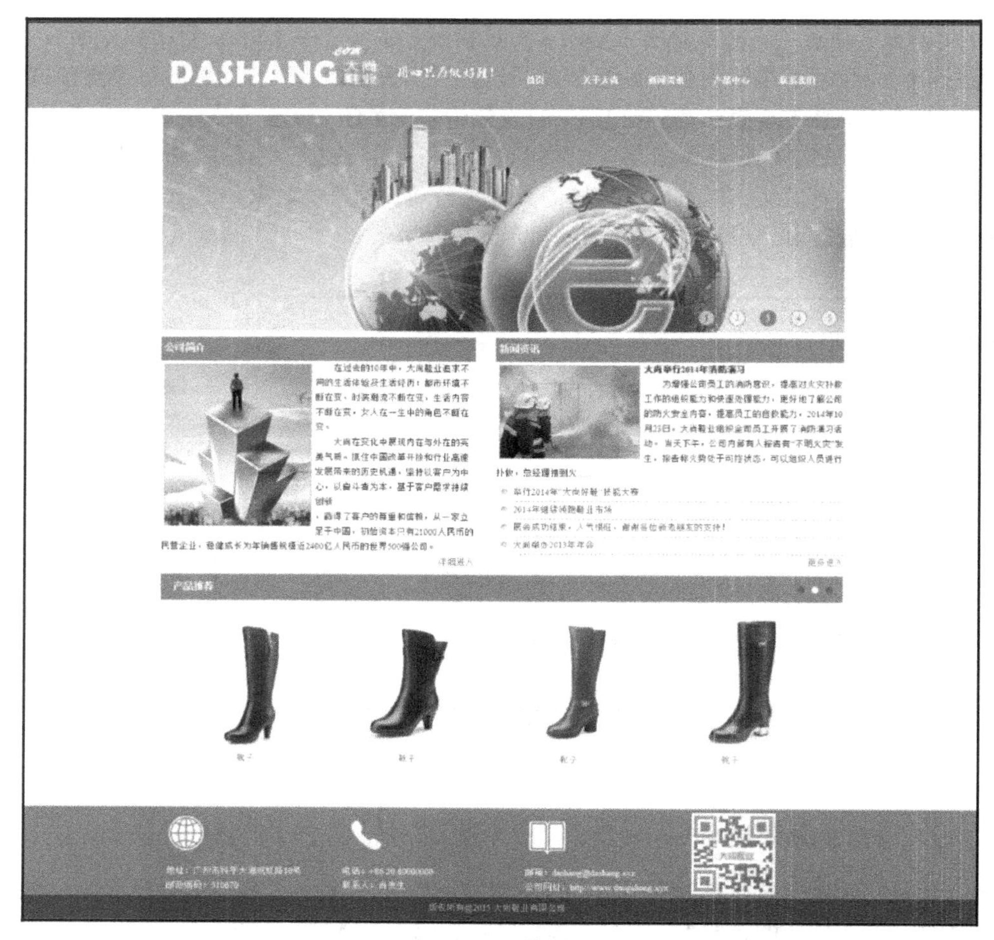

图8-5-1 效果图

```
<link href="css/style.css" rel="stylesheet" type="text/css" />
<link href="css/ys.css" rel="stylesheet" type="text/css" />
<script type="text/javascript" src="js/jquery.min.js"></script>
<script type="text/javascript" src="js/js.js"></script>
```

图8-5-2 链入JavaScript和CSS文件

STEP 2 切换到代码视图，找出导航条的 DIV 标签“#nav”，在菜单中加入二级菜单的项目列表项，具体 HTML 代码如下所示：

```
    <ul class="menu"><li><a href="index.html">首页</a></li>
    <li><a href="#">关于大尚</a>
    <!--此处加入关于我们的二级菜单 -->
    <ul  class="one">
    <li><a href="#">公司简介</a></li></ul></li>
    <li><a href="#">新闻资讯</a>
    <!--此处加入关于我们的二级菜单 -->
    <ul  class="one"><li><a href="#">公司新闻</a></li><li><a href="#">行业资讯
</a></li></ul></li>
```

```
    <li><a href="#">产品中心</a>
    <!--此处加入关于我们的二级菜单 -->
    <ul  class="one"><li><a  href="#"> 高 跟 鞋 </a></li><li><a  href="#"> 运 动 鞋
</a></li>
    <li><a href="#">靴子</a></li></ul></li>
    <li><a href="#">联系我们</a>
    <!--此处加入关于我们的二级菜单 -->
    <ul  class="one"><li><a href="files/contact.html">联系方式</a></li>
    <li><a  href="files/guest.html"> 客 户 留 言 </a></li><li><a  href="#"> 人 才 招 聘
</a></li>
    </ul></li></ul>
```

注意：二级菜单信息加入的位置。

STEP 3 切换到 style.css 文件，修改 CSS 样式，将“#nav ul,li”“#nav li”“#nav a”“#nav a:hover”这几项的样式删除并保存，删除的 CSS 代码具体如下所示：

```
    #nav ul,li {margin:0; padding:0;}
    #nav li {   list-style-type:none;   float:left;}
    #nav a {color:#FFF;font-size:14px;padding-top:5px;font-weight:bolder;text-
decoration:none;width:80px;height:25px;text-align:center;display:block;margi
n-left:5px;}
    #nav a:hover {background-color:#6dc7ec;border-radius:5px;}
```

STEP 4 打开“ys.css”，并在“ys.css”中写入新的样式，对应下拉菜单的位置和名称，具体的 CSS 代码如下所示：

```
    /*下拉菜单的样式*/
    ul,li {padding:0; margin:0;}
    #nav ul { list-style-type: none; }
    #nav ul li { float: left;   }
    #nav ul li a { text-align: center; width:80px; height:24px; padding:7px;
display:block;
    text-decoration:none; color:#fff;font-weight:bolder;border-radius:3px;}
    #nav ul li a:hover { background:#6dc7ec;border-radius:3px;}
    .menu {height:30px; line-height:30px;}
    .menu li {float:left; position:relative}
    .menu li.foc{background-color:#6dc7ec;}
    .menu  li  a  {display:block;  float:left;  height:30px;  line-height:30px;
padding:0; width:112px}
    .menu li ul {position:absolute;  display:none; z-index:100;}
    .menu  li  ul  a  {width:110px;  background-color:#0CF;  border-top:1px  solid
#FFF;border-radius:3px;}
    .one { width:80px; height:24px; padding:7px 0;top:32px; left:0}
    .one li a:hover { background:#6dc7ec;border-radius:3px;}
```

“.menu li ul”这项设置二级菜单 ul 的 CSS 样式，其中定义的“display: none”的作用是默认隐藏二级菜单。当鼠标经过一级菜单时，超链接文本的 CSS 样式中的“display”更改为“block”，二级菜单的内容就显示出来，在“.menu li ul”中定义了“position: absolute”，所以二级菜单的内容在对应的一级菜单的下方显示。

border-radius 这项属性的设置是设置边框的 4 个角的圆角效果，值为圆角的半径值，所以必须设置恰当，而且圆角的效果需要浏览器的版本支持，IE6、IE7、IE8 均不支持 CSS 的圆角效果，IE9 及以上版本可以看到圆角的效果。

STEP 5 单击按钮或按“F12”键，在浏览器中预览网页的效果，效果如图 8-5-3 所示。该下菜单的效果兼容 IE6、IE7、IE8。

图8-5-3　下拉菜单效果图

8.5.2 动感焦点图的制作

使用 jQuery 的方式将企业的宣传大图制作成横向滚动的效果，我们将大尚公司的网站首页中大图部分修改成焦点图的效果，操作步骤如下。

STEP 1 在“#lunbo”的内，将原有的图像删除，在“#lunbo”中插入 5 张焦点图像，并设置为项目列表，具体的 HTML 代码如下：

```
<div id="lunbo">
<div id="dd">
<ul class="ee">
<li><img src="images/lunbo1.jpg" width="981" height="321" /></li>
<li><img src="images/lunbo2.jpg" width="981" height="321" /></li>
<li><img src="images/lunbo3.jpg" width="981" height="321" /></li>
<li><img src="images/lunbo4.jpg" width="981" height="321" /></li>
<li><img src="images/lunbo5.jpg" width="981" height="321" /></li>
</ul>
</div>
</div>
```

STEP 2 打开“ys.css”文件，在样式中添加焦点图相关的 CSS 样式，具体 CSS 代码如下所示：

```
/*定义#lunbo 的宽度、高度值，设置溢出的内容为隐藏 */
#lunbo {   margin: 10px auto; height: 320px; width: 980px;  position:
relative;
padding: 0; z-index:20px; overflow:hidden;}
#lunbo .ee { position:absolute;padding:0; z-index:4;}
#lunbo .ee li{width:980px;float:left;padding:0;}
/*定义#lunbo 的图片的数字按钮*/
#lunbo .btn {overflow:hidden; height:30px;position:absolute; bottom:3px;
right:0; margin-left:-100px; z-index:25}
#lunbo .btn li { float:left; margin:0 10px; padding:5px; cursor:pointer;
background:  #fff;border:1px  #036  solid;border-radius:12px;  height:12px;
width:12px; overflow:hidden; text-align:center; line-height:12px;opacity:0.6;
float:left;}
#lunbo .btn li.on {background:#036; color:#FFFFFF;}
```

STEP 3 打开“js.js”文件，在原来下拉菜单的 JS 代码后写入焦点图的 js 代码，具体可参考本章 8.2.5 中案例 4 的代码，将 div 或 class 的名称对应样式的名称即可。

STEP 4 单击按钮或按“F12”键，在浏览器中预览网页的效果，效果如图 8-5-4 所示。

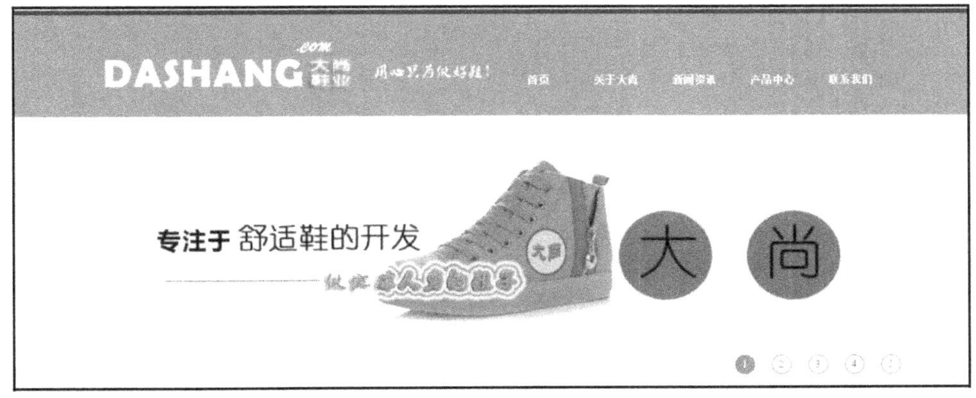

图8-5-4 焦点图效果图

8.5.3 横向滚动产品推荐的制作

横向滚动的 Tab 效果是目前网页中常用的网页特效，在本例中，我们继续采用 jQuery 的方式实现企业网站中的产品推荐效果。

其操作步骤如下。

STEP 1 在“#cp”的盒子中插入一个新的 div 标签，id 值为“tj”，定义“#tj”的样式，在“#tj”中插入横向滚动的图像内容，并设置对应的样式，具体的 HTML 代码如下所示：

```
<div class="tj"><div class="tj2">
<h1><span id="tj4"><em></em><em></em><em></em></span><b>产品推荐</b></h1>
<ul class="list1">
<li><a href="#"><img src="image/xie/gao/gao1.jpg" /></a>
<p><a href="#">高跟鞋</a></p></li>
<li><a href="#"><img src="image/xie/gao/gao2.jpg" /></a>
<p><a href="#">高跟鞋</a></p></li>
<li><a href="#"><img src="image/xie/gao/gao3.jpg" /></a>
<p><a href="#">高跟鞋</a></p></li>
```

```
<li><a href="#"><img src="image/xie/gao/gao4.jpg" /></a>
<p><a href="#">高跟鞋</a></p></li>
</ul>
<ul class="list1">
<li><a href="#"><img src="image/xie/xuezi/xue1.jpg" /></a>
<p><a href="#">靴子</a></p> </li>
<li><a href="#"><img src="image/xie/xuezi/xue2.jpg" /></a>
<p><a href="#">靴子</a></p> </li>
<li><a href="#"><img src="image/xie/xuezi/xue3.jpg" /></a>
<p><a href="#">靴子</a></p> </li>
<li><a href="#"><img src="image/xie/xuezi/xue4.jpg" /></a>
<p><a href="#">靴子</a></p> </li>
</ul><ul class="list1">
<li><a href="#"><img src="image/xie/yundong/1.jpg"/></a>
<p><a href="#">运动板鞋</a></p></li>
<li><a href="#"><img src="image/xie/yundong/6.jpg"/></a>
<p><a href="#">运动板鞋</a></p> </li>
<li><a href="#"><imgsrc="image/xie/yundong/2.jpg"/></a>
<p><a href="#">运动板鞋</a></p></li>
<li><a href="#"><img src="image/xie/yundong/3.jpg"/></a>
<p><a href="#">运动板鞋</a></p></li>
</ul></div>
</div>
```

在盒子".tj2"中的 em 标签可定义样式为一个小圆点，IE6 和 IE8 不支持圆角的 CSS 样式，则显示为小方块，ul 标签中的内容是横向滚动的内容，每增加一组的 ul 标签则增加一项。

STEP 2 打开"ys.css"文件定义对应的 CSS 样式内容，具体代码如下所示：

```
.tj{ width:980px; margin:0 auto;}/*定义.tj 的宽度值，上下边距值为 0，左右边距值为自动*/
.tj2{ border:1px solid #eee; margin:0 auto;}/ *定义.tj2 的边框值为 1 像素实线颜色为#eee*/
.tj2 h1{ border-bottom:1px solid #eee; padding:0 10px; background-color:#09F; color:#FFF; margin:0;}
/*定义.tj2 中的 h1 的下边框为 1 像素实线颜色为#eee，上下填充值为 0，左右填充值为 10 像素，背景颜色为#09F,文字的颜色为#FFF*/
.tj2 h1 b{ font:bold 14px/40px '宋体'; padding:0 8px; margin-top:-1px; display:inline-block;}
/* 定义在.tj2 h1 中的 b 标签的样式，字体加粗，14 像素，行高 40 像素，字体为宋体，上边距 1 像素，显示为内联块对象*/
.tj2 h1 span{ margin:15px 0; float:right;}
/*定义在.tj h1 中的 span 标签的样式，上下边距为 15 像素，左右边距为 0，浮动右对齐*/
.tj2 h1 span em{ width:8px; height:8px; background:#F00; border:1px solid #f00; border-radius:10px; margin:0 5px; display:inline-block; cursor:pointer; overflow:hidden}
/* 定义在.tj2 h1 span 中的 em 标签的样式，宽度高度值均为 8 像素，背景颜色为#F00,边框有半径为 10 像素的圆角，上下边距为 0，左右的边距值为 5 像素，*/
.tj2 h1 span em.emon{ width:10px; height:10px; background:#FFF; border:none;}
/*定义 em 标签的类 emon，宽度和高度值为 10 像素，背景颜色为#FFF，无边框*/
.list1{ width:980px; height:245px; padding-bottom:12px; overflow:hidden; display:none; }
```

```
/*定义类list1的样式，宽度为980像素，高度为245像素，下填充值为12像素，溢出隐藏，不显示*/
.list1 li{ width:220px; padding:12px 0 0 12px; float:left; margin:0 auto}
/*定义.list1中的li标签的样式，宽度为220像素，上右下左的值分别为12像素、0、0、12像素，左浮动，上下边距值为0，左右边距值为自动*/
.list1 li img{ width:220px; height:200px; margin:5px; border:1px solid #FFF;}
/*定义在.list1 li中的img标签的样式，宽度值为220像素，高度值为200像素，边距值为5像素，边框为1像素实线颜色为#FFF*/
.list1 li p{ height:24px; font:normal 12px; color:#999; text-align:center;
overflow:hidden;}
/*定义在.list1 li中的P标签的样式，行高为24像素，文字大小为12像素，文字颜色为#999，居中，溢出隐藏 */
.list1 li a:hover img {border:1px solid #999;}/ *定义在.list1 li中的还有超链接的img标签hover状态的样式边框为1像素实线颜色为#999*/
```

CSS样式中的“font:bold 14px/40px '宋体'”，也可以使用多个属性定义样式，CSS代码为“font-family:"宋体";font-weight: bold;font-size:14px;line-height:40px;”。

STEP 3 打开“js.js”，添加横向滚动的脚本，具体代码如下：

```
$(document).ready(function(){
$('#tj4 em:first').addClass('emon'); $('.list1:first').css('display','block');
autoroll(); hookThumb();})
//在#tj4的em的位置，增加类emon的样式，定义display为block，调用autoroll()
var i=-1; //第i+1个tab开始
var offset = 3000; //轮换时间
var timer = null;
function autoroll(){//定义autoroll()
    n = $('#tj4 em').length-1; i++;if(i > n){i = 0;}
    slide(i);   timer = window.setTimeout(autoroll, offset);}
function slide(i){
    $('#tj4 em').eq(i).addClass('emon').siblings().removeClass('emon');
    $('.list1').eq(i).css('display','block').siblings('.list1').css('display', 'none');}
function hookThumb(){
    $('#tj4 em').hover(function(){if(timer){clearTimeout(timer);
    i = $(this).prevAll().length;slide(i);     }
    },function(){timer = window.setTimeout(autoroll, offset); this.blur();
return false;});
}
```

STEP 4 单击按钮或按“F12”键，在浏览器中预览网页的效果，效果如图8-5-5所示。

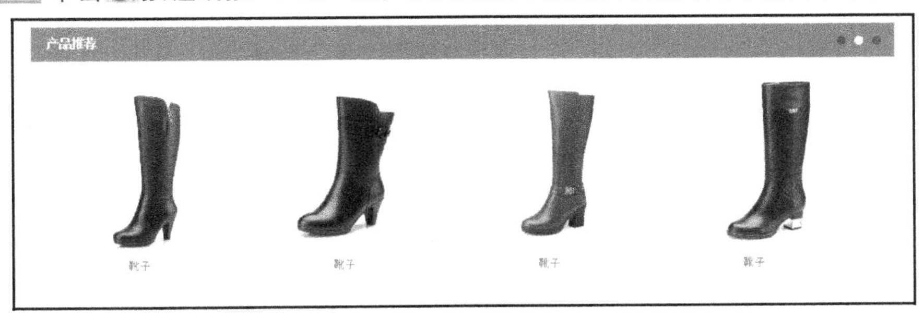

图8-5-5 横向滚动的效果图

8.6 本章小结

目前，在 HTML 中实现网页特效的方式常用的是使用 JavaScript 和 jQuery。JavaScript 是一种基于对象和事件驱动的脚本语言，将 JavaScript 与 HTML 结合使用，通过浏览器工具的执行，可以实现网页与用户的交互，弥补 HTML 的不足，使网页变得生动。jQuery 是目前最受欢迎的 JavaScript 库，它使用 CSS 选择器来访问和操作网页上的 HTML 元素，内容简单，易于使用。本章列举了常用的弹出对话框、确定按钮的制定、焦点图等常用的网页特效，在具体的案例的基础上，通过 Dreamweaver 提供的行为和 spry 工具，实现卡式面板等网页特效；通过具体的企业网站的首页的案例，在网页中应用多种的网页特效，优化网页的效果，提高网页的趣味。

Dreamweaver CS6

Chapter

第 9 章
网站测试、发布与推广

■ 本章导读

网页制作完成后，必须对网站进行测试与发布，保证网站上线后能正常运行。静态网页的测试主要包括网页完整性测试、浏览器兼容性测试和页面链接测试。网站的发布主要分为本地发布和远程发布。网站的推广的目的是让潜在用户了解并访问网站，一般的企业网站和其他中小型网站的访问量通常都不高，网站虽然经过精心策划设计和制作，但是没有用户访问，网站发挥不了作用，所以需要采用多种途径实现网站的推广工作。

■ 知识目标

- 了解网站测试的重要性；
- 了解网站测试的方法；
- 了解域名和空间的购买方式；
- 了解网站的发布方式；
- 了解什么是网站推广。

■ 技能目标

- 掌握网站浏览器兼容性的测试方法；
- 掌握网站链接的测试方法；
- 掌握域名注册的方式和流程；
- 掌握网站远程发布或本地发布的方式；
- 掌握一种或两种网站推广的方式。

9.1 网站测试

网站测试以浏览器兼容测试、网页的链接测试和网站的全站测试报告的内容为主。浏览器的兼容性以主流的浏览器为主要的测试工具，包括浏览器的多个版本的测试工作。链接测试是指网站是否能正确实现网页间的超链接，确保没有链接的错误。全站测试报告是 Dreamweaver 提供的测试功能。此外，代码编写是否符合标准，网页内容是否完整等问题，在网站测试期间都要进行全面的检查。

9.1.1 浏览器的兼容性测试

浏览器是 Web 客户端最核心的构件，来自不同厂商的浏览器及不同版本的浏览器对 CSS、Java、JavaScript、jQury、plug-ins 或不同的 HTML 规格有不同的支持。如 Microsoft 的浏览器产品 Internet Explorer 的版本就有多个，早期的 6.0 版本对目前部分的 CSS 样式及 JavaScript 并不支持，在制作网页时必须针对用户群的浏览器使用习惯，考虑网页的效果的是否能够兼容不同的浏览器及其版本。所以，在网站发布前必须进行浏览器的兼容性测试。实现浏览器兼容性测试的方法主要有两种。

1. 方法一：使用 Dreamweaver 提供浏览器兼容的检测功能

在 Dreamweaver 中打开“dashang”站点的首页“index.html”，在【文档】工具栏中单

击【检查浏览器兼容】按钮（见图 9-1-1），对当前网页进行检查。

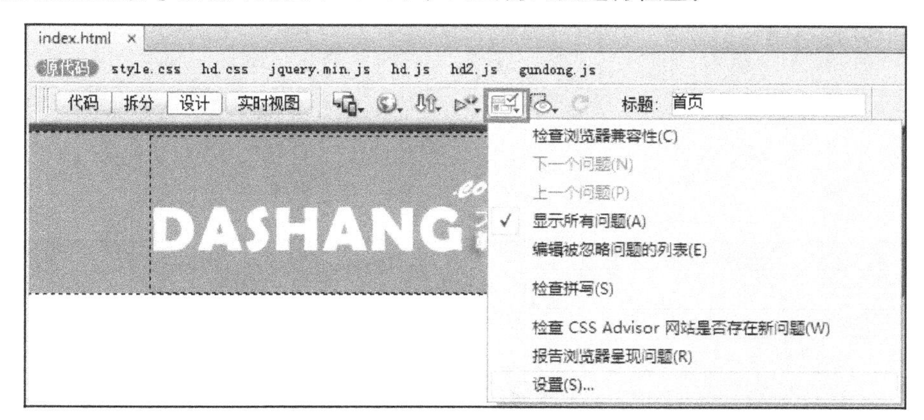

图9-1-1 【检查浏览器兼容性】

在 Dreamweaver 设计界面的下方显示结果面板，可单击【浏览器兼容性】菜单中的【设置】选项，或者选择结果面板左侧的绿色三角形，单击【设置】（见图 9-1-2），打开【目标浏览器】面板，可对兼容的浏览器进行设置（见图 9-1-3）。

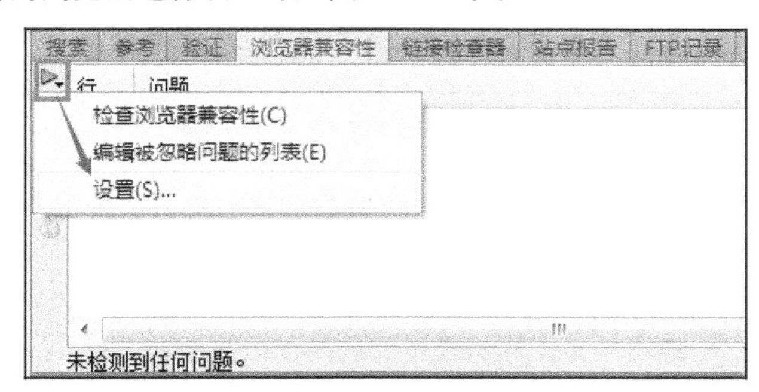

图9-1-2 【设置】

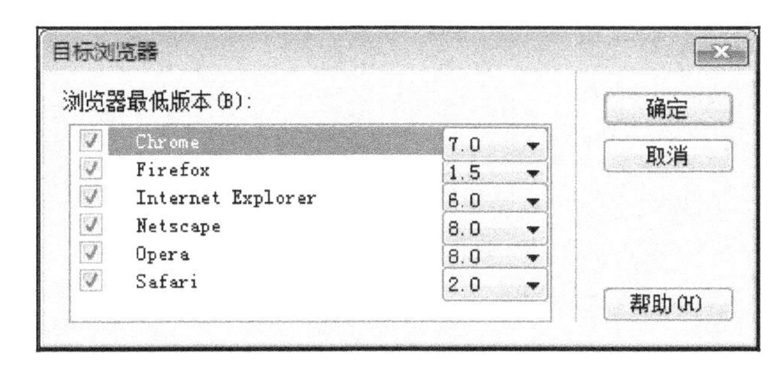

图9-1-3 【目标浏览器】

2. 方法二：安装多个浏览器工具和第三方工具

计算机的操作系统是允许安装多个浏览器，如 Windows 系统下默认安装了 Internet Explorer，还可以自行安装如火狐、搜狗、谷歌等浏览器多个厂商开发的浏览器，并逐一测试。但是，由于同一个厂商在不同的时期有不同的版本，所以还需要安装模拟浏览器版本的工具软件。如 IETester 是经常使用的模拟 IE6、IE8 的效果，如图 9-1-4 所示是使用 IETester 测试网页在

IE6 的效果，图 9-1-5 是 IE8 的效果，可见 IE6 不支持 png 格式图像文件的透明背景效果，但是 IE8 版本支持该效果。

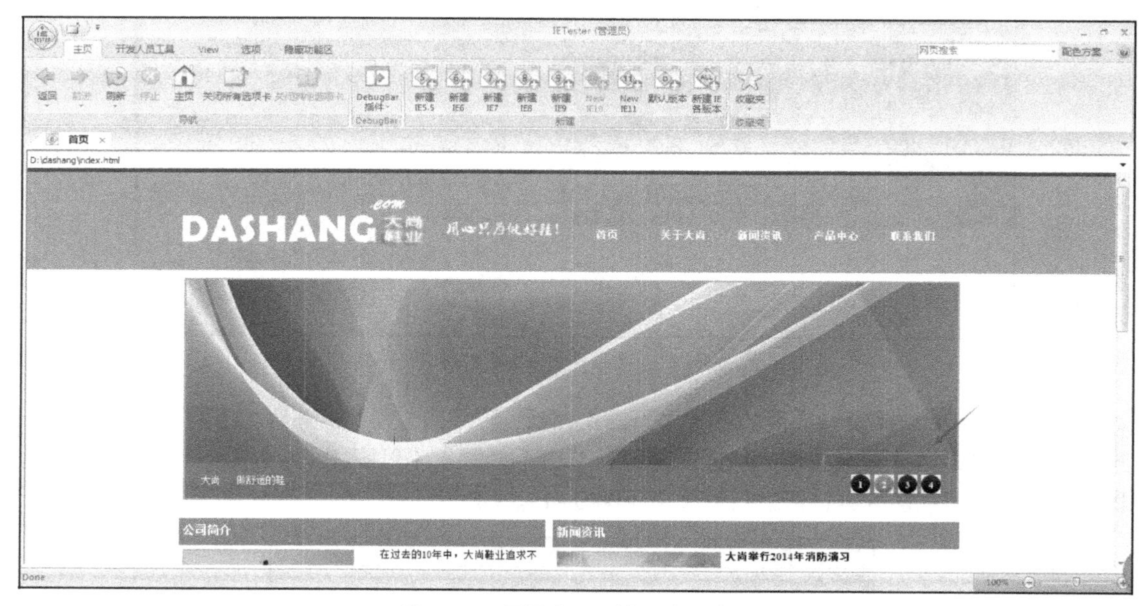

图9-1-4　网页在IE6浏览器中的效果

图9-1-5　网页在IE8浏览器中的效果

根据浏览器或浏览器测试工具的结果，对网页的兼容性进行修改。制作网页不要追求太新的效果，也不可能要求客户安装最新的浏览器，目前已经有网站放弃兼容 IE6，但是大部分网站仍然兼容 IE8。

9.1.2　链接测试

链接是网站的一个主要特征，也是网页与网页之间联系的重要方式，所以网站完成后，网页的链接测试是必须进行的。链接测试主要分为 3 个方面。

（1）测试所有链接是否能正确的链接到指定元素。

（2）测试所链接的页面或其他对象是否存在。

（3）是否存在孤立的页面。所谓孤立页面是指没有任何链接指向该页面，只有知道正确的 URL 地址才能访问。

链接测试必须在集成测试阶段完成，也就是说，在整个 Web 应用系统的所有页面开发完成之后进行链接测试。Dreamweaver 提供链接测试的工具，可以进行页面链接、整站链接的测试。

1. 测试网页间的链接

单击菜单栏的【文件】→【检查页】→【链接】，检查的结果显示在【链接检查器】面板中。如果该页面没有断链的问题，列表显示为空。在底部状态栏显示了页面的链接统计数据，包括总链接数、正确链接数、断链数和外部链接，如图 9–1–6 所示。

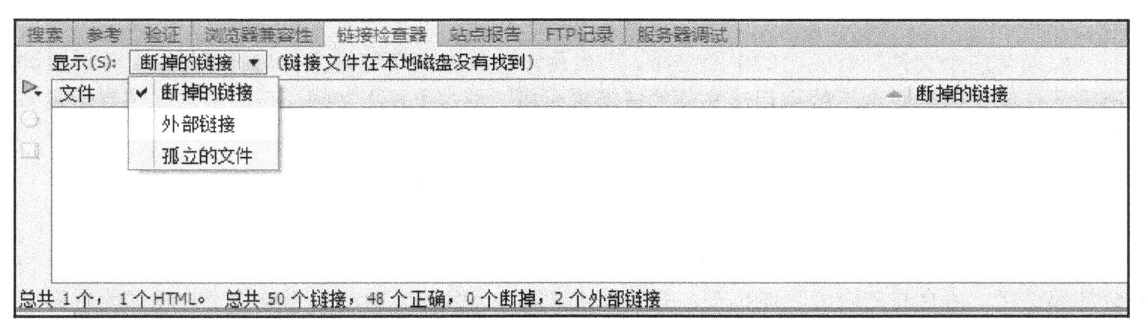

图9–1–6 【链接检查器】面板

在【显示】的列表框中有 3 个选项，分别为【外部链接】、【断开的链接】和【孤立的文件】。

【断开的链接】用于筛选断开的链接（见图 9–1–7）。

【外部链接】用户筛选外部链接，检查网页的外部链接的情况（见图 9–1–8）。

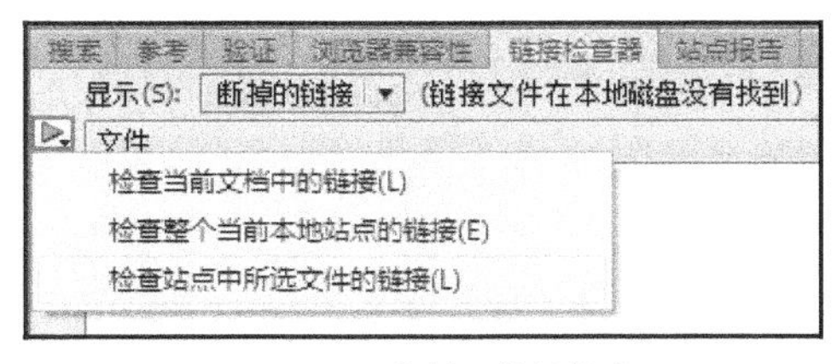

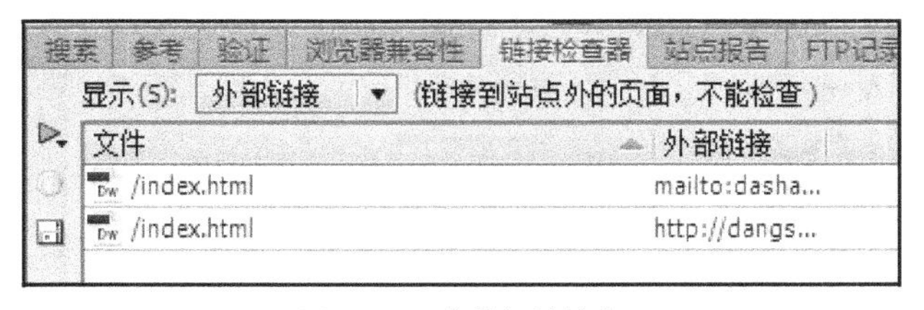

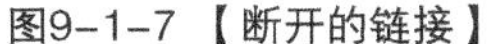
图9–1–7 【断开的链接】　　图9–1–8 【外部链接】

【孤立的文件】用于筛选站点中孤立文件，在【显示】中选择【孤立的文件】，弹出如图 9–1–9 所示的提示框，单击▷中【检查整个当前本地站点的链接】选项，得出的检查效果如图 9–1–10 所示。

2. 修复断掉的链接

修复链接就是将断掉的链接重新进行链接。在【断掉的链接】列表中选择要修复的断掉文件，单击【断掉的链接】栏，在文件框中输入有效的链接地址，如图 9-1-11 所示。

Dreamweaver
必须进行全站的链接检查，才能得到孤立文件报告。
确定

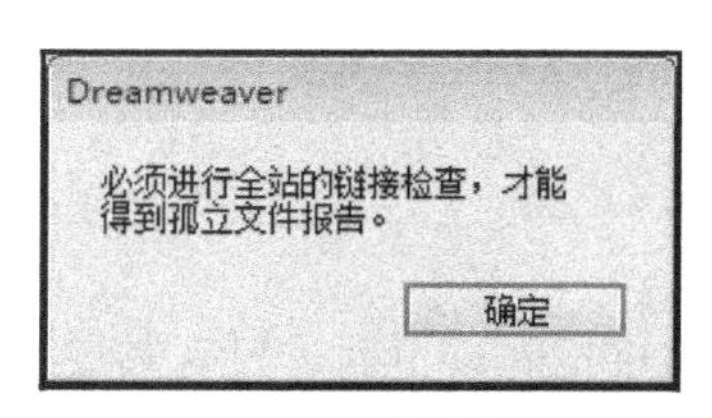

图9-1-9　警告框

搜索 参考 验证 浏览器兼容性 链接检查器 站点报告 FTP记录
显示(S): 断掉的链接 (链接文件在本地磁盘没有找到)
文件 断掉的链接
/css/hd.css ../images/nav.png
/js/jquery.min.js /a
/js/jquery.min.js /a
/js/jquery.min.js /a

图9-1-10　检查结果

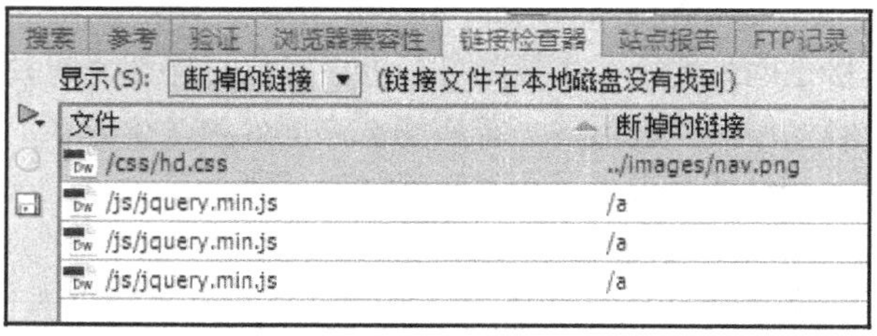

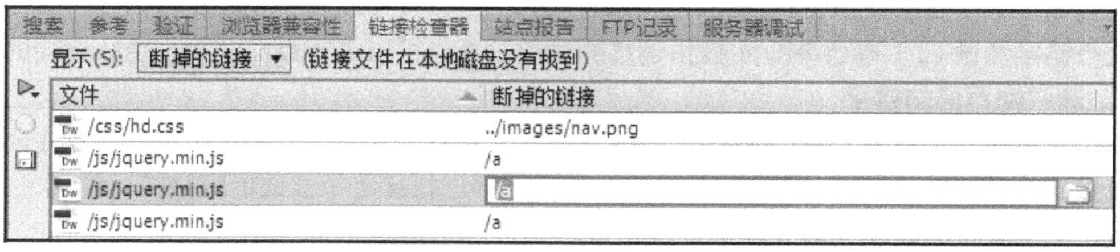

搜索 参考 验证 浏览器兼容性 链接检查器 站点报告 FTP记录 服务器调试
显示(S): 断掉的链接 (链接文件在本地磁盘没有找到)
文件 断掉的链接
/css/hd.css ../images/nav.png
/js/jquery.min.js /a
/js/jquery.min.js /a
/js/jquery.min.js /a

图9-1-11　修改断掉的链接

如果有多个文件都有相同的中断链接，则当用户对其中一个链接文件进行修改后，系统会弹出提示询问是否修复余下的引用该文件的链接提示框，单击【是】按钮，系统会自动将其他具有相同情况的链接重新指定链接的路径。

9.1.3　全站测试报告

在测试站点时，Dreamweaver 提供了网站的全站测试报告功能，可以使用【报告】命令检查外部链接、可合并的嵌套字体标签、丢失替代文本、多余嵌套标签、可移除空标签和无标题文档等。用户可以在发布站点之前对选定的文档或整个站点进行测试以查找问题。

在站点中选择【站点】→【报告】命令，弹出【报告】对话框，从【报告在】下拉列表项中选择【整个当前本地站点】，在【选择报告】列表框中选择报告范围。其中【报告设置】允许进一步设置报告规则，如图 9-1-12 所示，选择【HTML 报告】的所有项，单击【运行】，在【站点报告】栏可见报告结果（见图 9-1-13）。

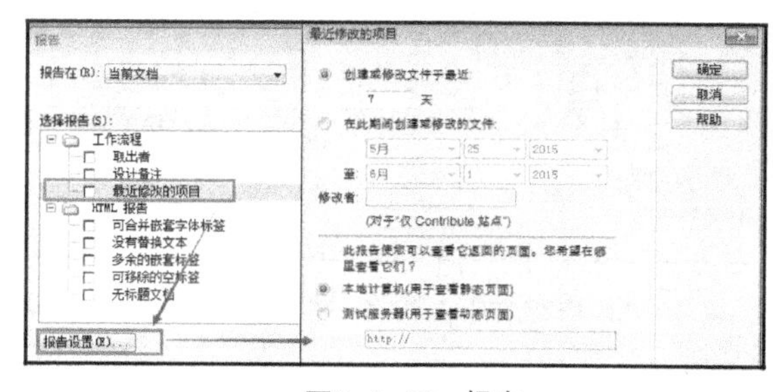

图9-1-12　报告

搜索 参考 验证 浏览器兼容性 链接检查器 站点报告
文件 行 描述
index.html 103 警告: 遗失 "alt" 属性
index.html 104 警告: 遗失 "alt" 属性
index.html 105 警告: 遗失 "alt" 属性
index.html 40 警告: 空标签: <SPAN>
index.html 40 警告: 空标签: <STRONG>
index.html 16 警告: 空标签: <DIV>

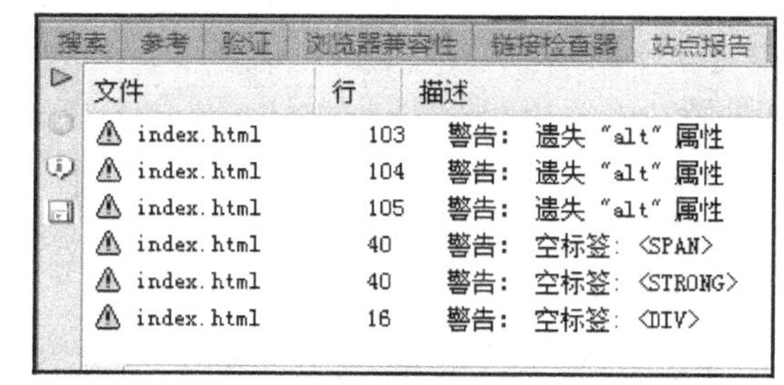

图9-1-13　站点报告

用鼠标双击出现问题的列表项，定位存在问题的代码行，根据站点报告提供的错误和提示信息，对存在问题代码进行修改，如图 9-1-14 所示。浏览器检查报告是一个临时文件，存放在本地站点的根目录中。可采用【保存报告】按钮（见图 9-1-15），将报告保存为 XML 文件。

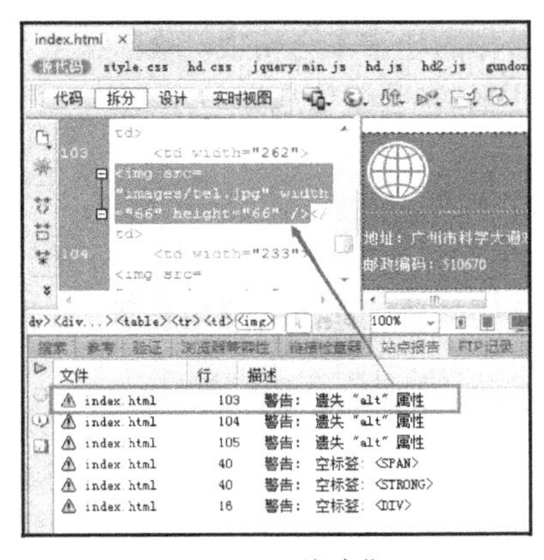

图9–1–14　修改代码

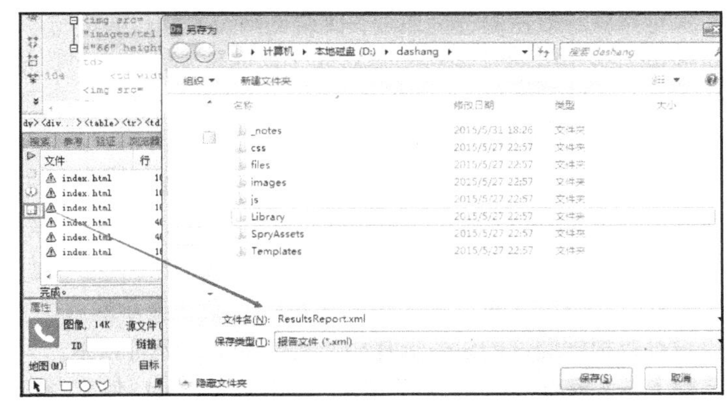

图9–1–15　保存报告

9.1.4　设置【W3C 验证程序】

选择【编辑】→【首选参数】菜单命令，弹出【首选参数】对话框，选择【分类】→【W3C 验证程序】，右侧显示【W3C 验证程序】的内容，根据具体内容选择对应的选项，本例选择【XHTML1.0 Transitional】复选框，如图 9–1–16 所示。

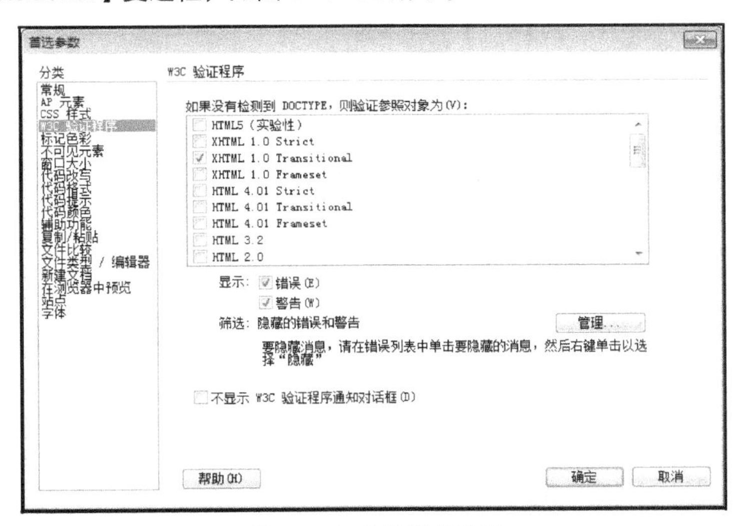

图9–1–16　W3C验证程序

选择【文件】→【验证】→【验证当前 W3C】命令，执行当前文件验证。验证结束后，在【验证】标签卡中显示了当前文件存在的问题，如图 9–1–17 所示。

搜索　参考　验证　浏览器兼容性　链接检查器　站点报告　FTP记录　服务器调试

文件/URL	行	描述
index.html	84	required attribute "alt" not specified [XHTML 1.0 Transitional]
index.html	85	required attribute "alt" not specified [XHTML 1.0 Transitional]
index.html	102	required attribute "alt" not specified [XHTML 1.0 Transitional]
index.html	103	required attribute "alt" not specified [XHTML 1.0 Transitional]
index.html	104	required attribute "alt" not specified [XHTML 1.0 Transitional]
index.html	105	required attribute "alt" not specified [XHTML 1.0 Transitional]

图9–1–17　验证

可用鼠标双击验证列表项，跳转到网页文档代码进行修改，排除验证不合格项。验证结果可以使用 按钮生成【验证程序结果】的网页文档，也可以使用 保存验证信息。

9.1.5 网页的完整性检查

现在越来越多用户使用不同的设备浏览网页，如台式计算机、笔记本计算机、手机、平板计算机等。在不同的设备中，网页是否能在不同尺寸的显示屏及不同的分辨率下完整地显示，在网站发布前必须进行测试。Dreamweaver CS6 提供不同的设备和不同的分辨率的测试。

单击【文档】工具栏中的多屏幕图标 ，在显示的列表中有多个分辨率选择(见图 9-1-18)，用户可以根据测试的设备选择相应的分辨率，还可以单击列表项中的【编辑大小】，弹出【首选参数】→【窗口大小】(见图 9-1-19)面板，可以使用 + − 按钮增加或删除窗口大小的选项，也可单击已有的任一项值，直接修改值的大小。

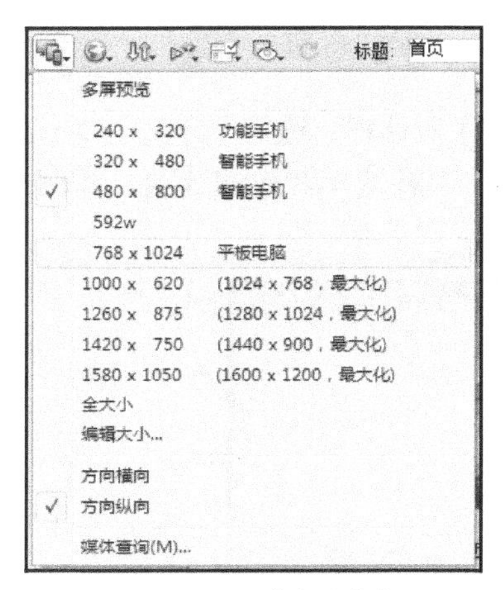

图9-1-18 【多屏幕】

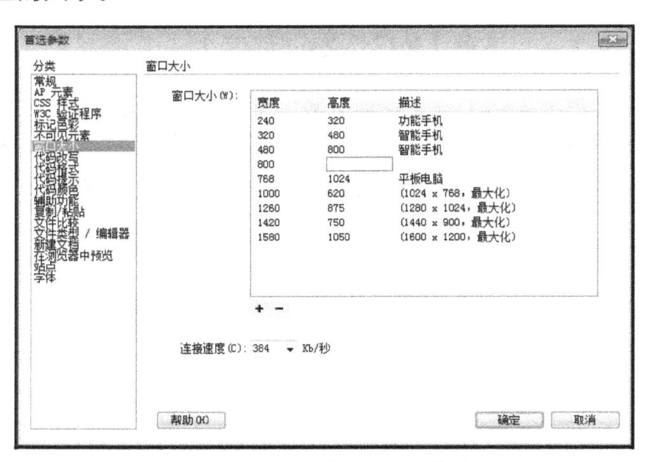

图9-1-19 【窗口大小】

用户可以使用具体分辨率的值进行页面完整性的测试，也可以使用【多屏预览】一次查看多种设备下网页的预览效果，如图 9-1-20 所示。

图9-1-20 【多屏预览】

9.2 网站发布

网站制作完成后需要在网络上发布，网站的发布分为本地发布和远程发布两种，发布时需要考虑网站的空间和域名的问题。空间是用来存放网站的位置，域名是访问网站的网址。

9.2.1　注册域名

1. 域名的分类

域名是 Internet 上的一个服务器或者一个网络系统的名字，具有唯一性，即在全世界不会出现重复的域名。域名通俗点说就是网址，需要用户注册和付费，费用是按年计算的，当一个用户注册了一个域名并付费使用中，其他用户是不能注册相同的域名的，所以注册越早，域名被抢注的可能性就越小。域名如同商标，是用户在因特网上的标志之一。从技术上来讲，域名只是一个 Internet 中用于解决地址对应问题的一种方法。

域名根据不同级别分为顶级域名、二级域名、三级域名等。

域名的结构由若干个不同级别的域名组成并用点隔开，其格式为：

```
…三级域名.二级域名.顶级域名
```

每一级的域名都由英文字母和数字组成（不能超过 63 个字符，不区分大小写），级别最低的域名写在最左边，级别最高的顶级域名写在最右边。

顶级域名又分为国家顶级域名和国际顶级域名，如以 cn 为顶级域名的代表中国，早期的国际顶级域名主要有 com、net、org，为加强域名管理，解决域名资源的紧张，Internet 协会、Internet 分址机构及世界知识产权组织（WIPO）等国际组织经过广泛协商，在原来三个国际通用顶级域名的基础上，新增加了多个国际通用顶级域名，如 firm、store、web 等，并在世界范围内选择新的注册机构来受理域名注册申请。

不同的域名含义不相同，如图 9-2-1 所示。

com	商业组织公司	cn	代表中国	net	网络服务	org	非盈利机构
edu	教育机构	biz	商务网站	tv	电视媒体	info	信息服务
mobi	手机域名	asia	代表亚洲	so	搜索域名	gov	政府部门

图9-2-1　部分域名的含义

二级域名是指顶级域名之下的域名，三级域名用字母（A～Z，a～z，大小写等）、数字（0～9）和连接符（–）组成。

如 mail.qq.com，其中 mail 属于三级域名，qq 属于二级域名，com 属于顶级域名。

2. 注册域名

注册域名需要遵循先申请先注册原则，域名所具有的商业意义已远远大于其技术意义，而成为企业在新的科学技术条件下参与国际市场竞争的重要手段，它不仅代表了企业在网络上的独有的位置，也是企业的产品、服务范围、形象、商誉等的综合体现，是企业无形资产的一部分。同时，域名也是一种智力成果，它是有文字含义的商业性标记，与商标、商号类似，体现了一定的创造性。域名的选择以简洁易记并具有吸引力为主，以便使公众熟知并对其访问，从而达到扩大企业知名度、促进经营发展的目的。可以说，域名不是简单的标识性符号，而是企业商誉的凝结和知名度的表彰。域名的使用对企业来说具有丰富的内涵，所以目前大部分企业将域名看作企业知识产权的一种。而且，从世界范围来看，尽管各国立法尚未把域名作为专有权加以保护，但国际域名协调制度是通过世界知识产权组织来制定，说明人们已经把域名看做知识产权的一部分。

当然，相对于传统的知识产权领域，域名具有其自身的特性。域名的使用是全球范围的，没有传统的严格地域性的限制；从时间性的角度看，域名一经获得并及时交费即可永久使用；域名在网络上是唯一的，一旦取得注册，其他任何人不得注册、使用相同的域名，因此其专有性也是绝对的；另外，域名非经法定机构注册不得使用，这与传统的专利、商标不同，把域名作为知识产权也是科学和可行的，在实践中有利于保护企业在网络上的相关合法权益。

目前，申请域名的程序简化很多，可以通过网络查找域名注册的服务商，根据实际情况，申请未被注册的域名，过程基本如下（见图 9-2-2）。

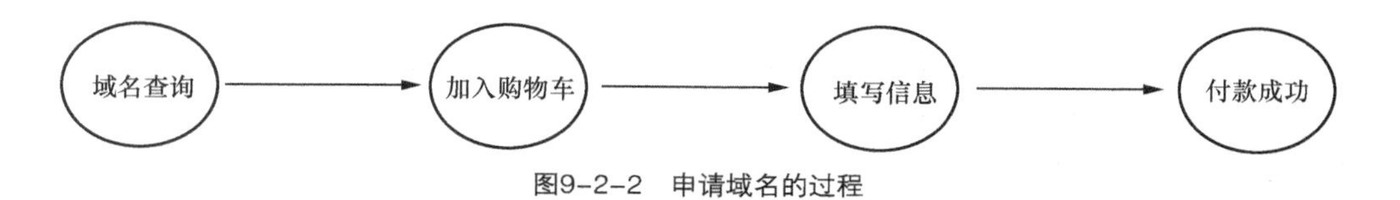

图9-2-2　申请域名的过程

STEP 1 寻找域名注册网站。域名注册的网站在国内较出名的有万网、新网、美橙互联等网站，它们都提供顶级域名注册和查询服务。用户可以选择一家网站注册为该网站的用户，即可在该网站中查询或注册域名。

STEP 2 查询注册的域名是否可以使用。通过域名注册的网站查询的域名的注册情况，如在万网的首页的查询中对域名“websiteweb”进行查询，查询结果如图 9-2-3 所示。

“已被注册”表示该域名已经被其他用户注册，如需注册可以选择“尚未注册”中的域名，查看价格，选择复选框，并“加入购物车”，然后可以单击购物车的【结算】按钮，进入到在线支付的页面，可通过网上银行或支付宝等方式在线付款购买域名。域名的购买是有时间的限制，最少一年，一次最多购买 10 年，还有 3 年、5 年等多个选择，购买的用户类型可以选择“个人”或“企业”，如图 9-2-4 所示。

STEP 3 完成购买域名后，可以登录“会员中心”查看域名的详细信息，如已有空间，则可进行 DNS 解析管理、设置解析记录等操作，将域名与空间配置好，就可以在浏览器中直接输入域名访问网页的方式。

STEP 4 购买完域名后需要进行认证。根据 cnnic 要求，国内域名需要提交实名认证资料审核，只需将身份证正面扫描件上传到域名服务商的【上传认证资料】中，提交审核后等待审核结果（见图 9-2-5），一般 2 个工作日即可完成审核。

图9-2-3　查询域名注册情况

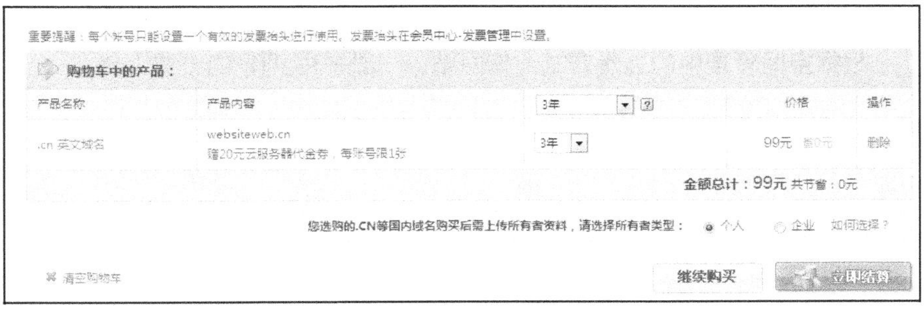

图9-2-4　购买域名

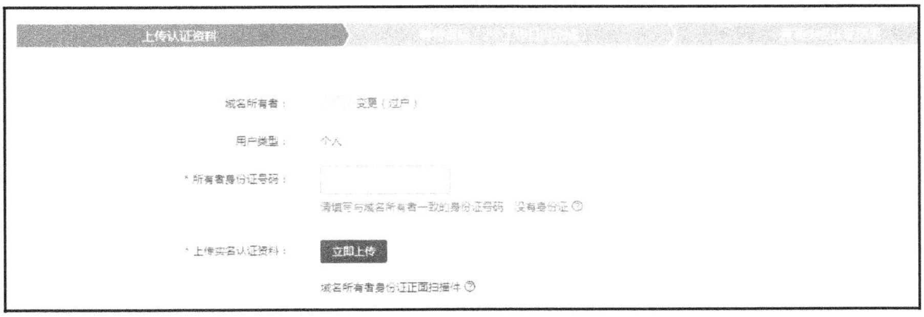

图9-2-5　上传认证资料

9.2.2 申请虚拟主机

并非每个用户或企业都会自行架设服务器来发布网站，可以通过向服务提供商租用虚拟主机的方式来发布网站。

虚拟主机是指使用特殊的软硬件技术，把一台运行在 Internet 上的服务器主机分成多台“虚拟”的主机，每一台虚拟主机都具有独立的域名，具有完整的 Internet 服务器（WWW、FTP、Email 等）功能。虚拟主机之间完全独立，并可由用户自行管理，在外界看来，每一台虚拟主机和一台独立的主机完全一样。

租用虚拟主机前，根据个人用户、企业用户不同，需要考虑 3 个问题：

- 网站采用哪种开发语言，比如是 HTML、ASP、.NET、JSP 还是 PHP；
- 网站是否需要数据库，数据库的类型是什么，如是 ACCESS、MSSQL 还是 MySQL 数据库；
- 网站网页空间需要大小。

对虚拟主机服务商的选择也是十分重要的，选择服务商要考虑以下几点。

- 速度：能否保证空间的访问速度，是否使用电信骨干线路，是否配置有多线接入的虚拟主机。
- 稳定性：服务商是否具有防火墙，是否有专门监视来自网络攻击的系统。
- 技术服务支持：当用户遇到各种各样的问题时，是否能立即提供服务的主机服务商。

根据以上问题的思考选择主机服务商，进入购买虚拟主机的流程，租用虚拟主机的步骤如下。

STEP 1 选择服务商，并注册成为用户。

STEP 2 在主机服务商的网站上选择符合自己需要的虚拟主机产品，加入购物车，填写信息，进入结算中心，采用网上银行或支付宝等方式支付费用（见图 9-2-6）。

STEP 3 登录用户的管理，对主机进行管理，如网站首页名称的设置，默认的网站首页一般为“index.html”，可通过主机的管理面板进行修改。

STEP 4 根据空间管理中的上传方式上传网站，一般采用 FTP 的方式上传。

图9-2-6 购买虚拟主机

9.2.3　网站发布

1. 本地发布网站

本地发布网站就是使用本地计算机中的 Web 服务器实现发布网站。采用本地发布，则不需要租用主机，在本地计算机中安装 Web 服务器，使用固定 Internet 上可访问到的 IP 地址接入到互联网中就可实现网站的发布。

本地计算机操作系统主要是 Windows 和 Linux 两种常用的网络操作系统。

目前流行的 Web 服务器主要有下面几种。

IIS：Microsoft 的 IIS（即 Internet Information Services）是目前流行的 Web 服务器产品之一，很多著名的网站都是建立在 IIS 的平台上。IIS 提供了一个图形界面的管理工具，称为 Internet 服务管理器，可用于监视配置和控制 Internet 服务。IIS 是一种 Web 服务组件，其中包括 Web 服务器、FTP 服务器、NNTP 服务器和 SMTP 服务器，分别用于网页浏览、文件传输、新闻服务和邮件发送等方面，它使用户在网络（包括互联网和局域网）上发布信息成了一件很容易的事。它提供 ISAPI（Intranet Server API）作为扩展 Web 服务器功能的编程接口；同时，它还提供一个 Internet 数据库连接器，可以实现对数据库的查询和更新。

Apache：Apache 仍然是世界上用得最多的 Web 服务器，市场占有率达 60%左右。Apache 是一种免费的开源的 Web 服务器，世界上很多著名的网站都采用的 Apache 作为 Web 服务器，由于其开放性的特点，所以支持跨平台的应用（可以运行在几乎所有的 UNIX、Windows、Linux 系统平台上）以及它的可移植性等方面。

Tomcat：Tomcat 是一个开放源代码、运行 Servlet 和 JSP Web 应用软件的基于 Java 的 Web 服务器。Tomcat 是 Java Servlet 2.2 和 JavaServer Pages 1.1 技术的标准实现，是基于 Apache 许可证下开发的自由软件，也是一种常用的 Web 服务器。

本地发布需要在本地计算机上安装 Web 服务器，例如在 Windows 7 操作系统下安装与配置 IIS，具体的操作步骤如下。

STEP 1 打开系统中的“控制面板”，在“控制面板”中用鼠标双击“程序与功能”，如图 9-2-7 所示。

STEP 2 在打开的“程序与功能”面板中单击左侧的“打开或关闭 Windows 功能”，如图 9-2-8 所示。

图9-2-7　双击“程序功能”

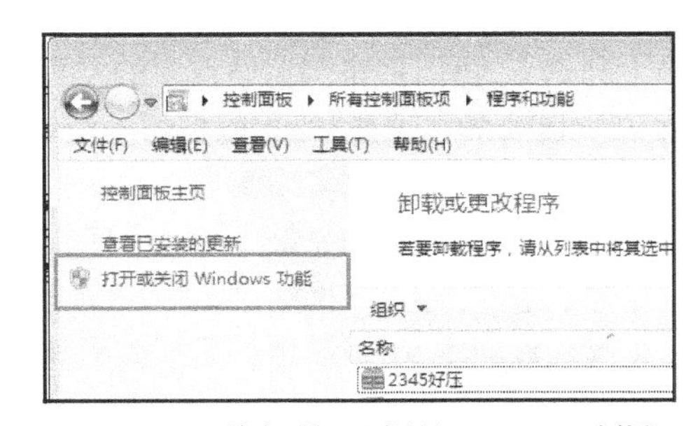

图9-2-8　单击“打开或关闭Windows功能”

STEP 3 在 Windows 功能面板中找到 Internet 信息服务选项，选择该选项的所有复选框（见

图 9-2-9），再单击【确定】按钮，弹出安装面板，等待程序的安装（见图 9-2-10）。

图9-2-9 【Windows功能】面板

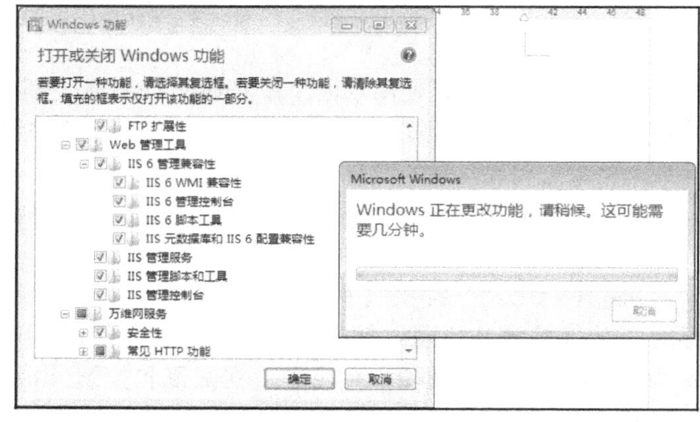

图9-2-10 安装面板

STEP 4 安装完成后返回【控制面板】，选择【控制面板】中的【管理工具】（见图 9-2-11）。

STEP 5 双击“Internet 信息服务（IIS）管理器”就是 IIS 了。如果经常需要使用 IIS，建议将鼠标光标移动到“Internet 信息服务（IIS）管理器”上，单击鼠标右键→【发送到】→【桌面快捷方式】，这样就能从桌面进入 IIS，而不用每次都单击控制面板。

STEP 6 在打开的 Internet 信息服务（IIS）管理器”中，单击“Default Web Site”，右则显示默认站点的设置内容（见图 9-2-12）。

图9-2-11 【控制面板】

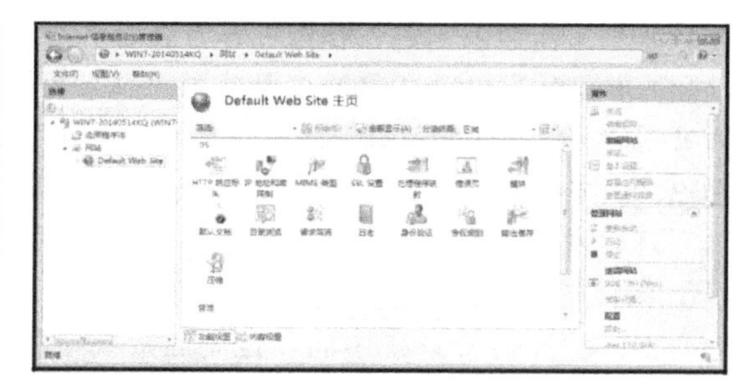

图9-2-12 【管理工具】

STEP 7 用鼠标右键单击“Default Web Site”，显示列表菜单（见图 9-2-13），选择【管理网站】。【管理网站】主要有以下几个选项。

【浏览】：可以用来浏览站点中的网页，如图 9-2-14 所示的网页，注意网页的网址位置是 http://localhost/，这是 Web 服务器的地址。

【重新启动】：用来实现重启该网站的服务。

【启动】：若该网站是被【停止】了，则单击【启动】选项启动网站。

【停止】：可停止该网站的运行。

【高级设置】：高级设置的面板如图 9-2-15 所示，主要用来设置站点的端口号、物理路径，修改默认站点的信息。

除了默认站点外，还可以通过单击【网站】后再单击鼠标右键，在弹出的菜单中选择【添加网站】（见图 9-2-16）的方式，在弹出的【添加网站】面板中增加新的网站。【网站名称】是设置新网站的名称，【物理路径】是新网站存放在本地计算机的路径，可通过单击 按钮在本机计算机中选择文件夹。【IP 地址】中选择新网站的地址，默认值为“全部未分配”。【端口】号默认值为“80”，可修改为其他端口号。

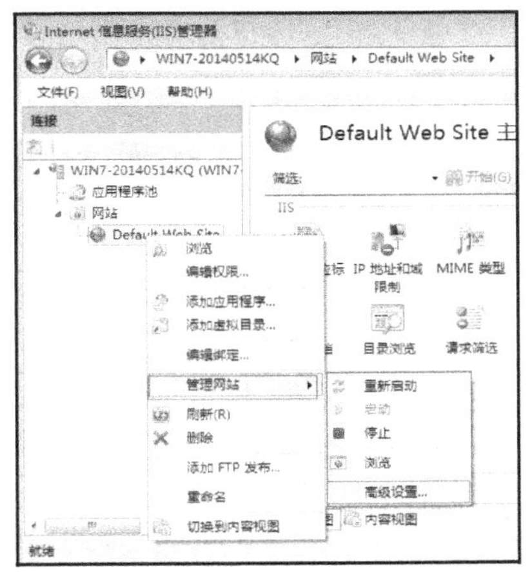

图9-2-13 【Internet信息服务管理器】

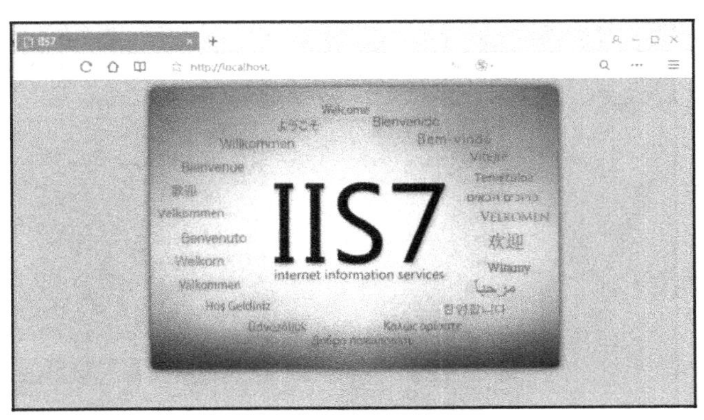

图9-2-14 默认首页

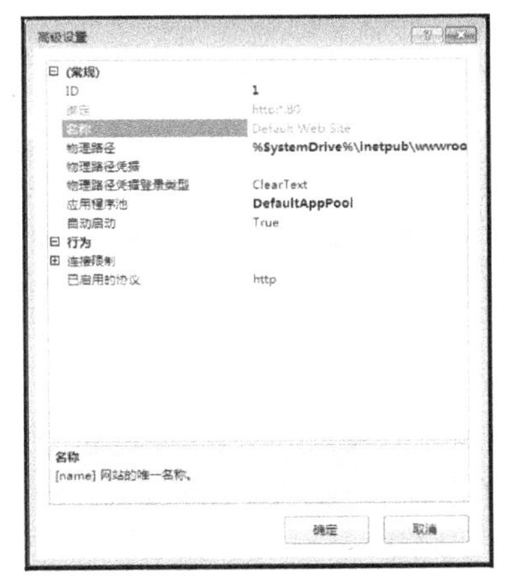

图9-2-15 【高级设置】

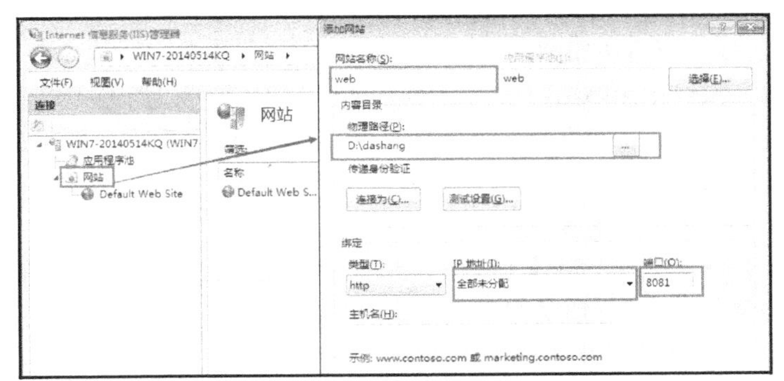

图9-2-16 添加网站

完成添加网站操作后，在“Internet 信息服务（IIS）管理器”中的【网站】中可看到有添加的网站的信息（见图 9-2-17）。

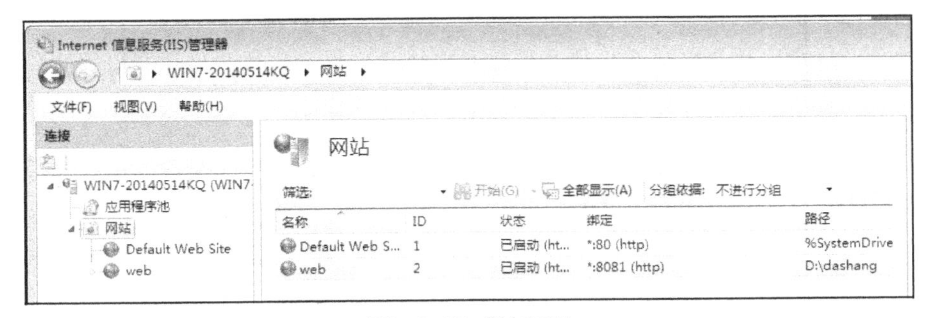

图9-2-17 添加网页

单击【网站】→【Web】后单击鼠标右键，在弹出的菜单中选择【浏览】，可看到网页的浏览效果如图 9-2-18 所示，网页浏览地址为 http：//localhost:8081/，由于采用了不同的端口号，所以不会与默认站点冲突，两个网站都能运行。

图9-2-18　网站首页

2. 远程发布网站

如果租用网络服务商提供的虚拟主机，则可以通过文件上传和下载的方式将网站的内容传到主机上，可以使用 Dreamweaver 中自带的文件 FTP 上传功能实现远程站点网页的上传，其操作步骤如下。

STEP 1 设置服务器信息。

单击【站点管理】面板，选中当前站点，进入【站点设置对象】面板，选择左侧菜单的【服务器】选项，在服务器面板中单击【+】图标，弹出服务器配置的【基本】面板（见图 9-2-19）。

【基本】面板中的主要选项如下。

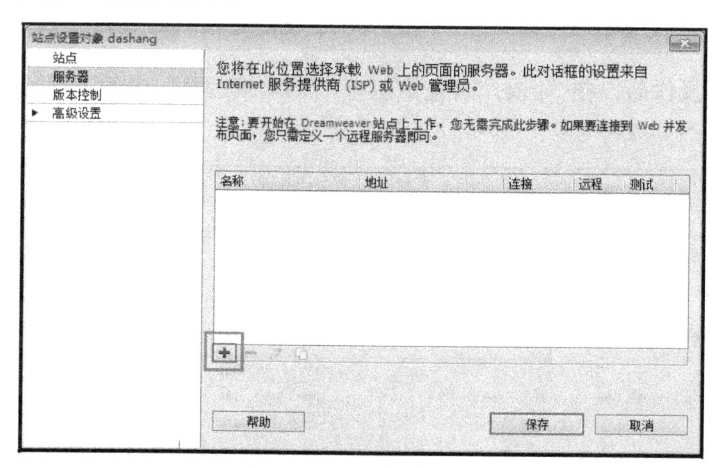

图9-2-19 【站点】面板

【服务器名称】：默认名称为“未命名的服务器 X”，可自定义名称，也可保持默认。

【连接方法】：按照连接的方式自定义选项，如是本机测试，则选择【本地网络】选项；远程主机上传方式一般采用 FTP 上传，在本例中介绍使用 FTP 的上传方式，故选择 FTP 选项（见图 9-2-20）。

【FTP 地址】：输入要上传的空间的 FTP 地址，购买空间后，空间运营商会提供具体的 FTP 地址。

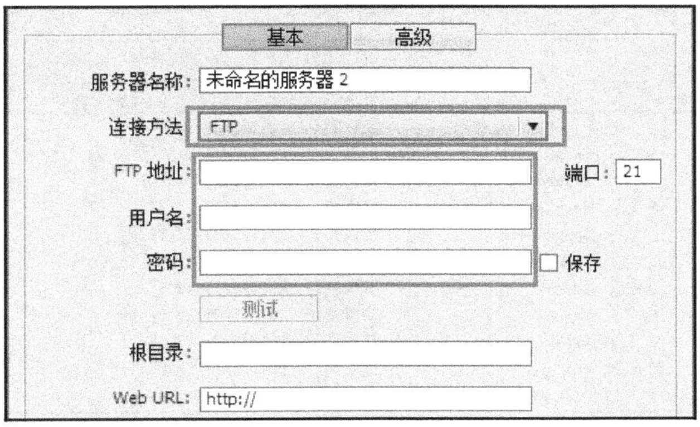

图9-2-20 【基本】面板

【用户名】：输入登录 FTP 地址的用户名。

【密码】：输入登录 FTP 地址的密码。

设置完成后，【测试】按钮由原来的灰色变为可用的按钮，用户可单击【测试】按钮（见图 9-2-21），测试是否可以连接上 FTP 服务器，连接成功，显示如图 9-2-21 所示的提示信息，单击【确定】返回【基本】面板。

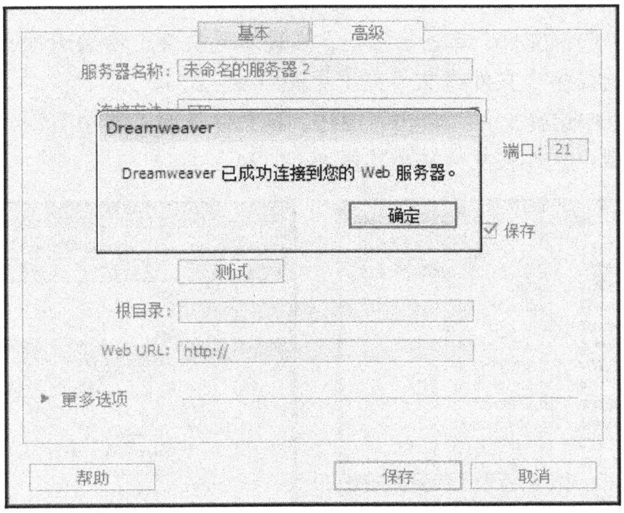

图9-2-21　测试远程连接

【端口】：设置连接 FTP 的端口号，默认为“21”，一般不修改。

【根目录】：根目录是设置远程站点的根目录文件夹，是可选项。

【Web URL】：设置远程站点的 URL 信息，是可选项。

完成所有的设置后，单击【保存】按钮，并退出【站点管理】面板。

STEP 2 连接服务器。

选择【文件】工具栏，当为【本地视图】（见图 9-2-22）时，下方显示的是本地站点的信息，在下拉列表中选择【远程服务器】，在连接了远程服务器的情况下，显示为远程站点的信息。其他按钮功能如下。

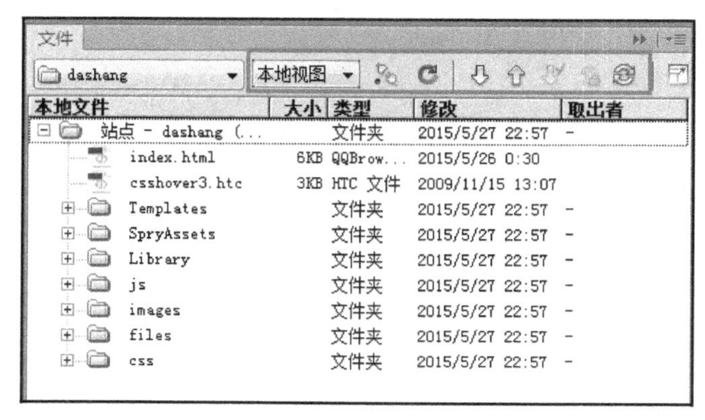

图9-2-22 本地视图

【 】：是连接和断开远程站服务器按钮。

【 】：为刷新站点文件按钮。

【 】：为下载按钮。

【 】：为文件上传按钮。

【 】：与远程文件同步按钮。

STEP 3 文件的上传和下载。

在【本地视图】中选择文件，单击按钮，实现本地文件上传到远程服务器中。一次可以选择一个文件，也可以选择多个文件或文件夹（见图 9-2-23）。

在【远程服务器】中选择文件，单击按钮，将文件从服务器中下载到本地计算机中，同样一次可以下载一个或多个文件和文件夹（见图 9-2-24）。

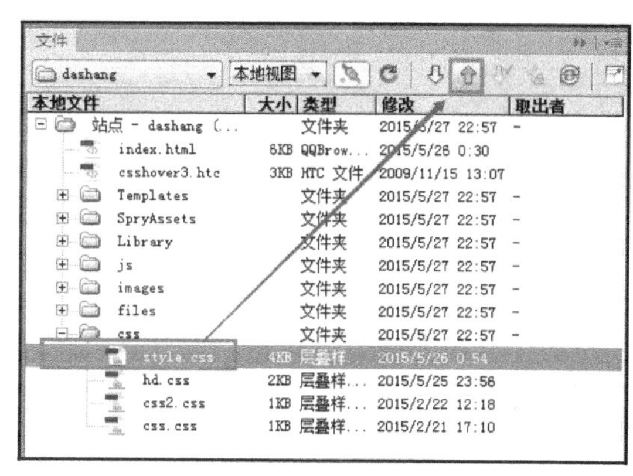

图9-2-23 上传文件

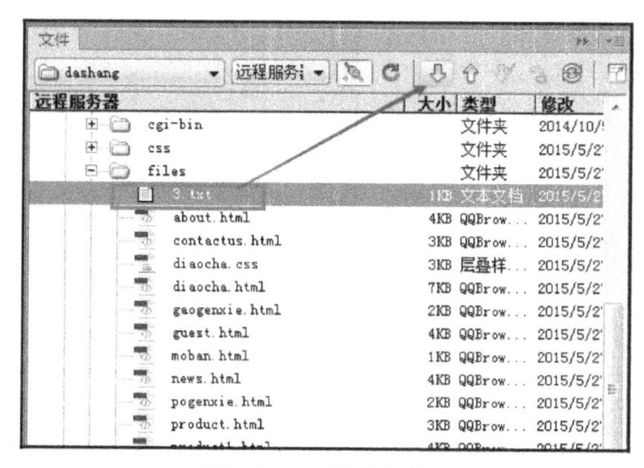

图9-2-24 下载文件

STEP 4 修改文件重新上传。

本地网页文件修改后要重新上传到远程服务器中，Dreamweaver 的文件 FTP 上传功能会直接覆盖源文件（见图 9-2-25）。如经常修改本地文件，可使用功能将本地文件与远程文件对比，并实现同步（见图 9-2-26）。

图9-2-25　上传文件

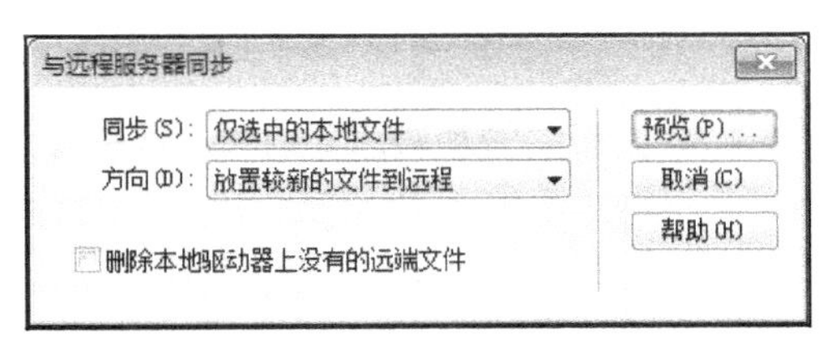

图9-2-26　同步文件

除了用 Dreamweaver 自带的 FTP 工具外，还可使用 FTP 的文件上传工具，如 CuteFTP、FlashFTP 实现文件上传，非常方便。

9.3 网站推广

网站发布以后，需要对网站进行推广，其他用户才会访问网站，实现网站的价值。网站推广的方式按是否收费的标准分为免费和收费两种，免费的推广主要是网站的拥有者通过搜索引擎、论坛和博客、微博和微信、电子邮件及与其他网站合作的方式进行推广，付费推广主要是搜索引擎推广和企业推广。

1. 搜索引擎推广

搜索引擎推广分为付费和免费两种。免费就是登录各大搜索引擎网站，进行网站登记，用户在使用该搜索引擎进行搜索时，在结果中能快速的搜索找指定的网站，如在百度的搜索引擎中加入链接的方式如下。

STEP 1 登录百度搜索，单击菜单上的“更多>>”，打开“百度产品大全”，并在“站长与开发者服务”中找到“站长平台”（见图 9-3-1），单击“站长平台”打开“站长平台”首页。

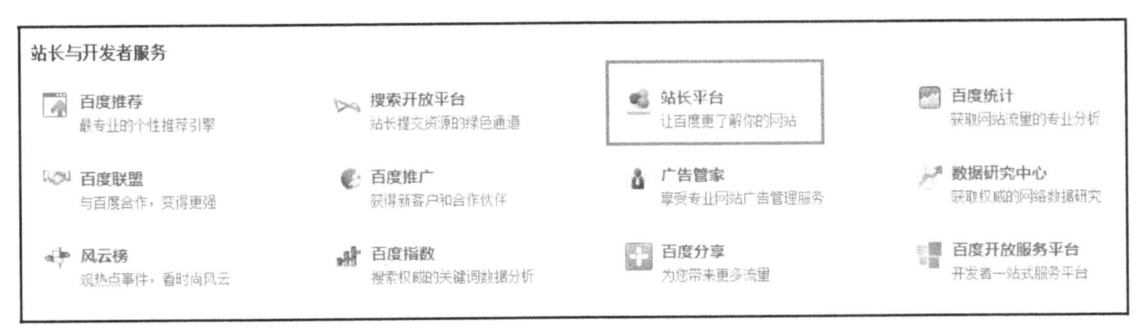

图9-3-1　站长平台

STEP 2 在“站长平台”首页的“站长工具”中单击“链接提交”（见图 9-3-2），在打开的网页中单击“添加网站”按钮（见图 9-3-3），打开“添加网站”页面。

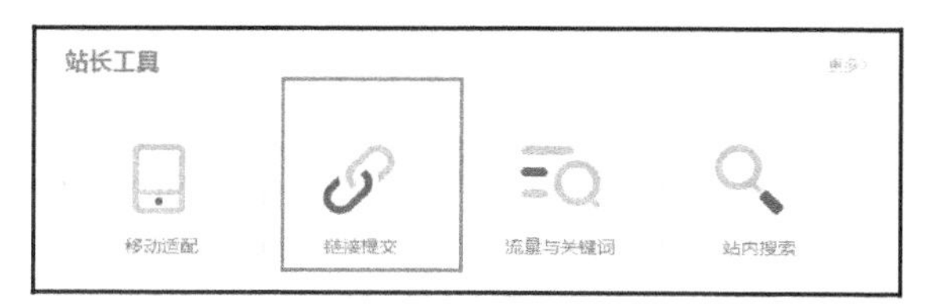

图9-3-2 站长工具

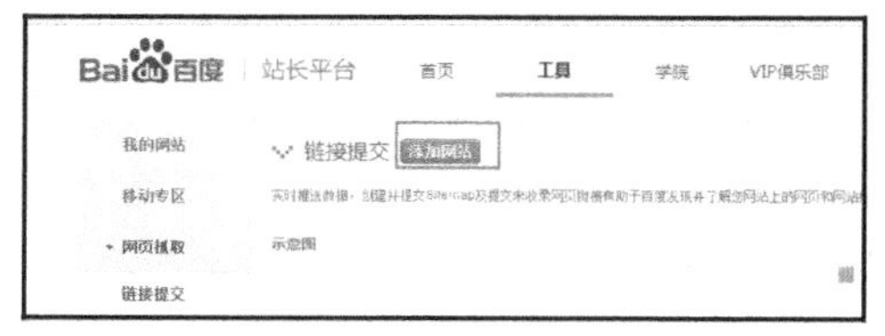

图9-3-3 链接提交

STEP 3 在“添加站点”的输入框中输入网址，并单击按钮提交（见图 9-3-4）。

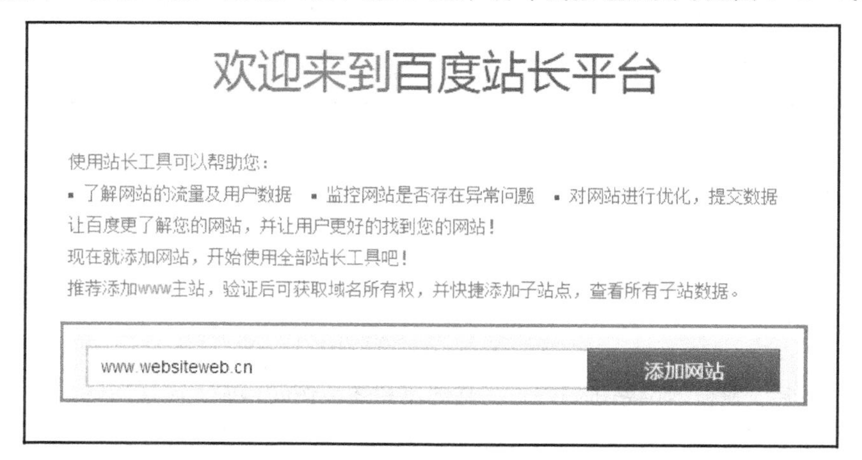

图9-3-4 添加网站

STEP 4 选择“验证网站”的 3 种方法中的其中一种进行验证（见图 9-3-5），等待百度验证后，将链接加入百度的搜索中。

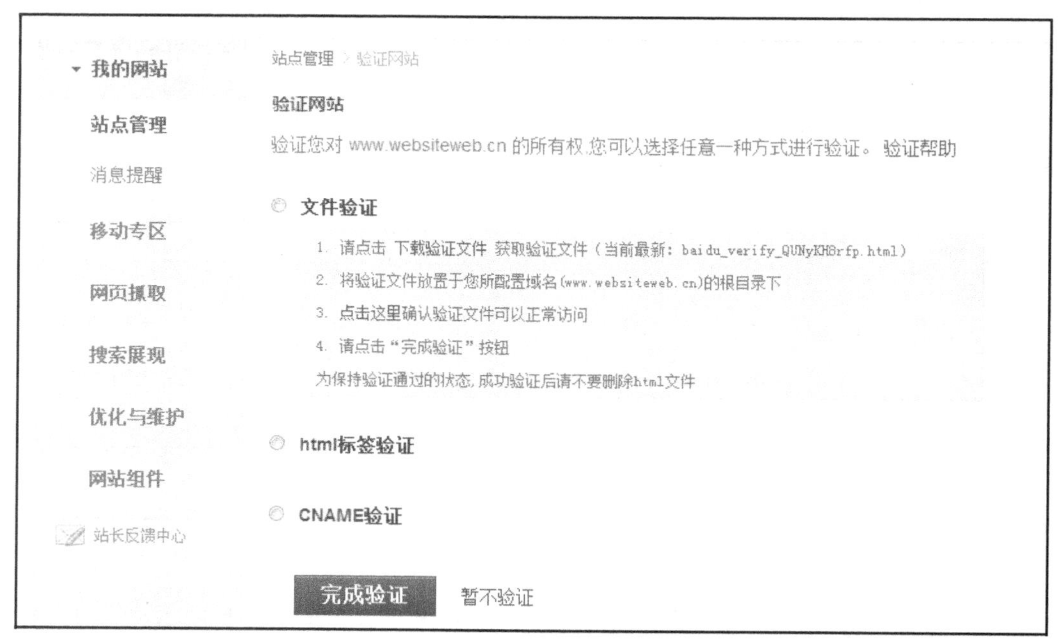

图9-3-5 验证网站

但是，由于名称接近或关键字相同的企业相对较多，如果想将公司的在搜索中排名较前，或者当别人搜索同类网站时搜索引擎自动推荐该网站，则需要通过付费的方式实现。如百度提供收费的推广服务，可以在打开百度推广的首页中在线申请推广服务。

2．论坛、博客推广

用户可以在专业论坛或博客网站上注册成为用户，通过回答问题或发帖的方式进行网站推广。也可通过付费的方式，邀请名人撰写评论文章，或者在网站中投放广告或开展一些竞赛、话题等活动，实现网站的推广。

3．微博、微信推广

微博和微信近几年发展得非常快速，可以通过创建微博和微信公共号的方式实现网站的推广。

4．电子邮件推广

通过给用户发送电子邮件的方式推广网站，这些用户可以是企业的合作伙伴、普通客户或潜在客户，可定期推广企业的产品、服务、活动或其他动态。

5．网站合作推广

通过与其他网站的合作，相互设置为友情链接对象，扩大网站的外部链接能力，通过参加一些活动，如竞赛、评论等，与其他企业实现互动，并推广网站。

9.4 本章小结

本章通过安装不同的浏览器工具进行网页的浏览器兼容性测试，采用浏览器测试工具进行浏览器的版本的兼容性测试，使用 Dreamweaver 提供的网站测试工具进行网站的完整性检查，介绍了网站域名的注册和申请虚拟主机的方式和流程，以及本地发布和远程发布网站的方式，重点介绍了在 IIS 中发布网站的方式，此外还介绍了使用 FTP 工具上传网站到远程站点的方式。